BWL im **Bachelor**-Studiengang

Reihenherausgeber:
Hermann Jahnke, Universität Bielefeld
Fred G. Becker, Universität Bielefeld

Fred G. Becker

Herausgeber

Einführung in die Betriebswirtschaftslehre

Mit 48 Abbildungen
und 34 Tabellen

Professor Dr. Fred G. Becker
Universität Bielefeld
Fakultät für Wirtschaftswissenschaften
Lehrstuhl für Betriebswirtschaftslehre, insb. Organisation,
Personal und Unternehmungsführung
Universitätsstraße 25
33515 Bielefeld
E-mail: fgbecker@wiwi.uni-bielefeld.de

Die Deutsche Bibliothek verzeichnet diese Publikation in der Deutschen Nationalbibliografie; detaillierte bibliografische Daten sind im Internet über *http://dnb.ddb.de* abrufbar.

ISBN-10 3-540-28213-0 Springer Berlin Heidelberg New York
ISBN-13 978-3-540-28213-6 Springer Berlin Heidelberg New York

Dieses Werk ist urheberrechtlich geschützt. Die dadurch begründeten Rechte, insbesondere die der Übersetzung, des Nachdrucks, des Vortrags, der Entnahme von Abbildungen und Tabellen, der Funksendung, der Mikroverfilmung oder der Vervielfältigung auf anderen Wegen und der Speicherung in Datenverarbeitungsanlagen, bleiben, auch bei nur auszugsweiser Verwertung, vorbehalten. Eine Vervielfältigung dieses Werkes oder von Teilen dieses Werkes ist auch im Einzelfall nur in den Grenzen der gesetzlichen Bestimmungen des Urheberrechtsgesetzes der Bundesrepublik Deutschland vom 9. September 1965 in der jeweils geltenden Fassung zulässig. Sie ist grundsätzlich vergütungspflichtig. Zuwiderhandlungen unterliegen den Strafbestimmungen des Urheberrechtsgesetzes.

Springer ist ein Unternehmen von Springer Science+Business Media
springer.de

© Springer-Verlag Berlin Heidelberg 2006
Printed in Germany

Die Wiedergabe von Gebrauchsnamen, Handelsnamen, Warenbezeichnungen usw. in diesem Werk berechtigt auch ohne besondere Kennzeichnung nicht zu der Annahme, dass solche Namen im Sinne der Warenzeichen- und Markenschutz-Gesetzgebung als frei zu betrachten wären und daher von jedermann benutzt werden dürften.

Einbandgestaltung: design & production GmbH
Herstellung: Helmut Petri
Druck: Strauss Offsetdruck

SPIN 11538035   Gedruckt auf säurefreiem Papier – 43/3153 – 5 4 3 2 1 0

Vorwort

Bachelor-Studiengänge regen durch die berufsqualifizierende Ausrichtung eine Veränderung von Lehrveranstaltungen in ihrer Methodik wie in ihren Lehrinhalten an. In Folge ist eine entsprechende Anpassung der verwendeten Lehrtexte notwendig. Im Rahmen neu konzipierter Bachelor-Studiengänge „Wirtschaftswissenschaften" führt dies – wie beispielsweise an der Fakultät für Wirtschaftswissenschaften an der Universität Bielefeld – dazu, dass die Professoren der Betriebswirtschaftslehre gemeinsam eine miteinander abgestimmte Vorlesung „Einführung in die Betriebswirtschaftslehre" anbieten. So kann die inhaltliche Breite des Faches auch personell bereits frühzeitig im Studium demonstriert sowie ebenso ein guter inhaltlicher Überblick über das Fachgebiet im Ganzen gegeben werden. Die jeweilige Vorstellung der Kernfächer eines betriebswirtschaftlichen Kanons verlangt eine Darstellung der Inhalte in einer auf die Zielgruppe und den zeitlichen Umfang der einzelnen Lehrveranstaltung abgestimmten, einführenden Form. Dies ist im vorliegenden Band entsprechend umgesetzt worden. Die Texte dienen dabei vornehmlich der vorlesungsbegleitenden und inhaltszentrierten Lektüre, wenngleich sie insgesamt etwas tiefer gehender formuliert sind als der jeweilig dargebotene Vorlesungsinhalt. Ausgewählte Literaturhinweise nach jedem Beitrag dienen interessierten Studenten zur weiterführenden Lektüre. Die Texte eignen sich wegen ihres einführenden Charakters sowohl für Studierende der Wirtschaftswissenschaften als auch für Hörer anderer Disziplinen, die an der gleichen oder einer ähnlich konzipierten Veranstaltung zur Einführung in die Betriebswirtschaftslehre – an welcher Hochschule auch immer – im Rahmen ihres Nebenfach-Studiums teilnehmen.

Danken möchte ich insbesondere den Herren Dipl.-Kfm. Christian Brinkkötter und Dipl.-Kfm., M. A. Jan Thomas Martini für ihre kompetente und engagierte redaktionelle Unterstützung bei der Fertigstellung dieses Bandes. Dank gebührt auch Frau Erika Mohnhardt für die Erstellung vieler Abbildungen sowie einer Anzahl an Assistenten der beteiligten Lehrstühle für ihr Korrekturlesen. Gerne nehmen wir Anregungen zu Verbesserungen entgegen. Bitte richten Sie diese per E-Mail an: lstfgbecker@wiwi.uni-bielefeld.de.

Bielefeld, Januar 2006 *Fred G. Becker*

Inhaltsverzeichnis

Gegenstand der Betriebswirtschaftslehre
Rolf König 1

Unternehmensformen
Rolf König 11

Externe Unternehmensrechnung
Stefan Wielenberg 35

Interne Unternehmensrechnung und Controlling
Hermann Jahnke 71

Investition und Finanzierung
Thomas Braun 101

Produktion
Hermann Jahnke und Dirk Biskup 137

Marketing
Reinhold Decker und Ralf Wagner 163

Unternehmensführung
Fred G. Becker 201

Information
Thorsten Spitta 233

Literaturverzeichnis 267

Sachverzeichnis 271

Autoren

Prof. Dr. Fred G. Becker
Lehrstuhl für Betriebswirtschaftslehre,
insb. Organisation, Personal und
Unternehmungsführung,
fgbecker@wiwi.uni-bielefeld.de

Dr. Dirk Biskup
Berryville Graphics, Inc., Berryville,
USA

Prof. Dr. Thomas Braun
Lehrstuhl für Betriebswirtschaftslehre,
insb. Finanzwirtschaft,
tbraun@wiwi.uni-bielefeld.de

Prof. Dr. Reinhold Decker
Lehrstuhl für Betriebswirtschaftslehre,
insb. Marketing,
rdecker@wiwi.uni-bielefeld.de

Prof. Dr. Hermann Jahnke
Lehrstuhl für Betriebswirtschaftslehre,
Controlling und Produktionswirtschaft,
lstjahnke@wiwi.uni-bielefeld.de

Prof. Dr. Rolf König
Lehrstuhl für Betriebswirtschaftslehre,
insb. Betriebliche Steuerlehre,
rkoenig@wiwi.uni-bielefeld.de

Prof. Dr. Thorsten Spitta
Lehrstuhl für Angewandte Informatik, Wirtschaftsinformatik,
thspitta@wiwi.uni-bielefeld.de

Dr. Ralf Wagner
Lehrstuhl für Betriebswirtschaftslehre,
insb. Marketing,
rwagner@wiwi.uni-bielefeld.de

Prof. Dr. Stefan Wielenberg
Lehrstuhl für Betriebswirtschaftslehre,
Externes Rechnungswesen,
swielenberg@wiwi.uni-bielefeld.de

Gegenstand der Betriebswirtschaftslehre

Rolf König

Universität Bielefeld
Fakultät für Wirtschaftswissenschaften
Lehrstuhl für Betriebswirtschaftslehre, insb. Betriebliche Steuerlehre
rkoenig@wiwi.uni-bielefeld.de

Inhaltsverzeichnis

1	**Wirtschaften**	2
1.1	Bedürfnisse und Güter	2
1.2	Begriff des Wirtschaftens	2
1.3	Wirtschaftseinheiten	6
2	**Betrieb und Unternehmen**	7
2.1	Betriebliche Funktionen	7
2.2	Begriffe „Betrieb" und „Unternehmen"	8
2.3	Arten von Unternehmen	9
3	**Vertiefende Literatur**	10

Die Betriebswirtschaftslehre gilt als vergleichsweise „junge" Wissenschaft. Sie setzt sich mit Problemen des Wirtschaftens in Betrieben auseinander. Betriebe stellen einen wichtigen Bereich unseres gesellschaftlichen Lebens dar, die Notwendigkeit zur Auseinandersetzung mit diesem Bereich ist daher offensichtlich. In diesem Beitrag sollen die grundlegenden Begriffe dargelegt und inhaltlich abgegrenzt werden. Im ersten Abschnitt setzen wir uns mit dem Begriff des „Wirtschaftens" auseinander. Im zweiten Abschnitt werden die Begriffe „Betrieb" und „Unternehmen" gegenüber gestellt. Damit sind die Leser in der Lage, ein Verständnis für diese Begrifflichkeiten, die für die Betriebswirtschaftslehre von zentraler Bedeutung sind, zu entwickeln.

1 Wirtschaften

1.1 Bedürfnisse und Güter

Das Gebiet der menschlichen Tätigkeit, welches der Befriedigung von Bedürfnissen dient, wird als Wirtschaft bezeichnet. Ein Bedürfnis ist dabei als ein Gefühl einer Mangellage und die Kenntnis von Mitteln zu ihrer Befriedigung zu verstehen. Ein Bedarf ist dagegen auf bestimmte Güter ausgerichtet. So stellt beispielsweise Hunger ein Bedürfnis dar, aus dem etwa ein Bedarf nach Brot resultieren kann. Die Nachfrage nach bestimmten Gütern ist nun bestimmt einerseits durch den Bedarf hiernach und andererseits durch die Kaufkraft, d. h. durch den Umfang an Mitteln zum Erwerb von Gütern. Güter sind also als Mittel zur Befriedigung von Bedürfnissen zu verstehen.

Güter zeichnen sich durch die folgenden *Eigenschaften* aus:

- Qualität: Dies sind Eigenschaften, die ein Gut dazu befähigen, bestimmte Bedürfnisse zu befriedigen. Objektiv feststellbar ist dabei die technische Qualität, die sich in Form und Farbgebung, Material und der technischen Leistung niederschlagen. Dieser steht die subjektiv empfundene Verhaltensqualität gegenüber; gemeint sind damit Eigenschaften, die einem Gut aufgrund sozial- oder individualpsychologischer Vorgänge zugemessen werden wie insbesondere ästhetische und geschmackliche Aspekte sowie Sozialprestige, Ort der Verfügbarkeit, Zeit der Verfügbarkeit.
- Quantität: Menge, in der ein Gut verfügbar ist.

Im Allgemeinen besteht Knappheit der Güter, d. h. die verfügbaren Gütermengen reichen nicht aus, die vorhandenen Bedarfe zu befriedigen. Als „freie Güter" werden solche Güter bezeichnet, deren Knappheit angesichts der verfügbaren Mengen und der Bedürfnisstruktur faktisch nicht empfunden wird (z. B. Luft, Wasser etc.).

1.2 Begriff des Wirtschaftens

Als „Wirtschaften" bezeichnet man den Vorgang des *Entscheidens über die Verwendung von knappen Gütern*. Als Alternativen sind hier zu nennen:

- Verbrauch beziehungsweise Konsum: Das ist die Verwendung von Gütern zur unmittelbaren Bedürfnisbefriedigung.
- Verwendung zur Produktion: Hierbei erfolgt die Kombination von Gütern und deren Transformation in andere Güter. Solche Güter, die dabei direkt in die Produktion eingehen, nennt man Werkstoffe. Güter, die langfristig bei der Durchführung der Produktion genutzt werden, heißen Betriebsmittel.
- Sparen: Güter werden in der Gegenwart weder für den Konsum noch für die Produktion verwendet, sondern für künftige Verwendungen aufgehoben.

Die Voraussetzungen für Entscheidungen über die alternative Verwendung von Gütern sind zum einen die Messung von Gütermengen, das heißt die Zuordnung einer Zahl, die Gütermengen misst, und zum anderen die Vergleichbarkeit von Gütermengen. Zudem ergibt sich die Notwendigkeit zur Formulierung sinnvoller Entscheidungskriterien.

Um die Vergleichbarkeit von Gütermengen gewährleisten zu können, soll die Annahme getroffen werden, dass Gütermengen geordnet werden können, das heißt für zwei Gütermengen x und y kann angegeben werden, ob

- die Gütermenge x der Gütermenge y vorgezogen wird: $x \succ y$,
- die Gütermenge y der Gütermenge x vorgezogen wird: $y \succ x$,
- oder beide Gütermengen als gleichrangig angesehen werden: $x \sim y$.

Für drei Gütermengen x, y und z besteht dabei die folgende Ordnungsbeziehung (Transitivität):

- Wird die Gütermenge x der Gütermenge y und die Gütermenge y der Gütermenge z vorgezogen, dann gilt auch, dass die Gütermenge x der Gütermenge z vorgezogen wird; formal: Aus $x \succ y$ und $y \succ z$ folgt, dass $x \succ z$.
- Weiter gilt:
  Aus $x \succ y$ und $y \sim z$ folgt, dass $x \succ z$ und aus $x \sim y$ und $y \succ z$ folgt ebenfalls, dass $x \succ z$.

Wir wollen uns dies am Beispiel eines Obstkorbes verdeutlichen: Ein Verbraucher steht vor der Entscheidung, ob er (zusätzlich) einen Apfel (x) oder eine Birne (y) in seinen ansonsten vollen Obstkorb legt. Dann gibt es drei Fälle:

$$\begin{array}{ll} \text{Er zieht den Apfel der Birne vor:} & x \succ y \\ \text{Er zieht die Birne dem Apfel vor:} & y \succ x \\ \text{Es ist ihm gleichgültig, welche Wahl er trifft:} & x \sim y \end{array}$$

Als dritte Möglichkeit kann der Verbraucher eine Banane in den Obstkorb legen (z). Zieht er nun die Birne dem Apfel vor ($y \succ x$) und ist ihm der Apfel lieber als die Banane, dann gilt:

$$y \succ x \succ z \implies y \succ z$$

d. h. er entscheidet sich für die Birne.

Ökonomische Entscheidungen betreffen vielfach den Einsatz von Gütern, der zu einem Ertrag an anderen Gütern führt, dabei sind die folgenden Alternativen denkbar:

- Tausch von Gütern,
- Produktion von Gütern,
- Transport von Gütern,
- Lagern von Gütern.

Hierfür verwendet man den Oberbegriff der „Gütertransaktionen". *Gütertransaktionen* lassen sich charakterisieren durch

- die Art der eingesetzten und erzielten Güter,
- die Mengen der eingesetzten Güter,

- die Mengen der erzielten Güter.

In diesem Zusammenhang wollen wir die folgende Konvention treffen: Gibt es zwei Alternativen, bei denen mit den gleichen Einsatzmengen der gleichen Einsatzgüter die gleichen Erträge der gleichen Güter erzielt werden, dann werden diese als die gleiche Gütertransaktion angesehen. Als Konsequenz ergibt sich hieraus, dass Gütertransaktionen eindeutig durch die eingesetzten und erzielten Gütermengen beschrieben werden. Als Problem ergibt sich, dass beim Vergleich von Gütertransaktionen immer Mengen mehrerer Güter miteinander verglichen werden müssen.

Im Zusammenhang mit Gütertransaktionen wird das so genannte „*Ökonomische Prinzip*" (auch Wirtschaftlichkeitsprinzip oder Rationalprinzip) formuliert, welches verlangt:

„Mit gegebenem Einsatz soll ein möglichst großes Ergebnis erzielt werden."

oder

„Ein gegebenes Ergebnis soll mit möglichst geringem Einsatz erzielt werden."

Dieses vor dem Hintergrund der schon angesprochenen Knappheit der Güter plausibel erscheinende Prinzip erweist sich im Hinblick auf seine Operationalisierbarkeit als problematisch. Auf dem Weg dahin setzen wir uns zunächst mit dem Effizienzkriterium auseinander. Dabei heißt eine Gütertransaktion *effizient*, falls sie von keiner anderen dominiert wird. Eine Transaktion *dominiert* eine andere,

- falls bei ihr von keinem Einsatzgut mehr eingesetzt werden muss und von mindestens einem Ertragsgut mehr erzielt wird, ohne dass die Menge der anderen Ertragsgüter reduziert werden muss

oder

- falls von allen Ertragsgütern mindestens die gleiche Menge erzielt wird und die Einsatzmenge mindestens eines Einsatzgutes verringert werden kann, ohne dass von einem anderen Einsatzgut mehr eingesetzt werden muss.

Tabelle 1: Beispiel zum Effizienzkriterium

Gütertransaktionen	Transaktion T1	Transaktion T2	Transaktion T3
Einsatzgüter			
- Werkstoff	5 Einheiten	7 Einheiten	5 Einheiten
- Maschinenzeit	32 Minuten	30 Minuten	35 Minuten
Ertragsgüter			
- Gut G1	4 Einheiten	2 Einheiten	4 Einheiten
- Gut G2	2 Einheiten	4 Einheiten	2 Einheiten

Das Beispiel in Tabelle 1 verdeutlicht dies. Die Transaktion T1 dominiert die Transaktion T3: Bei gleichen Ausbringungsmengen der Ertragsgüter und bei gleichem Einsatz an Werkstoff wird bei der ersten Transaktion weniger Maschinenzeit benötigt als bei der dritten, diese erweist sich damit als *ineffizient*. Die Transaktionen T1 und T2 sind dagegen effizient. T1 ist besser als T2 hinsichtlich des einzusetzenden Werkstoffs und der Ausbringung des Gutes G1. Dagegen ist T2 besser als T1 hinsichtlich der benötigten Maschinenzeit und der Ausbringung des Gutes G2.

Zur Beurteilung des Effizienzkonzepts ist zu sagen, dass es sich hierbei um ein grundlegendes ökonomisches Konzept handelt. Die Menge der Gütertransaktionen wird hierdurch in zwei disjunkte Teilmengen zerlegt: Eine Transaktion ist entweder effizient oder nicht. Hierdurch ist das Ausscheiden unwirtschaftlicher Entscheidungen (die der ineffizienten) möglich. Bei effizienten Transaktionen muss dagegen ein Vorteil bei einem Gut immer durch einen Nachteil bei einem anderen Gut erkauft werden. Aufgrund des Effizienzkriteriums ist es aber meist nicht möglich, zu eindeutigen Entscheidungen zu kommen, weil mehrere (u. U. sehr viele) effiziente Transaktionen zur Verfügung stehen. Hieraus ergibt sich die Notwendigkeit schärferer Kriterien.

Man steht also vor dem Problem, effiziente Gütertransaktionen zu *bewerten*, da die Einsatzmengen und Erträge unterschiedlicher Güter nicht miteinander verglichen werden können. Bei dem Vorgang der Bewertung geht es also um den Versuch, unterschiedliche Gütermengen miteinander vergleichbar zu machen, indem man sie mit einem gemeinsamen Maßstab misst. In der Betriebswirtschaftslehre spielt vor allem die Bewertung mit *Marktpreisen* eine bedeutsame Rolle. Marktpreise spiegeln die relative Knappheiten der Güter wieder. Als Voraussetzungen für die Anwendung dieses Bewertungsmaßstabs gelten, dass für jedes Gut genau ein Marktpreis existieren muss und dass zu diesen Marktpreisen jederzeit und an jedem Ort beliebige Mengen der Güter gekauft beziehungsweise verkauft werden können.

Sind diese Voraussetzungen erfüllt, spricht man von einem *vollkommenen Markt*. Die Folge ist: Da jedes Gut durch Zahlung des Marktpreises beschafft werden kann, ist Geld letztlich das einzige knappe Gut, anhand dessen der Wert aller anderen Güter bestimmt werden kann. Als Kritik ist jedoch anzumerken, dass die Voraussetzungen des vollkommenen Marktes in der Realität nicht erfüllt sein dürften. Darüber hinaus bleiben nicht-ökonomische Effekte, die nicht im Preis erfasst sind, unberücksichtigt.

In einem engen Zusammenhang mit der Bewertung mit Preisen steht das Prinzip der Gewinnmaximierung. Die Entscheidung über Gütertransaktionen erfolgt dabei aufgrund einer Bewertung der Gütermengen mit Preisen, das heißt es geht um die Frage, wie viel Geld für eine Transaktion aufgewendet werden muss und wie viel Geld man für das Ergebnis erhält. Hierzu werden die folgenden Definitionen benötigt:

Definition Erlöse: E = Summe der mit Preisen p_j bewerteten
Erträge x_j der Ertragsgüter $j = 1, \ldots, m$
$= p_1 \cdot x_1 + p_2 \cdot x_2 + \ldots + p_m \cdot x_m$

Definition Kosten: K = Summe der mit Preisen q_i bewerteten
Einsatzmengen r_i der Einsatzgüter $i = 1, \ldots, n$
$= q_1 \cdot r_1 + q_2 \cdot r_2 + \ldots + q_n \cdot r_n$

Definition Gewinn: G = Differenz von Erlösen und Kosten
= Erlöse minus Kosten
$= E - K$

Zur Beurteilung des Gewinnkriteriums ist zu sagen, dass die Gewinnmaximierung ein operationales einzel- und gesamtwirtschaftliches Entscheidungskriterium darstellt und dass hierzu alternative Steuerungsmechanismen weitgehend gescheitert sind. Zu beachten ist aber die mangelhafte Berücksichtigung nicht-ökonomischer Ziele sowie externer Effekte durch nicht marktgängige Güter. Als Lösung dieser Probleme werden marktwirtschaftliche Korrekturen durch Beschränkungen, die Entscheidungsspielräume einschränken beziehungsweise durch künstliche Preise für nicht-marktgängige Güter vorgeschlagen. In bestimmten Fällen erfolgen jedoch bewusst Abweichungen vom Gewinnkriterium, so beispielsweise in öffentlichen Betrieben (Prinzip der Kostendeckung für öffentliche Leistungen) und im Zusammenhang mit Subventionen (z. B. durch staatlich kontrollierte oder beeinflusste Preise). Als weitere Schwierigkeit ist die Zurechnungsproblematik anzusehen: Zum einen ist hier das Fixkostenproblem zu sehen. Kosten können nicht immer einzelnen Produkten richtig zugerechnet werden, beispielsweise Verwaltungskosten. Zum anderen können Kosten nicht immer richtig einzelnen Perioden zugerechnet werden, z. B. die Kosten für den Einsatz von Maschinen (Problem der Periodenabgrenzung). Hinzu kommt die Unsicherheit künftiger Erlöse und Kosten.

1.3 Wirtschaftseinheiten

Die Wirtschaftseinheiten gelten als die Träger wirtschaftlicher Entscheidungen über den Einsatz und den Verbrauch von Gütern. Man differenziert nach Haushalten und Betrieben.

Haushalte sind Wirtschaftseinheiten, die über die Verwendung von Gütern zur Befriedigung von Bedürfnissen entscheiden. Im Hinblick auf die zu treffenden Konsumentscheidungen ist zwischen privaten und öffentlichen Haushalten zu unterscheiden. Während es in privaten Haushalten um die Befriedigung individueller Bedürfnisse geht, steht in öffentlichen Haushalten die Befriedigung kollektiver Bedürfnisse im Mittelpunkt, wobei sich hier das Problem der Abgrenzung der Bereitstellung von Gütern für kollektive Bedürfnisse und der Produktion dieser Güter stellt.

Betriebe sind Wirtschaftseinheiten, die über die Produktion von Gütern und den Einsatz anderer Güter für produktive Zwecke entscheiden. Dabei wird im Hinblick auf die erstellten Leistungen zwischen Gewinnungsbetrieben, Verarbeitungsbetrieben und Dienstleistungsunternehmen unterschieden (s. S. 9).

2 Betrieb und Unternehmen

2.1 Betriebliche Funktionen

Im Folgenden werden die betrieblichen Funktionen (im Sinne von Sachfunktionen; s. auch S. 205) dargestellt.

Produktion

Unter *Produktion* versteht man die Kombination von Gütern und Dienstleistungen und deren Transformation in andere Güter (= materielle Güter) und Dienstleistungen (= immaterielle Güter). In der Produktion eingesetzte Güter und Dienstleistungen bezeichnet man als Produktionsfaktoren, diese werden in Werkstoffe, Betriebsmittel und menschliche Arbeitskraft untergliedert. Werkstoffe sind Güter, die in der Produktion eingesetzt werden und dem Produkt direkt zugerechnet werden können, insbesondere sind dies Rohstoffe, Bauteile sowie Betriebsstoffe (Energie, Schmiermittel). Betriebsmittel werden dagegen bei der Produktion genutzt, ohne dem Produkt direkt zurechenbar zu sein. Zu unterscheiden sind hier abnutzbare Betriebsmittel wie beispielsweise Maschinen und Gebäude sowie nicht-abnutzbare Betriebsmittel wie beispielsweise Grundstücke und Katalysatoren. Hinsichtlich der menschlichen Arbeitskraft differenziert man nach der objektbezogenen Arbeit, die direkt in der Produktion eingesetzt wird, und der dispositiven Arbeit, welche der Planung, Steuerung und Kontrolle betrieblicher Abläufe dient.

Absatz

Beim Absatz erfolgt die Verwertung der betrieblichen Leistungen durch die Transformation von (produzierten) Gütern in Geld. Basierend auf den Daten der Marktforschung sind Entscheidungen über die Produktpolitik, die Preispolitik, die Distributionspolitik sowie die Kommunikationspolitik, insbesondere die zu ergreifenden Werbemaßnahmen, zu treffen (s. zum Begriff des Marketings S. 164).

Beschaffung

Die Aufgabe der Beschaffung besteht in der Bereitstellung der in der Produktion benötigten Produktionsfaktoren; dabei erfolgt eine Differenzierung nach der Art der Produktionsfaktoren:

- Werkstoffe: Einkauf, Lagerhaltung,
- Betriebsmittel: Investitionen, Instandhaltung,
- Arbeitskräfte: Personalwesen.

Finanzierung und Investition

Die Aufgaben der *Finanzierung* sind zu untergliedern (s. auch S. 119):

- Bereitstellung der für den betrieblichen Umsatzprozess benötigten Gelder,
- Befriedigung der exogenen Forderungen (z. B. durch Gläubiger) nach Geld,
- Abstimmung der Zu- und Abflüsse von Geld.

Im *Investitionsbereich* steht die Beurteilung der Vorteilhaftigkeit sich bietender Investitionsobjekte mittels Verfahren der Investitionsrechnung im Mittelpunkt.

Rechnungswesen

Als Aufgabe des Rechnungswesens ist die Kontrolle der Geld und Güterströme im betrieblichen Kreislauf zu nennen (s. auch S. 72 ff.). Im Einzelnen wird dies erfüllt durch

- Finanzbuchhaltung: systematische Aufzeichnung der Zu- und Abflüsse von Geld;
- Betriebsbuchhaltung: Aufzeichnung der Wertflüsse im Unternehmen: Kostenrechnung;
- Betriebsstatistik: Aufzeichnung von Gütermengen, Bestände und Bestandsveränderungen.

Die erhaltenen Daten werden zum einen in der Kostenrechnung eingesetzt, um den betrieblichen Leistungen die durch sie entstandenen Kosten „richtig" zuzuordnen. Zum anderen verwendet das externe Rechnungswesen diese Daten, um in aggregierter und normierter Form in Gestalt des Jahresabschlusses Informationen über die Vermögens-, Ertrags- und Finanzlage des Unternehmens nach außen zu geben.

Information

Im Informationsbereich steht die Beschaffung, Verarbeitung und Weitergabe von Informationen unter Verwendung von Instrumenten der modernen Informationstechnologie im Mittelpunkt (s. auch S. 235 ff.). Betroffen sind hiervon alle anderen Bereiche des Unternehmens, d. h. ohne die entsprechende Versorgung mit Informationen können diese die ihr zugewiesenen Funktionen nicht erfüllen.

2.2 Begriffe „Betrieb" und „Unternehmen"

In der Historie hat sich im wirtschaftswissenschaftlichen Schrifttum kein einheitliches Verständnis von Betrieb und Unternehmen heraus gebildet. Nach Gutenberg (1983) ist ein Betrieb eine Wirtschaftseinheit, die durch bestimmte systemindifferente, von der Wirtschaftsordnung unabhängige Tatbestände gekennzeichnet ist: In Betrieben erfolgt die Produktion durch Kombination von Produktionsfaktoren nach dem Wirtschaftlichkeitsprinzip. Dabei muss stets das finanzielle Gleichgewicht gewahrt sein, das heißt der Betrieb muss jederzeit in der Lage sein, seinen finanziellen Verpflichtungen nachzukommen. Ein Unternehmen (Gutenberg verwendet hier den Terminus „Unternehmung") ist ein Betrieb in einer marktwirtschaftlichen Wirtschaftsordnung, charakterisiert durch das erwerbswirtschaftliche Prinzip im Sinne der Gewinnmaximierung sowie dem Autonomieprinzip und der Alleinbestimmung durch die Eigentümer.

Nach Lohmann (1964) wird das Unternehmen dagegen als eine kaufmännisch geleitete Wirtschaftseinheit mit drei Arbeitsbereichen verstanden: dem Betrieb als technisch-produktionswirtschaftliche Einheit, dem Geschäft als Verbindung zwischen Betrieb und Umwelt sowie der Führung als Verbindung der Teilbereiche durch Planung und Kontrolle. Nach heute herrschender Ansicht handelt es sich bei Betrieben um örtliche und technische Einheiten und bei Unternehmen um rechtliche und wirtschaftliche Einheiten, die einen oder mehrere Betriebe leiten.

2.3 Arten von Unternehmen

Die Systematisierung von Betrieben und Unternehmen ist für die Beurteilung sowohl der ökonomischen als auch der rechtlichen Konsequenzen der betrieblichen beziehungsweise unternehmerischen Tätigkeit von Bedeutung. Eine solche Systematisierung kann auf verschiedene Arten erfolgen:

- nach der Art der erstellten Leistung,
- nach der Betriebs- beziehungsweise Unternehmensgröße und
- nach der Rechtsform.

Nach Art der erstellten Leistung

In *Produktionsunternehmen* werden materielle Güter erzeugt. Man unterscheidet dabei Gewinnungs- und Verarbeitungsbetriebe. In Gewinnungsbetrieben erfolgt die Erzeugung durch die Entnahme von Gütern aus der Natur (z. B. Land- und Forstwirtschaft, Bergbau, Energieerzeugung). In Verarbeitungsbetrieben werden Güter weiter verarbeitet (z. B. Grundstoffindustrie, Investitionsgüterindustrie, Baugewerbe, Konsumgüterindustrie).

Dienstleistungsunternehmen zeichnen sich durch die Bereitstellung von Dienstleistungen aus, hierbei erfolgt eine Differenzierung nach

- Handel,
- Verkehr und Nachrichtenübermittlung,
- Banken,
- Versicherungen,
- sonstige Dienstleitungen.

Nach der Betriebs- bzw. Unternehmensgröße

Als Kriterien für die Betriebs- beziehungsweise Unternehmensgröße können heran gezogen werden:

- Umsatz,

- Bilanzsumme,
- Börsenwert,
- Beschäftigtenzahl.

Zusätzlich werden für die Messung der Bedeutung einer ganzen Branche die Bruttowertschöpfung und die Zahl der ihr angehörenden Unternehmen heran gezogen.

Nach der Rechtsform

Hier erfolgt zunächst eine grobe Untergliederung in

- Einzelunternehmen,
- Personengesellschaften,
- Kapitalgesellschaften,
- sonstige.

Durch die Rechtsform werden die rechtlichen Beziehungen zwischen Unternehmen und Unternehmensumfeld determiniert (s. S. 17 ff.).

3 Vertiefende Literatur

Einen ersten Einblick in die hier aufgeworfenen Fragestellungen liefert Olfert & Rahn (2005). Für eine weitergehende Auseinandersetzung seien das Buch von Bea et al. (2004) und insbesondere das Buch von Kistner & Steven (2002) nahe gelegt, dem hier zum Teil in der Darstellung gefolgt wurde.

Unternehmensformen

Rolf König

Universität Bielefeld
Fakultät für Wirtschaftswissenschaften
Lehrstuhl für Betriebswirtschaftslehre, insb. Betriebliche Steuerlehre
rkoenig@wiwi.uni-bielefeld.de

Inhaltsverzeichnis

1	**Unternehmensverfassung**	12
1.1	Grundlagen	12
1.2	Modell des Eigentümer-Unternehmens	12
1.3	Management-geleitete Unternehmen	14
1.4	Koalitionsmodell des Unternehmens	14
1.5	Zusammenfassung	16
2	**Rechtsformen der Unternehmen**	17
2.1	Grundlagen	17
2.2	Entscheidungskriterien	19
2.3	Rechtsformen und Entscheidungskriterien im Einzelnen	21
2.4	Mischformen	28
2.5	Überlegungen zur Vorteilhaftigkeit	29
3	**Unternehmenszusammenschlüsse**	30
3.1	Grundlagen	30
3.2	Ziele von Unternehmenszusammenschlüssen	30
3.3	Alternativen von Unternehmenszusammenschlüssen	31
3.4	Kooperationen	32
3.5	Zusammenschlüsse unter einheitlicher Leitung	33
4	**Vertiefende Literatur**	33

Im ersten Abschnitt dieses Beitrags setzen wir uns mit der Frage auseinander, ob und in welchem Maße rechtliche Regelungen getroffen werden müssen, die Unternehmen in verschiedenen Formen gerecht werden und die über das übliche rechtliche Regelungswerk hinausgehen, die also „unternehmensspezifisch" zu verstehen sind. Im zweiten Abschnitt betrachten wir die verschiedenen Rechtsformen, in denen ein Unternehmen betrieben werden kann. Im dritten Abschnitt schließlich befassen wir uns mit dem Aspekt der Unternehmenszusammenschlüsse.

1 Unternehmensverfassung

1.1 Grundlagen

Aufgrund der vielfältigen und komplexen Beziehungen zwischen einem Unternehmen und seinem Umfeld stellt sich die Frage, ob, in welchem Umfang und gegebenenfalls in welcher Art es spezifischer Regelungen der Rechtsverhältnisse von Unternehmen bedarf, die über die in der allgemeinen Rechtsordnung verankerten Regelungen hinaus gehen. Als *Unternehmensumfeld* sind hier insbesondere die folgenden Gruppen anzusehen (s. auch S. 14, 206):

- die Eigenkapitalgeber,
- die Arbeitnehmer,
- die Gläubiger,
- die Kunden und Lieferanten,
- der Fiskus,
- die Öffentlichkeit.

Auf den ersten Blick mag es überraschen, dass die Eigenkapitalgeber und die Arbeitnehmer als zum Unternehmensumfeld zugehörig angesehen werden. Es ist zu beachten, dass die Sichtweise „Unternehmen versus Unternehmensumfeld" auf der Ebene der Entscheidungsträger im Unternehmen erfolgt. Daraus ergibt sich die Zuordnung der Arbeitnehmer zum Umfeld. Hinsichtlich der Eigenkapitalgeber ist diese Zuordnung insbesondere dann berechtigt, wenn die Eigenkapitalgeber nicht gleichzeitig die Entscheidungsträger im Unternehmen sind, wenn also wirtschaftliches Eigentum und Verfügungsmacht im Unternehmen auseinanderfallen. Auch ist zu berücksichtigen, dass sich möglicherweise die Notwendigkeit spezifischer Regelungen für die Mitglieder einer einzigen dieser genannten Gruppen ergeben mag.

Schon an dieser Stelle wird offensichtlich, dass die Bindungen der verschiedenen Gruppen an das Unternehmen unterschiedlich stark ausgeprägt sind. Demzufolge ist davon auszugehen, dass der Bedarf und die Ausgestaltungsdichte spezifischer Regelungen der Rechtsverhältnisse zwischen dem Unternehmen und einer der oben genannten Gruppen mit dem Ausmaß der Bindung an das Unternehmen korreliert sind. Eine Sonderstellung nimmt dabei allerdings der Fiskus ein.

Im Folgenden soll anhand so genannter Grundmodelle der Unternehmensverfassung der oben angesprochene Regelungsbedarf in Abhängigkeit von der Unternehmensstruktur begründet werden. Dabei erfolgen an einzelnen Stellen Hinweise darauf, wo dieser Regelungsbedarf durch die allgemeine Rechtsordnung erfasst beziehungsweise wo durch das Gesellschaftsrecht notwendige Ergänzungen vorgenommen wurden.

1.2 Modell des Eigentümer-Unternehmens

Im einfachsten Modell des Eigentümer-Unternehmens gibt es einen einzigen Eigenkapitalgeber, der allein die Verfügungsgewalt besitzt, begrenzt lediglich durch vertragliche Vereinbarungen und die allgemeine Rechtsordnung. Die im Unternehmen angestellten Arbeitskräfte verrichten bestimmte Tätigkeiten für den Unternehmer. Sie kommen dabei seinen Anweisungen in einem festgelegten Rahmen und aufgrund vertraglicher Verpflichtungen nach. Das Anweisungsrecht kann bei Bedarf an einzelne Mitarbeiter delegiert werden.

Es besteht hier kein Bedarf für besondere rechtliche Regelungen für Unternehmen, die Beziehungen zwischen dem Unternehmen und seinem Umfeld werden durch das allgemeine Vertragsrecht geregelt. Darüber hinaus ergeben sich Einschränkungen der Verfügungsgewalt des Eigentümer-Unternehmers durch die allgemeine Gesetzgebung sowie durch gewerbepolitische, nachbarschaftsrechtliche, arbeitsrechtliche und umweltschutzrechtliche Vorschriften.

Demgegenüber entsteht ein Bedarf an speziellen unternehmensrechtlichen Vorschriften, wenn mehrere Eigenkapitalgeber an einem Unternehmen beteiligt sind, das heißt wenn ein Zusammenschluss zu einer Gesellschaft erfolgt. Der Regelungsbedarf beinhaltet im Wesentlichen zwei Problemkreise:

- Außenverhältnis: Beziehungen zwischen Unternehmen und Umwelt, sowie
- Innenverhältnis: Beziehungen der Gesellschafter untereinander.

Zum Außenverhältnis

Hier ist zu hinterfragen wer das Unternehmen nach außen vertritt, das heißt wer und in welchem Umfang vertragliche Beziehungen im Namen des Unternehmens eingehen kann, und wer und in welchem Umfang für aus solchen vertraglichen Beziehungen resultierende Verpflichtungen, insbesondere solcher finanzieller Art, des Unternehmens haftet.

Zum Innenverhältnis

Hier ist zu regeln, wer im Unternehmen mitarbeitet sowie Art und Umfang der Anweisungsbefugnisse, die mit dieser Mitarbeit verbunden sind, oder anders ausgedrückt, wer die Geschäfte des Unternehmens führt. Darüber hinaus sind Fragen der Verteilung des erwirtschafteten Gewinns auf die Gesellschafter sowie der Umfang der Entnahme von Gewinnen und Eigenkapitalanteilen zu klären.

Grundsätzlich können die oben angesprochenen Fragestellungen durch geeignete vertragliche Regelungen durch die Gesellschafter nach deren Präferenzen ausgestaltet werden. Zu beachten ist aber, dass die Haftungsverhältnisse von den internen Beziehungen abhängen können. Deshalb stellt das Gesellschaftsrecht verschiedene Gesellschaftsformen, so genannte Rechtsformen, zur Verfügung, deren Unterschiede im Wesentlichen in der Art und dem Umfang der Haftung der Gesellschafter liegen. Hierin schlägt sich eine starke Betonung des Gläubigerschutzes nieder.

Wichtig ist, dass bezüglich der Sicherstellung der Ansprüche Dritter gegen das Unternehmen beziehungsweise dessen Gesellschafter die entsprechenden gesellschaftsrechtlichen Vorschriften zwingend zu beachten sind, hinsichtlich aller anderen Regelungskreise sind Modifikationen und Erweiterungen durch vertragliche Vereinbarungen möglich.

1.3 Management-geleitete Unternehmen

Im Zuge der Entwicklung von Großunternehmen hat sich die Erfordernis zur Einrichtung mehrerer hierarchischer Ebenen und zur Delegation von Anweisungsbefugnissen auf eine größere Zahl von Mitarbeitern herausgebildet. Ein wesentliches Problem besteht hierbei in der Einschränkung und Kontrolle der Entscheidungsspielräume der Mitarbeiter. Dies ergibt sich daraus, dass Mitarbeiter versuchen werden, bestehende Entscheidungsspielräume auszunutzen, um eigene Interessen zu verfolgen, sie also nicht mehr ausschließlich im Sinne der Zielsetzungen des (oder der) Unternehmer(s) handeln.

Weitergehende Probleme ergeben sich bei so genannten *Publikumsgesellschaften*, die sich durch eine große Zahl von Gesellschaftern auszeichnen, durch die Trennung von Eigentum und Verfügungsmacht beziehungsweise Anweisungsbefugnis. Die Geschäftsführungsbefugnis wird, weitgehend vom (wirtschaftlichen) Eigentum losgelöst, auf angestellte Manager übertragen; selbst die Kontrollrechte der Gesellschafter werden weitgehend durch Gesellschaftsorgane (Aufsichtsrat) ausgeübt. Das Management orientiert sich aber an eigenen Zielsetzungen und nutzt Freiräume entsprechend aus. Die Interessen der Anteilseigner werden nur dann berücksichtigt, wenn sie mit den eigenen übereinstimmen oder von den Anteilseignern über Sanktionsmaßnahmen durchgesetzt werden können. Ein weiteres Problem ergibt sich dadurch, dass die Interessen der Anteilseigner für das Management vielfach nicht erkennbar sind und untereinander stark divergieren (können).

In der Folge ergibt sich ein zusätzlicher Regelungsbedarf bezüglich der

- Beziehungen zwischen dem Unternehmen und seinen Gläubigern,
- Verhältnisse der Eigentümer beziehungsweise Gesellschafter untereinander,
- Beziehungen zwischen Eigentümern und Managern.

Insbesondere sind Vorschriften erforderlich, die den Anteilseignern ein Mindestmaß an Information und Kontrolle gewährleisten, sowie Regelungen zur Bestimmung des Verhältnisses zwischen auszuschüttenden und einzubehaltenen Gewinnen.

1.4 Koalitionsmodell des Unternehmens

Bis hier standen zwei Interessengruppen im Mittelpunkt: die Eigentümer beziehungsweise Anteilseigner sowie gegebenenfalls angestellte Manager. Jetzt erfolgt die Einbeziehung weiterer Gruppen, diese sind insbesondere:

- die Arbeitnehmer,
- die Gläubiger,
- die Abnehmer und Lieferanten sowie
- der Staat.

Das Unternehmen wird als eine Koalition verstanden (s. auch S. 206). Eine *Koalition* ist dabei als eine freiwillige Verbindung von Personen oder Personengruppen, die so genannten Koalitionäre, zu verstehen, die trotz teilweise unterschiedlicher Interessenlagen der Koalitionäre der Verwirklichung gemeinsamer Ziele dienen soll. Als charakteristische *Merkmale* einer Koalition lassen sich heraus arbeiten:

- teilweise Interessenkongruenz zwischen den Koalitionären, diese ist Voraussetzung für das Zustandekommen einer Koalition,
- teilweise divergierende Interessenlagen zwischen den Koalitionären, diese erfordert Kompromisse zwischen den Teilnehmern und macht es notwendig, daß in einem gewissen Umfang auf die Durchsetzung individueller Zielsetzungen verzichtet wird,
- unterschiedlicher Informationsstand sowie
- freiwillige Mitgliedschaft.

Die Funktionsweise einer Koalition lässt sich wie folgt beschreiben: Einzelne Koalitionsmitglieder leisten Beiträge an die Koalition, sie erhalten von dieser dafür Gegenleistungen. Wesentlich ist, dass die Koalitionäre diese Gegenleistungen außerhalb der Koalition nicht oder nur zu ungünstigeren Bedingungen erhalten würden.

Man unterscheidet zwei Klassen von *Koalitionsmitgliedern*:

- Interne Mitglieder. Diese können bei der Entscheidungsfindung in der Koalition in unterschiedlichem Umfang mitwirken, hierzu gehören:
  - die Eigentümer beziehungsweise Anteilseigner,
  - das Management beziehungsweise die Unternehmensleitung,
  - die Arbeitnehmer.
- Externe Mitglieder. Sie haben keinen direkten Einfluss auf Entscheidungsprozesse, können aber mit dem Ausscheiden aus der Koalition drohen; hierzu gehören:
  - die Kreditgeber,
  - die Lieferanten,
  - die Kunden,
  - die Öffentlichkeit (z. B. Anlieger),
  - der Staat, die Gemeinden sowie die Sozialversicherungsträger.

Die Zielsetzungen der Koalitionäre sind zum Teil konvergent, insbesondere besteht langfristig ein Interesse am Bestand des Unternehmens. Zum Teil sind die Zielsetzungen aber auch divergent, insbesondere ergeben sich kurzfristig Zielkonflikte im Hinblick auf die zu leistenden Beiträge einzelner Mitglieder sowie der Verteilung der Wertschöpfung.

Versteht man ein Unternehmen in diesem Sinne als Koalition, so besteht ein zusätzlicher, das heißt über die allgemeine Rechtsordnung hinaus gehender Regelungsbedarf im Hinblick auf die folgenden *Regelungskreise*:

1. Beziehungen zwischen Unternehmen und außenstehenden Dritten. Hier bietet das Gesellschaftsrecht Regelungen für die Gesellschaftsformen hinsichtlich der Vertretung nach außen und der Haftung für die Verbindlichkeiten des Unternehmens. Ansonsten sind Regelungen durch das allgemeine Ordnungsrecht, das Nachbarschaftsrecht, das Wettbewerbsrecht sowie das Umweltschutzrecht erfasst.
2. Beziehungen zwischen Gesellschaftern beziehungsweise Anteilseignern und Unternehmen sowie unter den Gesellschaftern. Dies betrifft insbesondere:
   - Fragen der Haftung,

- Vertretung des Unternehmens nach außen,
- Geschäftsführung beziehungsweise Anweisungsbefugnis im Unternehmen,
- Zuführung und Entnahme von Eigenkapital,
- Verteilung und Entnahme des Gewinns.

Im Gesellschaftsrecht sind Fragen der Haftung und Vertretung zwingend geregelt. Fragen des Innenverhältnisses unterliegen lediglich dispositiven Normen, diese kommen in aller Regel nur dann zum Tragen, wenn im Gesellschaftsvertrag nichts anderes vorgesehen ist.

3. Beziehungen zwischen Geschäftsleitung und Unternehmen sowie deren Verhältnis zu den Anteilseignern (bei Publikumsunternehmen mit weit getrennten Anteilseigentum). Dies betrifft Vorschriften über Informations- und Kontrollrechte sowie über Ausschüttungen und Erhöhung des Eigenkapitals.
4. Verhältnis zwischen Unternehmen und Arbeitskräften. Entsprechende Regelungen finden sich im Arbeitsrecht und im gesetzlichen Kündigungsschutz; hinsichtlich der Einbindung der Arbeitskräfte in unternehmerische Entscheidungsprozesse sind Vorschriften zur Mitbestimmung relevant.

1.5 Zusammenfassung

Die Grundmodelle der Unternehmensverfassung gehen von unterschiedlichen Unternehmensstrukturen aus. Das Modell des Eigentümer-Unternehmens betrachtet Einzelunternehmen sowie solche Gesellschaften, bei denen wirtschaftliches Eigentum, begründet durch die Hingabe von Eigenkapital und Verfügungsmacht im Sinne weitreichender Entscheidungskompetenzen weitgehend in den selben Händen liegen. Zudem bestehen hier, soweit es sich um Gesellschaften handelt, zwischen den Gesellschaftern häufig enge, meist familiäre Beziehungen. Hiervon abstrahiert das Modell des management-geleiteten Unternehmens. Hier fallen wirtschaftliches Eigentum und Verfügungsmacht in unterschiedlicher Ausprägung auseinander. Im Extremfall der großen Publikumsgesellschaften läuft der weitaus größte Teil der Entscheidungsprozesse im Unternehmen ohne Einbindung der Eigenkapitalgeber ab. Dies erzeugt im Vergleich zum ersten Modell einen größeren spezifischen Regelungsbedarf. Das Koalitionsmodell orientiert sich weniger an der Unternehmensstruktur, sondern vielmehr an der unterschiedlich ausgeprägten Bindung der verschiedenen Interessengruppen an das Unternehmen. Betrachtet man hier den abgeleiteten unternehmensspezifischen Regelungsbedarf, so fällt auf, dass dieser eigentlich nur an einer Stelle über den des management-geleiteten Unternehmens hinaus geht, nämlich im Hinblick auf die Mitbestimmung der Arbeitnehmer.

Im Folgenden soll dargestellt werden, wie und in welchem Maße das Gesellschaftsrecht durch die Bereitstellung verschiedener Rechtsformen diesem Regelungsbedarf gerecht wird.

2 Rechtsformen der Unternehmen

2.1 Grundlagen

Die Wahl der Rechtsform gehört zu den konstitutiven und damit langfristig wirksamen Entscheidungen. Anlässe für die Entscheidung über die Rechtsform sind

- die Gründung eines Unternehmens und
- die Änderung wesentlicher persönlicher, wirtschaftlicher, rechtlicher oder steuerrechtlicher Faktoren.

Das Gesellschaftsrecht stellt verschiedene Rechtsformen zur Verfügung. Für private Unternehmen kommen im Wesentlichen in Frage:

- Einzelunternehmen;
- Personengesellschaften:
  - Gesellschaft des bürgerlichen Rechts (GbR),
  - Offene Handelsgesellschaft (OHG),
  - Kommanditgesellschaft (KG),
  - Stille Gesellschaft,
  - Reederei,
  - Partnerschaftsgesellschaft (PartG);
- Kapitalgesellschaften:
  - Aktiengesellschaft (AG),
  - Kommanditgesellschaft auf Aktien (KGaA),
  - Gesellschaft mit beschränkter Haftung (GmbH);
- Mischformen:
  - AG & Co. KG,
  - GmbH & Co. KG,
  - GmbH & Still,
  - Doppelgesellschaft;
- Genossenschaften;
- Versicherungsvereine auf Gegenseitigkeit (VVaG);
- Stiftungen und Vereine;
- Verbandsformen europäischen Rechts:
  - Europäische wirtschaftliche Interessenvereinigung (EWIV),
  - Europäische Aktiengesellschaft.

Grundsätzlich besteht für die Unternehmen die Freiheit der Entscheidung für eine bestimmte Rechtsform, diese *Entscheidungsfreiheit* kann aber in mehrfacher Weise eingeschränkt sein.

Zum einen gibt es Beschränkungen durch gesetzliche Vorschriften, zu nennen sind hier insbesondere:

- Mindestnennkapital oder Mindestzahl von Gründern:
  - AG: Grundkapital $\geq$ 50.000 EUR,
  - GmbH: Stammkapital $\geq$ 25.000 EUR,

- Genossenschaft: Zahl der Gründer ≥ 7,
- Personengesellschaften: mindestens zwei Gesellschafter,
- Stille Gesellschaft: mindestens zwei Vertragspartner;
• Verbindliche Rechtsformen:
  - Hypotheken- und Schiffspfandbriefbanken: AG, KGaA,
  - Bestimmte Versicherungsunternehmen: AG, VVaG,
  - Kapitalanlagegesellschaften: AG, GmbH;
• Beschränkungen durch Art und Umfang der Geschäftstätigkeit.

Zum anderen gibt es Beschränkungen durch die Art der wirtschaftlichen Aufgabe, d. h. bestimmte Rechtsformen kommen nur für Unternehmen in Frage, deren betriebliche Tätigkeit in bestimmter Weise charakterisiert ist:

• Reederei: nur für Betriebe der Schifffahrt,
• Genossenschaft: nur für Betriebe im Sinne des § 1 GenG,
• VVaG: nur für Versicherungsunternehmen,
• PartG: nur für freiberuflich tätige Unternehmer.

Aus diesem Grund werden die Reederei, der VVaG sowie die PartG im Folgenden nicht weiter betrachtet, während die Genossenschaften aufgrund ihrer wirtschaftlichen Bedeutung (insb. Wohnungsbaugenossenschaften) angesprochen werden sollen. Keine Berücksichtigung finden die Stiftungen und Vereine (aufgrund der vielfältigen Gestaltungsformen) sowie die Verbandsformen des europäischen Rechts (aufgrund der zur Zeit noch geringen Verbreitung dieser Rechtsformen). Die gängigen Mischformen (das sind die außer der AG & Co. KG) werden aufgrund ihrer besonderen Struktur in einem eigenen Abschnitt betrachtet.

Unter Angabe der relevanten Rechtsvorschriften verbleiben somit für eine detaillierte Betrachtung:

• Einzelunternehmen (§§ 1 – 104 HGB),
• Gesellschaft des bürgerlichen Rechts (BGB),
• Offene Handelsgesellschaft (§§ 105 – 160 HGB),
• Kommanditgesellschaft (§§ 161 – 177a HGB),
• Stille Gesellschaft (§§ 230 – 237 HGB),
• Aktiengesellschaft (§§ 1 – 277 AktG),
• Kommanditgesellschaft auf Aktien (§§ 278 – 290 AktG),
• Gesellschaft mit beschränkter Haftung (GmbHG),
• Genossenschaften (GenG).

Zu den *Einzelunternehmen* und *Personengesellschaften* ist – aus handelsrechtlicher Sicht – allgemein zu sagen, dass sie unter ihrer Firma (das ist lediglich ihr Name) Rechte erwerben und Verbindlichkeiten eingehen sowie klagen und verklagt werden können. Im Falle der Insolvenz erfolgt ein selbstständiger Konkurs über das Gesellschaftsvermögen. Steuerrechtlich ist zu beachten, dass bei der Einkommensteuer nicht das Unternehmen, sondern die Unternehmer steuerpflichtig sind, während bei der Gewerbesteuer und der Grundsteuer das Unternehmen der Steuerschuldner ist. Bei den Verkehr- und Verbrauchsteuern (z. B. Umsatzsteuer) ist der „Unternehmer" der Steuerschuldner (dies kann auch das Unternehmen sein; der Begriff „Unternehmer" ist hier im umsatzsteuerlichen Sinne zu verstehen).

Kapitalgesellschaften gelten als juristische Personen mit eigener Rechtsfähigkeit. Die Fortführung der betrieblichen Tätigkeit ist weitgehend unabhängig von den Personen der Gesellschafter (natürliche oder juristische Personen), ein Wechsel der Gesellschafter hat im Allgemeinen keinen Einfluss auf den Betrieb. In aller Regel erfolgt bei Kapitalgesellschaften die Trennung von Kapitalrisiko (Kapitalgeber) und Verantwortung für die Führung des Betriebes (Management), eine Ausnahme hierzu bilden Ein-Mann-Gesellschaften oder Gesellschaften, in denen einer oder mehrere der Gesellschafter gleichzeitig die Geschäfte führt (insbesondere Familiengesellschaften). Steuerrechtlich gelten die Kapitalgesellschaften bei der Körperschaftsteuer als Steuersubjekte. Hinsichtlich der anderen Steuerarten (Gewerbesteuer, Grundsteuer, Verbrauch- und Verkehrsteuern) gilt das oben gesagte.

2.2 Entscheidungskriterien

Um Entscheidungen rational treffen zu können, bedarf es Entscheidungskriterien. Im Zusammenhang mit der Rechtsformwahl müssen sich solche Entscheidungskriterien an den rechtlichen und ökonomischen Konsequenzen, die sich aus der Entscheidung für eine bestimmte Rechtsform ergeben, orientieren.

Haftung

Im Mittelpunkt steht die Frage, in welchem Umfang die Eigenkapitalgeber für die Verbindlichkeiten des Unternehmens, die aus schuldrechtlichen Beziehungen zum Unternehmensumfeld resultieren, einstehen müssen. Dabei spricht man von unbeschränkter Haftung, wenn ein Durchgriff auf das Privatvermögen der Eigenkapitalgeber möglich ist, dagegen von beschränkter Haftung, wenn diese auf das gegebene Eigenkapital begrenzt ist.

Leitungsbefugnis

Die Frage, wem in einem Unternehmen die Leitungsbefugnis zusteht (s. S. 202), kann im Zusammenhang mit dem Ausmaß der Haftung gesehen werden. Dabei zerfällt die Leitungsbefugnis in zwei Teilaspekte: Bei der Vertretungsbefugnis geht es darum, wer das Unternehmen nach außen, also gegenüber Dritten vertreten darf, wer also vor allem Verträge mit solchen Dritten im Namen des Unternehmens abschließen darf. Die Geschäftsführungsbefugnis betrifft das Innenverhältnis und zwar alle internen Entscheidungen des gewöhnlichen Geschäftsbetriebs, solche Entscheidungen also, die keine Änderung gesellschaftsrechtlicher Verhältnisse bedingen.

Gewinn- und Verlustbeteiligung

Es ist zu klären wie der im Unternehmen erwirtschaftet Erfolg (oder Misserfolg) auf die am Unternehmen beteiligten Eigenkapitalgeber zu verteilen ist und ob und gegebenenfalls in welchem Maße schon vor der Feststellung, ob ein verteilungsfähiger Gewinn überhaupt vorliegt, von den Beteiligten Mittel entnommen werden dürfen.

Finanzierungsmöglichkeiten

Durch die Rechtsform können die Möglichkeiten zur Beschaffung von Eigen- oder Fremdkapital beeinflusst werden. In diesem Zusammenhang können wiederum das Ausmaß der Haftung, aber auch Vorschriften zur Mindestausstattung von Eigenkapital, zum Gläubigerschutz sowie die Möglichkeiten zur Beendigung des Beteiligungsverhältnisses von Bedeutung sein. Allgemein ist zu sagen, dass bei Einzelunternehmen und Personengesellschaften das Eigenkapital vollständig variabel ist. Kapitalgesellschaften haben dagegen ein in seiner Höhe fixiertes Nominalkapital. Das Nominalkapital plus die offenen Rücklagen bilden bei ihnen das Eigenkapital. Veränderungen des Eigenkapitals sind im Wesentlichen bedingt durch Rücklagenbewegungen, darüber hinaus sind Kapitalerhöhungen beziehungsweise -herabsetzungen denkbar. Durch nicht entnommene Gewinne erhöhen sich die Rücklagen, bei Verlusten erfolgt eine buchtechnische Verrechnung durch Rücklagenauflösung.

Steuerbelastung

Unternehmen unterschiedlicher Rechtsformen werden unterschiedlich besteuert. Hierbei ist insbesondere eine Differenzierung zwischen Einzelunternehmen und Personengesellschaften einerseits und Kapitalgesellschaften (und Genossenschaften) andererseits vorzunehmen. Der Zusammenhang zwischen Rechtsform und Besteuerung stellt sich als ausgesprochen komplex dar.

Aufwendungen der Rechtsform

Insbesondere wegen der strukturellen Unterschiede der verschiedenen Rechtsformen fallen rechtsformspezifische Aufwendungen in unterschiedlicher Höhe an, wobei zwischen einmaligen und laufenden Aufwendungen zu unterscheiden ist.

Publizitätspflicht

Das Unternehmensumfeld wird daran interessiert sein, Informationen über die wirtschaftliche Lage des Unternehmens zu erhalten. Die vom Gesetzgeber getroffenen Regelungen zur Publizität hängen sowohl nach Art als auch nach Umfang von der Rechtsform, daneben aber auch von der Größe des betrachteten Unternehmens ab.

Als ein weiteres, in seiner Bedeutung nicht zu unterschätzendes Kriterium kann die *Unternehmensnachfolge* genannt werden, dass heißt inwieweit die Übergabe eines Unternehmens an die nachfolgende Unternehmergeneration durch die Rechtsform des Unternehmens beeinflusst wird. Hierzu sind allgemeingültige Aussagen jedoch kaum möglich, da hier die Umstände des konkreten Falls, insbesondere die wirtschaftlichen und persönlichen Verhältnisse der beteiligten Wirtschaftssubjekte, eine zu große Rolle spielen. Deshalb wird an dieser Stelle auf eine Einbeziehung dieses Entscheidungskriteriums verzichtet. Auch *Art und Umfang der Mitbestimmung* der Mitarbeiter des Unternehmens können einen Einfluss auf die Wahl der Rechtsform ausüben. Eine detaillierte Auseinandersetzung mit den Vorschriften des Mitbestimmungsrechts würde allerdings den gesetzten Rahmen sprengen, zumal hier die Unternehmensgröße Berücksichtigung finden müsste.

Die Anwendung der oben genannten Entscheidungskriterien ist alles andere als unproblematisch. Zum einen sind nicht alle Kriterien quantitativ messbar, so weist beispielsweise das Kriterium der Haftung nur die Ausprägungen „beschränkt" und „unbeschränkt" auf, während sich etwa im Hinblick auf die Steuerbelastung tatsächlich eine eindeutige Zahl ergibt (sofern die Grundlagen für die Ermittlung der Steuerbelastung eindeutig vorgegeben sind). Zum anderen besteht die Möglichkeit von Zielkonflikten. Wenn etwa eine Rechtsform hinsichtlich der Haftung, eine andere aber hinsichtlich der Steuerbelastung günstiger ist, so stellt sich die Frage, wie in einem solchen Fall die Entscheidung für eine bestimmte Rechtsform getroffen werden soll. Nur bei eindeutiger Dominanz eines Entscheidungskriteriums beziehungsweise bei eindeutiger Rangfolge der Kriterien ergibt sich kein Problem. Eine aus der Entscheidungslehre bekannte Gewichtung der Kriterien mit anschließender Aggregation zu einem Wert ist dagegen wegen der mangelnden Quantifizierbarkeit einiger Kriterien zunächst wenig hilfreich.

An dieser Stelle sei noch einmal die zeitliche Dimension des Entscheidungsproblems „Rechtsformwahl" angesprochen. Die Entscheidung über die Rechtsform des Unternehmens ist nicht notwendigerweise einmalig. Die Rechtsform kann im Laufe der Lebenszeit eines Unternehmens gewechselt werden, diesen Vorgang bezeichnet man als Umwandlung (geregelt im Umwandlungsgesetz und im Umwandlungssteuergesetz). Es ist aber zu beachten, dass die Umwandlung in eine andere Rechtsform einen relativ komplizierten Vorgang darstellt, weil

- bestehende gesellschaftliche Beziehungen verändert werden,
- die steuerliche Belastung entscheidend beeinflusst wird und
- bestimmte Umwandlungsvorgänge steuerlich belastet werden.

Hieraus resultiert die langfristige Wirksamkeit der Rechtsformentscheidung.

2.3 Rechtsformen und Entscheidungskriterien im Einzelnen

Einzelunternehmen

Der Kaufmann betreibt sein Unternehmen allein (d. h. ohne Gesellschafter oder nur mit einem stillen Gesellschafter). Er haftet für die Verbindlichkeiten seines Unternehmens grundsätzlich allein und unbeschränkt, das heißt mit dem gesamten Vermögen einschließlich seines Privatvermögens. Die Gründung erfolgt formlos; unter bestimmten Voraussetzungen ist aber eine Eintragung in das Handelsregister (HR) notwendig. Die Wahl der Firma ist frei, es ist aber ein Zusatz „eingetragener Kaufmann" beziehungsweise „eingetragene Kauffrau" oder eine geeignete Abkürzung anzufügen. Hinsichtlich der Leitungsbefugnis liegt die alleinige Entscheidungsbefugnis beim Einzelunternehmer, ihm steht aber die Möglichkeit offen, in einem ihm genehmen Rahmen Entscheidungskompetenzen auf einzelne Mitarbeiter zu übertragen. Ihm allein steht der gesamte Gewinn zu, ihn allein treffen alle Verluste.

Die Eigenkapitalbasis des Einzelunternehmens ist beschränkt durch das Vermögen des Einzelunternehmers. Es gibt keine gesetzlichen Vorschriften bezüglich der Mindesthöhe des Eigenkapitals, das eingelegte Kapital kann jederzeit entnommen werden. Eine Kapitalerweiterung ist durch neue Einlagen, durch Selbstfinanzierung (= Nichtentnahme erzielter Gewinne) sowie durch die Aufnahme eines stillen Gesellschafters möglich.

Gesellschaft des bürgerlichen Rechts (GbR)

Hierbei handelt es sich um einen vertraglichen Zusammenschluß von natürlichen oder juristischen Personen zur Förderung eines gemeinsam verfolgten Zwecks. Der Gesellschaftsvertrag wird formlos abgeschlossen, die Gesellschaft kann nicht ins HR eingetragen werden. Die Fragen bezüglich der Haftung sind gesetzlich nicht abschließend geregelt, hieraus resultiert eine komplizierte Rechtslage. Die Gesellschaft kann, muss aber nicht nach außen auftreten, sie kann also eine reine Innengesellschaft sein; als solche wird sie vorwiegend bei sogenannten Unterbeteiligungen verwendet. Beispiele für die GbR sind Gastwirtschaften, Sozietäten (sog. Freie Berufe, z. B. Anwälte) oder das Bankenkonsortium bei der Emission von Aktien.

Die Geschäftsführung steht grundsätzlich allen Gesellschaftern gemeinschaftlich zu; durch entsprechende Vereinbarungen im Gesellschaftsvertrag kann die Gesamtgeschäftsführung auf einen oder mehrere Gesellschafter übertragen werden. Die Geschäftsführung und die Vertretungsmacht decken sich, wenn im Gesellschaftsvertrag nichts anderes vereinbart ist. Es obliegt den Beteiligten, über die Verteilung von Gewinn und Verlust zu befinden. Häufig entsteht ein Gewinnanspruch erst bei Auflösung der Gesellschaft, sofern eine Vereinbarung über die Verteilung nicht getroffen ist, erfolgt sie nach Köpfen.

Die GbR besitzt keine Eigenkapitalbasis im üblichen Sinne, insofern ist der Aspekt der Eigenkapitalbeschaffung hier nicht relevant.

Offene Handelsgesellschaften (OHG)

Gemäß § 105 HGB handelt es sich um eine Gesellschaft, deren Zweck auf den Betrieb eines Handelsgewerbes unter gemeinsamer Firma gerichtet ist. Die Wahl der Firma ist frei, ein Zusatz „offene Handelsgesellschaft" oder geeignete Abkürzung (insb. OHG) zwingend erforderlich. Die Gesellschafter haften unbeschränkt mit ihrem gesamten Vermögen (solidarisch und unmittelbar) und unbeschränkbar (d. h. eine Beschränkung der Haftung einzelner Gesellschafter durch den Gesellschaftsvertrag ist rechtlich unbeachtlich). Bei Eintritt in eine OHG haftet der eintretende Gesellschafter wie alle übrigen Gesellschafter für die vor seinem Eintritt begründeten Verbindlichkeiten (§ 130 HGB); bei Ausscheiden aus einer OHG verbleibt noch fünf Jahre die unbeschränkte Haftung für die bis zum Ausscheiden begründeten Verbindlichkeiten (§ 160 HGB).

Die Gesellschaft muß in das HR eingetragen werden, der Gesellschaftsvertrag wird in aller Regel in Schriftform geschlossen.

Die Auflösung der Gesellschaft erfolgt durch Zeitablauf, Beschluss der Gesellschafter, Konkurseröffnung, Tod eines Gesellschafters, Kündigung oder durch gerichtliche Entscheidung.

Grundsätzlich sind alle Gesellschafter der OHG zur Geschäftsführung berechtigt und verpflichtet; im Gesellschaftsvertrag können aber einzelne Gesellschafter von der Geschäftsführung ausgeschlossen werden. Hinsichtlich der Vertretung gilt der Grundsatz der Einzelvertretungsmacht, das heißt jeder Gesellschafter kann rechtswirksam für die Gesellschaft handeln; einzelne Gesellschafter können von der Vertretung ausgeschlossen werden oder es kann (echte oder unechte) Gesamtvertretung vereinbart werden; alle Abweichungen vom oben genannten Grundsatz müssen in das HR eingetragen werden.

In aller Regel bestimmt sich die Verteilung des Gewinns und des Verlusts nach den gesellschaftsvertraglichen Vereinbarungen; häufig orientiert sie sich an den Beteiligungsquoten der Gesellschafter. Sofern keine vertragliche Vereinbarung getroffen ist, erfolgt gemäß § 121 HGB zunächst eine Verzinsung der Kapitaleinlage mit 4 % (sofern der Gewinn hierfür nicht ausreicht, nach einem entsprechenden niedrigeren Satz), ein gegebenenfalls vorhandener Restgewinn sowie ein Verlust wird nach Köpfen verteilt.

Eine (Eigen-) Kapitalerweiterung ist möglich durch die Erhöhung der Kapitaleinlagen der Gesellschafter aus vorhandenem Privatvermögen oder durch die Thesaurierung von in der Gesellschaft erzielten Gewinnen. Grundsätzlich besteht die Möglichkeit der Aufnahme neuer Gesellschafter, aufgrund der in aller Regel gegebenen engen Beziehungen zwischen den OHG-Gesellschaftern ist dieser Weg jedoch nicht unproblematisch, beispielsweise bei Familienunternehmen aber durchaus denkbar.

Kommanditgesellschaft (KG)

Bei der KG gibt es zwei Arten von Gesellschaftern: Komplementäre und Kommanditisten. Die Komplementäre haften unbeschränkt mit ihrem Gesamtvermögen; ihre gesellschaftsrechtliche Stellung entspricht denen der Gesellschafter einer OHG. Die Haftung der Kommanditisten ist auf eine bestimmte, im HR eingetragene Kapitaleinlage beschränkt; solange die Einlage noch nicht voll eingezahlt ist, haftet der Kommanditist mit seinem Privatvermögen für die Resteinzahlung. Eine KG muss mindestens einen Komplementär und mindestens einen Kommanditisten haben. Die Wahl der Firma ist frei, ein Zusatz „Kommanditgesellschaft" oder eine geeignete Abkürzung (insb. „KG") zwingend erforderlich.

Die Stellung der Komplementäre entspricht auch hier der Stellung von Gesellschaftern einer OHG. Die Kommanditisten sind von der Geschäftsführung ausgeschlossen, insbesondere können sie der Geschäftsführung der Komplementäre nicht widersprechen, soweit es sich um Vorgänge des gewöhnlichen Geschäftsbetriebs handelt. Die Kommanditisten haben keine Vertretungsmacht; ein Kommanditist kann aber bevollmächtigt werden, es kann ihm auch Prokura erteilt werden. Hinsichtlich der Gewinn- und Verlustbeteiligung gilt grundsätzlich die Regelung der OHG. Bei einem Kommanditisten erfolgt eine Gewinnzuschreibung zum Kapitalanteil aber nur, wenn die Einlage noch nicht voll eingezahlt oder durch Verlustzuweisung gekürzt ist. Eine Gewinnausschüttung an einen Kommanditisten ist nur möglich, wenn seine Einlage voll geleistet worden ist. Fehlt eine Regelung über die Gewinnverteilung im Gesellschaftsvertrag, so erfolgt auch hier eine Verzinsung der Kapitalanteile mit 4 %, der Rest ist „angemessen" zu verteilen.

Durch die Beschränkung der Haftung besitzt die KG bessere Möglichkeiten der Eigenfinanzierung (s. auch S. 119), beispielsweise durch Erhöhung der Kapitalanteile der Kommanditisten oder durch Aufnahme neuer Kommanditisten.

Stille Gesellschaft (StG)

Die stille Gesellschaft ist eine reine Innengesellschaft, die Einlage des stillen Gesellschafters geht in das Vermögen des Unternehmens über. Der stille Gesellschafter muss am Gewinn und kann am Verlust beteiligt werden. Die Rechte des stillen Gesellschafters können darauf beschränkt werden, dass er die Abschrift des Jahresabschlusses verlangen und die Richtigkeit überprüfen kann; in diesem Falle spricht man von einer typischen stillen Gesellschaft. Wird darüber hinaus dem stillen Gesellschafter eine Beteiligung an den Vermögenswerten (stille Reserven, Firmenwert) gewährt, so spricht man von einer atypischen stillen Gesellschaft. Diese Differenzierung ist vor allem aus steuerlicher Sicht bedeutsam.

Bei einer (typischen) stillen Gesellschaft ist der stille Gesellschafter grundsätzlich von Geschäftsführung und Vertretung ausgeschlossen. In aller Regel erfolgt die Gewinnverteilung den vertraglichen Vereinbarungen; ansonsten finden sich keine erschöpfenden Regelungen im Gesetz. Eine Verlustbeteiligung seitens des stillen Gesellschafters kann ausgeschlossen werden. Da die stille Gesellschaft eine reine Innengesellschaft ist, ist die Frage der Eigenkapitalbeschaffung hier irrelevant.

Aktiengesellschaft (AG)

Wesentliches Merkmal der Aktiengesellschaft ist die Zerlegung ihres Nominalkapitals (Grundkapital) in Aktien; dabei muss das Grundkapital mindestens 50.000 EUR betragen. Die Wahl der Firma ist frei, erfolgt jedoch häufig als Sachfirma; auf jeden Fall ist ein Zusatz „Aktiengesellschaft" erforderlich.

Das Aktiengesetz sieht für die AG drei Entscheidungsgremien vor. Der Vorstand trifft sämtliche Führungsentscheidungen selbständig und trägt die alleinige Verantwortung für die wirtschaftliche Entwicklung; er besteht aus mehreren Personen, die nur gemeinschaftlich zur Geschäftsführung befugt sind und wird für längstens fünf Jahre bestellt. Der Aufsichtsrat wird für höchstens vier Jahre bestellt; er bestellt den Vorstand und ernennt gegebenenfalls ein Mitglied des Vorstands zum Vorstandsvorsitzenden. Die Hauptversammlung hat keinen Einfluss auf die laufende Geschäftsführung. In aller Regel kann sie die Feststellung des Jahresabschlusses und damit die

Höhe des zu verteilenden Gewinns nicht beeinflussen; sie beschließt über die Bestellung der Mitglieder des Aufsichtsrats, über die Verwendung des Bilanzgewinns und anderes. In aller Regel stellen der Vorstand und der Aufsichtsrat den Jahresabschluss fest. Vom dort ausgewiesenen Jahresüberschuss sind zunächst 5 % in die so genannte gesetzliche Rücklage einzustellen, bis diese 10 % des Grundkapitals der Gesellschaft ausmacht. Vorstand und Aufsichtsrat können bis zur Hälfte des (verbleibenden) Jahresüberschusses in die anderen Rücklagen einstellen (Gewinnthesaurierung). Über die Verwendung des Rests entscheidet die Hauptversammlung, das heißt diese bestimmt über die Aufteilung in Gewinnausschüttung und Gewinnthesaurierung.

Der Aktiengesellschaft werden die günstigsten Möglichkeiten der Eigenkapitalbeschaffung nachgesagt. Dies gründet vor allem auf der nicht begrenzten Zahl von Gesellschaftern, wodurch die Aufbringung großer Kapitalbeträge auch mit kleinen Anteilen möglich ist. Mit der Einzahlung des Anteils haben sich die Pflichten des Aktionärs gegenüber der Gesellschaft erschöpft, danach hat er nur noch Rechte:

- Stimmrecht in der Hauptversammlung,
- Recht auf Beteiligung am Gewinn (Dividende) und Liquidationserlös,
- Bezugsrecht bei Ausgabe junger Aktien.

Bei größeren Gesellschaften sind die Aktionäre anonym; das Beteiligungsverhältnis kann durch Verkauf der Aktien jederzeit beendet werden (Aktienhandel an Börsen und über Banken). Eine Erhöhung des Grundkapitals ist durch die Ausgabe junger Aktien (ordentliche Kapitalerhöhung) möglich, dabei ist den Altaktionären ein Bezugsrecht für die jungen Aktien einzuräumen. Dieses dient dem Ausgleich von Kursverlusten, da der Kurs der jungen Aktien in aller Regel unter dem Kurs der alten Aktien liegt. Ein anderer Weg ist die Kapitalerhöhung aus Gesellschaftsmitteln, die durch die Umwandlung von Rücklagen vollzogen wird.

Kommanditgesellschaft auf Aktien (KGaA)

Bei der Kommanditgesellschaft auf Aktien handelt es sich um eine Kombination von KG und AG. Mindestens ein Gesellschafter haftet unbeschränkt mit seinem Gesamtvermögen (KGaA-Komplementäre). Die Kommandit-Aktionäre haften beschränkt mit ihrer (in Aktien verbrieften) Kapitaleinlage.

Die Aufgaben, die bei der AG der Vorstand ausübt, werden bei der KGaA im Wesentlichen von den KGaA-Komplementären übernommen. Demgemäß stehen Hauptversammlung und Aufsichtsrat im wesentlichen die gleichen Befugnisse zu wie bei der AG. Die Vorschriften zur Gewinn- und Verlustverteilung entsprechen weitgehend denen der Aktiengesellschaft. Besonderheiten ergeben sich für die Entnahmen der KGaA-Komplementäre (s. § 288 AktG).

Für die KGaA ergeben sich weitgehend dieselben Möglichkeiten zur Eigenkapitalbeschaffung wie bei der AG; Besonderheiten sind hinsichtlich der Aufnahme, Beteiligung und des Ausscheidens von KGaA-Komplementären zu beachten.

Gesellschaft mit beschränkter Haftung (GmbH)

Das Stammkapital einer GmbH muss mindestens 25.000 EUR betragen. Die Wahl der Firma ist frei, sie kann als Sach- oder Personenfirma mit dem erforderlichen Zusatz „mit beschränkter Haftung" erfolgen.

Die im GmbHG für die Unternehmensleitung vorgesehenen Organe sind die Geschäftsführer und die Gesellschafterversammlung; unter Umständen ist ein Aufsichtsrat zu bestellen. In aller Regel obliegt die Führung der Gesellschaft den Geschäftsführern. Die Gesellschafterversammlung trifft Entscheidungen über die Feststellung des Jahresabschlusses, die Verteilung des Gewinns sowie die Bestellung, Abberufung und Entlastung der Geschäftsführer. Sofern kein Aufsichtsrat erforderlich ist, steht ihr die Prüfung und Überwachung der Geschäftsführung zu. Die Gewinnverteilung bestimmt sich grundsätzlich nach den Kapitalanteilen der Gesellschafter, im Gesellschaftsvertrag kann aber ein anderer Maßstab für die Verteilung vorgesehen werden. Teile des Gewinns können durch gesellschaftsvertragliche Bestimmungen beziehungsweise durch Beschluss der Gesellschafterversammlung von der Verteilung ausgeschlossen werden.

Im Vergleich zur AG hat die GmbH insofern geringere Kapitalbeschaffungsmöglichkeiten, als ihre Anteile nicht teilbar sind und nicht am Kapitalmarkt gehandelt werden. Eine Erweiterung der Eigenkapitalbasis ist möglich durch Nachschusszahlungen der Gesellschafter oder durch die Aufnahme neuer Gesellschafter.

Genossenschaft

Die Genossenschaft ist eine Gesellschaft mit dem Zweck der Förderung des Erwerbs oder der Wirtschaft der Mitglieder (Genossen) mittels eines gemeinschaftlichen Geschäftsbetriebs. Sie ist eine juristische Person des Privatrechts, jedoch keine Kapitalgesellschaft. Die Genossenschaft hat kein festes Grundkapital; dieses variiert vielmehr in Abhängigkeit von der Anzahl der Genossen und der Höhe ihrer Einlagen. Die Haftung ist beschränkt auf das Vermögen der Genossenschaft.

Die für die Unternehmensleitung vorgesehenen Organe sind der Vorstand, der Aufsichtsrat und die Generalversammlung. Die laufende Geschäftsführung liegt beim Vorstand, der aus mindestens zwei Mitgliedern bestehen muss. Der Aufsichtsrat (mind. drei Mitglieder) überwacht den Vorstand, die Generalversammlung entscheidet über Änderungen des Statuts, wählt den Aufsichtsrat und den Vorstand, beschließt über den Jahresabschluss und die Gewinnverteilung und entscheidet über Entlastung von Vorstand und Aufsichtsrat. Die Verteilung des Gewinns richtet sich grundsätzlich nach den Geschäftsguthaben der Genossen, das ist der Betrag, mit dem der Genosse in einem bestimmten Zeitpunkt tatsächlich beteiligt ist. Das Statut der Genossenschaft kann aber einen anderen Verteilungsmaßstab vorsehen.

Die Höhe des Eigenkapitals schwankt mit der Zahl der Mitglieder. Eine Erhöhung des Eigenkapitals ist durch die Aufnahme neuer Mitglieder möglich. Bei Ausscheiden eines Mitglieds erfolgt die Rückgabe des Anteils an die Genossenschaft und durch diese die Rückzahlung des eingelegten Betrags, wodurch es zu einer Verminderung des Eigenkapitals der Genossenschaft kommt.

Zur Fremdkapitalbeschaffung

Die Kreditbasis (i. S. von Kreditwürdigkeit) eines Unternehmens kann von der Höhe des Eigenkapitals und Möglichkeiten zu seiner Erweiterung sowie von den Haftungsverhältnissen und Rechtsvorschriften zur Sicherheit der Gläubiger abhängen. Oft ist die Kreditwürdigkeit aber vorrangig bestimmt von den tatsächlichen wirtschaftlichen Verhältnissen wie Ertragslage, guter Ruf, persönliche Fähigkeiten, Marktposition etc. Rechtsformbedingt ist die OHG im Allgemeinen kreditwürdiger als das Einzelunternehmen, da mehrere Gesellschafter unbeschränkt haften. Bei der KG ist die Haftung zwar zum Teil beschränkt (Kommanditisten), dafür besitzt sie aber bessere Möglichkeiten zur Erweiterung der Eigenkapitalbasis. Die Haftung bei der GmbH ist beschränkt auf das Gesellschaftsvermögen, aber die wirtschaftliche Potenz einer großen GmbH bietet den Gläubigern oft bessere Sicherheiten als das geringere Privatvermögen von OHG-Gesellschaftern. Die AG hat die besten Möglichkeiten der Fremdkapitalbeschaffung. Zum einen enthält das AktG zahlreiche Vorschriften zum Gläubigerschutz. Zum anderen stehen langfristige Fremdfinanzierungsformen vor allem den Aktiengesellschaften offen: Schuldverschreibungen, Wandelschuldverschreibungen, Gewinnschuldverschreibungen. Weiterhin wirkt sich positiv die Unkündbarkeit des Grundkapitals aus. Die Existenz der Gesellschaft ist vom Schicksal der Gesellschafter weitgehend unabhängig.

Zur Steuerbelastung

Im Mittelpunkt steht hier die Frage, welche durch die Steuergesetzgebung gesetzten Faktoren die Wahl der Rechtsform eines Unternehmens beeinflussen können. Dabei sind drei Problemkreise relevant:

1. Der stärkste Einfluss resultiert aus den Unterschieden in der laufenden Besteuerung des erzielten Gewinns und des eingesetzten Vermögens. Gründe sind:
   - unterschiedliche Steuerarten,
   - unterschiedliche Ermittlung der Bemessungsgrundlagen,
   - unterschiedliche Tarifgestaltung.

   Es ist keine allgemeine Aussage darüber möglich, welche Rechtsform die geringste steuerliche Belastung verursacht, vielmehr muss im Einzelfall dies durch sogenannte „Steuerbelastungsvergleiche" ermittelt werden.
2. Steuerliche Belastung des Umwandlungsvorgangs.
3. Steuerliche Unterschiede bei der Gründung und bei Kapitalerhöhungen.

Zu den Aufwendungen der Rechtsform

Die rechtsformspezifischen Aufwendungen hängen vom Umfang gesetzlicher Vorschriften ab, je größer dieser ist, um so höher sind die Aufwendungen. Bei Personenunternehmen fallen in aller Regel nur einmalige Aufwendungen bei der Gründung an (Eintragung in das HR, Beglaubigung oder Beurkundung von Gesellschaftsverträgen und Grundstückskäufen). Bei Kapitalgesellschaften und Genossenschaften entstehen zusätzlich laufende Aufwendungen, verursacht durch die Pflichtprüfung und Veröffentlichung des Jahresabschlusses, Haupt- beziehungsweise Gesellschafterversammlungen und gegebenenfalls Aufsichtsratssitzungen sowie durch rechtsformabhängige Steuern. Bei der AG entstehen zusätzlich Kosten für Druck und Ausgabe der Aktien sowie für Prospekte und Gründungsprüfung.

Zur Publizitätspflicht

Für bestimmte Rechtsformen besteht die Pflicht zur Veröffentlichung des Jahresabschlusses. Allgemein gilt dies für Kapitalgesellschaften und Genossenschaften, in Abhängigkeit von der Größe des Unternehmens können aber auch Einzelunternehmen und Personengesellschaften betroffen sein.

2.4 Mischformen

Bei den gängigen Mischformen handelt es sich um solche zwischen Personen- und Kapitalgesellschaften, die in dieser Form vom Gesetzgeber nicht vorgesehen waren, sich aber in der betrieblichen Praxis heraus gebildet haben. Ursprünglich war das Motiv für die Bildung solcher Mischformen die Verbindung steuerlicher Vorteile der Personengesellschaften mit der beschränkten Haftung bei den Kapitalgesellschaften. Im Folgenden sollen die gängigsten Formen angesprochen werden.

Bei der *GmbH & Co. KG* handelt es sich um eine Personengesellschaft, deren unbeschränkt haftender Komplementär eine GmbH ist. Damit bleibt letztlich die Haftung auf Gesellschaftsvermögen (nämlich das der KG und das der GmbH) begrenzt, mit anderen Worten ist an keiner Stelle der Durchgriff auf das Privatvermögen einer natürlichen Person möglich. Bei der echten oder typischen Form der GmbH & Co. KG sind die Kommanditisten der KG gleichzeitig die (einzigen) Gesellschafter der GmbH. Die Leitungsbefugnis der GmbH & Co. KG liegt bei der Komplementär-GmbH, sie wird durch deren Geschäftsführer ausgeübt. Hinsichtlich der Publizität gelten die Vorschriften für Kapitalgesellschaften. Bezüglich der anderen genannten Kriterien besteht weitgehend Analogie zur KG.

Die *Betriebsaufspaltung*, auch als *Doppelgesellschaft* bezeichnet, zeichnet sich dadurch aus, dass zwei rechtlich selbständige Gesellschaften, in aller Regel eine Personen- und eine Kapitalgesellschaft, die unternehmerische Tätigkeit als wirtschaftliche Einheit betreiben. In der typischen Form sind dabei die Gesellschafter der Personengesellschaft und die der Kapitalgesellschaft identisch. Die gängigste Form ist die Aufspaltung in eine Besitzpersonengesellschaft und eine Betriebskapitalgesellschaft. Die Besitzpersonengesellschaft hält dabei die Vermögensgegenstände des Anlagevermögens in ihrem Vermögen und vermietet diese an die Betriebskapitalgesellschaft, die diese Vermögensgegenstände zur Leistungserstellung einsetzt. Damit trägt die Betriebskapitalgesellschaft den wesentlichen Teil des Geschäftsrisikos, das Anlagevermögen ist jedoch, da im Besitz der Personengesellschaft, der Haftungsmasse weitgehend entzogen. Da beide Gesellschaften rechtlich selbständig sind, gelten hinsichtlich der oben genannten Kriterien die Aussagen zur jeweiligen Rechtsform weitgehend. Besonderheiten ergeben sich jedoch hinsichtlich der steuerlichen Belastung der Betriebsaufspaltung.

Bei der *GmbH & Still* liegt eine Beteiligung durch einen Dritten oder einen Gesellschafter der GmbH außerhalb des Stammkapitals an der Gesellschaft vor. Im Wesentlichen aus steuerlicher Sicht ist eine Differenzierung nach typischer und atypischer GmbH & Still vorzunehmen. Bei der typischen Form zählt das vom stillen Gesellschafter gegebene Kapital zu den Verbindlichkeiten der Gesellschaft und ist damit nicht Bestandteil des Haftungskapitals. Der stille Gesellschafter ist am Gewinn und, sofern vertraglich vereinbart, am Verlust der Gesellschaft beteiligt und nimmt die Rechtsstellung eines Gläubigers ein. Die atypische Form liegt vor, wenn der Gesellschafter über die Beteiligung an Gewinn und Verlust auch an den stillen Reserven beteiligt ist, er wird dann als Mitunternehmer angesehen.

2.5 Überlegungen zur Vorteilhaftigkeit

Eine „optimale" Rechtsform per se gibt es nicht. Wie oben schon angesprochen, ergibt sich im Allgemeinen keine Vorteilhaftigkeit nach allen Kriterien für eine bestimmte Rechtsform. An dieser Stelle ist somit kritisch zu hinterfragen, wie gravierend die Unterschiede zwischen den Rechtsformen hinsichtlich der verschiedenen Entscheidungskriterien tatsächlich sind. Da bezüglich der Leitungsbefugnis sowie der Gewinn- und Verlustbeteiligung die genannten Regelungen weitgehend dispositiver Natur sind, durch entsprechende Ausgestaltung im Gesellschaftsvertrag also eine individuelle, den Präferenzen der Beteiligten entsprechende Gestaltung möglich ist, verlieren diese Kriterien praktisch an Relevanz.

Die Regelungen zur Haftung sind zwingend, insofern könnte hier ein Vorteil für solche Rechtsformen gesehen werden, bei denen die Haftung ganz oder wenigstens zum Teil beschränkt ist. Es ist jedoch zu beachten, dass potenzielle Gläubiger eines Unternehmens, bei denen die Haftung der Gesellschafter auf die getätigten Einlagen beschränkt ist, diese Beschränkung durch die Forderung nach Sicherheitsleistungen aus dem Privatvermögen der Gesellschafter umgehen. Bei den Möglichkeiten zur Beschaffung von Eigenkapital dürfte deshalb auch eher das Ausmaß der Bindung zwischen der Gesellschaft und den Gesellschaftern und hier insbesondere die Möglichkeiten und Konsequenzen der Beendigung des Gesellschaftsverhältnisses ausschlaggebend sein. Hier dürften Publikumsgesellschaften eindeutig im Vorteil sein. Gleiches kann für die Möglichkeiten zur Beschaffung von Fremdkapital gesagt werden, da diese wesentlich durch die Unternehmensgröße determiniert werden.

Allgemeingültige Aussagen bezüglich der Vorteilhaftigkeit bei der Steuerbelastung können nicht getroffen werden. Deren Höhe hängt im Einzelfall von der konkreten Datenkonstellation ab. Neben der Rechtsform sind von Bedeutung die wirtschaftlichen Verhältnisse des Unternehmens (z. B. Höhe des Gewinns, Umfang der Verschuldung, Gewinnverteilung) sowie die wirtschaftlichen und persönlichen Verhältnisse der Eigenkapitalgeber (z. B. andere Einkünfte, Familienstand). Hinzu kommt der Umfang vertraglicher Beziehungen zwischen Gesellschaft und Gesellschaftern (z. B. hinsichtlich Geschäftsführung, Darlehen, Vermietung von Wirtschaftsgütern). Hinsichtlich der Publizitätspflicht (und auch hinsichtlich der Art und Umfang der Mitbestimmung) kann den Einzelunternehmen und Personengesellschaften aufgrund der weniger restriktiven Vorgaben ein Vorteil zugesprochen werden. Gleiches gilt für die rechtsformspezifischen Aufwendungen.

Insgesamt bleibt zu konstatieren, dass die Wahl der Rechtsform zwar Auswirkungen auf die Beziehungen zwischen Unternehmen und Unternehmensumfeld hat und diesem Aspekt insbesondere wegen der daraus resultierenden rechtlichen Konsequenzen Aufmerksamkeit zu schenken ist, diese Auswirkungen aber im Hinblick auf einen möglichen Einfluss auf den ökonomischen Erfolg eines Unternehmens auch nicht überschätzt werden sollten.

3 Unternehmenszusammenschlüsse

3.1 Grundlagen

Als ein wesentliches unternehmerisches *Ziel* kann die langfristige Sicherung des Unternehmensbestands angesehen werden. Als Instrument hierzu dient das Wachstum im Sinne der Vergrößerung der Marktanteile eines Unternehmens. Grundsätzlich können zwei Strategien verfolgt werden: internes oder externes Wachstum.

Mit *internem Wachstum* sind Wachstumsaktivitäten „im Unternehmen" gemeint, dies sind beispielsweise kurzfristig Aktivitäten im Absatzbereich oder langfristig ein verstärktes Engagement im Bereich Forschung und Entwicklung.

Unter *externem Wachstum* versteht man die wirtschaftliche oder rechtliche Angliederung eines selbstständigen Unternehmens oder Teile davon an ein anderes Unternehmen beziehungsweise die Vereinigung bestehender Unternehmen mit dem Zweck der gemeinschaftlichen Aufgabenerfüllung. Hiermit wollen wir uns im Folgenden auseinandersetzen. Als Maßnahmen betrachten wir dabei:

- Kartelle (Vorstufe für externes Wachstum),
- Konzernierung und
- Fusionierung.

Unternehmenszusammenschlüsse sind nicht unbeschränkt möglich. Es gibt Einschränkungen durch das Gesetz gegen Wettbewerbsbeschränkungen (GWB), insbesondere durch das Verbot von Kartellverträgen (aber mit wesentlichen Ausnahmen). Ziel dieser Einschränkungen ist die Verhinderung von marktbeherrschenden Stellungen (im Extremfall Monopolen).

3.2 Ziele von Unternehmenszusammenschlüssen

Unternehmenszusammenschlüsse dienen nicht einer eindimensionalen Zielsetzung, vielmehr sind hierdurch eine ganze Reihe von *Vorteilen* denkbar. Im Einzelnen können genannt werden:

- Die Förderung des Wachstums schafft Voraussetzungen für die Befriedigung der persönlichen Bedürfnisse von Managern (Image, Macht etc.).

- Eine Vergrößerung des Beschaffungsvolumens dient der Verbesserung der Machtposition gegenüber Lieferanten, dadurch können günstigere Beschaffungskonditionen erlangt werden (z. B. Mengenrabatte, günstige Lieferfristen, günstige Lieferungs- und Zahlungsbedingungen).
- Im Bereich der Fertigung können die Vorteile der Fixkostendegression (economies of scale) durch niedrigere Fixkosten bei besserer Ausnutzung der Kapazitäten genutzt werden.
- Absatzwirtschaftliche Ziele sind in der Steigerung der Angebotsmacht, dem Ausbau des Vertriebsapparats und der Marktforschungskapazität sowie der Erweiterung der Produktpalette zu sehen.
- Finanzwirtschaftliche Ziele liegen in der Verbreiterung der Eigenkapitalbasis und der Steigerung der Kreditwürdigkeit.
- Potenziale werden erworben beispielsweise durch die Übernahme des Facharbeiterstamms, des Kundenstamms oder des technischen Know-how´s und ähnlicher immaterieller Güter.
- Vorteile steuerlicher Art können sich ergeben durch Abschreibungsvergünstigungen, deren Vorteile mit dem Umfang des Vermögens wachsen, durch die steuerliche Begünstigung der Bildung von Pensionsrückstellungen und durch Konzernsteuerrechtsinstitute (z. B. steuerliche Organschaft und Schachtelprivileg).

3.3 Alternativen von Unternehmenszusammenschlüssen

Die Ausprägungen von Unternehmenszusammenschlüssen lassen sich nach der Richtung des Zusammenschlusses oder nach dem Grad der Bindungsintensität klassifizieren. Nach der *Richtung* differenziert man in:

- Horizontale Zusammenschlüsse: Die Integration erfolgt auf derselben Produktions- oder Absatzstufe.
- Vertikale Zusammenschlüsse: Es erfolgt eine Integration mit vorgelagerten (Vorwärtsintegration) oder nachgelagerten (Rückwärtsintegration) Stufen.
- Konglomerate Zusammenschlüsse sind weder horizontal noch vertikal, sie dienen im Wesentlichen der Risikostreuung (Diversifikation).

Nach dem Grad der Bindungsintensität unterscheidet man zwei Grundformen, die der Kooperation und die des Zusammenschlusses unter einheitlicher Leitung.

Bei der *Kooperation* werden lediglich Teilaufgaben integriert. Als Formen sind hier zu nennen:

- Arbeitsgemeinschaft (Konsortium),
- Kartell,
- Gemeinschaftsunternehmen (Joint Venture),
- Unternehmensverband.

Wesentliches Merkmal der Kooperation ist, dass die zusammengeschlossenen Unternehmen lediglich einen Teil ihrer wirtschaftlichen Selbstständigkeit verlieren, und zwar denjenigen Teil, der integriert wird. So wird beispielsweise bei einem Preiskartell ausschließlich die Preisfestsetzung gemeinsam geregelt. Bei einem Unternehmenszusammenschluss unter einheitlicher Leitung ist dagegen die gemeinsame Erfüllung der Gesamtaufgabe angestrebt. Die gängigen Formen sind:

- Konzern und
- Fusion.

Das charakteristische Merkmal eines solchen *Zusammenschlusses* ist, dass die beteiligten Unternehmen die wirtschaftliche Selbstständigkeit, bei der Fusion zusätzlich die rechtliche, verlieren. Es entsteht ein verbundenes Unternehmen.

Auf die verschiedenen Formen wird nachfolgend eingegangen.

3.4 Kooperationen

Bei einer *Arbeitsgemeinschaft* handelt es sich um einen Zusammenschluss von Unternehmen, mit dessen Hilfe eine zeitlich befristete und inhaltlich genau abgegrenzte Aufgabe gemeinsam erfüllt werden soll, nach der Erfüllung der Aufgabe wird die Arbeitsgemeinschaft wieder aufgelöst. Sie wird in aller Regel in der Rechtsform einer GbR geführt. Als Spezialfall ist das Bankenkonsortium anzusehen, das ist ein Zusammenschluss von Banken zur Wahrnehmung einer gemeinsamen Aufgabe wie beispielsweise der Wertpapieremission.

Kartelle werden zum Zweck der Beeinflussung des Marktes durch Wettbewerbsbeschränkungen gebildet. Formen sind:

- Preiskartelle: Preisgestaltung in Form von Fest-, Höchst- oder Mindestpreisvereinbarungen,
- Rabattkartelle: Festsetzung einer gemeinsamen Rabattpolitik,
- Konditionenkartelle: Vereinbarungen über Geschäfts-, Lieferungs- und Zahlungsbedingungen,
- Normen- und Typenkartelle: Vereinheitlichung von Produktteilen (Normung) und von Endprodukten (Typung),
- Spezialisierungskartelle: Aufteilung von Produkttypen auf Unternehmen,
- Quotenkartelle: Verteilung der Produktionsquoten,
- Gebietskartelle: Absprachen über Aufteilung der Absatzmärkte,
- Syndikate: Gemeinsame Verkaufs- beziehungsweise Einkaufseinrichtungen.

Gemeinschaftsunternehmen (Joint Venture) entstehen durch die Kooperation mehrerer Unternehmen durch die Gründung einer Gesellschaft, an der die kooperierenden Unternehmen gemeinsam beteiligt sind. Die Beteiligung erfolgt in aller Regel zu gleichen Teilen. Das Ziel ist die gemeinsame Wahrnehmung einzelner Aufgaben wie etwa Forschung, Absatz oder Einkauf.

Ein *Unternehmensverband* ist ein Zusammenschluss von Unternehmen zur Wahrnehmung gemeinsamer Interessen und zur Erfüllung gemeinsamer Aufgaben. Gängige Typen sind die Arbeitgeber- und die Wirtschaftsfachverbände und die Kammern.

3.5 Zusammenschlüsse unter einheitlicher Leitung

Ein *Konzern* umfasst mehrere rechtlich selbstständige Unternehmen, die unter einheitlicher Leitung zusammengefasst sind (s. auch § 18 AktG), es kommt zur Bildung einer wirtschaftlichen Einheit.
Konzernarten sind der Unterordnungskonzern und der Gleichordnungskonzern:

- Beim *Gleichordnungskonzern* stehen mehrere rechtlich selbstständige Unternehmen unter einheitlicher Leitung, ohne dass ein Unternehmen von anderen abhängig ist.
- Beim *Unterordnungskonzern* sind ein herrschendes und ein oder mehrere abhängige Unternehmen unter Leitung des herrschenden Unternehmens zusammengefasst, dadurch entsteht ein ausgeprägtes Abhängigkeitsverhältnis.

Der Unterordnungskonzern ist häufiger anzutreffen, er tritt in drei *Varianten* auf:

- Beim Eingliederungskonzern sind das herrschende und die abhängigen Unternehmen wirtschaftlich völlig integriert ohne dass die rechtliche Selbstständigkeit aufgegeben wird.
- Ein Vertragskonzern entsteht durch den Abschluss eines Beherrschungsvertrages. Dieser bestimmt die Leitungsbefugnis des herrschenden Unternehmens.
- Der faktische Konzern entsteht durch die tatsächliche Beherrschung auf dem Wege der Beteiligung. Es existieren keine vertraglichen Beziehungen, es muss jedoch eine einheitliche Leitung vorliegen (faktische Leitungsmacht durch die Macht der Konzernspitze zur Bestimmung der Besetzung von Aufsichtsrat und Vorstand der Tochtergesellschaft).

Das Hauptinstrument zur Begründung eines Unterordnungskonzerns ist die Kapitalbeteiligung. Zu beachten ist dabei, dass eine einfache Mehrheit (Beteiligung > 50 % aber < 75 %) unter Umständen zur völligen Beherrschung nicht ausreicht (Sperrminorität). Für Konzerne sind spezielle Regelungen zur Rechnungslegung vorgesehen, außerdem besondere Regelungen bezüglich der Mitbestimmung.

Eine *Fusion* (auch: Verschmelzung) liegt dann vor, wenn die sich verbindenden Unternehmen nicht nur ihre wirtschaftliche, sondern auch ihre rechtliche Selbstständigkeit verlieren. Gängige Formen sind die Fusion durch Aufnahme, bei der ein oder mehrere Unternehmen von einem anderen Unternehmen aufgenommen werden, indem deren Vermögen auf dieses aufnehmende Unternehmen übertragen wird, und die Fusion durch Neugründung, bei der mehrere Unternehmen zu einem neu gegründeten Unternehmen zusammengefasst werden.

4 Vertiefende Literatur

Einen Überblick über die Unternehmensformen findet sich in jedem gängigen einführenden Lehrbuch zur Betriebswirtschaftslehre. Für eine weitergehende Auseinandersetzung seien beispielhaft an dieser Stelle empfohlen: Bea et al. (2004), Wöhe (2002) sowie Kistner & Steven (2002). Auf Letztere hat der Verfasser insbesondere in dem Abschnitt zur Unternehmensverfassung zurückgegriffen.

Externe Unternehmensrechnung

Stefan Wielenberg

Universität Bielefeld
Fakultät für Wirtschaftswissenschaften
Lehrstuhl für Betriebswirtschaftslehre, Externes Rechnungswesen
swielenberg@wiwi.uni-bielefeld.de

Inhaltsverzeichnis

1	**Begriff und Zweck der externen Unternehmensrechnung**	37
1.1	Begriff und Abgrenzung	37
1.2	Rechnungszwecke	37
2	**Datenbasis der externen Unternehmensrechnung**	40
2.1	Vorbemerkungen	40
2.2	Ein- und Auszahlungen – Zahlungsmittelebene	40
2.3	Erträge und Aufwendungen – Reinvermögensebene	41
2.4	Ein Beispiel	42
3	**Doppelte Buchführung als Erfassungstechnik**	46
3.1	Buchführung als Alternative zur Stichtagsinventur	46
3.2	Grundlegende Typen von Geschäftsvorfällen	47
3.3	Schematischer Ablauf der Buchführung	49
3.4	Doppelte Buchführung im Beispiel	52
4	**Grundlegende Regeln der Rechnungslegung**	53
4.1	Vorbemerkungen	53
4.2	Handelsrechtliche Grundsätze ordnungsmäßiger Buchführung	54
4.3	Grundlagen der Rechnungslegung nach IFRS	57
5	**Kurzüberblick über wichtige Bilanzierungsnormen**	58
5.1	Vorbemerkungen	58
5.2	Anlagevermögen	59
5.3	Umlaufvermögen	62
5.4	Verbindlichkeiten	63
5.5	Rückstellungen	63
5.6	Eigenkapital	65
5.7	Wichtige Unterschiede zu den IFRS	66

6	**Gewinn- und Verlustrechnung**	67
7	**Anhang**	69
8	**Schlussbemerkungen**	69
9	**Vertiefende Literatur**	69

Die externe Unternehmungsrechnung (UR; synonym: das externe Rechnungswesen) ist einer jener Teilbereiche der Betriebswirtschaftslehre, mit dem nicht nur professionelle Betriebswirte, sondern jeder aufmerksame Leser des Wirtschaftsteils einer Tageszeitung zwangsläufig in Kontakt gerät. Deshalb hat vermutlich jeder Leser dieses Beitrags eine ungefähre Vorstellung davon, was sich hinter Termini wie „Bilanz", „Eigenkapital" oder „Gewinn" verbergen könnte. Häufig ist von diesen Begriffen die Rede, wenn über die Bilanzpressekonferenz einer Aktiengesellschaft und entsprechende Reaktionen der Börse berichtet wird. Offensichtlich übermitteln Unternehmen über die externe UR Informationen an externe Interessenten wie beispielsweise Kapitalmärkte. Dieser Beitrag soll deutlich machen, warum Unternehmen UR betreiben und wie man die dort produzierten Daten zu interpretieren und einzuschätzen hat.

Der Beitrag ist folgendermaßen aufgebaut: Im ersten Abschnitt wird kurz dargestellt, was man unter der externen UR versteht und welche Rechnungszwecke üblicherweise unterschieden werden. Anschließend soll untersucht werden, auf welcher Datenbasis man diesen Zwecken am ehesten gerecht werden kann. Die doppelte Buchführung ist eine Technik, die in der Praxis die Erfassung und Aufbereitung der Unternehmensdaten im Rahmen des Rechnungswesens erleichtert. Die Grundstruktur dieses Systems wird in Abschnitt 3 dargestellt. Die Abschnitte 4, 5 und 6 beinhalten einen kurzen Überblick über die wichtigsten Bestandteile des Jahresabschlusses.

1 Begriff und Zweck der externen Unternehmensrechnung

1.1 Begriff und Abgrenzung

Bevor wir genauer untersuchen, warum die UR betrieben wird und wie es funktioniert, müssen wir zunächst deutlich machen, was darunter zu verstehen ist, und wie es von anderen Systemen der Unternehmensrechnung abzugrenzen ist. Unter Unternehmensrechnung versteht man (s. Ewert & Wagenhofer, 2005) die Gestaltung von Informationssystemen im Unternehmen, die die finanziellen Konsequenzen der real- und finanzwirtschaftlichen Aktivitäten eines Unternehmens abbilden. Dazu zählt zunächst die an das Management und andere interne Benutzer gerichtete interne Unternehmensrechnung, zu der beispielsweise die Kostenrechnung (s. S. 72 ff.) oder die Investitions- und Finanzplanung gehören (s. S. 103 ff.). Dieser Beitrag beschäftigt sich mit der externen Unternehmensrechnung (s. Wagenhofer & Ewert, 2003), die sich an externe Adressaten wie Aktionäre, Banken, den Fiskus, die Öffentlichkeit und andere Interessenten richtet. Der Hauptbestandteil der externen UR ist das externe Rechnungswesen, das die Finanzbuchhaltung und als wesentlichen Output den Jahresabschluss umfasst. Die wichtigsten finanziellen Informationen im Abschluss werden in Rechenwerken wie Bilanz und Gewinn- und Verlustrechnung (GuV) zusammengefasst und im Anhang erläutert. Synonym zum externen Rechnungswesen wird häufig der Begriff „Externe Rechnungslegung" verwendet, der stärker den Aspekt der Rechenschaftslegung durch die Anfertigung des Jahresabschlusses betont.

1.2 Rechnungszwecke

Das externe Rechnungswesen ist eine Aufgabe, die für das Unternehmen einen nicht unerheblichen Aufwand darstellt, der zum Teil freiwillig, zum Teil aufgrund gesetzlicher Regelungen in Kauf genommen wird. Aus diesem Grund müssen wir uns zunächst mit der Frage beschäftigen, welchen Zwecken das externe Rechnungswesen dient. Grundsätzlich muss man dazu die *Adressaten des Rechnungssystems* genauer betrachten und überlegen, was die Empfänger von diesem Informationssystem erwarten (s. Schneider, 1997).

Eine erste wichtige Gruppe von Adressaten des externen Rechnungswesens sind *Investoren*, die dem Unternehmen Eigen- oder Fremdkapital zur Verfügung stellen möchten. Potenzielle Eigenkapitalgeber (z. B. Aktionäre) interessieren sich dafür, ob der Preis der Aktie durch die in Zukunft zu erwartenden Dividenden gerechtfertigt ist. Potenzielle Fremdkapitalgeber (z. B. Banken oder Erwerber von Anleihen) benötigen Informationen darüber, ob das Unternehmen die vereinbarten Zins- und Tilgungszahlungen in der Zukunft leisten kann. Beide Investorengruppen benötigen also Informationen über die aktuelle und vergangene Profitabilität des Unternehmens, aus der sie möglicherweise Rückschlüsse auf die zukünftige Profitabilität ziehen können. Nützlich sind zu diesem Zweck und zur Einschätzung von künftigen Zahlungen möglicherweise auch Informationen über die Struktur und Höhe des Unternehmensvermögens sowie über die Finanzierungsquellen des Unternehmens.

Es sprechen einige Indizien dafür, dass der Rechnungszweck „Entscheidungsunterstützung für Investoren" eine wichtige Rolle spielt. Die europäischen Regulierungsaktivitäten der letzten 20 Jahre, die ihren vorläufigen Höhepunkt in der Einführung der *International Financial Reporting Standards* (IFRS) für bestimmte Unternehmen gefunden haben, sind stark von den Bedürfnissen der Investoren beeinflusst. Auch die Reaktion von Aktienkursen auf überraschende Gewinnsteigerungen von Unternehmen zeigen, dass Investoren Informationen der externen UR auswerten und auf dieser Basis Entscheidungen treffen.

Einen zweiten Zweck der externen UR erkennt man durch die Beobachtung, dass in vielen Unternehmen Eigentum und Führung des Unternehmens voneinander getrennt sind. In großen Aktiengesellschaften (s. S. 24) besitzt der für die Führung des Unternehmens verantwortliche Vorstand beispielsweise oft keinen oder nur einen verschwindend geringen Anteil der Aktien. Ein Informationssystem wie die externe UR erfüllt in der *Beziehung zwischen Aktionären (Eigentümern) und Vorstand* zwei Aufgaben:

1. Die Anteilseigner benötigen finanzielle Informationen über die Aktivitäten des Managements, um beurteilen zu können, ob das Management seinen vertraglichen Pflichten nachgekommen ist. Diese Funktion der externen UR kann man kurz als „Rechenschaftsfunktion" bezeichnen.
2. Die Zielsetzungen von Management und Anteilseignern in Bezug auf das Unternehmen sind im Allgemeinen nicht identisch. Die Anteilseigner sind in aller Regel an der Maximierung des Werts ihres Anteils interessiert, während das Management eigene Interessen verfolgt, die nicht unbedingt mit Unternehmenswertsteigerungen verbunden sein müssen. Beispiele dafür sind wertvernichtende Wachstumsstrategien („empire building"), überflüssige Investitionen zum persönlichen Wohl oder Mangel an Einsatz für das Unternehmen. Aus diesem Grund wird häufig versucht, dem Management durch leistungsabhängige Verträge Anreize für ein Verhalten im Sinne der Anteilseigner zu bieten. Die externe UR dient hier als Messinstrument für die Leistung des Managements; kurz kann dieser Rechnungszweck als „Anreizfunktion" bezeichnet werden. Typische Beispiele für solche Verträge sind gewinn- oder umsatzabhängige Entlohnungen. Kompliziertere Leistungsmaße berücksichtigen bei der Messung von Wertentstehung auch die eingesetzten Ressourcen. Grundsätzlich werden also Informationen benötigt, die Aufschluss über Erfolge und Misserfolge des Managements in vergangenen Perioden bieten. Ein besonderes Problem ergibt sich durch die Tatsache, dass das Management die Informationen, anhand derer es beurteilt wird, selbst erstellt. Regeln und Standards zur Aufbereitung der Informationen und die Überwachung der Einhaltung dieser Standards durch die Prüfung der externen UR gewinnen aus Sicht dieses Rechnungszwecks besondere Bedeutung.

Die Finanzierung von haftungsbeschränkten Unternehmen wie der Gesellschaft mit beschränkter Haftung (GmbH) oder der Aktiengesellschaft (AG) mit Fremdkapital birgt einen *Interessenkonflikt* zwischen Eigenkapital- und Fremdkapitalgebern. Die Eigenkapitalgeber könnten nach Bereitstellung des Fremdkapitals versucht sein, Maßnahmen zu ergreifen, die den Wert ihres Anspruchs auf Kosten der Fremdkapitalgeber erhöhen. Wegen der Haftungsbeschränkung können dies beispielsweise übermäßige Ausschüttungen sein, die durch Liquidation von Unternehmensteilen oder durch die Aufnahme von neuem Fremdkapital finanziert werden. Der deutsche Gesetzgeber beugt diesem Konflikt vor, indem für haftungsbeschränkte Gesellschaftsformen ein Mindestkapital vorgeschrieben wird, das durch die Begrenzung von Ausschüttungen geschützt wird (z. B. §§ 57, 58 Aktiengesetz resp. AktG). Die gesetzliche Begrenzung von Ausschüttungen ihrerseits geschieht durch Rückgriff auf den so genannten Bilanzgewinn, der sich aus bestimmten Teilen des einbehaltenen Gewinns früherer Perioden und dem aktuellen Jahresüberschuss zusammensetzt. Diese „Ausschüttungsbemessungsfunktion" der externen UR findet sich nicht nur in gesetzlichen Regelungen, sondern häufig auch quasi privat vereinbart in Kreditverträgen (s. Wagenhofer & Ewert, 2003, Kapitel 4). Nun stellt sich die Frage, welche Informationen für diesen Rechnungszweck geeignet sein können. Grundsätzlich benötigt man Aufschluss darüber, welcher Betrag dem Unternehmen entnommen werden kann, damit einerseits die Existenz des Unternehmens und die Rückzahlung von Krediten nicht gefährdet wird, andererseits aber auch die Interessen der Dividendenberechtigten gewahrt werden. In Deutschland sind die Vorschriften des dritten Buchs des Handelsgesetzbuchs (HGB) für diesen Rechnungszweck maßgeblich, die nach herrschender Meinung besonders stark vom Vorsichtsprinzip (explizit für Bewertungsfragen in § 252 Abs. 1 Nr. 4 HGB) geprägt sind. Eine vorsichtsgeprägte Rechnungslegung weist Erfolge eher zu spät und pessimistisch aus, während Belastungen des Unternehmens eher zu früh und tendenziell überbewertet berücksichtigt werden. Dies führt zu einer systematischen Unterbewertung des Unternehmensvermögens und, wenn Ausschüttungsbegrenzungen an den Gewinn geknüpft sind, zu eher späten Ausschüttungen an die Anteilseigner. Diese Eigenschaft der externen UR wird im Allgemeinen als kompatibel mit der Ausschüttungsbemessungsfunktion angesehen, weil eine vorsichtige Gewinnermittlung wegen der systematischen Untertreibung des Vermögens zu hohen stillen Reserven im Unternehmen führt, die im Krisenfalle die Ansprüche von Gläubigern erfüllen helfen. Die verspäteten Ausschüttungen werden für die Anteilseigner als zumutbar angesehen, weil es sich ja nicht um eine Verringerung der Ausschüttungen, sondern lediglich um zeitliche Verschiebungen handelt. Diese Argumentation ist aus ökonomischer Sicht umstritten, weil hohe stille Reserven zu Fehlanreizen im Investitionsverhalten der Eigenkapitalgeber führen können.

Auch Steuerzahlungen sind aus ökonomischer Sicht Ausschüttungen des Unternehmens an Anspruchsberechtigte. Nach deutschem Steuerrecht wird beispielsweise die Einkommensteuer von Unternehmen (§ 5 Abs. 1 Satz 1 Einkommensteuergesetz bzw. EStG) auf der Basis des Gewinnes berechnet. Also beschränkt sich die Ausschüttungsbemessungsfunktion der externen UR nicht nur auf die Regulierung von Ausschüttungen an Anteilseigner, sondern gilt auch für Ausschüttungen an den Fiskus. Interessanterweise gilt in diesem Zusammenhang in Deutschland das Maßgeblichkeitsprinzip, nach dem bei der steuerlichen Gewinnermittlung grundsätzlich die handelsrechtlichen Grundsätze ordnungsmäßiger Buchführung zu beachten sind.

Eine vierte Funktion der externen UR betrifft letztendlich alle *Adressaten*. Durch die Finanzbuchhaltung werden die real- und finanzwirtschaftlichen Aktivitäten des

Unternehmens aufgezeichnet und damit dokumentiert. Durch die „Dokumentationsfunktion" des externen Rechnungswesens werden beispielsweise in Rechtstreitigkeiten über Warenlieferungen oder in Insolvenzverfahren Beweismittel oder finanzielle Informationen zur Verfahrensabwicklung zur Verfügung gestellt.

Insgesamt hat dieser Abschnitt gezeigt, dass sich aus den „Wissenswünschen" (s. Schneider, 1997) der Empfänger der externen UR vier typische *Rechnungszwecke* ableiten lassen: (1) Entscheidungsunterstützung von Investoren, (2) Rechenschaftslegung und Anreizgestaltung, (3) Ausschüttungsbemessung sowie (4) Dokumentationsfunktion.

2 Datenbasis der externen Unternehmensrechnung

2.1 Vorbemerkungen

Verschiedene Rechnungszwecke bedeuten letztendlich auch unterschiedliche Rechnungsinhalte. Grundsätzlich gehören zu jedem Rechnungssystem in aller Regel zwei Teilsysteme: In der Bestandsrechnung wird ermittelt, wie hoch das Vermögen zu einem bestimmten Zeitpunkt ist. Die Bewegungsrechnung stellt dar, wie sich das Vermögen in einer Periode verändert hat. Entscheidend ist die Frage, wie der Begriff „Vermögen" in der jeweiligen Rechnung definiert wird. Dazu untersuchen wir in diesem Abschnitt zwei Alternativen: Die erste Alternative ist die Rechnung auf der Basis von Ein- und Auszahlungen, die zweite Alternative rechnet auf der Basis von Erträgen und Aufwendungen. An einem Beispiel wird verdeutlicht, welche Vor- und Nachteile mit den beiden Rechenebenen verbunden sind.

2.2 Ein- und Auszahlungen – Zahlungsmittelebene

Ein- und Auszahlungen messen die Veränderungen der so genannten „Zahlungsmittelebene". Zum Zahlungsmittelfonds zählt man neben den Bargeldbeständen eines Unternehmens auch die jederzeit kündbaren Sichteinlagen bei Banken und sehr kurzfristige (Kündigungsfrist unter 3 Monaten) Anlagen. Alle Transaktionen, die diesen Fonds verringern, werden als Auszahlungen bezeichnet, alle Transaktionen, die ihn erhöhen, stellen Einzahlungen dar. Der Saldo aus Ein- und Auszahlungen einer Periode wird im anglo-amerikanischen Sprachgebrauch als „Cash-Flow" bezeichnet. In der Praxis finden wir zahlungsmittelbasierte Rechnungen beispielsweise als Kapitalflussrechnung im Jahresabschluss oder als Einnahmen-Überschussrechnungen im Steuerrecht (§ 4 Abs. 3 EStG).

Die wesentlichen Vorteile dieser Datenbasis liegen in der (zumindest theoretisch) einfachen Ermittlung der Daten und in beschränkten Manipulationsmöglichkeiten. Zur Ermittlung von Ein- und Auszahlungen muss lediglich untersucht werden, ob eine Transaktion den Zahlungsmittelfonds berührt. Die Bewertung der Transaktion ergibt sich dann aus dem Betrag, um den der Fonds verändert wird. Weil Ein- und Auszahlungen sowohl in ihrer Entstehung als auch in ihrer Höhe sehr leicht ermittelt werden können, sind sie letztendlich nur durch Maßnahmen zu manipulieren, die an den Transaktionen selbst ansetzen.

Einfachheit und Robustheit gegen Manipulation haben allerdings ihren Preis: Nicht zahlungswirksame Vorgänge werden nicht erfasst, obwohl sie im Sinne der eingangs skizzierten Rechnungszwecke eine überragende Bedeutung haben können. Ein gutes Beispiel für die Vor- und Nachteile einer zahlungsbasierten Rechnung zum Zwecke der Rechenschaftslegung findet man in den *Buddenbrooks*: Der Konsul Johann Buddenbrook legt seiner Frau die Entwicklung der Vermögenslage der „Firma" dar. Dazu beschreibt er, wie sich der vom Vater hinterlassene Geldbestand („900.000 Mark Courant") durch diverse Ein- und Auszahlungen geschäftlicher und privater Art bis zum Berichtszeitpunkt verändert hat. Explizit wird der (vermutlich ausgesprochen wertvolle) Grundbesitz und der „Wert der Firma" bei dieser Rechnung vernachlässigt. Auch bestehende Verpflichtungen, beispielsweise durch Wechsel, Bürgschaften oder andere Garantien, werden bei dieser Rechnung ausgespart.

2.3 Erträge und Aufwendungen – Reinvermögensebene

Eine Alternative zur rein zahlungsorientierten Rechnung stellt die Datenbasis „Erträge und Aufwendungen" dar. Diese Flussgrößen erfassen die Veränderungen der so genannten „Reinvermögensebene" während einer Periode. Unter dem Reinvermögen versteht man die Differenz zwischen den bewerteten Vermögensgegenständen und Verpflichtungen eines Unternehmens, einer Privatperson oder einer sonstigen Einheit. Letztendlich hängt also die Frage, welche Daten als Aufwendungen oder Erträge zu erfassen sind, an der Definition von Vermögensgegenstand und Verpflichtung. Abstrakt bedeutet der Besitz eines Vermögensgegenstands die Möglichkeit, diesen oder die Früchte desselben in der Zukunft in Konsum umzuwandeln. Umgekehrt bedeutet eine Verpflichtung, in der Zukunft Konsummöglichkeiten einzubüßen. Die Bewertung von Vermögensgegenständen und Verpflichtungen kann dann aus der Bewertung der zu- oder abgehenden Konsummöglichkeiten abgeleitet werden. Diese Vorgehensweise klingt zwar theoretisch einleuchtend, ist in der Praxis aber mit großen Schwierigkeiten verbunden, weil zukünftige Konsummöglichkeiten mit großen Unsicherheiten verbunden sind. Dies eröffnet Ermessensspielräume bei der Ermittlung des Reinvermögens, die durch operationalisierbare Definitionen, Regeln und Kriterien eingeschränkt werden müssen. Diese Einschränkungen sollen in der Folge als „Regeln der externen Rechnungslegung" bezeichnet werden. Als Beispiel für das Problem des Umgangs mit Unsicherheit betrachten wir ein Pharmaunternehmen, das im Jahr 2005 10 Mio. EUR für die Entwicklung eines neuen Wirkstoffs gegen eine bestimmte Herzkrankheit ausgegeben hat. Die Auszahlung hat die Konsummöglichkeiten der Zukunft zunächst einmal verringert. Entscheidend ist die Frage, ob die Ausgaben auf der anderen Seite einen Reinvermögenszuwachs, also einen Zugang an Konsummöglichkeiten in der Zukunft, bedeuten. Man könnte sich vorstellen, dass die Entwicklung des Medikaments sehr weit fortgeschritten und seine Wirksamkeit bereits bewiesen ist. Daher sind beträchtliche Einzahlungen durch den Verkauf des Wirkstoffs zu erwarten, die die Entwicklungsausgaben deutlich übersteigen. In diesem Fall wäre der Ansatz eines Reinvermögenszuwachses im Jahre 2005 vertretbar. Man könnte sich aber auch vorstellen, dass die Ausgaben der Grundlagenforschung an diesem Wirkstoff dienen. In diesem Fall ist es höchst unsicher, ob jemals eine entsprechende Erhöhung der Konsummöglichkeiten der Eigentümer des Unternehmens auftreten wird. Es wäre also gerechtfertigt, die 10 Mio. EUR als Reinvermögensminderung, das heißt als Aufwand anzusehen. Letztendlich sind Regeln der externen Rechnungslegung davon abhängig, zu welchem Zweck die externe UR benutzt werden soll.

Die Datenbasis „Aufwendungen und Erträge" findet sich in jedem Geschäftsbericht in Form von Bilanz und GuV. Die Bilanz enthält eine Übersicht dessen, was nach den jeweiligen Regeln des Rechnungswesens als Vermögensgegenstände und Verpflichtungen anzusehen ist und hält mit der Größe „Eigenkapital" die entsprechende Approximation des Reinvermögens bereit. In der GuV findet man eine Aufstellung der Aufwendungen und Erträge und als Differenz den Gewinn der Periode.

Der Hauptvorteil der Datenbasis „Aufwendungen und Erträge" liegt in der Erfassung auch solcher Transaktionen, die nicht zahlungswirksam sind. Dadurch gelingt es, auch Vermögensbestandteile auszuweisen, die in einer reinen Zahlungsrechnung nicht auftauchen. Außerdem sagen Aufwendungen und Erträge möglicherweise mehr über den Erfolg einer Periode aus. Der Nachteil dieser Datenbasis liegt in der Notwendigkeit von detaillierten Regelungen zur Erfassung des Reinvermögens. Diese Regeln sind ausgesprochen umfangreich, zum Teil kompliziert und gekennzeichnet von erheblichen Ermessensspielräumen für den Ersteller der externen UR.

2.4 Ein Beispiel

Die Vor- und Nachteile der Datenbasis sollen an einem Beispiel verdeutlicht werden. Betrachtet werden zwei Berichtsperioden, in denen die folgenden Geschäftsvorfälle anfallen:

1. Am Anfang von $t = 1$ wird eine Produktionsanlage zum Preis von 5.000 EUR erworben. Bezahlt wird die Maschine am Ende von $t = 2$, die Nutzung erfolgt in beiden Perioden. Am Ende der zweiten Nutzungsperiode ist die Anlage wertlos und wird an einen Schrotthändler verschenkt.
2. Vorräte werden in $t = 1$ gegen Barzahlung erworben und in beiden Perioden jeweils zur Hälfte auf der Anlage zu Endprodukten weiterverarbeitet. Die Vorräte kosten 2.000 EUR.
3. Zum Erwerb der Vorräte wird bei einem Geschäftsfreund ein Kredit aufgenommen, der ohne Zinsen in $t = 2$ zurückgezahlt wird.
4. Miete in Höhe von 1.000 EUR wird am Ende von $t = 1$ für die Jahre $t = 1$ und 2 bezahlt.
5. In $t = 1$ und 2 entstehen Abfallprodukte, deren Entsorgung in $t = 2$ zu Auszahlungen in Höhe von 1.000 EUR führen wird.
6. In $t = 1$ und 2 werden Umsatzerlöse in Höhe von jeweils 6.000 EUR durch den Verkauf der hergestellten Produkte erzielt, die vom Kunden allerdings erst am Ende von $t = 2$ bar bezahlt werden.

An diesem Beispiel wollen wir zunächst ermitteln, wie sich die Zahlungsmittel in den beiden Perioden verändern. Tabelle 1 zeigt für Periode 1 eine Verringerung des

Tabelle 1: Ein- und Auszahlungen

	$t=1$		$t=2$	
	Betrag	Nr.	Betrag	Nr.
Anfangsbestand	0		-1.000	
Einzahlungen	-2.000	(2)	-5.000	(1)
und	+2.000	(3)	-2.000	(3)
Auszahlungen	-1.000	(4)	-1.000	(5)
			+12.000	(6)
Summe	-1.000		+4.000	
Endbestand	-1.000		+3.000	

Bestands an Zahlungsmitteln um 1.000 EUR, während sich in Periode 2 der Bestand um 4.000 EUR auf einen Endbestand von 3.000 EUR erhöht.

Wie verändert sich das Reinvermögen in Periode 1 und 2? Weil diese Frage nicht ganz so einfach zu beantworten ist, werden wir jeden Geschäftsvorfall separat diskutieren.

Betrachten wir Geschäftsvorfall Nr. 1: Die Anschaffung der Maschine in Periode 1 bedeutet sowohl Reinvermögenszuwachs als auch -verringerung, denn einerseits geht eine wertvolle Maschine zu, auf der anderen Seite hat das Unternehmen die Verpflichtung, die Maschine in $t=2$ zu bezahlen. Die Verpflichtung ist einfach mit ihrem Rückzahlungsbetrag von 5.000 EUR zu bewerten, die Maschine hingegen nicht: Möglicherweise ist eine gleichwertige Maschine am Markt zum Bewertungszeitpunkt mehr oder weniger als 5.000 EUR wert, vielleicht sind die auf der Maschine hergestellten Produkte in den nächsten Perioden günstig oder ungünstig zu verwerten – all diese Faktoren können die Bewertung der Anlage beeinflussen. Wir behelfen uns mit einer einfachen Fiktion, indem wir annehmen, dass das Unternehmen mit der Anschaffung der Maschine weder ein besonders gutes, noch ein besonders schlechtes Geschäft gemacht hat. Deshalb setzen wir den Reinvermögenszuwachs ebenfalls mit 5.000 EUR an, so dass der Anschaffungsvorgang neutral für das Reinvermögen ist. Im Laufe der Periode wird die Maschine im Rahmen der Produktion benutzt. Dies verringert ihren Wert und damit das Reinvermögen. Auch hier existieren vielfältige Bewertungsmöglichkeiten: Beispielsweise könnte man den Gebrauchtmaschinenmarkt nach Maschinen ähnlichen Alters und ähnlicher Abnutzung absuchen und diesen Wertansatz wählen. Alternativ wird in der Praxis zumeist der Gesamtwert der Anlage durch so genannte Abschreibungen auf die Nutzungsdauer verteilt. Häufig werden dabei gleiche Beträge in jeder Periode verwendet, so dass in Periode 1 insgesamt ein Reinvermögensverlust von 2.500 EUR entsteht. In Periode 2 wird auf der Anlage ebenfalls produziert, so dass wieder von einem Reinvermögensverlust in Höhe von 2.500 EUR auszugehen ist. Am Ende von Periode 2 wollen wir wieder annehmen, dass das Unternehmen mit dem Verschenken der Maschine weder ein schlechtes noch ein besonders gutes Geschäft macht, so dass kein Reinvermögenseffekt zu erkennen ist. Auch die Bezahlung der Anlage am Ende von $t=2$ ist ein vermögensneutraler Vorgang: Eine Verpflichtung zur Zahlung von 5.000 EUR erlischt, gleichzeitig aber verringert sich der Bestand an Zahlungsmitteln um den gleichen Betrag.

Der Erwerb der Vorräte in Geschäftsvorfall 2 ist mit ähnlichen Argumenten wie im Fall der Maschine ein vermögensneutraler Vorgang. Wie steht es mit dem Verbrauch? Zunächst ist die Weiterverarbeitung mit einer Verringerung des Reinvermögens verbunden, weil Vorräte verbraucht werden. Allerdings entstehen Endprodukte, von denen wir zunächst annehmen wollen, dass sie im Wert den verbrauchten Vorprodukten entsprechen. Unter dieser Voraussetzung entsteht in beiden Perioden durch Geschäftsvorfall 2 keine Veränderung des Reinvermögens.

Die Kreditaufnahme in Vorfall 3 bewirkt ebenfalls keine Veränderung des Reinvermögens: In $t=1$ entspricht die Rückzahlungsverpflichtung den zugehenden Zahlungsmitteln, in $t=2$ ist es genau umgekehrt.

Die Mietzahlung aus Geschäftsvorfall 4 führt zu einem Nutzungsrecht, das wir aus schon bei Geschäftsvorfall 1 erläuterten Gründen als einen Reinvermögenszuwachs in Höhe des Auszahlungsbetrags von 1.000 EUR ansehen könnten. Da am Ende von $t=2$ dieses Recht aber „verbraucht" ist und anders als bei den Endprodukten nicht zu erkennen ist, in welche Vermögensgegenstände das verbrauchte Recht eingegangen ist, wird in beiden Perioden eine Verringerung des Reinvermögens von 500 EUR angesetzt. Da sich die Zahlung von 1.000 EUR in $t=1$ auf beide Perioden bezieht, muss in der Vermögensübersicht am Ende von $t=1$ ein Nutzungsrecht im Wert von 500 EUR angesetzt werden.

Die Entstehung der Abfallprodukte aus Geschäftsvorfall 5 erstreckt sich gleichmäßig über beide Perioden. Aus diesem Grund sollte ein eventueller Reinvermögenseffekt in beiden Perioden angesetzt werden. Sollte man eine Reinvermögensminderung ansetzen? Falls nicht identifizierbar ist, welchen End- oder Zwischenprodukten die Abfälle zuzuordnen sind, ist dies der einzig praktikable Weg. Falls diese direkt zugerechnet werden können, könnte man davon ausgehen, dass die Reinvermögensminderung durch die Verwertung dieser Produkte kompensiert wird, und die Produkte entsprechend höher bewerten. Wir wenden die erste Alternative an und registrieren eine Reinvermögensverringerung von 500 EUR in jeder Periode.

Der letzte Geschäftsvorfall beinhaltet den Verkauf der Produkte. Obwohl erst in der letzten Periode gezahlt wird, ist von einer Reinvermögensmehrung in beiden Perioden um jeweils 6.000 EUR auszugehen. Allerdings steht dem Umsatzerlös der Abgang der hergestellten Waren als Reinvermögensminderung gegenüber. Diese wurden bei der Produktion wegen des Verbrauchs von Vorräten mit jeweils 1.000 EUR bewertet.

Tabelle 2 fasst die Reinvermögensmehrungen bzw. -minderungen jeder Periode zusammen. Zusätzlich zur Entwicklung des Reinvermögens ist für externe Adressaten, wie beispielsweise einen potenziellen oder tatsächlichen Kreditgeber, interessant, wie sich das Reinvermögen am Ende von $t=1$ und $t=2$ zusammensetzt. Tabelle 3 zeigt die Vermögensübersicht für das Ende von Periode 1. Der Überblick über Periode 2 ist trivial, da das Unternehmen zu diesem Zeitpunkt lediglich über

Tabelle 2: Reinvermögensentwicklung in Periode 1 und 2

Geschäftsvorfall	$t=1$ RV-Mehrung	$t=1$ RV-Minderung	$t=2$ RV-Mehrung	$t=2$ RV-Minderung
(1a) Anschaffung Maschine	5.000	5.000		
(1b) Nutzung Maschine		2.500		2.500
(1c) Bezahlung Maschine			5.000	5.000
(2a) Anschaffung Vorräte	2.000	2.000		
(2b) Verbrauch Vorräte	1.000	1.000	1.000	1.000
(3) Kreditgeschäft	2.000	2.000	2.000	2.000
(4) Miete		500		500
(5) Abfallprodukte		500		500
(6) Umsatzvorgang	6000	1000	6000	1000
Summe	**16000**	**14500**	**9000**	**7500**
Saldo	**+1500**		**+1500**	

Tabelle 3: Zusammensetzung des Reinvermögens in Periode 1

Vermögensgegenstände		Verpflichtungen	
Produktionsanlage	2.500	Zahlung Maschine	5.000
Vorräte	1.000	Kredit	2.000
Forderung	6.000	Überziehung Konto	1.000
Nutzungsrecht	500	Verpflichtung Abfall	500
Summe VG	**10.000**	**Summe Verpfl.**	**8.500**

einen Zahlungsmittelbestand von 3.000 EUR und keine sonstigen Verpflichtungen oder Vermögensgegenstände verfügt.

Beim Vergleich der beiden Rechnungen erkennt man einige Auffälligkeiten:

1. Die Rechnung auf Basis von Ein- und Auszahlungen ist sehr einfach. Dies gilt sowohl für die Erstellung als auch für die Interpretation dieser Rechnung. Die Reinvermögensrechnung hingegen ist deutlich komplizierter: Zunächst ist nicht von vornherein klar, ob eine Reinvermögensmehrung oder -minderung stattgefunden hat, außerdem ist auch noch strittig, wie diese zu bewerten sind. Ansatz- und Bewertungsregeln sind offenbar ein sehr wichtiges Kennzeichen von Reinvermögensrechnungen.
2. Der Informationsgehalt der Zahlungsrechnung ist relativ gering einzuschätzen: Nehmen wir an, ein Kapitalgeber möchte sich über die Leistungsfähigkeit des Unternehmens informieren, oder der Eigentümer verlangt von der Geschäftsführung Rechenschaft über die Geschäftsjahre. Die Zahlungsrechnung zeigt eine negative Entwicklung in Periode 1 und positive Entwicklung in Periode 2, obwohl die betrieblichen Aktivitäten in beiden Perioden eigentlich identisch waren. Sowohl der Kapitalgeber als auch der Manager, dessen Beurteilung oder Entlohnung an dieses Erfolgsmaß geknüpft ist, wird mit dem Ergebnis der externen UR nicht zufrieden sein. Auch der Überblick über das Vermögen des Unternehmens besteht nur aus dem Stand des Zahlungsmittelkontos. Die Rechnung auf der Ba-

sis von Aufwendungen und Erträgen zeigt ein anderes Bild: In beiden Perioden wird der gleiche Reinvermögenszuwachs ausgewiesen. Außerdem existiert eine Aufstellung des Reinvermögens, die Vermögensgegenstände und Verpflichtungen enthält.
3. Eine dritte Auffälligkeit ist eher formaler Natur, betont aber eine wichtige Gemeinsamkeit der beiden Rechnungen: Betrachtet man die Summe von Ein- und Auszahlungen bzw. die Summe der Aufwendungen und Erträge in beiden Perioden, so ergibt sich in beiden Rechnungen der gleiche Betrag, nämlich 3.000 EUR. Dies hat einen einfachen Grund: Wir haben bei der Bewertung von Reinvermögensveränderungen immer auf der Basis von entweder historischen oder erwarteten Zahlungen gearbeitet. Alle Rechensysteme, die sich an diese Regel halten, werden als pagatorisch bezeichnet und zeichnen sich durch Totalperiodenkongruenz aus, d. h. die Summe der in ihnen ausgewiesenen Reinvermögensänderungen entspricht der Summe der Ein- und Auszahlungen.

3 Doppelte Buchführung als Erfassungstechnik

3.1 Buchführung als Alternative zur Stichtagsinventur

Im letzten Abschnitt ist deutlich geworden, dass eine externe Unternehmensrechnung, die ihren Rechnungszwecken gerecht werden will, mit einem Vermögensbegriff arbeiten muss, der über die reinen Zahlungsmittel hinausgeht. Zur Erfassung von Reinvermögensänderungen benötigt man Techniken, die einerseits mit der Komplexität der betrieblichen Realität fertig werden, andererseits möglichst schnell, also auch während der Rechnungsperiode, Informationen zur Verfügung stellen können. In diesem Abschnitt stellen wir die Doppelte Buchführung („Doppik") als Technik zur Erfassung und Aufbereitung von Vermögensänderungen vor.

Grundsätzlich könnte man Reinvermögensänderungen auch erfassen, indem man zu jedem Stichtag vorhandene Vermögensgegenstände und Verpflichtungen neu ermittelt, bewertet und durch Vermögensvergleich die der Periode zuzurechnende Veränderung feststellt. Diesen Vorgang bezeichnet man auch als *Inventur*. Der Vorteil dieser Methode liegt in ihrer Genauigkeit, denn alle Vermögensveränderungen werden aufgedeckt, beispielsweise auch solche, die durch Diebstahl, Verderb von Waren oder andere außergewöhnliche Einflüsse begründet sind. Die Durchführung einer Inventur bedeutet jedoch einen sehr hohen Aufwand, so dass die Stichtagsinventur nur in großen Zeitabständen durchgeführt werden kann.

Besser geeignet zur Erfassung des Reinvermögens ist eine Methode, die Veränderungen von Vermögensgegenständen und Verpflichtungen laufend erfasst und den zu Beginn einer Berichtsperiode vorhandenen Bestand fortschreibt. Ergänzend kann zu bestimmten Stichtagen eine Inventur durchgeführt werden, um Veränderungen zu erfassen, die durch die Fortschreibung nicht ermittelt werden, oder um Fehler in der laufenden Erfassung zu eliminieren. Eine solche Methode ist die *Buchführung*. In der Praxis verwendet man häufig die so genannte *doppelte Buchführung*. Es handelt sich dabei um eine Technik, die deshalb das Prädikat „doppelt" trägt, weil ein Geschäftsvorfall immer unter zwei Aspekten gesehen werden kann. Schauen wir uns zur Illustration den Kauf der Produktionsanlage aus dem vorherigen Abschnitt an: Auf der einen Seite entsteht durch die Anschaffung ein Vermögensgegenstand, auf der anderen Seite entsteht, weil die Maschine nicht sofort bezahlt wird, eine Verpflichtung.

Ausgangspunkt der doppelten Buchführung ist die intratemporale Bilanzgleichung. Der Begriff Eigenkapital („EK") steht für das Reinvermögen, der Begriff „Schulden" steht für Verpflichtungen. Die Bilanzgleichung folgt aus der Definition des Eigenkapitals als Differenz zwischen Vermögensgegenständen und Schulden und lautet:

$$\text{Vermögensgegenstände} = EK + \text{Schulden}. \tag{1}$$

Die Darstellung dieser Gleichung erfolgt in der Praxis in Form einer sogenannten *Bilanz*. Darunter versteht man eine Tabelle, die auf der linken Seite („Aktivseite") die bewerteten Vermögensgegenstände und auf der rechten Seite („Passivseite") die bewerteten Schulden und das Eigenkapital enthält. Tabelle 4 zeigt die Struktur einer Bilanz. Gleichung (1) heißt auch „intratemporale Bilanzgleichung", weil sie zu je-

Tabelle 4: Schematische Darstellung einer Bilanz

Aktiva		Passiva	
Vermögensgegenstand 1	x EUR	Eigenkapital	x + y - z EUR
Vermögensgegenstand 2	y EUR	Schuldposition 1	z EUR
Summe Aktiva:	x + y EUR	*Summe Passiva*	x + y EUR

dem Zeitpunkt der Berichtsperiode erfüllt sein muss. Für jeden Geschäftsvorfall, der in der doppelten Buchführung abgebildet wird, muss daher gelten, dass die durch ihn verursachten Veränderungen auf der Aktivseite durch Veränderungen auf der Passivseite der Bilanz genau ausgeglichen werden.

3.2 Grundlegende Typen von Geschäftsvorfällen

Auf Basis der Bilanz und der intratemporalen Bilanzgleichung kann man vier grundlegende Typen von Geschäftsvorfällen unterscheiden, die die Aktiv- und Passivseite der Bilanz unterschiedlich berühren.

1. Beim *Aktivtausch* werden durch einen Geschäftsvorfall nur Positionen auf der Aktivseite der Bilanz verändert. Im einfachsten Fall wird ein Vermögensgegenstand durch das Verringern oder Verschwinden eines anderen Vermögensgegenstands geschaffen. Im Beispiel ist die Anschaffung der Vorräte gegen Barzahlung in Periode 1 ein Aktivtausch. Ein Aktivtausch ist grundsätzlich erfolgsneutral, d. h. er führt niemals zu einer Reinvermögensmehrung oder -minderung, weil das Eigenkapital nicht betroffen sein kann.

2. Ähnlich wie beim Aktivtausch werden beim *Passivtausch* nur Positionen auf der Passivseite tangiert. Typische Beispiele für solche Transaktionen sind Umschichtungen im Bereich der finanziellen Schulden, beispielsweise von kurzfristigen zu langfristigen Schulden. Anders als beim Aktivtausch können durch einen Passivtausch durchaus Erfolgswirkungen entstehen. Betrachten wir unser Beispiel: Falls sich in Periode 2 herausstellt, dass die Entsorgungsverpflichtung für die Produktionsabfälle entfällt, weil die Produkte entgegen unserer Erwartungen wertvoll sind und kostenlos entsorgt werden können, würde die in $t = 1$ erfasste Reinvermögensminderung in $t = 2$ rückgängig gemacht. Die Verpflichtungsposition (in der Bilanzsprache eine „Rückstellung") würde aufgelöst und dem Reinvermögen gutgeschrieben.
3. Im Rahmen einer *Bilanzverlängerung* wird sowohl die Aktiv- als auch die Passivseite der Bilanz erhöht. Bilanzverlängerungen entstehen beispielsweise, wenn Vermögensgegenstände gegen Kredit erworben werden, wie in unserem Beispiel die Produktionsanlage. Auch die Aufnahme des Kredits in Geschäftsvorfall 3 ist eine Bilanzverlängerung. Natürlich können sowohl erfolgsneutrale als auch erfolgswirksame Geschäftsvorfälle Bilanzverlängerungen sein: Der Umsatzakt in Periode 1 führt zu einer erfolgswirksamen Bilanzverlängerung, weil der entstehenden Forderung gegenüber dem Kunden (Vermögensgegenstand) keine Verpflichtung, sondern eine Erhöhung des Eigenkapitals entgegensteht. Erfolgswirksame Bilanzverlängerungen sind deshalb in aller Regel mit Erträgen verknüpft.
4. Bei der *Bilanzverkürzung* werden gleichzeitig Aktiv- und Passivseite der Bilanz verringert. Bilanzverkürzende Geschäftsvorfälle kompensieren den Verlust eines Vermögensgegenstands mit dem Verschwinden einer Verpflichtung oder durch eine Verringerung des Eigenkapitals. Erfolgsneutrale Geschäftsvorfälle dieser Art sind beispielsweise Kreditrückzahlungen; erfolgswirksame Geschäftsvorfälle beinhalten typischerweise Aufwendungen, wie im Beispiel die Zahlung der Miete für das Jahr $t = 1$.

Tabelle 5 zeigt, wie die in Tabelle 2 aufgeführten Transaktionen in diese Grundtypen eingeteilt werden können. Der Kauf der Vorräte gegen bar, die Umwandlung der

Tabelle 5: Grundtypen von Geschäftsvorfällen im Beispiel

Grundtyp	Geschäftsvorfall (erfolgsneutral)	Geschäftsvorfall (erfolgswirksam)
Aktivtausch	2a, 2b, 4 ($t = 1$)	
Passivtausch		5 ($t = 1$)
Bilanzverlängerung	1a, 3	6 ($t = 1$)
Bilanzverkürzung	1c, 3 , 5 ($t = 2$), 6 ($t = 2$)	1b, 4, 5 ($t = 2$), 6 (Mat.verbr.)

Vorprodukte in Zwischenprodukte und die Erfassung des Vermögenswerts „Mietrecht" sind als Aktivtausch anzusehen. Als erfolgswirksamer Passivtausch kann die Behandlung des Abfallaufwands angesehen werden: Das Eigenkapitalkonto wird gegen die Einrichtung einer Verpflichtung gemindert. Erfolgsneutrale Bilanzverlängerungen sind die Kreditvorgänge in $t = 1$, wie Kauf der Maschine und Aufnahme des Kredits zur Bezahlung der Vorräte. Die Verbuchung einer Forderung gegen den Kunden in $t = 1$ stellt eine erfolgswirksame Bilanzverlängerung dar. Kreditrückzahlungen (Nr. 1c, und 3), der Eingang von Forderungen (Nr. 6) und die Auflösung der Entsorgungsverpflichtung sind erfolgsneutrale Bilanzverkürzungen, während der Verbrauch der Maschine (1b), der Mietaufwand in $t = 2$ sowie der Abfallaufwand in $t = 2$ Bilanzverkürzungen mit Erfolgswirkung sind.

3.3 Schematischer Ablauf der Buchführung

Grundsätzlich könnte man sämtliche Geschäftsvorfälle einer Periode in die vier oben skizzierten Grundtypen zerlegen und dann direkt in der Bilanz erfassen. Diese Vorgehensweise ist ausgesprochen unübersichtlich und schon aus organisatorischen Gründen nicht sinnvoll. Deshalb geht man in der Praxis der Buchführung anders vor: Grundelemente des Systems der doppelten Buchführung sind so genannte „Konten", in denen Bestände und Bewegungen einer Periode erfasst werden, und „Buchungssätze", die die Beziehungen zwischen den Kontenbewegungen einer Periode erfassen. Ein Konto besteht aus der Soll- und Habenseite und wird graphisch als „T-Konto" dargestellt. Konventionell ist die linke Seite des Kontos die Soll- und die rechte Seite die Habenseite. Auch die Bilanz stellt im Rahmen der doppelten Buchführung ein Konto dar. Ein Buchungssatz nennt zunächst die Konten, die im Soll betroffen werden (inkl. Betrag) und führt dann die im Haben betroffenen Konten auf. Schematisch lautet ein Buchungssatz also

| Im Soll betroffene Konten | Betrag | *an* | im Haben betroffene Konten | Betrag. |

Ausgangspunkt der Buchhaltung ist die Schlussbilanz der Vorperiode, die gleichbedeutend mit der Eröffnungsbilanz der aktuellen Periode ist. Zunächst müssen die Bestände der Bilanz in zwei verschiedene Untergruppen von Kontentypen überführt werden. Diese Konten sind nur dafür bestimmt, die Bestandsveränderungen der Periode aufzunehmen, und werden am Ende der Periode wieder aufgelöst. Die den Aktivpositionen zugeordneten Konten bezeichnet man auch als „Aktivkonten" oder „aktive Bestandskonten"; unter „Passivkonten" oder „passiven Bestandskonten" versteht man die Konten, deren Anfangsbestand eine Passivposition der Bilanz darstellt. Die beiden Kontentypen unterscheiden sich in der Art und Weise, wie Veränderungen erfasst werden: Eine Bestandserhöhung auf einem Aktivkonto wird im Soll, eine Bestandsverringerung auf der Haben-Seite verbucht. Umgekehrt werden Bestandserhöhungen auf Passivkonten (inhaltlich also die Erhöhung einer Verpflichtung) auf der Haben- und Bestandsverringerungen auf der Sollseite erfasst.

Technisch geschieht die Einrichtung der Unterkonten durch die folgenden Buchungssätze:

1. Alle Aktivkonten *Betrag* **an** Eröffnungsbilanzkonto *Betrag*
2. Eröffnungsbilanzkonto *Betrag* **an** alle Passivkonten *Betrag*

Weil die Bilanz selbst nicht zum Kontenkreis der doppelten Buchführung gehört, wird als Hilfskonto das Eröffnungsbilanzkonto eingeführt. Dieses Konto hat lediglich die Aufgabe, die Gegenbuchungen zur Eröffnung der Bestandskonten aufzunehmen.

Ergebnis der Eröffnungsbuchungen ist je nach Detailliertheitsgrad der Auflösung der Bilanzpositionen eine Reihe von temporären Konten mit einem Anfangsbestand entweder auf der Aktiv- oder Passivseite.

Einer besonderen zusätzlichen Zerlegung wird das passive Bestandskonto „Eigenkapital" unterzogen. Eine Veränderung des Eigenkapitals kann nämlich entweder durch Aufwendungen und Erträge oder durch Entnahmen und Einlagen der Eigenkapitalgeber erfolgen. Beispiele für Entnahmen der Eigenkapitalgeber sind Dividenden und andere Ausschüttungen; Einlagen erfolgen beispielsweise durch Kapitalerhöhungen. Deshalb werden für diese beiden Typen von Veränderungen zwei Unterkontentypen eingerichtet. Im Einlagen- und Entnahmenkonto werden alle Transaktionen mit den Eigenkapitalgebern erfasst. In der konzeptionell wesentlich wichtigeren „Gewinn- und Verlustrechnung" werden mit den Aufwendungen und Erträgen die einzelnen Ursachen für Veränderungen des Reinvermögens verbucht. Für jede Aufwands- und jede Ertragsart wird ebenfalls ein eigenes temporäres Konto angelegt. Eröffnungsbuchungen sind nicht notwendig, weil ein Anfangsbestand hier nicht existiert. Die Aufwandskonten haben die gleiche Eigenschaft wie ein aktives Bestandskonto: Zunahmen werden im Soll, Abnahmen im Haben verbucht. Die Erklärung dafür ist einfach, Aufwendungen sind letztendlich Minderungen des Passivkontos Eigenkapital. Aus diesem Grund werden Ertragskonten wie passive Bestandskonten behandelt – Zunahmen im Haben und Abnahmen im Soll verbucht.

Nach Einrichtung der diversen Aktiv-, Passiv-, Aufwands- und Ertragskonten[1] können die Geschäftsvorfälle der Periode auf den Konten per Buchungssatz verbucht werden. Dieser Prozess beinhaltet die Erfassung der Geschäftsvorfälle durch Belege und die Analyse, welche Konten auf Soll oder Habenseite durch die Transaktion betroffen werden.[2]

Am Ende der Periode müssen die temporären Konten zur Bilanz und Gewinn- und Verlustrechnung aggregiert werden. Diesen Prozess bezeichnet man auch als Periodenabschluss. Dazu ermittelt man den Schlussbestand, den so genannten „Saldo", indem man zum Anfangsbestand sämtliche Zugänge addiert und sämtliche Abgänge subtrahiert. Bei aktiven Bestands- oder Aufwandskonten steht der Saldo meistens im Soll, bei passiven Bestands- oder Ertragskonten meistens im Haben. Die Salden der Aktiv- und Passivkonten werden nun wieder per Buchungssatz in das Schlussbilanzkonto und von dort in die Bilanz übernommen. Die Salden der Aufwands- und Ertragskonten werden erst in die GuV übernommen und dort saldiert. Falls ein Periodengewinn erzielt wurde, steht der Saldo im Haben, bei einem Periodenverlust im Soll. Der Saldo der GuV wird anschließend in das Eigenkapitalkonto übernommen. Das Eigenkapitalkonto wird dann wie jedes andere Passivkonto über das Schlussbilanzkonto abgeschlossen.

---

[1] In der Praxis wird der Detailliertheitsgrad dieses Kontengerüsts durch so genannte Kontenpläne bestimmt.

[2] Detaillierte Analysen typischer Vorfälle sind Gegenstand unzähliger Bücher zum Thema Buchführung; stellvertretend sei hier Eisele (2002) genannt.

Abbildung 1 fasst den Ablauf der doppelten Buchführung in einer Periode zusammen.

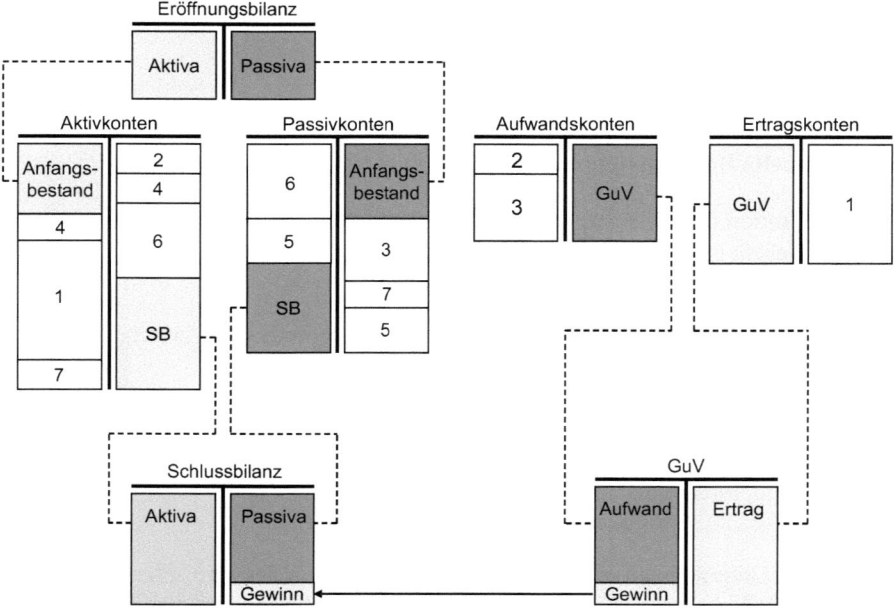

Abb. 1: Überblick über das System der doppelten Buchführung

Die Zahlen in der Abbildung bezeichnen die in Abschnitt 3.2 aufgeführten grundlegenden Geschäftsvorfälle. In der Tabelle 6 sind diese und die der Abbildung zugrunde liegenden Buchungssätze aufgeführt.

Tabelle 6: Geschäftsvorfälle in Abbildung 1

Zahl	Typ Geschäftsvorfall	Buchungssatz
1	Erfolgswirksame Bilanzverlängerungen	Aktivkonten an Ertrag
2	Erfolgswirksame Bilanzverkürzungen	Aufwand an Aktivkonten
3	Erfolgswirksamer Passivtausch	Aufwand an Passivkonten
4	Erfolgsneutraler Aktivtausch	Aktivkonten an Aktivkonten
5	Erfolgsneutraler Passivtausch	Passivkonten an Passivkonten
6	Erfolgsneutrale Bilanzverkürzung	Passivkonten an Aktivkonten
7	Erfolgsneutrale Bilanzverlängerung	Aktivkonten an Passivkonten

Einige wichtige formale Eigenschaften der doppelten Buchführung sollen hier festgehalten werden, weil sie zum einen für das Verständnis des Systems wichtig sind und zum anderen eine laufende Kontrolle der zumindest formalen Korrektheit der Buchungen erlauben:

1. Die Summe aller Soll- entspricht der Summe sämtlicher Habenbuchungen.
2. Die Summe der Salden aller Aktiv- und Aufwandskonten entspricht der Summe der Salden aller Passiv- und Ertragskonten.
3. Die Summe aller Salden im Soll entspricht der Summe aller Salden im Haben.

3.4 Doppelte Buchführung im Beispiel

Zur Illustration des schematischen Ablaufs der Buchführung soll die erste Periode unseres Beispiels herangezogen werden. Die Geschäftsvorfälle der Periode legen folgende Konten nahe:

1. *Aktive Bestandskonten:* Produktionsanlage, Vorprodukte, Zwischenprodukte, Forderungen, Bank (Girokonto), Nutzungsrecht.
2. *Passive Bestandskonten:* Eigenkapital, Verbindlichkeit Maschine, Kreditverbindlichkeit, Entsorgungsverpflichtung.
3. *Aufwandskonten:* Abnutzung Maschine, Kosten der umgesetzten Waren, Mietaufwand, Entsorgungsaufwand.
4. *Ertragskonto:* Umsatzerlöse.

Da das Unternehmen in unserem Beispiel erst gegründet wird, existieren zu Beginn von Periode 1 keine Anfangsbestände. Die Buchungssätze für die einzelnen Geschäftsvorfälle sind in Tabelle 7 enthalten. Die Salden der Aufwands- und Er-

Tabelle 7: Buchungssätze für das Beispiel

1a	Maschine	5.000 an Verbindlichkeiten Maschine	5.000
1b	Abnutzung Maschine	2.500 an Maschine	2.500
2a	Vorprodukte	2.000 an Bank	2.000
2b	Zwischenprodukte	1.000 an Vorprodukte	1.000
3	Bank	2.000 an Kreditverbindlichkeit	2.000
4	Mietaufwand Nutzungsrecht	500 an Bank 500	1.000
5	Entsorgungsaufwand	500 an Entsorgungsverpflichtung	500
6a	Forderungen	6.000 an Umsatzerlöse	6.000
6b	Kosten der umgesetzten Waren	1.000 an Zwischenprodukte	1.000

tragskonten werden in die GuV übernommen; es ergibt sich die GuV aus Tabelle 8.

Der Gewinn (per Eigenkapital) und die Salden der aktiven und passiven Bestandskonten werden jetzt in das Schlussbilanzkonto übernommen.

Es ergeben sich die gleichen Resultate wie in den Tabellen 2 und 3 – die Reinvermögensmehrung der Periode wird hier als Gewinn ausgewiesen, der Bestand des

Tabelle 8: Gewinn- und Verlustrechnung für die erste Periode des Beispiels

Gewinn und Verlustrechnung $t = 1$

Kosten der umgesetzten Waren	1.000	Umsatzerlöse	6.000
Abnutzung Maschine	2.500		
Mietaufwand	500		
Entsorgungsaufwand	500		
Gewinn	**1.500**		

Tabelle 9: Schlussbilanzkonto für die erste Periode des Beispiels

Schlussbilanzkonto $t = 1$

Maschine	2.500	Eigenkapital	1.500
Vorprodukte	1.000	Verbindlichkeit Maschine	5.000
Forderungen	6.000	Kreditverbindlichkeit	2.000
Nutzungsrecht	500	Entsorgungsverpflichtung	500
		Überziehungskredit	1.000
Summe Aktiva	**10.000**	**Summe Passiva**	**10.000**

Reinvermögens am Ende von Periode 1 heißt jetzt Eigenkapital. Der Leser kann zur Übung die Transaktionen der zweiten Periode des Beispiels in der Technik der doppelten Buchführung erfassen; außerdem sollten die oben angegebenen formalen Eigenschaften der doppelten Buchführung überprüft werden.

4 Grundlegende Regeln der Rechnungslegung

4.1 Vorbemerkungen

Das Beispiel in Abschnitt 2.4 (s. S. 42) hat gezeigt, dass die Ermittlung von Reinvermögensänderungen nicht unproblematisch ist. Bei fast allen Geschäftsvorfällen des Beispiels mussten Ermessensspielräume bezüglich zweier Fragen vorgenommen werden:

1. Werden durch einen Geschäftsvorfall Reinvermögensmehrungen oder -minderungen ausgelöst?
2. Wie sind die Veränderungen des Reinvermögens zu bewerten?

In Geschäftsvorfall 1 (Erwerb und Nutzung Produktionsanlage) wurde beispielsweise der Wertverzehr durch die Nutzung als in beiden Perioden identisch angenommen. Damit wurde eine *Bewertungsentscheidung* getroffen. In Geschäftsvorfall 2 wurde die Weiterverarbeitung von Vorräten im Ergebnis nicht als eine Reinvermögensminderung angesehen, sondern eine Reinvermögensmehrung in Höhe des gleichen Betrages angenommen, so dass die Weiterverarbeitung zunächst einen erfolgsneutralen Vorgang darstellt. Dies ist das Resultat einer Kombination aus *Ansatz- und Bewertungsentscheidung*. Ähnliche Überlegungen fanden beispielsweise in der

Analyse von Geschäftsvorfall 5 statt, wo die Entstehung der Entsorgungsverpflichtung als Reinvermögensminderung ohne korrespondierende Reinvermögensmehrung interpretiert wurde.

Für die Aussagefähigkeit der externen UR auf der Basis von Aufwendungen und Erträgen ist die Ausgestaltung solcher Ansatz- und Bewertungsspielräume von entscheidender Bedeutung. Sie bestimmen letztendlich, welches Reinvermögen bzw. Eigenkapital in der Bilanz und welcher Erfolg bzw. Gewinn in der GuV ausgewiesen wird. In der Praxis existieren deshalb eine Reihe von unterschiedlichen Regelsystemen, von denen in Deutschland insbesondere

1. die handelsrechtlichen Bilanzierungsnormen des dritten Buchs des Handelsgesetzbuchs (HGB),
2. die International Financial Reporting Standards (IFRS) und
3. die im Einkommensteuergesetz (EStG) enthaltenen Spezialvorschriften zur steuerlichen Gewinnermittlung

relevant sind. In den folgenden Abschnitten sollen vor allen Dingen die unter 1 und 2 genannten Regelsysteme in groben Zügen vorgestellt werden.

4.2 Handelsrechtliche Grundsätze ordnungsmäßiger Buchführung

Die Bilanzierungsvorschriften des Handelsrechts finden sich im dritten Buch des HGB (§§ 238 – 342e HGB). Sie beinhalten zunächst Vorschriften zum Inventar, zur Buchführung und zu Ansatz und Bewertung, die für alle Kaufleute und damit für Unternehmen sämtlicher Gesellschaftsformen gelten. Kapitalgesellschaften werden im zweiten Abschnitt des dritten Buchs besonderen Regeln unterworfen; außerdem existieren Spezialvorschriften für Banken und Versicherungen.

Die Generalnorm für die Buchführung und Bilanzierung nach deutschem Handelsrecht findet man in § 238 Abs. 1 Satz 1 und § 243 Abs. 1 HGB: Buchführung und Jahresabschluss sind nach den *Grundsätzen ordnungsmäßiger Buchführung* (GoB) aufzustellen. Im Gesetz wird nicht definiert, was unter diesen Grundsätzen zu verstehen ist. Deshalb stellen die GoB einen unbestimmten Rechtsbegriff dar, der auf verschiedene Arten mit Leben gefüllt wurde und wird. Eine erste Möglichkeit zur Konkretisierung ist die so genannte *induktive Methode*, nach der man die „Gebräuche ehrenwerter und ordentlicher Kaufleute" zu GoB erklärt. Problematisch daran ist zum einen die Frage, welche Kaufleute diese Vorbildfunktion übernehmen sollen. Zum anderen hilft die Methode nicht weiter, wenn die Behandlung neuartiger Geschäftsvorfälle geregelt werden soll, für die auch die vorbildlichen Kaufleute noch keine Bilanzierungsmethoden entwickelt haben. Eine zweite Möglichkeit der GoB-Ermittlung besteht in der Ableitung aus den Zwecken der Rechnungslegung (*deduktive Methode*). Diese Methode ist die konsequente Anwendung des Prinzips „Aus dem Rechnungszweck folgt der Rechnungsinhalt" (Schneider, 1997); allerdings ist nicht klar, mit welcher konkreten Methode vorgegangen werden soll. Beispielsweise könnten ökonomisch-analytische Modelle oder empirische Befragungen von Nutzern der Rechnungslegung verwendet werden. Die Vielfalt der Methoden und damit auch der Ergebnisse sind das Problem der deduktiven Methode.

In der Praxis müssen häufig Gerichte entscheiden, ob bestimmte Bilanzierungsfragen im Einzelfall GoB-konform gelöst wurden. Interessanterweise ist dies in sehr vielen Fällen der Bundesfinanzhof, der sich eigentlich mit Streitfragen im Bereich der Besteuerung befasst. Der Grund dafür liegt in der engen Verzahnung zwischen steuerlicher und handelsrechtlicher Gewinnermittlung, die sich in § 5 Abs. 1 Satz 1 EStG manifestiert: Die steuerliche Gewinnermittlung durch Betriebsvermögensvergleich hat unter Beachtung der handelsrechtlichen GoB zu erfolgen.

Konkret hat sich mittlerweile ein komplexes System von GoB herauskristallisiert, von dem an dieser Stelle nur die wichtigsten Elemente besprochen werden können (s. ausführlich Baetge et al., 2005). Zunächst findet man in diesem System Prinzipien vor, die sich auf formelle Aspekte von Buchführung und Jahresabschluss beziehen. Dazu zählen Grundsätze wie Verständlichkeit, Klarheit und Übersichtlichkeit. Wichtiger und interessanter sind solche Grundsätze, die sich auf Ansatz- und Bewertungsfragen beziehen.

Betrachten wir zunächst die wichtigsten Grundsätze zur Regelung von Fragen des Ansatzes von Geschäftsvorfällen. Sehr grundsätzlich und gesetzlich kodifiziert ist das *Vollständigkeitsprinzip* aus § 246 Abs. 1 Satz 1 HGB. Es regelt, dass sämtliche Vermögensgegenstände, Schulden und Rechnungsabgrenzungsposten sowie Aufwendungen und Erträge in den Jahresabschluss aufzunehmen sind. Nachdem wir bereits wissen, was man unter Aufwendungen und Erträgen zu verstehen hat, stellt sich die Frage, wie das Handelsrecht denn Vermögensgegenstände und Schulden definiert und warum Rechnungsabgrenzungsposten offensichtlich eine eigene Kategorie bilden. Auch hier findet man im Gesetz keine explizite Definition, sondern ist auf die Auslegung des Gesetzes, eventuelle Gerichtsurteile und die Auswertung der Literatur angewiesen.

Folgt man der Literatur (z. B. Baetge et al., 2005), zeichnet sich ein grundsätzlich bilanzierungsfähiger Vermögensgegenstand durch drei wesentliche Merkmale aus:

1. Das Unternehmen kann wirtschaftliche Vorteile aus dem Vermögensgegenstand erwarten.
2. Der Vermögensgegenstand befindet sich im Besitz des Unternehmens.
3. Der Vermögensgegenstand ist einzelveräußerbar.

Von den drei Merkmalen sind die ersten beiden relativ unstrittig. Wirtschaftliche Vorteile in Form von Mittelzuflüssen oder Verhinderung von Mittelabflüssen in der Zukunft sind eine notwendige Bedingung für eine Erhöhung von künftigen Konsummöglichkeiten und damit ebenso notwendig für einen Vermögensgegenstand. Das Kennzeichen „Besitz" deutet darauf hin, dass der Ansatz eines Vermögensgegenstands nicht unbedingt vom juristischen, sondern eher vom wirtschaftlichen Eigentum, also den tatsächlichen Verfügungsmöglichkeiten, abhängt. Das dritte Kriterium ist umstrittener: Weniger einschränkend als konkrete Einzelveräußerbarkeit ist die abstrakte Einzelveräußerbarkeit, bei der lediglich verlangt wird, dass ein Vermögensgegenstand zumindest theoretisch losgelöst vom Unternehmen verkauft werden kann, auch wenn beispielsweise im konkreten Fall rechtliche Beschränkungen existieren. Noch weniger einschränkend ist das alternativ verwendete Kriterium der Greifbarkeit, das dann erfüllt ist, wenn der Erwerber eines Unternehmens den fraglichen Vermögensgegenstand im Rahmen der Beurteilung des Gesamtkaufpreises bewusst identifiziert und berücksichtigt.

Eine abstrakt bilanzierungsfähige Schuldposition (wir haben bislang immer von Verpflichtungen gesprochen) wird ebenfalls durch drei Eigenschaften charakterisiert:

1. Eine Verpflichtung gegenüber Außenstehenden muss vorliegen,
2. die zu einer wirtschaftlichen Belastung führt und
3. quantifizierbar ist.

Auch hier gilt wieder das Prinzip der wirtschaftlichen Betrachtungsweise: Eine Verpflichtung liegt nicht nur im Fall von rechtlichen Verpflichtungen (wie z. B. der Rückzahlung eines Kredits), sondern auch bei wirtschaftlichen Verpflichtungen (z. B. regelmäßig vorkommende Kulanzleistungen bei Reparaturen) vor. Das Kriterium der Quantifizierbarkeit ist bei einer Schuld, wie beispielsweise einer Kreditverbindlichkeit, natürlich erfüllt, während bei einem gerade begonnenen Prozess zur Produkthaftung nicht klar ist, wie hoch der mögliche Mittelabfluss sein wird.

Anders als Vermögensgegenstände und Schulden werden Rechnungsabgrenzungsposten (RAP) im Gesetz definiert: § 250 Abs. 1, 2 definiert aktive RAP als Ausgaben, die in einer bestimmten Zeit nach dem Bilanzstichtag zu Aufwand werden und umgekehrt passive RAP als Einnahmen, die in einer bestimmten Zeit nach dem Bilanzstichtag zu Ertrag werden. Offensichtlich trifft diese Charakterisierung für sehr viele Positionen zu, die man üblicherweise als Vermögensgegenstand oder Schuld in der Bilanz ausweisen würde. Entscheidender Unterschied ist das Kriterium der Einzelveräußerbarkeit: Die Auszahlung für die Maschine in Geschäftsvorfall 1 des Beispiels erfüllt grundsätzlich die Ansatzvoraussetzungen aus § 250 Abs. 1. Trotzdem wird die Anlage natürlich nicht als aktiver RAP, sondern als Vermögensgegenstand in der Bilanz ausgewiesen. Anders die Mietvorauszahlung aus Geschäftsvorfall 4: Das durch die Mietzahlung erwerbende Nutzungsrecht erfüllt das Kriterium der Einzelveräußerbarkeit nicht und wird deshalb als aktiver RAP angesetzt. Typischerweise entstehen aktive und passive RAP durch Vorauszahlungen oder Anzahlungen in Vertragsverhältnissen.

In der Frage der Bewertung von Vermögensgegenständen und Schulden haben sich ebenfalls eine Reihe von Prinzipien herauskristallisiert, die mittlerweile im HGB kodifiziert sind und als GoB angesehen werden können. Von besonderer Bedeutung sind hier

1. das *Vorsichtsprinzip* (§ 252 Abs. 1 Nr. 4 HGB, erster Halbsatz),
2. das *Realisationsprinzip* (§ 252 Abs. 1 Nr. 4 HGB, letzter Satz) und
3. das *Imparitätsprinzip* (§ 252 Abs. 1 Nr. 4 HGB, zweiter Halbsatz).

Das Vorsichtsprinzip bezieht sich auf das Ausfüllen von Ermessensspielräumen in Bewertungsfragen. Grundsätzlich soll der Bilanzierende den Wert seines Vermögens eher etwas untertreiben als ihn zu übertreiben. Diese Forderung hat ihren Ursprung in der Ausschüttungsbemessungsfunktion der externen UR (vgl. Abschnitt 1.2). Konkretisiert wird das Vorsichtsprinzip durch das Realisationsprinzip. Das Realisationsprinzip verbietet den Ansatz „unrealisierter" Gewinne, wobei konkretisiert werden muss, was unter dem Begriff „Realisation" zu verstehen ist. Zur Illustration betrachten wir die Weiterverarbeitung der Vorprodukte im Geschäftsvorfall 2 zu Endprodukten. Bei der Erfassung dieser Transaktion hatten wir einen erfolgsneutralen Aktivtausch vorgenommen, die Endprodukte also in Höhe der verzehrten Vorprodukte bewertet. Nehmen wir jetzt an, dass bereits zum Zeitpunkt der Weiterverarbeitung klar ist, dass die erzeugten Endprodukte zum Preis von 3.000 EUR verkauft werden können, also ein Gewinn von 1.000 EUR absehbar ist. Ein „unvorsichtig" konkretisiertes Realisationsprinzip würde die unmittelbare Erfassung dieses Gewinns erlauben und damit große Bewertungsrisiken in die Bilanz integrieren. Die eher vorsichtige Interpretation des Realisationsprinzips im deutschen Handelsrecht erlaubt die Erfassung des Gewinns im Beispiel nicht: Voraussetzungen sind hier die Lieferung der Waren an einen Kunden und die tatsächliche Abrechnungsfähigkeit der Lieferung. Man könnte sich auch noch „vorsichtigere" Konkretisierungen vorstellen: Möglicherweise hat der Kunde für defekte Stücke aus der Lieferung ein über ein Jahr befristetes Rückgaberecht. Sehr vorsichtige Regeln der Rechnungslegung würden den Gewinn erst als realisiert ansehen, wenn eine Rückgabe von Waren nicht mehr möglich ist. Letztendlich bestimmt also die konkrete Ausgestaltung des Realisationsprinzips, welcher Grad an „Vorsicht" oder Bewertungsrisiko in einem Rechnungslegungssystem umgesetzt wird.

Das Imparitätsprinzip schränkt den Anwendungsbereich des Realisationsprinzips auf Gewinne ein und fordert ausdrücklich seine Durchbrechung im Fall von Verlusten. Verluste werden berücksichtigt, sobald sie absehbar sind. Modifizieren wir das Beispiel. Falls die Produkte voraussichtlich nicht zu einem Preis von 3.000 EUR, sondern höchstens zu 1.500 EUR zu verkaufen wären, müsste der absehbare Verlust in Höhe von 500 EUR sofort in Bilanz und GuV erfasst werden.

Aus Realisations- und Imparitätsprinzip folgt die grundsätzliche Vorgehensweise bei der Bewertung von Vermögensgegenständen und Schulden. Vermögensgegenstände werden bei ihrer erstmaligen Erfassung zu Anschaffungs- oder Herstellungskosten bewertet. Anschaffungsvorgänge sind deshalb immer erfolgsneutral (Realisationsprinzip!). Zur Folgebewertung wird der Vermögensgegenstand in jeder Periode planmäßig abgeschrieben. Sollten Wertminderungen über die geplanten Abschreibungen hinaus auftreten, sind außerplanmäßige Abschreibungen vorzunehmen (Imparitätsprinzip!). In Abschnitt 5 wird diese Vorgehensweise detaillierter erläutert. Bei der Bewertung von Schuldpositionen existieren naturgemäß keine planmäßigen Abschreibungen. Grundsätzlich werden Schuldpositionen mit dem Erfüllungsbetrag bewertet. Aus Realisations- und Imparitätsprinzip folgt, dass eine Verringerung der voraussichtlichen wirtschaftlichen Belastung durch die Schuld keinen Einfluss auf die Bewertung hat, während eine unvorhergesehene Erhöhung der Belastung erfolgswirksam erfasst werden muss.

4.3 Grundlagen der Rechnungslegung nach IFRS

Nach Inkrafttreten der IAS-Verordnung der Europäischen Union aus dem Jahre 2002 und entsprechender Umsetzung durch das Bilanzrechtsreformgesetz (BilReF2 vom 04.12.2004 besteht für kapitalmarktorientierte Unternehmen die Pflicht, den

Konzernabschluss nach internationalen Rechnungslegungsnormen, den so genannten International Financial Reporting Standards (IFRS), aufzustellen. Der Konzernabschluss bezieht sich im Gegensatz zum Einzelabschluss nicht auf die rechtliche Unternehmenseinheit, sondern bezieht alle Tochterunternehmen mit ein, die von einem Mutterunternehmen kontrolliert werden. Eine detaillierte Auseinandersetzung mit dem Konzernabschluss geht weit über den Anspruch dieses Beitrags hinaus, dennoch müssen aus mehreren Gründen zumindest ansatzweise die Grundlagen der IFRS besprochen werden. Einerseits wird die Bedeutung der IFRS auch für den Einzelabschluss nicht kapitalmarktorientierter Unternehmen in den kommenden Jahren mit Sicherheit zunehmen. Andererseits lohnt es sich an vielen Stellen, die IFRS mit den handelsrechtlichen Regelungen zu vergleichen, um einen Einblick in alternative Zugänge zur Lösung von Ansatz- und Bewertungsproblemen zu erhalten.

Die IFRS werden nicht wie die handelsrechtlichen GoB vom Gesetzgeber erlassen und im Wesentlichen durch Rechtsprechung fortgebildet, sondern von einem privaten Gremium, dem International Accounting Standards Board (IASB), entwickelt und erlassen. Der Entwicklungsprozess verläuft in mehreren Schritten und beinhaltet insbesondere die Beteiligung aller an einem bestimmten Problem der Rechnungslegung interessierten Parteien. Das IASB (früher IASC – International Accounting Standards Committee) existiert seit 1973 und hat seitdem 41 International Accounting Standards (IAS) entwickelt, von denen noch 34 Gültigkeit besitzen. Seit 2001 werden die Standards als IFRS bezeichnet. Mittlerweile sind neben den bereits genannten 34 IAS auch sieben neue IFRS in Kraft getreten. Alle Standards befassen sich detailliert mit einem Regulierungsproblem im Bereich der externen UR. Neben den Standards existiert seit 1989 das so genannte Framework oder Rahmenkonzept des IASC, das die grundlegende Sichtweise der Organisation auf Zweck, Funktionsweise, Qualität und Elemente der externen UR enthält. Das Rahmenkonzept weist einige wesentliche Unterschiede zu den oben skizzierten Grundlagen der handelsrechtlichen Rechnungslegung auf:

1. Die Rechnungslegung nach IFRS dient primär dem Zweck der Entscheidungsunterstützung von (potentiellen) Eigenkapitalgebern.
2. Der Begriff des Vermögensgegenstandes ist umfassender definiert – es existieren beispielsweise keine Rechnungsabgrenzungsposten.
3. Die Aufzählung der Bewertungsmethoden zeigt, dass die Rechnungslegung nach IFRS möglicherweise mit einem deutlich liberaler eingestellten Realisationsprinzip arbeitet.

5 Kurzüberblick über wichtige Bilanzierungsnormen

5.1 Vorbemerkungen

Bevor in diesem Abschnitt der Ansatz und die Bewertung der wichtigsten Bilanzpositionen dargestellt wird, sind zwei Vorbemerkungen angebracht:

Externe Unternehmensrechnung 59

1. In der Literatur nehmen die Ansatz- und Bewertungsnormen für konkrete Bilanzierungsprobleme sehr breiten Raum ein. In diesem Abschnitt hingegen kann aus Platzgründen nur sehr knapp auf konkrete Probleme eingegangen werden. Deshalb wird dem interessierten Leser dringend geraten, die im Abschnitt 8 empfohlene Literatur zu konsultieren.
2. Die Literatur zu Ansatz- und Bewertungsproblemen ist ausgesprochen umfangreich. Deshalb wird auf ausführliche Quellenangaben verzichtet und immer nur auf die prominentere Lehrbuchliteratur verwiesen.

Ausgangspunkt der folgenden Ausführungen zu einzelnen Bilanzpositionen ist das in § 266 Abs. 1 – 3 vorgeschriebene verkürzte Gliederungsschema der Bilanz für kleine Kapitalgesellschaften, das in Tabelle 10 wiedergegeben ist.

Tabelle 10: Verkürztes Gliederungsschema nach § 266 Abs. 1 – 3 HGB

Aktivseite	Passivseite
A. Anlagevermögen	**A. Eigenkapital**
I. Immaterielle VG	I. Gezeichnetes Kapital
II. Sachanlagen	II. Kapitalrücklage
III. Finanzanlagen	III. Gewinnrücklagen
B. Umlaufvermögen	IV. Gewinn-/Verlustvortrag
I. Vorräte	V. Jahresüberschuss/-fehlbetrag
II. Forderungen und sonst. VG.	**B. Rückstellungen**
III. Wertpapiere	**C. Verbindlichkeiten**
IV. Kassenbestand ...	**D. Rechnungsabgrenzungsposten**
C. Rechnungsabgrenzungsposten	

Interessanterweise ist die explizite Vorschrift eines solchen Schemas nicht in allen Rechnungslegungssystemen vorgeschrieben: IAS 1 beispielsweise listet zwar einige Positionen auf, die in einer Bilanz ausgewiesen werden müssen, enthält aber keine detaillierte Gliederungsvorschrift.

5.2 Anlagevermögen

Zum Anlagevermögen zählt das Handelsgesetz (§ 247 Abs. 1 HGB) sämtliche Vermögensgegenstände, „die bestimmt sind, dauernd dem Geschäft zu dienen". Das Gesetz unterscheidet:

1. *Immaterielle Vermögensgegenstände*, wie Lizenzen, Rechte, Patente oder Konzessionen,
2. *Sachanlagen*, wie z. B. Grundstücke, Gebäude, Produktionsanlagen, Fahrzeuge etc. und
3. *Finanzanlagen*, wie z. B. Beteiligungen an Unternehmen oder auch Kredite, die das Unternehmen vergeben hat und die die Definition des Anlagevermögens erfüllen.

Die Frage des *Ansatzes* dieser Vermögensgegenstände wird in zwei Stufen geklärt. Zuerst muss überprüft werden, ob der Sachverhalt überhaupt grundsätzlich aktivierungsfähig ist. Dazu zieht man die in Abschnitt 4 angegebene Definition eines Vermögensgegenstands hinzu. Wenn der Sachverhalt (zumeist ein Anschaffungs- oder Herstellungsvorgang) diese Merkmale erfüllt, kann im zweiten Schritt überprüft werden, ob keine konkreten Hindernisse existieren, die eine Aktivierung als Vermögensgegenstand verbieten. Beispielsweise hatten wir im Fall des Geschäftsvorfalls 1 (Anschaffung Maschine) die Existenz eines Vermögensgegenstands bejaht und diesen dann auch angesetzt. Dies ist aus Sicht der Bilanzierungsregeln des HGB (und auch der IFRS) korrekt. Die Maschine lässt wirtschaftliche Vorteile erwarten, sie ist im Besitz des Unternehmens und sie ist einzelveräußerbar. Auch konkret existieren keine Vorschriften im HGB, die den Ansatz der Maschine verbieten. Ein Beispiel, in dem die abstrakte Aktivierungsfähigkeit zwar gegeben, die konkrete Aktivierungsfähigkeit aber nicht erfüllt ist, wäre die Eigenentwicklung eines immateriellen Vermögensgegenstands, der im Unternehmen längerfristig genutzt werden soll (z. B. ein Produktionsverfahren, ein Patent oder ein Rezept). In diesem Fall liegen zwar wirtschaftlicher Nutzen, Besitz und Einzelveräußerbarkeit vor, § 248 Abs. 2 HGB verbietet jedoch die Aktivierung nicht entgeltlich erworbener Vermögensgegenstände des Anlagevermögens. Dieses kann als Resultat des Abwägens zweier Effekte interpretiert werden: Das Unterschlagen selbstentwickelter Patente, Rezepte oder Verfahren beeinträchtigt ganz sicher die Informationsqualität der Bilanz und damit ihre Nützlichkeit in Bezug auf die Rechnungszwecke Entscheidungsunterstützung sowie Rechenschaftslegung und Anreizgestaltung. Auf der anderen Seite aber ist das Vorhandensein und insbesondere die Bewertung eines solchen Vermögensgegenstands für einen Dritten nur sehr schwer nachzuvollziehen, so dass der Gesetzgeber eine Aktivierung lieber grundsätzlich verbietet, als große Ermessensspielräume zu eröffnen.

Zu klären ist jetzt noch die Frage der Bewertung des Anlagevermögens. Für die *erstmalige Bewertung* gilt ein Grundsatz, der bereits bei der Quantifizierung der durch Geschäftsvorfall 1 verursachten Reinvermögensmehrung diskutiert worden war und dann in Abschnitt 4 bei der Diskussion des Realisationsprinzips in abstrakter Form wieder auftrat: Beim Zugang eines Vermögensgegenstands wird ein eventuell günstigeres Geschäft des Unternehmens nicht berücksichtigt. Anders formuliert: Ein erworbener Vermögensgegenstand wird höchstens mit seinen Anschaffungskosten bilanziert, ein selbst hergestellter Vermögensgegenstand höchstens mit seinen Herstellungskosten. Dieser Grundsatz findet sich in § 253 Abs. 1 Satz 1 HGB, und er gilt grundsätzlich für alle Vermögensgegenstände. Zu den Anschaffungskosten zählen neben dem Anschaffungspreis auch eventuelle Anschaffungsnebenkosten, wie beispielsweise Transportkosten oder -versicherungen sowie alle Aufwendungen, die getätigt werden, um den Vermögensgegenstand in betriebsbereiten Zustand zu versetzen (§ 255 Abs. 1 HGB). Zu diesen Aufwendungen zählt beispielsweise die Herstellung eines Fundaments für eine neu angeschaffte Produktionsanlage. Komplizierter und mit wesentlich mehr auch expliziten Ermessensspielräumen versehen ist die Ermittlung der Herstellungskosten nach § 255 Abs. 2 HGB. Verpflichtend einzubeziehen sind Materialeinzelkosten, Fertigungseinzelkosten und Sondereinzelkosten der Fertigung. Wahlrechte bestehen bei der Zurechnung bestimmter Gemeinkosten.

Die Folgebewertung des Anlagevermögens hängt wesentlich davon ab, ob die Nutzungsdauer des Vermögensgegenstands zeitlich begrenzt und ob der Vermögensgegenstand abnutzbar ist. Dies ist bei Produktionsanlagen, bei Gebäuden, bei zeitlich begrenzten Rechten oder Lizenzen, bei Fahrzeugen und vielen anderen Vermögensgegenständen des immateriellen Anlagevermögens und des Sachanlagevermögens der Fall. In diesem Fall wird (wie auch im Beispiel des Geschäftsvorfalls 1) der Vermögensgegenstand in jeder Periode abgeschrieben (§ 253 Abs. 2 Satz 1 HGB). Zur Berechnung der *planmäßigen Abschreibung* schätzt man die Nutzungsdauer und den Restwert und legt dann fest, welche Verteilung der Differenz zwischen Anschaffungs- oder Herstellungskosten und Restwert dem Wertverlauf des Vermögensgegenstands angemessen ist. Die populärste und einfachste Abschreibungsmethode ist die lineare Abschreibung, die mit konstanten Abschreibungsbeträgen arbeitet. Man ermittelt die Beträge, indem man die Differenz zwischen Anschaffungs- oder Herstellungskosten und Restwert durch die Nutzungsdauer dividiert. Das Gesetz schreibt allerdings keine bestimmte Abschreibungsmethode vor, so dass der Bilanzierende bei der Auswahl der Methode vor allem durch die GoB, hier vor allen Dingen durch das Vorsichtsprinzip und das Realisationsprinzip, eingeschränkt wird. Die planmäßige Abschreibung wird zwar unmittelbar nach der erstmaligen Bilanzierung eines Vermögensgegenstands über die geplante Nutzungsdauer festgelegt, dies heißt aber nicht, dass auf Parameteränderungen nicht reagiert werden kann. Verändert sich beispielsweise die Nutzungsdauer oder der Restwert, so müssen die Abschreibungsbeträge für die restliche Nutzungsdauer entsprechend angepasst werden.

Vermögensgegenstände, die, wie Finanzanlagen, keiner Abnutzung unterliegen, oder die, wie Grundstücke oder bestimmte Rechte, in ihrer Nutzung nicht zeitlich begrenzt sind, werden nicht planmäßig abgeschrieben.

Während der Nutzung eines Vermögensgegenstands des Anlagevermögens kommt es sehr häufig zu Wertschwankungen, die bei der Gestaltung der planmäßigen Abschreibung nicht vorhergesehen wurden. Der planmäßige Wertverlauf eines Vermögensgegenstands wird nicht dem tatsächlichen Wertverlauf entsprechen. Dies ist wegen des Vorsichts- und Realisationsprinzips kein Problem, solange der tatsächliche Wert größer ist als die um Abschreibungen verringerten Anschaffungs- oder Herstellungskosten. Im umgekehrten Fall allerdings greift das Imparitätsprinzip: § 253 Abs. 2 Satz 3 HGB schreibt für das Anlagevermögen bei voraussichtlich dauernden Wertminderungen außerplanmäßige Abschreibungen auf den niedrigeren beizulegenden Wert vor. Bei voraussichtlich nicht dauernden Wertminderungen können Personengesellschaften Abschreibungen vornehmen, während Kapitalgesellschaften im Sachanlagevermögen nur bei voraussichtlich dauernden Wertminderungen außerplanmäßig abschreiben dürfen (§ 279 Abs. 1 Satz 2 HGB). Personengesellschaften müssen außerplanmäßige Abschreibungen nicht rückgängig machen (§ 253 Abs. 5 HGB). Auch hier sind die Regeln für Kapitalgesellschaften schärfer: Nach § 280 Abs. 1 Satz 1 HGB besteht ein Wertaufholungsgebot. Kapitalgesellschaften sind demnach verpflichtet, außerplanmäßige Abschreibungen rückgängig zu machen, wenn der Abschreibungsgrund entfallen ist. Die insgesamt strengere Behandlung von Kapitalgesellschaften kann mit Blick auf die in Abschnitt 1 aufgezeigten Rechnungszwecke erklärt werden: Im Unterschied zu typischen Personengesellschaften sind Kapitalgesellschaften durch die Trennung von Eigentums- und Verfügungsrechten gekennzeichnet – der Rechnungszweck „Rechenschaftslegung" spielt also eine große Rolle. Die Anwendung von bilanzpolitischen Maßnahmen konterkariert diesen Zweck, so dass die Einengung bilanzpolitischer Spielräume insbesondere bei Kapitalgesellschaften angebracht erscheint.

Der Ausweis des Anlagevermögens erfolgt üblicherweise im so genannten Anlagengitter (für Kapitalgesellschaften in § 268 Abs. 2 HGB verpflichtend). Diese Tabelle zeigt, wie sich der Anfangsbestand der einzelnen Positionen des Anlagevermögens im Verlauf der Periode durch Zu- und Abgänge, plan- und außerplanmäßige Abschreibungen sowie durch Wertaufholungen zum Endbestand entwickelt hat.

5.3 Umlaufvermögen

Die zweite wichtige Sammelposition auf der Aktivseite im Gliederungsschema nach § 266 Abs. 2 HGB ist das *Umlaufvermögen*. Grundsätzlich finden sich in dieser Position sämtliche Vermögensgegenstände, die nicht dazu bestimmt sind, dem Geschäftsbetrieb dauerhaft zu dienen. Folgerichtig finden sich im Umlaufvermögen Vorräte, zu denen beispielsweise Sachgegenstände wie Roh-, Hilfs- und Betriebsstoffe, im Produktionsprozess befindliche Erzeugnisse, Handelsware oder selbst hergestellte Fertigprodukte gehören. Ebenfalls unter der Position „Vorräte" werden Anzahlungen bilanziert, die das Unternehmen (zur Anschaffung von Umlaufvermögen) geleistet hat. Ferner finden sich hier finanzielle Positionen, wie Forderungen, Wertpapiere sowie der Zahlungsmittelfonds des Unternehmens.

Die erstmalige Bewertung von finanziellen Positionen ist weitestgehend unproblematisch. Grundsätzlich gilt die Bewertung zu Anschaffungskosten, also kann im Falle von Wertpapieren der Kaufpreis oder im Falle von Forderungen der Wert der abgegebenen Waren oder Dienstleistungen angesetzt werden. Schwieriger ist die Bewertung von Sachpositionen im Umlaufvermögen, die im Unternehmen selbst erzeugt oder weiterverarbeitet wurden. Grundsätzlich gilt hier wie auch bei selbsterstellten Vermögensgegenständen des Anlagevermögens die Bewertung zu Herstellungskosten nach § 255 Abs. 2 HGB. Durch die explizit eingeräumten Wahlrechte und die Spielräume (s. S. 92), insbesondere bei der Ermittlung der Gemeinkosten, ergeben sich hier Gestaltungsmöglichkeiten des Bilanzierenden. Etwas eingeengt wird der Bewertungsspielraum durch das in § 252 Abs. 1 Nr. 6 kodifizierte Stetigkeitsprinzip, das den willkürlichen Wechsel von Bewertungsmethoden ausschließt.

Für gleichartige Vermögensgegenstände des Vorratsvermögens lässt § 256 HGB zusätzlich Bewertungsvereinfachungsverfahren zu, die Ausnahmen vom Prinzip der Einzelbewertung (§ 252 Abs. 1 Nr. 3) darstellen. Beispielsweise kann man gleichartige Vermögensgegenstände in Gruppen zusammenfassen und in der Gruppe bewerten. Außerdem kann nach bestimmten Verbrauchsfolgefiktionen bewertet werden, so dass nicht genau ermittelt werden muss, welche wann zu welchem Preis angeschafften Vorprodukte, Roh-, Hilfs- oder Betriebsstoffe in der Periode verbraucht wurden.

Bei der Folgebewertung des Umlaufvermögens fallen grundsätzlich keine planmäßigen Wertminderungen an, da Vermögensgegenstände des Umlaufvermögens nicht langfristig im Unternehmen genutzt werden. Planmäßige Wertminderungen durch Verschleiß entstehen also nicht. Natürlich können bei Vermögensgegenständen des Umlaufvermögens aber ungeplante Wertminderungen auftreten: Forderungen können wegen Insolvenz eines Schuldners wertlos werden, Handelsware kann wegen technischer Neuentwicklungen an Wert verlieren oder bestimmte Rohstoffe in der Nahrungsmittelindustrie können bei der Lagerung verderben. Solche Wertminderungen führen nach § 253 Abs. 3 HGB zu Abschreibungen. Grundsätzlich soll zunächst auf den niedrigeren Börsen- oder Marktpreis (§ 253 Abs. 3 Satz 2 HGB) abgeschrieben werden. Ist ein solcher nicht festzustellen, müssen die Anschaffungs- oder Herstellungskosten mit dem „beizulegendem Wert" des Vermögensgegenstandes verglichen werden. Börsen- oder Marktpreise lassen sich allenfalls für bestimmte Wertpapiere oder marktgängige Waren heranziehen, so dass häufig auf den beizulegenden Wert zurückzugreifen sein wird. Abhängig ist dieser Wertansatz letztendlich von der Art des Vermögensgegenstands: Handelt es sich beispielsweise um Forderungen, so wird man bei einer Bonitätsverschlechterung des Schuldners eine Risikoanpassung vornehmen. Bei halbfertigen Produkten kann man ausgehend vom Marktpreis der fertigen Erzeugnisse retrograd zum beizulegenden Wert kommen, indem man die geschätzten, bis zur Marktfähigkeit noch anfallenden Weiterverarbeitungskosten vom Marktpreis abzieht.

5.4 Verbindlichkeiten

Verbindlichkeiten sind eine Untergruppe der in der Bilanz auszuweisenden Schulden. Es handelt sich dabei um die Schulden, die dem Grunde und der Höhe nach feststehen. Differenziert werden die Schulden einmal nach der Art des Schuldners. Das Gliederungsschema nach § 266 Abs. 3 HGB unterscheidet u. a. Verbindlichkeiten bei Kreditinstituten, von Kunden erhaltene Anzahlungen, Verbindlichkeiten aus Lieferungen und Leistungen oder Verbindlichkeiten gegenüber verbundenen Unternehmen. Nach § 268 Abs. 5 ist zudem bei jeder Position anzugeben, welcher Betrag der jeweiligen Verbindlichkeit innerhalb eines Jahres fällig wird.

Die Bewertung von Verbindlichkeiten erfolgt grundsätzlich zum Rückzahlungsbetrag (§ 253 Abs. 1 Satz 2 HGB). Für überraschende Wertänderungen gilt wegen des Realisations- und Imparitätsprinzips das Höchstwertprinzip: Nur bei Erhöhungen des Rückzahlungsbetrags wird die Verbindlichkeit (erfolgswirksam) auf den neuen Rückzahlungsbetrag korrigiert. Auf Verringerungen des Rückzahlungsbetrags beispielsweise durch Schulderlass wird nicht reagiert.

5.5 Rückstellungen

Anders als bei Verbindlichkeiten ist im Fall einer Rückstellung nicht ganz sicher, ob überhaupt eine Verpflichtung vorliegt oder wie hoch die mit der Verpflichtung verbundene wirtschaftliche Belastung sein wird. In unserem Beispiel löst Geschäftsvorfall 5 eine Rückstellung in Periode 1 aus: Durch die Produktion werden Abfallprodukte erzeugt, die in Periode 2 beseitigt werden müssen. Die Entsorgungsverpflichtung ist zwar sicher, doch stellen die 500 EUR Kosten nur eine Schätzung der wirtschaftlichen Belastung dar. Andere Beispiele sind Rückstellungen für Garantie- oder Kulanzleistungen (§ 249 Abs. 1 Satz 2 Nr. 2 HGB), für Pensionszahlungen oder für Verpflichtungen zur Beseitigung von Altlasten. Diese Rückstellungen werden in der Kategorie „Verbindlichkeitsrückstellungen" zusammengefasst (§ 249 Abs. 1 Satz 1 HGB). Eine zweite Kategorie bilden Rückstellungen für drohende Verluste („Drohverlustrückstellungen") aus schwebenden Geschäften, die im deutschen Handelsrecht nach § 249 Abs. 1 Satz 1 HGB gebildet werden dürfen. Spezialität des deutschen Handelsrechts sind die Rückstellungen für unterlassene Instandhaltungen, die in der nächsten Periode nachgeholt werden (§ 249 Abs. 1 Satz 2 Nr. 1 HGB) sowie Rückstellungen für genau umrissene Aufwendungen, die früheren Geschäftsjahren zuzuordnen sind (§ 249 Abs. 2 HGB). Diese so genannten „Aufwandsrückstellungen" bilden eine dritte Kategorie.

Rückstellungen setzt man aus zwei Gründen an: Der erste Grund besteht in der korrekten Zuordnung von Aufwand zur Entstehungsperiode und damit in der korrekten Berechnung des Periodengewinns. Dieses Motiv wird im deutschen Handelsrecht besonders im Fall der Aufwandsrückstellungen deutlich. Solche Rückstellungen werden typischerweise für die unterlassene Entsorgung von Abfallprodukten, für verschobene Wartungsmaßnahmen oder unterlassene Großreparaturen gebildet. Diese Geschäftsvorfälle stellen keine Verpflichtungen des Unternehmens gegenüber Dritten dar, sondern werden durch die Bildung einer Rückstellung periodengerecht abgegrenzt. Der Ansatz von Aufwandsrückstellungen ist jedoch keine Konsequenz der GoB, weil das abstrakte Kriterium für eine Schuld nicht erfüllt wird.

Verbindlichkeitsrückstellungen, wie beispielsweise Pensionsrückstellungen, lassen sich über die GoB rechtfertigen: Pensionsversprechen ersetzen Lohnzahlungen in einer Periode und sind damit in der Periode als Aufwand zu verrechnen, in der sie abgegeben werden und nicht in der Periode, in der die Pensionszahlung erfolgt. Letztlich lässt sich die Bildung von Verbindlichkeitsrückstellungen also auf das *Realisationsprinzip* (§ 252 Abs. 1, Nr. 4 HGB) zurückführen: Würde man auf die Bildung von Verbindlichkeitsrückstellungen verzichten und die entsprechenden Aufwendungen erst dann verbuchen, wenn Zahlungen anfallen, wird der Periodengewinn zu hoch und damit unrealisierter Gewinn ausgewiesen.

Drohverlustrückstellungen hingegen sind ein typisches Beispiel für eine Implikation des *Imparitätsprinzips*. Sie werden dann gebildet, wenn der Bilanzierende damit rechnen muss, dass ein schwebendes Geschäft in der Zukunft Verluste verursachen wird. Ein schwebendes Geschäft ist beispielsweise ein Auftrag, der zum Bilanzstichtag noch nicht abgeschlossen ist. Wenn dieser Auftrag aus Sicht des Bilanzstichtags voraussichtlich zu einem Verlust führen wird, ist der Verlust nach dem Imparitätsprinzip zu berücksichtigen. Deshalb bildet man als Gegenposition zur entsprechenden Aufwandsbuchung eine Rückstellung in Höhe des absehbaren Verlusts.

Anders als im Fall der Verbindlichkeiten ist die Bewertung von Rückstellungen nicht unproblematisch. Dies liegt an der Unsicherheit über die Inanspruchnahme aus der Verpflichtung und die Höhe der dann folgenden Zahlungen. Aus diesem Grund existieren bei der Bewertung von Rückstellungen große Ermessensspielräume, die sich auch im Gesetz wiederfinden. § 253 Abs. 1 Satz 2 HGB bestimmt, dass Rückstellungen nur in Höhe des Betrages anzusetzen sind, der nach „vernünftiger kaufmännischer Beurteilung" notwendig ist. Weiterhin ist bei der Bewertung das Vorsichtsprinzip (§ 252 Abs. 1 Satz 2 Nr. 4 HGB) zu beachten. Die zwangsläufig unscharfe Regulierung der Bewertung von Rückstellungen führt dazu, dass diese Position besonders häufig für bilanzpolitische Zwecke benutzt wird. Die gezielte Überdotierung von Rückstellungen in Perioden mit hohen Gewinnen wird häufig als stille Reserve benutzt, die in Perioden mit niedrigen Gewinnen wieder aufgelöst werden kann.

5.6 Eigenkapital

Aus der intratemporalen Bilanzgleichung folgt das Eigenkapital als Residualposition. Also folgt der Ansatz und die Bewertung des Eigenkapitals aus der Beantwortung der Ansatz- und Bewertungsfragen in allen anderen Positionen von Bilanz und GuV. Interessant sind deshalb hauptsächlich zwei Fragen:

1. Wie wird das Eigenkapital in der Bilanz ausgewiesen?
2. Wie grenzt man Eigenkapital und Schulden voneinander ab?

Der Ausweis des Eigenkapitals könnte theoretisch in einer einzigen Position geschehen. Es gibt jedoch Gründe, das Eigenkapital nach gewissen Kriterien aufzuspalten. Generell bietet es sich an, Eigenkapitalbestandteile nach ihrer Herkunft zu differenzieren. Man unterscheidet zuächst solche Komponenten, die von den Anteilseignern eingebracht wurden. Dazu zählen im für Kapitalgesellschaften gültigen Gliederungsschema der Bilanz nach § 266 Abs. 3 HGB das *gezeichnete Kapital* und die *Kapitalrücklagen*. Der Anteil eines Aktionärs oder Gesellschafters am gezeichneten Kapital einer Aktiengesellschaft oder Stammkapital einer GmbH bestimmt die Macht- und Gewinnverteilung in der Gesellschaft. Außerdem geben gezeichnetes beziehungsweise Stammkapital Auskunft über den Nominalwert des haftenden Kapitals des Unternehmens. Anteile an einer Gesellschaft werden nur in den seltensten Fällen zum Nominalwert ausgegeben. Die Differenz zwischen Nominalwert und tatsächlichem Einzahlungsbetrag wird in die Kapitalrücklage eingestellt. Eine zweite Quelle von Eigenkapital ist die Einbehaltung von Gewinnen im Unternehmen. Im Gliederungsschema ist dafür die Position *Gewinnrücklagen* vorgesehen, die aus verschiedenen Unterpositionen bestehen kann. Auch hier gibt es Positionen, die Ausschüttungsbeschränkungen unterliegen, wie beispielsweise die gesetzliche Rücklage oder die Rücklage für eigene Anteile. Entscheidendes Kennzeichen der freien Gewinnrücklage einer deutschen Aktiengesellschaft ist, dass sie im Gegensatz zu den Kapitalrücklagen oder dem gezeichneten Kapital grundsätzlich ausgeschüttet werden dürfen, da sie in vergangenen Jahren durch freiwillige Einbehaltungsentscheidungen entstanden sind. Als letzte Unterposition des Eigenkapitals wird der Gewinn der aktuellen Periode in der Position *Jahresüberschuss* ausgewiesen.

Die zweite wichtige Frage im Zusammenhang mit der Bilanzierung von Eigenkapital ist die Abgrenzung zwischen Eigenkapital und Schulden. In der Praxis existieren sehr viele Konstruktionen, die in ihrer Ausgestaltung typische Merkmale beider Finanzierungsformen „unter einem Dach" vereinen. Ein Beispiel sind Genussscheine, die keinen festen Zinsanspruch verbriefen, sondern ähnlich wie Eigenkapitaltitel an Dividenden oder Gewinne gekoppelte Ausschüttungen vorsehen. In der Bilanzierung nach deutschem Handelsrecht ist nach herrschender Meinung entscheidend, ob der fragliche Finanzierungstitel bezüglich Ausschüttungs- und Rückzahlungsansprüchen wie die Ansprüche von Eigenkapitalgebern ausgestaltet ist. Wenn dies der Fall ist, kann eine Bilanzierung in der Rubrik „Eigenkapital" erfolgen.

5.7 Wichtige Unterschiede zu den IFRS

In diesem Abschnitt sollen einige wichtige Unterschiede zwischen der Rechnungslegung nach IFRS und den oben skizzierten handelsrechtlichen Regeln dargestellt werden. Dies ist deswegen wichtig, weil auf mittlere Sicht mit einer noch weiteren Verbreitung der Anwendung von IFRS zu rechnen ist. Außerdem ist es interessant, die von den Rechnungszwecken Ausschüttungsbemessung und Rechenschaftslegung dominierten HGB Regeln mit Regeln zu kontrastieren, die primär der Informationsfunktion von Kapitalmärkten dienen.

1. *Anlagevermögen*: Die Bilanzierung der laut HGB zum Anlagevermögen gehörenden Bilanzpositionen ist in den IFRS in einer Vielzahl von Standards geregelt. Die wichtigsten Standards sind IAS 16 (Sachanlagevermögen), IAS 38 (Immaterielle Vermögensgegenstände), IAS 39 (Finanzinstrumente), IAS 36 (Wertminderungen im Anlagevermögen) und IAS 40 (Immobilien als Finanzinvestitionen). Der wichtigste Unterschied zum HGB liegt darin, dass in allen zitierten Standards Bewertungsmethoden entweder verlangt werden oder zulässig sind, die eine Bewertung zum sogenannten „Fair Value" beinhalten und damit das Anschaffungskostenprinzip verletzen. Je nach Position werden Wertänderungen entweder erfolgsneutral direkt im Eigenkapital oder erfolgswirksam über die GuV verbucht. Diese „Fair Value Option" könnte man als Ausfluss des Rechnungszwecks „Informationsversorgung" interpretieren. Tatsächliche oder fiktive Marktpreise besitzen für den Bilanzleser möglicherweise einen höheren Informationsgehalt als fortgeschriebene Anschaffungs- oder Herstellungskosten. Allerdings sollte man sich vor Augen führen, dass gerade die häufig erforderliche Approximation des Fair Value mit großen Ermessensspielräumen verbunden ist, die den Informationszweck stark konterkarieren können.
2. *Umlaufvermögen*: Die Bilanzierung der im HGB zum Umlaufvermögen zählenden Positionen ist hauptsächlich in den Standards IAS 39 (Finanzinstrumente), IAS 2 (Vorräte), IAS 11 (Langfristige Fertigungsaufträge) und IAS 38 (Immaterielle Vermögensgegenstände) geregelt. Neben der bereits im Anlagevermögen skizzierten Bewertung zum Fair Value, die im Umlaufvermögen insbesondere für Wertpapiere gilt, existieren weitere Unterschiede. Beispielsweise lässt IAS 2 bei der Berechnung der Herstellungskosten, anders als das HGB, keine Wahlrechte im Bereich der Gemeinkosten zu. Außerdem kann bei der Bewertung von

langfristigen Fertigungsaufträgen nach IAS 11 bereits vor Fertigstellung ein Teil des Gesamtgewinns mit einbezogen werden, was nach HGB einen Verstoß gegen das Realisationsprinzip bedeuten würde.
3. *Verbindlichkeiten*: Die Bilanzierung von Verbindlichkeiten ist im wesentlichen in IAS 39 geregelt. Unterschiede zum HGB bestehen im Detail; für bestimmte Verbindlichkeiten gilt ebenfalls die Bewertung zum Fair Value und nicht das Höchstwertprinzip nach HGB.
4. *Rückstellungen*: IAS 37 regelt allgemein die Bilanzierung von Rückstellungen, IAS 19 enthält detaillierte Regelungen für Pensionsrückstellungen. Neben teilweise sehr viel detaillierteren Bewertungsregeln ist im Unterschied zum HGB der Ansatz von Innenverpflichtungen, also die Bilanzierung von Aufwandsrückstellungen, nicht möglich.
5. *Eigenkapital*: Die Abgrenzung von Eigen- und Fremdkapital basiert nach IAS 32 im wesentlichen auf dem Kriterium der unbefristeten Überlassung des Kapitals. Aus diesem Grund würde das Eigenkapital von Personengesellschaften und Genossenschaften nach IFRS nicht unter dem Eigenkapital ausgewiesen, weil Kündigungsmöglichkeiten bestehen.

6 Gewinn- und Verlustrechnung

Das zweite wichtige Informationsinstrument im Jahresabschluss stellt neben der Bilanz die *Gewinn- und Verlustrechnung* (GuV) dar. Aus der doppelten Buchführung bzw. der intratemporalen Bilanzgleichung folgt, dass die GuV *keine* Funktion bei der Berechnung des Gewinns besitzt. Sämtliche Veränderungen des Eigenkapitals werden entweder durch Einlagen der Anteilseigner oder durch Gewinne verursacht. Aus dem Buchwert des Eigenkapitals zu Beginn und Ende der Periode (B_t und B_{t-1}) sowie aus dem Saldo zwischen Entnahmen und Einlagen der Anteilseigner (d_t) kann man daher den Gewinn (x_t) mit Hilfe der Gleichung

$$x_t = B_t - B_{t-1} + d_t$$

berechnen. Die GuV ist also unnötig, um die Höhe des Gewinns zu berechnen, ein Blick auf die Entwicklung des Eigenkapitalkontos ist ausreichend.

Trotzdem bietet die GuV zusätzliche Informationen über die Bilanz hinaus, denn sie zeigt, aus welchen Erlösen und Aufwendungen sich der Gewinn zusammensetzt. Grundsätzlich existieren mit dem *Umsatzkostenverfahren* und dem *Gesamtkostenverfahren* zwei Möglichkeiten, eine GuV aufzustellen, unter denen laut § 275 Abs. 2 und 3 HGB eine Kapitalgesellschaft wählen kann. Beide Verfahren unterscheiden sich nicht im Ergebnis, sondern durch unterschiedliche Auffassungen über die in der Periode auszuweisenden Aufwendungen und Erträge. Beide Verfahren streben eine korrekte sachliche und zeitliche Abgrenzung des Gewinns an, wobei unterschiedliche Ausgangspunkte gewählt werden.

Die GuV nach dem Gesamtkostenverfahren weist sämtliche Aufwandspositionen einer Periode aus, unabhängig davon, ob mit diesen Aufwendungen Umsatzerlöse der aktuellen Periode alimentiert wurden. Man kann deshalb den Periodenaufwendungen nicht den Umsatz der Periode gegenüberstellen, sondern muss Korrekturen vornehmen. Korrekturbedarf entsteht in drei Fällen:

1. Zusätzlich zu den umgesetzten Erzeugnissen wurde der Lagerbestand an unfertigen und fertigen Erzeugnissen erhöht. Um die entsprechenden Aufwendungen in der GuV zu neutralisieren, wird die Bestandserhöhung erfolgswirksam verbucht.
2. Neben den in der Periode erzeugten Waren wurden auch Lagerbestände verkauft. Weil die zu diesen Umsätzen gehörigen Aufwendungen nicht in den Aufwendungen der Periode enthalten sind, muss der Umsatz um die Bestandsminderung verringert werden, um einen korrekten Gewinnausweis zu erhalten.
3. In der GuV werden Aufwendungen erfasst, die zu selbsterstellten Vermögensgegenständen geführt haben oder in den Anschaffungs- oder Herstellungskosten anderer Vermögensgegenstände des Anlagevermögens stecken. Diese aktivierten Eigenleistungen werden ähnlich wie Lagerbestandserhöhungen zu den Umsatzerlösen hinzuaddiert.

Die GuV nach dem Umsatzkostenverfahren beginnt mit den Umsatzerlösen der Periode und zieht von diesen die zur Erzielung der Umsätze notwendigen Herstellungskosten des Umsatzes ab. Anders als im Gesamtkostenverfahren werden hier sämtliche Aufwendungen zunächst daraufhin untersucht, ob sie bestimmten Produkten des Unternehmens zugerechnet werden können. Alle Aufwendungen, die nicht zugerechnet werden können, werden wie im Gesamtkostenverfahren in der Periode berücksichtigt, in der sie angefallen sind.

Die beiden Verfahren führen insbesondere im Betriebsergebnis zu einem unterschiedlichen Ausweis von Aufwendungen und Erlösen. Bei Lagerbestandserhöhungen zeigt die GuV nach dem Gesamtkostenverfahren höhere Aufwendungen und entsprechend höhere Erträge, im Fall von Lagerbestandsverringerungen fallen Aufwendungen und Erträge geringer aus als im Umsatzkostenverfahren. Das Finanzergebnis (Differenz zwischen Erträgen aus Finanzanlagen und Zinsen) sowie das außerordentliche Ergebnis (Differenz zwischen außerordentlichen Erträgen und Aufwendungen und Erträgen) bleibt also unberührt. Tabelle 11 zeigt schematisch und stark verkürzt die GuV nach beiden Verfahren.

Tabelle 11: GuV nach Gesamtkosten- und Umsatzkostenverfahren

Umsatzkostenverfahren	Gesamtkostenverfahren
Umsatzerlöse	Umsatzerlöse + aktivierte Eigenleistungen ± Lagerbestandsveränderungen
- Herstellungskosten des Umsatzes - nicht zugerechnete betr. Aufwendungen	- alle betrieblichen Aufwendungen der Periode
= *Betriebsergebnis*	= *Betriebsergebnis*
+ *Finanzergebnis*	+ *Finanzergebnis*
+ *außerordentliches Ergebnis*	+ *außerordentliches Ergebnis*
= ***Jahresüberschuss***	= ***Jahresüberschuss***

7 Anhang

Nach § 264 Abs. 1 Satz 1 HGB stellt für Kapitalgesellschaften der Anhang neben Bilanz und GuV das dritte Element des Jahresabschlusses dar. Grundsätzlich ergänzt und erläutert der Anhang die Informationen aus Bilanz und GuV. Die wichtigsten Pflichtangaben im Anhang enthalten §§ 284, 285 HGB. Neben allgemeinen Angaben zu den verwendeten Bilanzierungs- und Bewertungsmethoden enthält der Anhang Erläuterungen, Details und Ergänzungen zu praktisch jeder Position von Bilanz und GuV. Der Anhang ist im Rahmen der Informationsübermittlung von besonderer Bedeutung. So ist es auch nicht verwunderlich, dass die Anhangsangaben nach IFRS, die am Ende jedes Standards aufgeführt werden, sehr umfangreich sind. In manchen Fällen ist im Anhang darzustellen, wie sich alternative Bilanzierungs- und Bewertungsmethoden in Bilanz und GuV ausgewirkt hätten.

8 Schlussbemerkungen

Das Ziel dieses Beitrags ist die Beschreibung des Informationssystems „externer UR" vor dem Hintergrund der unterschiedlichen Zwecke, denen dieses System dient. Die Zweckabhängigkeit der Ausgestaltung der UR zeigt sich bereits bei der Diskussion der Datenbasis: Ein- und Auszahlungen sind sicherlich einfach zu ermitteln und für Dritte leicht nachzuprüfen; auf der anderen Seite aber ist ihre Nützlichkeit zur Unterstützung von Entscheidungen, zur Rechenschaftslegung, zur Gestaltung von Anreizsystemen oder zur Bemessung von Ausschüttungen sehr begrenzt, weil außerordentlich wichtige, aber nicht zahlungswirksame Vorgänge nicht berücksichtigt werden. Deshalb benutzt die externe UR mit dem Reinvermögen beziehungsweise den Aufwendungen und Erträgen eine Basis, die von Zahlungen abstrahiert. Diese Datenbasis führt zu zwei Notwendigkeiten: Einerseits benötigt man ein durchdachtes Erfassungssystem für die Reinvermögensebene des Unternehmens, zum anderen detaillierte Regeln, die vorschreiben, wie Transaktionen der finanz- und güterwirtschaftlichen Sphäre des Unternehmens in Bezug auf das Reinvermögen zu behandeln sind. Das erste Problem ist mit der doppelten Buchführung gelöst, das zweite Problem muss zweckabhängig gelöst werden. Als Beispiele für solche Regeln des Rechnungswesens wurden die im Handelsrecht verankerten Bilanzierungsregeln vorgestellt und es wurde kurz auf die wichtigsten Unterschiede zu den IFRS eingegangen. In den IFRS liegt aus heutiger Sicht möglicherweise die Zukunft der Bilanzierung in Deutschland.

9 Vertiefende Literatur

Das Buch von Schneider (1997) enthält ausführliche Überlegungen zur Beziehung zwischen Rechnungszwecken und Rechnungsinhalten, die allerdings für den Einsteiger nicht immer leicht nachzuvollziehen sind. Einen guten und detaillierten Überblick über die ökonomische Theorie der Rechnungslegung aus Sicht unterschiedlicher Rechnungszwecke bieten Wagenhofer & Ewert (2003) und Christensen & Demski (2002). Eine sehr lesenswerte und knappe Einführung in die Grundidee der Technik des externen Rechnungswesens ist das Buch von Whittington (1992). Wer sich über Details der doppelten Buchführung informieren möchte, sei auf Eisele (2002) verwiesen. Schwerpunktmäßig mit der Bilanzierung nach HGB befassen sich die beiden populären Lehrbücher von Coenenberg (2005) und Baetge et al. (2005). Details zur Rechnungslegung nach IFRS können in Wagenhofer (2005a) und Pellens et al. (2004) nachgeschlagen werden.

Interne Unternehmensrechnung und Controlling

Hermann Jahnke

Universität Bielefeld
Fakultät für Wirtschaftswissenschaften
Lehrstuhl für Betriebswirtschaftslehre, Controlling und Produktionswirtschaft
lstjahnke@wiwi.uni-bielefeld.de

Inhaltsverzeichnis

1	**Aufgaben und Instrumente des Controlling**	72
1.1	Warum benötigt ein Unternehmen ein Controlling?	72
1.2	Was tut ein Controller im Unternehmen?	75
1.3	Die interne Unternehmensrechnung als Informationsinstrument des Controlling	76
2	**Die Messgrößen wirtschaftlichen Erfolgs: Periodenerfolg und Betriebsergebnis**	77
2.1	Aufwand und Ertrag versus Kosten und Erlös	77
2.2	Die sachliche Abgrenzung von Aufwand und Kosten	81
2.3	Die Abgrenzungsrechnung als Ausgangspunkt der Kosten- und Erlösrechnung	85
3	**Die Bausteine eines Kostenrechnungssystems**	87
3.1	Zwecke und Teilsysteme	87
3.2	Die Kostenartenrechnung	88
3.3	Die Grundideen der Kostenstellen- und Kostenträgerrechnung	97
4	**Ein Beispiel zur Abweichungsanalyse**	98
5	**Vertiefende Literatur**	99

In diesem Kapitel wird versucht, einen ersten grundlegenden Überblick über die Zwecke zu geben, denen das Controlling und sein zentrales Instrument, die interne Unternehmensrechnung, dienen (Abschnitt 1). Am Schluss des Kapitels soll darüber hinaus auf elementarem Niveau am Beispiel der Kostenabweichungsanalyse eine ausgewählte typische Vorgehensweise des Controlling konkretisiert werden (Abschnitt 4). Um das Vorgehen verständlich zu machen, werden in den Abschnitten 2 und 3 einige Grundbegriffe aus der Kosten- und Erlösrechnung (KER) bereitgestellt.

1 Aufgaben und Instrumente des Controlling

1.1 Warum benötigt ein Unternehmen ein Controlling?

Eine zugegeben recht allgemein gehaltene und nicht sehr originelle Antwort auf diese Frage lautet: Das Controlling soll die Führungskräfte des Unternehmens bei der Bewältigung ihrer Aufgaben unterstützen. Die verschiedenen *Phasen des Führungsprozesses* kann man sich dabei idealisiert wie in Abbildung 1 vorstellen.

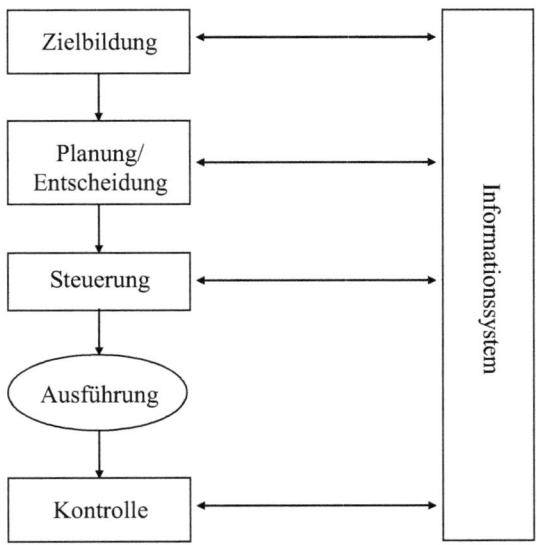

Abb. 1: Der Führungsprozess (nach Brühl, 2004, 14)

Die senkrecht angeordneten Rechtecke symbolisieren wesentliche Führungsaufgaben, die Pfeile den Fluss der Informationen, die zu ihrer Bewältigung benötigt beziehungsweise als ihr Ergebnis an andere Bereiche weitergegeben werden. Das Informationssystem dient der Gewinnung und Verarbeitung solcher Informationen.

Die zuerst genannte Führungsaufgabe ist die Zielbildung. Unternehmen benötigen in aller Regel von ihren Eigentümern zur Verfügung gestelltes Eigenkapital, um ihre Existenz begründen und geschäftliche Aktivitäten entfalten zu können. Alternativ könnten diese Mittel zinsbringend am Kapitalmarkt angelegt werden. Bei einer Streuung der verfügbaren Mittel auf verschiedene Anlagemöglichkeiten hätte die Investition am Kapitalmarkt ferner den Vorteil, dass das Risiko, die Zinsen oder gar einen Teil des angelegten Vermögens zu verlieren, reduziert werden kann. Macht das Eigenkapital des Unternehmens hingegen einen bedeutenden Anteil des Vermögens des Eigentümers aus, ist dessen Risiko aus dieser Anlage im Allgemeinen vergleichsweise hoch. Entsprechend erwarten die Eigentümer eine Kompensation für die typischerweise längerfristige Bereitstellung des Eigenkapitals, die einen mehr oder weniger hohen Risikozuschlag enthalten und daher regelmäßig über dem Zins für eine sichere Anlage am Kapitalmarkt liegen wird. Mit der nachhaltigen Erzielung von Gewinnen haben wir daher ein erstes, in vielen Unternehmen dominierendes Ziel identifiziert. Häufig wird in diesem Zusammenhang auch die Erhaltung oder Steigerung des (Markt-) Wertes des Unternehmens genannt, worunter in einer ersten, für unsere Zwecke ausreichenden Interpretation die auf die Gegenwart abgezinsten künftigen Gewinne des Unternehmens zu verstehen sind.

Aber nicht nur die Eigentümer sind an der Entwicklung des Unternehmens interessiert (s. S. 206). Lieferanten und Kunden stehen zu ihm in vertraglichen Beziehungen und haben beispielsweise die Erwartung, dass die geschlossenen Verträge erfüllt werden. Der Staat, die Sozialversicherungsträger und die Arbeitnehmer haben ein Interesse daran, dass das Unternehmen (in ihrer Region beziehungsweise in ihrem Zuständigkeitsbereich) erhalten bleibt. Gleiches gilt für die Fremdkapitalgeber, die ansonsten unter Umständen Zins- und Tilgungszahlungen verlieren würden. Die Liste der Interessenten ließe sich verlängern und würde nicht zuletzt auch die Führungskräfte des Unternehmens umfassen. Dabei kann die Erhaltung des Unternehmens in einer sich dauernd verändernden Umwelt nur gelingen, wenn sich seine Produkte, Prozesse und Strukturen neuen Anforderungen anpassen. Das Unternehmen muss ständig auf neue Konkurrenzprodukte, eine veränderte Preisbereitschaft oder gewandelte Bedürfnisstruktur der Kunden, neue Wettbewerber, modifizierte (z. B. rechtliche) Rahmenbedingungen und so weiter reagieren. Gerade Anpassungen der Unternehmensstrukturen, wie etwa die Schließung eines unrentabel gewordenen Fertigungsbereichs, gelingen für alle Beteiligten am verträglichsten, wenn das Unternehmen wächst und damit ein Potenzial für eine unternehmensinterne Substitution aufweist. Insofern ist Wachstum ein weiteres allgemeines Unternehmensziel.

Die Erhaltung des Unternehmens ist in Gefahr, wenn es nicht in der Lage ist, seinen Zahlungsverpflichtungen nachzukommen. In einem solchen Fall werden die Gläubiger versuchen, zur Sicherung ihrer Ansprüche auf die Vermögensgegenstände des Unternehmens zuzugreifen und damit die Existenz des Unternehmens gefährden. Die Sicherung der Liquidität ist somit ein weiteres allgemeines Unternehmensziel, das oft als streng einzuhaltende Restriktion aller unternehmerischen Aktivitäten zu bewerten ist.

Fasst man die angesprochenen Argumente zusammen, erkennt man die nachhaltige Gewinnerzielung, Wachstum und die Sicherung der Liquidität als *zentrale Unternehmensziele*. Befragt man Führungskräfte, werden viele von ihnen die Bedeutung einer solchen Zielformulierung bestätigen. Allerdings sind die Ziele in dieser Form bestenfalls in wenigen Fällen operabel. In Unternehmen werden ständig auf verschiedenen Ebenen Entscheidungen getroffen, beispielsweise über den Lieferanten und die Bestellmenge eines Einkaufteils, die Einstellung eines neuen Vertriebsverantwortlichen, die Veränderung der Fertigungsreihenfolge von Aufträgen, die die Auslieferung an die Kunden beeinflussen kann, oder über die Durchführung einer Imagekampagne. Solche Entscheidungen sollen der Erreichung der Ziele wie nachhaltiger Gewinn, Wachstum und Liquiditätssicherung dienen. Die kausale Verbindung zwischen den zu beurteilenden Handlungsalternativen und diesen zentralen Zielen wird aber häufig unklar sein. Insofern ist es das Anliegen der Zielbildungsphase in Abbildung 1, die Unternehmensziele auf operable Ziele für die beteiligten Entscheidungsträger in den einzelnen Bereichen des Unternehmens herunterzubrechen. Das Ergebnis dieses Prozesses sollte ein möglichst konsistentes System von Zielen für die einzelnen Hierarchiestufen im Unternehmen sein.

Die zweite, in Abbildung 1 genannte Aufgabe ist die *Planung* (bzw. Entscheidung; s. auch S. 211). Grob betrachtet zählen hierzu die methodische Zusammenstellung der verschiedenen, in einer Planungssituation relevanten Handlungsalternativen, ihre Bewertung hinsichtlich der für den betrachteten Bereich wichtigen Ziele aus dem Zielsystem und schließlich die Festlegung auf eine der Alternativen. Ergebnis eines solchen systematischen Entscheidungsprozesses ist ein Plan, der die durchzuführenden Aktivitäten mit ihrer zeitlichen Reihenfolge und den zu erreichenden Ergebnissen festlegt. Die Planungen müssen detailliert, kommuniziert und so in die Unternehmensprozesse eingebettet werden, dass sie schließlich umgesetzt beziehungsweise ausgeführt werden (*Steuerung*). Nach der Umsetzung der Planungen werden dann auf der letzten Stufe die tatsächlich erreichten mit den ursprünglich angestrebten Ergebnissen verglichen und Ursachen möglicher Abweichungen untersucht (*Kontrolle und Feedback*).

In dieser letzten Phase des Führungsprozesses stehen zwei Motive im Vordergrund:

- Zum einen sollen die verschiedenen, an der Planung, Steuerung und Ausführung Beteiligten ihre Aktivitäten auf das Zielsystem des Unternehmens ausrichten und nicht etwa davon abweichenden, selbstgeformten Zielvorstellungen folgen. Dies sicherzustellen ist eine Funktion der Kontrolle.
- Zum anderen dient gerade die Untersuchung von Abweichungen dem Lernen über die Prozesse im Unternehmen (einschließlich der Planungs- und Führungsprozesse) und deren Kosten, über das Verhalten von Mitarbeitern, die tatsächlichen Strukturen des Marktes oder über die Bedürfnisse von Kunden.

Insofern kann die letzte Führungsphase wertvolle Erkenntnisse für die Verbesserung von Planung und Entscheidung im Unternehmen liefern.

Offenbar stellen die Phasen in Abbildung 1 keinen einmaligen, linear ablaufenden Prozess dar, wie man auf Grund der eingezeichneten Informationspfeile vielleicht denken könnte. Vielmehr wird in Unternehmen wiederholt geplant, gesteuert und kontrolliert. Die Phasen dieses Prozesses überlappen sich und greifen ineinander, wie oben am Beispiel von Planung und Kontrolle erläutert wurde. Darüber hinaus sind an ihnen im Allgemeinen mehrere Personen mit Verantwortung für bestimmte Unternehmensbereiche beteiligt, die Entscheidungsbefugnisse sind in Unternehmen oft dezentralisiert. Planung und Entscheidung, Steuerung und Kontrolle finden daher zeitgleich an unterschiedlichen Stellen eines Unternehmens mit jeweils anderen Objekten der Planung statt. Trotzdem haben die Ergebnisse vieler dieser Prozesse gemeinsame Auswirkungen auf den Unternehmenserfolg, sie sind interdependent und benötigen folglich Informationen über die Ergebnisse anderer Entscheidungen im Unternehmen, wenn sie sachgerecht durchgeführt werden sollen.

Aus dieser Beschreibung des Führungsprozesses ergeben sich *Aufgaben für das Controlling*, wenn man seine Funktion darin sieht, die Unternehmensführung zu unterstützen. Hierzu zählen

- die *Gewinnung und Kommunikation von Planungs-, Steuerungs- und Kontrollinformationen*. Zur Erzeugung der Informationen bedient sich das Controlling unter anderem des Rechnungswesens, beispielsweise der Kosten- und Erlösrechnung. Kosten- oder Abweichungsberichte sind Beispiele für Instrumente zur betrieblichen Kommunikation von Informationen. In diesem Zusammenhang ist zu klären, welche Informationen die am Führungsprozess Beteiligten tatsächlich benötigen, denn der Aufbau und die Pflege eines Informationssystems sind kostenintensiv. Die Höhe dieses Aufwands hängt im Allgemeinen von Umfang und Detaillierungsgrad der bereitgestellten Informationen ab. Auch die zweckorientierte Aufbereitung, Aggregation und Zusammenstellung sowie die Analyse und Interpretation von Informationen sind dieser Aufgabe zuzurechnen.
- die Unterstützung der *Koordination dezentraler Entscheidungs- und Planungsprozesse* mit den Instrumenten des Controlling.
Die Koordination von Entscheidungen erfolgt nicht immer durch Aktionspläne, die mehrere Unternehmensbereiche einschließen, oder durch die persönliche Weisung durch Vorgesetzte. Auch die Bildung und Überwachung von Zielvorgaben (Gestaltung des Zielsystems), die Allokation von gemeinsam zu tragenden Kosten auf die beteiligten Unternehmensbereiche oder die Festsetzung von Verrechnungspreisen für die Bewertung von innerbetrieblichen Leistungen dienen der Koordination und gehören zum Aufgabenbereich des Controlling.
- Der Planungsprozess kann ferner dadurch unterstützt werden, dass geeignete Planungsinstrumente und -methoden verfügbar gemacht werden. Planungs-, Steuerungs- und Kontrollprozesse müssen strukturiert und koordiniert werden, insbesondere hinsichtlich der zeitlichen Abfolge der einzelnen Schritte. Die Erfolgswirkungen von Handlungsalternativen sollten möglichst vollständig ermittelt und in der Sprache des Rechnungswesens kommuniziert werden. Die Erfüllung dieser Aufgaben durch das Controlling könnte man auch als *Sicherung der Rationaltität* (in einem weiten Sinne) betrieblicher Entscheidungs- oder Planungsprozesse verstehen (s. Weber, 2004, 47–61).

Das eigentliche Treffen und Durchsetzen von Entscheidungen gehört im Gegensatz zu diesen Controllingaufgaben zu den angestammten Aufgaben der Unternehmensführung.

1.2 Was tut ein Controller im Unternehmen?

Die drei Aufgabenbereiche des Controlling spiegeln sich auch in den Ergebnissen verschiedener *empirischer Untersuchungen* zur Bedeutung ausgewählter Tätigkeiten für Controller wider. So zeigt Tabelle 1 als Auswahl aus den Resultaten einer österreichischen Studie eine Rangfolge der 13, aus Sicht der befragten Unternehmen wichtigsten Controllingaufgaben.

Tabelle 1: Die Bedeutung der 13 wichtigsten Controllingaufgaben (nach Niedermayr, 1994, 215)

Rang	Controllingaufgabe	Werte
1.	Budgetkontrolle und Soll-Ist-Vergleiche	5,3
2.	Durchführung der Kostenrechnung	5,0
3.	Durchführung des Berichtswesens	5,0
4.	Federführung bei der Budgetierung	5,0
5.	Abweichungsanalyse	4,9
6.	Budget-Koordination	4,9
7.	Budget-Konsolidierung	4,7
8.	Systementwicklung	4,6
9.	Systemkontrolle	4,5
10.	Berichtsinterpretation	4,5
11.	Interne betriebswirtschftliche Beratung	4,3
12.	Beurteilung von Investitionen	4,1
13.	Mitarbeit bei der Strategie-Planung	4,1

Um die Ergebnisse in der Tabelle interpretieren zu können, ist der Begriff „Budget" zu klären. Budgets sind idealerweise mit den Unternehmenszielen konsistente, über die Bereichsgrenzen hinweg abgestimmte Vorgaben über zu erreichende Erlöse, einzuhaltende Kosten und so weiter. Sie beruhen im Allgemeinen auf mehr oder weniger detaillierten Planungen in den Unternehmensbereichen und sind insofern verbindlicher Ausdruck betieblicher Entscheidungen, die im Rahmen des Planungsprozesses getroffen werden. Budgets werden in vielen Unternehmen als ein wichtiges Koordinationsinstrument eingesetzt. Die meisten der Tätigkeiten in Tabelle 1 lassen sich somit unschwer den drei genannten Aufgabengebieten des Controlling zuordnen.

Andere Untersuchungen bestätigen die Bedeutung von Budgetierung und operativer Planung, Gestaltung des internen Berichtswesens, Erstellung von Berichten, Gestaltung und Pflege des internen Rechnungswesen sowie Durchführung der Investitionsrechnung für die Controller (s. die in Weber, 2004, 13–19, genannten Arbeiten). Weitere denkbare Aufgabenbereiche, wie beispielsweise die Bilanzierung, die Mitwirkung im Finanzierungsbereich oder Steuerfragen, treten dagegen eher in den Hintergrund.

1.3 Die interne Unternehmensrechnung als Informationsinstrument des Controlling

Der Kern betrieblicher Tätigkeit oder das *Sachziel* von Unternehmen ist die Herstellung und Veräußerung ihrer Leistungen, also von Dienstleistungen, Produkten, allgemeiner Sachgütern und so weiter. Aufgabe des Managements ist es, die entsprechenden realwirtschaftlichen Prozesse so zu gestalten und zu steuern, dass die Unternehmensziele möglichst gut erreicht werden, das Unternehmen also möglichst erfolgreich ist.

Im Rahmen der sachzielorientierten Aktivitäten werden Produktionsfaktoren im weitesten Sinne (Sachgüter oder Dienstleistungen, Rechte, Material, Betriebsmittel, Arbeitskräfte) eingesetzt und müssen bezahlt werden. Der Verkauf betrieblicher Leistungen erbringt Einzahlungen für das Unternehmen. Insofern werden die realwirtschaftlichen Prozesse in monetären Vorgängen gespiegelt, nämlich in Ein- und Auszahlungen, die daher die Basis für die Einschätzung beziehungsweise die Beurteilung des Erfolgs güterwirtschaftlicher Handlungen bilden. Das Management benötigt folglich monetäre, erfolgsorientierte Informationen, die es in die Lage versetzen, die güterwirtschaftlichen Prozesse zu steuern. Solche Informationen werden durch die interne Unternehmensrechnung bereitgestellt. Die *interne Unternehmensrechnung (Management Accounting)* soll das Wirtschaftsgeschehen (insbes. die betrieblichen Zustände und Prozesse) innerhalb des Unternehmens und zwischen dem Unternehmen und seiner Umwelt in monetären Größen abbilden. Es ist ein institutionalisiertes, auf die Informations-, Planungs-, Steuerungs- und Kontrollaufgaben des Managements beziehungsweise der Unternehmensführung ausgerichtetes Informationssystem (s. Kloock, 1997, 3, und Brühl, 2004, 29–32).

2 Die Messgrößen wirtschaftlichen Erfolgs: Periodenerfolg und Betriebsergebnis

2.1 Aufwand und Ertrag versus Kosten und Erlös

Für die konkrete Ausgestaltung eines Controlling-Instruments lässt sich in aller Regel kein allgemeingültiger Maßstab (etwa von der Art „Je detaillierter die bereitgestellte Information, desto besser.") angeben. Sie sollte sich vielmehr an den Zwecken orientieren, die mit Hilfe des betrachteten Controlling-Instruments erreicht werden sollen. Beispielsweise werden im Rest dieses Kapitels ausgewählte Grundlagen der Kosten- und Erlösrechnung (KER) behandelt, die zum Kernbereich der internen Unternehmensrechnung gehören und damit der Unterstützung des Managements bei der Planung, Steuerung und Kontrolle betrieblicher Prozesse dienen. Ein Blick in die empirische Studie von Währisch (1998, 79–83) bestätigt diese Ausrichtung der KER. Die befragten deutschen Unternehmen nennen als die drei bedeutendsten Aufgaben der KER

- die Kalkulation inklusive der Preis-Kosten-Analyse,
- die Ermittlung des Erfolgs von Betrieb, Aufträgen, Produkten und Produktgruppen sowie
- die Kontrolle von Wirtschaftlichkeit und Planerfüllung.

Die Ergebnisse der empirischen Untersuchung lassen weiterhin darauf schließen, dass die Bedeutung der Erfolgsermittlung und der Wirtschaftlichkeitskontrolle mit der Unternehmensgröße zunehmen.

Die Wichtigkeit von Kalkulation und Erfolgsermittlung für die Unternehmensführung lässt sich damit erklären, dass sie dazu beitragen, die Wirkung der Unternehmensaktivitäten auf den betrieblichen Erfolg richtig einzuschätzen und damit unverzichtbare Informationen für die zielgerichtete Lösung der Managementaufgaben liefern.

Jedes Unternehmen versucht, seine Dienstleistungen oder Produkte am Markt abzusetzen. Die Preise, die es dabei erzielt, werden von einer Vielzahl von Faktoren beeinflusst, wie beispielsweise der Preisbereitschaft der Kunden, der Konkurrenzsituation oder dem Verhandlungsgeschick von Käufer und Verkäufer. Ob jedoch Herstellung und Verkauf eines Produkts oder die Annahme eines Kundenauftrags zu einem vereinbarten Preis zum Unternehmenserfolg beitragen oder ob diese Aktivitäten lieber unterlassen werden sollten, weil ihr Ergebnisbeitrag negativ ist, hängt von den Kosten des Produkts oder des Auftrags ab. Die Kalkulation der Kosten liefert also Informationen über den Erfolgsbeitrag von Produkten oder Aufträgen, die im Prozess der Preisfindung beziehungsweise der Preisanalyse betrieblicher Leistungen unverzichtbar sind.

Das Management muss, um die Unternehmensentwicklung steuern und kontrollieren zu können, in der Lage sein, die Erfolgswirkung betrieblicher Aktivitäten in den verschiedenen Unternehmensbereichen auch kurzfristig zu beurteilen. Die jährliche Ermittlung des Erfolgs des gesamten Unternehmens in der externen Unternehmensrechnung reicht hierfür im Allgemeinen nicht aus. Sie kann sinnvoll durch eine beispielsweise monatliche, auf die betriebsbedingten Geschäftsvorfälle zielende Ermittlung eines Erfolgsergebnisses ergänzt werden, dass sich gegebenenfalls auf Teilbereiche des Unternehmens bezieht. Die Berechnung von Produkt-, Produktgruppen- oder Auftragsergebnissen ist wichtig, um unwirtschaftliche betriebliche Prozesse erkennen und verändern oder verlustbringende Produkte aus dem Angebot entfernen zu können.

In erster Näherung könnte man auf die Idee verfallen, die angesprochenen Aufgaben mittels Ein- und Auszahlungen zu bewältigen, also mittels gut beobachtbarer Erhöhungen und Verminderungen des Zahlungsmittelbestandes (s. hierzu und zur externen Unternehmensrechnung im Allgemeinen S. 40). Beispielsweise lässt sich der Erfolg eines Betriebs als Differenz von Ein- und Auszahlungen ermitteln, wenn man alle Zahlungsvorgänge von der Aufnahme der Geschäftstätigkeit bis zu deren endgültigen Ende (also während der sogenannten Totalperiode) berücksichtigt. In den meisten Fällen werden jedoch schon vor Ende der Unternehmensaktivitäten Informationen benötigt. Zur Steuerung von Produktionsprozessen benötigt man beispielsweise Informationen über die Erfolgswirkung dieser Prozesse in den einzelnen Perioden. Werden nun Materialien zu Anfang einer Periode beschafft und bezahlt, fällt eine vergleichsweise hohe Auszahlung in dieser Periode an. Entscheidungen über den Einsatz des Materials in der Fertigung folgender Perioden schlagen sich hingegen nicht in Zahlungsvorgängen nieder, dieser Teil der betrieblichen Prozesse wird durch die erwähnten Zahlungen nicht abgebildet. Außerdem hängt der Zeitpunkt der Zahlungen oft nicht nur von sachzielorientierten Entscheidungen ab. Branchenübliche Zahlungskonditionen, Entscheidungen über die Nutzung von Skontofristen und andere Umstände, die mit den realwirtschaftlichen Prozessen nichts zu tun haben, können einen erheblichen Einfluss auf den Zahlungszeitpunkt und damit auf eine zahlungsbasierte Erfolgsmessung haben. Zahlungsorientierte Informationen sind daher für die Planung und Steuerung der Erzeugung von Dienstleistungen oder

Produkten sowie deren Absatz wenig hilfreich und unterstützen die Kontrolle der Wirtschaftlichkeit der realwirtschaftlichen Prozesse unzureichend.

Die Rechengrößenpaare „Aufwand und Ertrag" sowie „Kosten und Erlös" haben einen anderen Zeitbezug als Aus- und Einzahlungen. (Aus Vereinfachungsgründen wird im Folgenden meist nur mit der negativen Erfolgskomponente, Aufwand oder Kosten, argumentiert.) Kosten werden im Wesentlichen dem Zeitpunkt beziehungsweise der Periode des Faktorverbrauchs zugerechnet, ähnliches gilt für den Aufwand. Schmalenbach (1963, 6) formuliert das so: „Das Verzehren, nicht das Geldausgeben entscheidet". Der Zeitpunkt des Verzehrs kann nach oder vor demjenigen der Zahlung liegen. Ein Beispiel für den nachgelagerten Verbrauch ist die Beschaffung, Bevorratung und sukzessive Verwendung von Material, ein vorgelagerter Verbrauch kann bei der Zahlung auf Ziel auftreten. Entscheidungen im Leistungsbereich des Unternehmens, etwa darüber, wann und wieviel Material eingesetzt wird, wirken sich auf Aufwand und Kosten unmittelbarer aus als auf die Zahlungsvorgänge. Insofern liefern sie bessere Informationen für die Steuerung und Kontrolle von realwirtschaftlichen Entscheidungen.

Ein weiterer inhaltlicher Unterschied zwischen Zahlungen auf der einen und Aufwand beziehungsweise Ertrag auf der anderen Seite bezieht sich auf die Bestandsgröße, deren Veränderungen sie messen. Zahlungen bilden Veränderungen des Bestandes bestimmter gut beobachtbarer Vermögensgegenstände, nämlich der Zahlungsmittelbestände, ab (Aktivseite der Bilanz). Der (Perioden-) Erfolg eines Unternehmens ist hingegen die Veränderung des Eigenkapitals, die durch die wirtschaftlichen Prozesse im Unternehmen hervorgerufen wird (Passivseite der Bilanz). Er lässt sich grundsätzlich aus der Differenz des Eigenkapitals am Ende und am Anfang der Periode ermitteln, bereinigt um Entnahmen oder Eigenkapitaleinlagen durch die Eigentümer des Unternehmens:

  Eigenkapital am Ende der Periode
  − Eigenkapital am Anfang der Periode
  + Entnahmen der Eigentümer
  − Einlagen der Eigentümer
  = Periodenerfolg

Handelsrechtlich ist jeder Kaufmann verpflichtet, Bücher über die Geschäftsvorfälle seines Unternehmens zu führen (§ 238 Handelsgesetzbuch bzw. HGB). Die (Finanz-) Buchführung bildet daher ein Basissystem zur Erzeugung betriebswirtschaftlich relevanter Informationen. Auf Grund gesetzlicher und anderer Normen dient sie zunächst als Grundlage für die Erfolgsermittlung in der externen Unternehmensrechnung, deren Rechengrößen Aufwand und Ertrag sind. Aufwandbuchungen bilden im Prinzip solche Geschäftsvorfälle ab, die das Eigenkapital mindern, ein Beispiel ist die Barzahlung von Löhnen. Erträge erhöhen entsprechend das Eigenkapital. Transfers von Eigenkapital zwischen dem Unternehmen und seinen Eigentümern werden dabei, wie gesagt, ausgeschlossen. Alternativ zu der Eigenkapitalrechnung erhält man daher im Grundsatz den gleichen Periodenerfolg, wenn man die Erträge einer Periode den entsprechenden Aufwendungen gegenüberstellt:

Erträge der Periode
− Aufwendungen der Periode
= Periodenerfolg

In der Buchführung wird dieser Periodenerfolg als Saldo von Erträgen und Aufwendungen auf dem Gewinn- und Verlust-Konto (GuV-Konto) ermittelt. Ein- und Auszahlungen hingegen sind für die Messung des Unternehmenserfolgs in einer Periode wenig geeignet, da sie sich nicht auf die Bestandsgröße „Eigenkapital" beziehen.

Genauer versteht man unter *Aufwand* den der betrachteten Periode zugerechneten, den Vorschriften, Regeln und Standards für die externe Unternehmensrechnung entsprechenden Wert des Faktorverbrauchs. Aus dem Zweck heraus, Eigenkapitalveränderungen zu messen, ist der Begriff „Faktorverbrauch" weit zu fassen: Im Prinzip ist der Verzehr aller Bestandteile des Vermögens eines Unternehmens zu erfassen, also nicht nur von eingesetzten Materialien und Maschinen, sondern auch die (entgeltliche) Nutzung von Patenten, anderen Rechten und so weiter. Auch Zinszahlungen für Kredite oder Darlehen stellen Aufwand dar. Durch die Periodenzurechnung wird erreicht, dass ein Aufwand in der Periode des Faktorverbrauchs und nicht zwangsläufig in der Anschaffungs- beziehungsweise Zahlungsperiode erfasst wird. Kauft ein Unternehmen beispielsweise einen betriebsnotwendigen Lastkraftwagen (LKW), stellt die Anschaffungsauszahlung zunächst keinen Aufwand dar, denn der LKW wird in der betrachteten Periode nicht verzehrt. Der Aufwand entsteht erst durch die anschließende Nutzung des LKW, die im Rechnungswesen durch Abschreibungen, also die Verteilung des Anschaffungsbetrags auf die Perioden der Nutzungsdauer bei normaler Inanspruchnahme, abgebildet wird.

Welcher Faktorverzehr genau zu einem Aufwand führt und mit welchem Wert dieser dann anzusetzen ist, richtet sich nach Vorschriften der externen Unternehmensrechnung. In der Tendenz basiert die Bewertung eines Faktorverbrauchs hier auf den ursprünglich gezahlten Beträgen. Für den erwähnten LKW würde man die Abschreibungen auf den Anschaffungspreis berechnen, der einmal für seinen Erwerb aufzuwenden war und nicht etwa auf den Preis, den man nach Ablauf der Nutzungsdauer für einen neuen LKW wird zahlen müssen (Wiederbeschaffungswert). Die Bewertung von Gegenständen des Anlagevermögens mit Anschaffungspreisen ist insbesondere dann sinnvoll, wenn man auch Unternehmensexterne in die Lage versetzen will, die Verwendung von dem Unternehmen zur Verfügung gestellten Mitteln nachzuvollziehen. Anders stellt sich die Lage dar, wenn das Rechenwerk beispielsweise bei der Beurteilung eines Kundenauftrags eingesetzt wird, der den Einsatz des LKW erfordert. Soll nämlich der Wert des Unternehmens nachhaltig gesteigert werden, muss die wirtschaftliche Leistungsfähigkeit des Unternehmens wenigstens erhalten bleiben. Der LKW wird also zu einem späteren Zeitpunkt ersetzt werden müssen. Steigt der Preis für den neuen LKW bis zu diesem Zeitpunkt voraussichtlich an, sollten die Erlöse aus dem Kundenauftrag dazu beitragen, diesen höheren Preis zu erwirtschaften. Die Beurteilung des Kundenauftrags sollte in diesem Fall auf den Wiederbeschaffungspreis des LKW zurückgreifen. Die Frage, wie Vermögensgegenstände bewertet werden, ist wichtig für die Erfolgsermittlung, denn die

Bewertung hat durch die Abschreibungen einen unmittelbaren Einfluss auf die Höhe der Aufwendungen einer Periode.

Die externe Rechnungslegung richtet sich an unternehmensexterne Adressaten. Der Regelungsbedarf für Rechnungslegungs-Informationen, den der Gesetzgeber und andere normsetzende Institutionen wahrnehmen, ergibt sich daraus, dass diese Adressaten keinen detaillierten Einblick in die wirtschaftlich relevanten Vorgänge im Unternehmen haben. Die Begriffe „Kosten" und „Erlös" dienen hingegen der Erfolgsermittlung im Rahmen der internen Unternehmensrechnung. Die entsprechende Periodenerfolgsgröße ist das Betriebsergebnis:

$$\begin{aligned} &\text{Erlöse der Periode} \\ -\ &\text{Kosten der Periode} \\ \hline =\ &\text{Betriebsergebnis} \end{aligned}$$

Kosten und Erlös sind nicht mit dem Blick auf die Informationsinteressen Unternehmensexterner definiert, sondern auf diejenigen des Managements ausgerichtet. Insbesondere für die Bewertung des Faktorverbrauchs sind nicht Rechnungslegungsnormen entscheidend, sondern die unternehmerischen Zwecke, die mit den Rechengrößen erreicht werden sollen. Kosten und Aufwand stimmen daher nicht immer (wenn auch häufig) überein, gleiches gilt für die positiven Erfolgsbegriffe „Erlös" und „Ertrag". Folglich resultieren das auf den Größen „Aufwand" und „Ertrag" sowie das auf „Kosten" und „Erlös" basierende Rechensystem in voneinander abweichenden Erfolgsgrößen, dem Periodenerfolg und dem Betriebsergebnis. Die konzeptionellen Unterschiede zwischen diesen beiden Messgrößen wirtschaftlichen Erfolgs rühren letztlich daher, dass sie als Informationsgrundlage für die verschiedenen Arten von Entscheidungen dienen sollen, mit denen sich die externe und die interne Unternehmensrechnung jeweils auseinandersetzt.

2.2 Die sachliche Abgrenzung von Aufwand und Kosten

Kosten sind der bewertete Faktorverbrauch in einer Periode, sofern er der Erreichung des Sachziels des Unternehmens, also der Erstellung und dem Absatz von Dienstleistungen und Produkten sowie der Aufrechterhaltung der dafür notwendigen Betriebsbereitschaft, dient. Ähnlich dem Aufwand setzen sich Kosten also in aller Regel aus einer Menge (der Anzahl Arbeitsstunden, der verbrauchten Energie, dem eingesetzten Material und so weiter) und ihrer Bewertung zusammen. Bei Kosten wie Zinsen oder Steuern ist es schwer, die richtige Mengengröße zu bestimmen; in solchen Fällen greift man bei der Kostenermittlung direkt auf den entsprechenden Geldbetrag zurück.

Die Begriffe „Kosten" und „Aufwand" unterscheiden sich mindestens in zwei Punkten. Während zum einen die Stromgrößen Aufwand und Ertrag Veränderungen der Bestandsgröße Eigenkapital messen, fehlt den Kosten und Erlösen ein solcher definitorischer Bezug zu einer Bestandsgröße. Sie sind vielmehr unmittelbar als Stromgrößen definiert. Zum anderen zeigt ein Vergleich der Definitionen der

82 H. Jahnke

Rechengrößen Aufwand und Kosten im Detail, dass wesentliche Unterschiede im Sachzielbezug und in der Bewertung liegen können (s. Abbildung 2).

Aufwand			
neutraler Aufwand	Zweckaufwand		
	in gleicher Höhe Kosten	abweichende Bewertung	
	Grund- kosten	Anders- kosten	Zusatz- kosten

Abb. 2: Die Abgrenzung von Aufwand und Kosten (modifiziert nach Schmalenbach, 1963, 10)

Ein großer Teil der Aufwendungen einer Periode werden in aller Regel dem Erreichen des Sachziels dienen und sind daher betriebsbedingt. Diese Aufwendungen haben folglich Kostencharakter. Schmalenbach (1963) nennt solchen Aufwand „Zweckaufwand" und fasst allen Aufwand, der keinen Kostencharakter hat, unter dem Begriff *neutraler Aufwand* zusammen. Hierzu zählen (s. Abbildung 3):

- der betriebsfremde Aufwand,
- der periodenfremde Aufwand und
- der außerordentliche Aufwand.

Betriebsfremder Aufwand (oder Ertrag) ist nicht unmittelbar in der Erreichung des Sachziels begründet. Beispiele sind Verluste aus Währungsspekulationen oder Zinsgewinne aus der Zwischenanlage von liquiden Mitteln eines Industrie- oder Handelsunternehmens, aber auch Aufwendungen für die Reparatur eines nicht betrieblich genutzen Gebäudes. Diese Vorgänge verändern zwar das Eigenkapital, sie sind jedoch nicht direkt in der Vermarktung oder Herstellung betrieblicher Dienstleistungen oder Güter begründet. Da die KER den Erfolg des Unternehmens auf dem Markt für seine Leistungen aufzeigen soll, werden betriebsfremde Erträge und Aufwendungen in ihr nicht abgebildet.

Darüber hinaus sollen in der KER nur solche Vorgänge erfasst werden, die in der betrachteten Periode zu einem Faktorverbrauch führen. Ein Beispiel für einen *periodenfremden Aufwand* lässt sich aus den Abschreibungen für den betriebsnotwendigen LKW konstruieren. Die Höhe der Abschreibungsbeträge für den LKW wurden auf Basis der erwarteten normalen Nutzung des Fahrzeugs errechnet. Eine übliche Vorgehensweise wäre, die Differenz zwischen dem Anschaffungspreis und dem erwarteten Verkaufspreis des gebrauchten Fahrzeugs am Ende der Nutzungsdauer durch die Anzahl der Nutzungsperioden zu dividieren. Am Ende der geplanten Nutzungsdauer könnte sich nun herausstellen, dass die tatsächliche Fahrleistung und damit die Abnutzung des LKW höher und der auf dem Gebrauchtfahrzeugmarkt erzielte Veräußerungspreis in der Folge niedriger ausgefallen sind als geplant. Der

Aufwand für die notwendige zusätzliche Abschreibung in Höhe der Differenz zwischen ursprünglich erwartetem und tatsächlich erzieltem Verkaufspreis fällt in der Verkaufsperiode an, gehört aber zu einem (erhöhten) Faktorverbrauch in den Vorperioden. Er ist in der Veräußerungsperiode periodenfremd und stellt folglich keine Kosten dar. Ein anderes Beispiel für periodenfremden Aufwand sind Garantieaufwendungen für in der Vergangenheit verkauften Produkte.

Außerordentlicher Aufwand wird durch Ereignisse verursacht, die beispielsweise hinsichtlich ihrer Häufigkeit oder Höhe außerhalb der normalen Geschäftstätigkeit liegen. Schlägt beispielsweise der Blitz ein (ein seltenes Ereignis), die die Datenverarbeitung lahm legt und die betroffenen Rechner unbrauchbar macht, so verringert sich das Eigenkapital des Unternehmens. Es entsteht Aufwand, wenn der Schaden nicht von einer Versicherung getragen wird. Der Aufwand ist jedoch nicht durch normale sachzielorientierte Aktivitäten, sondern durch ein seltenes, unglückliches Ereignis entstanden und wird in der KER nicht direkt erfasst. Vielmehr kann für solche Aufwendungen durch den regelmäßigen Ansatz kalkulatorischer Kosten (s. u.) Vorsorge getroffen werden.

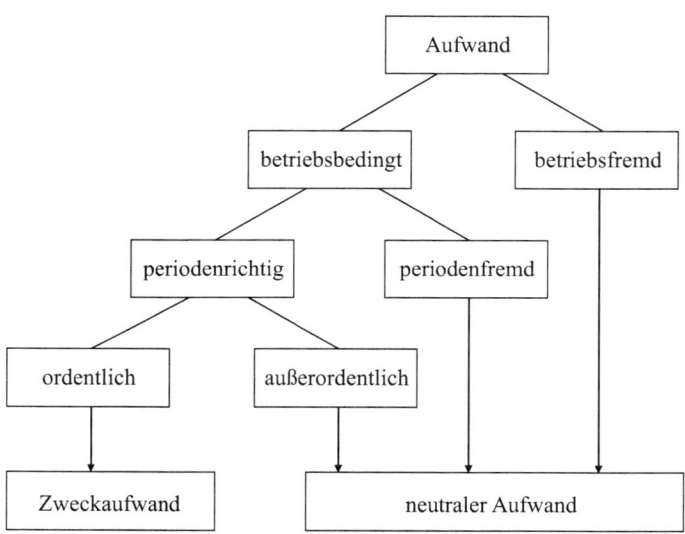

Abb. 3: Die Definition des neutralen Aufwands (Heinhold, 2004, 14)

Neutraler Aufwand gehört zu Geschäftsvorfällen, die im Rahmen der Managementaufgaben, auf deren Unterstützung die KER ausgerichtet ist, nicht informativ sind und insofern nicht in die KER übernommen werden. Der nicht versicherte Schaden aus dem Blitzeinschlag etwa würde den Vergleich zweier aufeinander folgender Periodenergebnisse erschweren. Die Herausnahme der neutralen Aufwendungen (und der neutralen Erträge) dient unter anderem der Steigerung der Vergleichbarkeit der Erfolgsmessung zu Zwecken der Wirtschaftlichkeitskontrolle.

Ein Beispiel soll diesen Aspekt verdeutlichen. Die Maschinenbau GmbH baut Spezialmaschinen und bietet in ihrem Dienstleistungsbereich den Kunden auch die Instandhaltung ausgelieferter, bereits in Betrieb befindlicher Maschinen an. Für das Geschäftsjahr legt die Geschäftsführung die Gewinn- und Verlustrechnung in Tabelle 2 vor.

Tabelle 2: Das GuV-Konto der Maschinenbau GmbH (in 1.000 EUR)

Soll		Haben	
Materialaufwendungen	3.125	Umsatzerlöse/Maschinen	7.000
Fertigungslöhne	4.000	Umsatzerlöse/Instandhaltung	2.600
Gehälter	1.000	Erträge aus Wertpapierverkauf	550
Abschreibungen	1.500		
Spenden	25		
Jahresüberschuss	500		
	10.150		10.150

Der Jahresüberschuss, das ist der Periodenerfolg der GmbH, beträgt 500.000 EUR.

Die Maschinenbau GmbH ist eine hundertprozentige Tochter der Maschinen-Holding AG. Deren Vorstand ist mit den Aktivitäten der GmbH-Geschäftsführer im abgelaufenen Geschäftsjahr jedoch trotz des ausgewiesenen Jahresüberschusses unzufrieden. Denn wenn man die neutralen Aufwendungen und Erträge eliminiert, die mit den eigentlichen Aktivitäten im Bereich Instandhaltungs-Dienstleistungen und Bau von Maschinen nichts zu tun haben, findet man folgendes Betriebsergebnis.

Jahresüberschuss nach GuV		500
− neutrale Erträge:		
Erträge aus Wertpapierverkauf	550	
+ neutrale Aufwendungen:		
Spenden	25	
= Betriebsergebnis		−25

In ihrem eigentlichen Tätigkeitsfeld hat die Geschäftsführung der Maschinenbau GmbH also einen Verlust in Höhe von 25.000 EUR zu verantworten. Der positive Jahresüberschuss resultiert nur aus dem Verkauf der Wertpapiere.

So wie neutrale Aufwendungen in der KER nicht erfasst werden, gibt es Kosten, die nicht oder in anderer Höhe zu den Aufwendungen zählen.

Zweckaufwendungen werden häufig mit dem gleichen Wertansatz in die Kostenrechnung übernommen. Solche aufwandgleichen Kosten nennt man *Grundkosten*. Bei den *Anderskosten* jedoch weicht die Bewertung eines Geschäftsvorfalls, der zu Kosten führt, von derjenigen der Buchhaltung ab. Beispielsweise ist der handelsrechtliche Ausgangswert für die Abschreibung von Betriebsmitteln der Anschaffungswert (bei selbst erstellten Anlagen die Herstellungskosten). Empirisch findet

Währisch (1998, 101–105) heraus, dass 55 % der mittelgroßen und 32 % der großen befragten Unternehmen von dieser Bewertung abweichen und in der KER grob gesprochen Wiederbeschaffungswerte als Ausgangswerte für Betriebsmittelabschreibungen verwenden. Der veränderte Bezugswert für die Abschreibungen führt in aller Regel zu von den Abschreibungsaufwendungen verschiedenen Beträgen, den so genannten kalkulatorischen Abschreibungen. Dass die Verwendung von (kalkulatorischen) Abschreibungen auf den Wiederbeschaffungswert unter der Maxime sinnvoll sein kann, die wirtschaftliche Leistungsfähigkeit eines Unternehmens zu erhalten, wurde im Zusammenhang mit dem LKW-Beispiel bereits verdeutlicht.

Zusatzkosten gehören zu Faktorverbräuchen, die in der Buchführung nicht erfasst werden, da ihnen kein Zahlungsvorgang entspricht. Hierzu zählen insbesondere kalkulatorische Zinsen auf das Eigenkapital, die in der handelsrechtlichen Buchhaltung nicht erfasst werden dürfen, sowie der kalkulatorische Lohn für mitarbeitende Unternehmer, kalkulatorische Wagnisse und kalkulatorische Mieten. So setzen knapp 64 % der von Währisch (1998, 107) untersuchten Unternehmen in ihrer KER (kalkulatorische) Zinsen auf das betriebsnotwendige Vermögen an. Der Wert der betriebsnotwendigen Vermögensgegenstände lässt sich dabei als die Wertsumme der unter den Aktiva der Bilanz dargestellten Vermögensgegenständen, vermindert um solche, die nicht betriebsnotwendig sind, ermitteln. Zieht man hiervon solche Kapitalbeträge ab, die dem Unternehmen zinslos überlassen wurden (z. B. Anzahlungen von Kunden oder noch nicht bezahlte Lieferverbindlichkeiten), erhält man das betriebsnotwendige Vermögen. Seine Verzinsung schließt folglich diejenige von Teilen des Eigenkapitals ein.

2.3 Die Abgrenzungsrechnung als Ausgangspunkt der Kosten- und Erlösrechnung

Die Normen der externen Unternehmensrechnung schließen aus, dass Zusatzkosten den Periodenerfolg vermindern, also erfolgswirksam werden. Anderskosten sind erfolgswirksam, jedoch bewertungsbedingt in anderer Höhe. Nun ist aber einerseits die Buchhaltung das kaufmännische Basissystem, andererseits sind kostengleicher Aufwand und Grundkosten gleich, so dass ein großer Teil der Aufwendungen unmittelbar in die KER übernommen werden können. Insofern ist es sinnvoll, die Ermittlung des Betriebsergebnisses auf die Daten der Buchhaltung und damit auf die Ermittlung des Periodenerfolgs in der Gewinn- und Verlustrechnung zu stützen. Hierzu kann man in der Buchhaltung Konten für Erlöse, Kosten, Betriebsergebnis sowie für die Verrechnung von Zusatz- und Anderskosten einrichten (s. Heinhold, 2003, 63 ff.). Alternativ kann das Betriebsergebnis mittels einer Abgrenzungstabelle aus der Gewinn- und Verlustrechnung abgeleitet werden. Dieses Vorgehen soll am Beispiel der Gewinn- und Verlustrechnung der Maschinenbau GmbH kurz erläutert werden (s. Tabelle 3).

Die ersten drei Spalten der Tabelle stellen das schon bekannte Gewinn- und Verlustkonto der Maschinenbau GmbH in etwas abgewandelter Form dar. Die Zahlen der Gewinn- und Verlustrechnung sind in die Tabelle ohne Veränderungen direkt übernommen worden. Der Jahresüberschuss findet sich in der Zeile mit den Salden.

Tabelle 3: Abgrenzungstabelle der Maschinenbau GmbH (in 1.000 EUR)

	GuV		Abgrenzungen				KER	
			unternehmens-bezogene Abgrenzung		kosten-rechnerische Korrekturen			
Konto	Aufwand	Ertrag	Aufwand	Ertrag	Aufwand	Ertrag	Kosten	Erlös
Umsatz/Masch.		7.000						7.000
Umsatz/Inst.		2.600						2.600
Erträge/Wertp.		550		550				
Mat.aufwand	3.125						3.125	
Fert.löhne	4.000						4.000	
Gehälter	1.000						1.000	
Abschreibungen	1.500				1.500	1.400	1.400	
Spenden	25		25					
Summen	9.650	10.150	25	550	1.500	1.400	9.525	9.600
Salden	500		525			100	75	
	10.150	10.150	550	550	1.500	1.500	9.600	9.600

In der Summenzeile darüber sind die in der betreffenden Spalte eingetragenen Werte aufaddiert, entsprechende Zahlen werden im GuV-Konto nicht mitgeführt.

Ganz rechts finden sich die Spalten mit den Kosten und Erlösen der KER. Ihr Saldo ist das Betriebsergebnis. Im Gegensatz zu dem oben ausgeführten Beispiel ist dieses hier positiv und beträgt 75.000 EUR.

Die Spalten der unternehmensbezogenen Abgrenzung dienen der Ermittlung des *neutralen Ergebnisses*, das im Beispiel mit einem Saldo von 525.000 EUR ausgewiesen ist. Das neutrale Ergebnis ist die Differenz aus neutralen Erträgen. Im Beispiel sind das die Erträge aus dem Verkauf von Wertpapieren und den neutralen Aufwendungen (im Beispiel die Spenden). Die Höhe des neutralen Ergebnisses ist schon aus der weiter oben durchgeführten Überleitungsrechnung bekannt.

Während die neutralen Aufwendungen in der unternehmensbezogenen Abgrenzung aufgeführt sind, werden die kostengleichen Zweckaufwendungen unmittelbar in die Kostenspalte eingetragen (Grundkosten), denn sie haben Kostencharakter. Im Beispiel sind dies die Materialaufwendungen, die Fertigungslöhne sowie die Gehälter. Erträge, die in gleicher Höhe Erlöse darstellen, sind die Umsatzerlöse aus dem Maschinenverkauf und für die Instandhaltungs-Dienstleistungen. Auch sie sind unmittelbar aus der Gewinn- und Verlustrechnung in die letzte Spalte und damit in die KER übernommen worden.

Das Beispiel ist im Hinblick auf die Abschreibungen erweitert worden. Während bislang angenommen wurde, dass die handelsrechtlichen Abschreibungen unverändert zu einer Minderung des Betriebsergebnisses führen, soll nun unterstellt werden, dass die kalkulatorischen Abschreibungen mit 1.400.000 EUR um 100.000 EUR niedriger ausfallen als die Abschreibungen auf dem GuV-Konto. Ein Grund könnte darin liegen, dass die kalkulatorischen Abschreibungen auf Wiederbeschaffungswerte erfolgen und diese am Ende der Nutzungsdauer vermutlich niedriger liegen werden als die historischen Anschaffungswerte. In der KER wird in der Zeile der Abschreibungen der kalkulatorische Wert eingetragen, ebenso in der Ertragsspalte der kostenrechnerischen Korrekturen. Die Verwendung der kalkulatorischen Abschreibungen in der KER wird dadurch sozusagen in den Erträgen der Korrekturrechnung gespiegelt. Die kostenrechnerischen Korrekturen dienen unter anderem der Abbildung der Anderskosten (und -erlöse), die in der Gewinn- und Verlustrechnung anders bewertet werden als in der Betriebsergebnisrechnung. Da in der Aufwand-Spalte der kostenrechnerischen Korrekturen der Abschreibungswert der Gewinn- und Verlustrechnung aufgeführt wird, werden die Unterschiede zwischen den beiden Abschreibungsgrößen im Saldo der Korrekturen abgebildet. Darüber hinaus werden in die Ertragsspalte dieses Bereichs der Abgrenzungstabelle (und in die Kostenspalte der KER) auch die Zusatzkosten eingetragen, die in diesem Beispiel aber nicht vorkommen. Den Saldo der kostenrechnerischen Korrekturen nennt man auch das *Bewertungsergebnis*.

Die Konsistenz der Erfolgsermittlung in der Gewinn- und Verlustrechnung sowie in der KER wird dadurch sichergestellt, dass die vier genannten Ergebnissalden in einer bestimmten Beziehung zueinander stehen. Es muss nämlich gelten:

```
  Jahresüberschuss nach GuV (Periodenerfolg)   500
− Neutrales Ergebnis                           525
+ Bewertungsergebnis                           100
= Betriebsergebnis                              75
```

3 Die Bausteine eines Kostenrechnungssystems

3.1 Zwecke und Teilsysteme

Wie für jedes andere Controlling-Instrument ist es für die Systeme der Kosten- und Erlösrechnung sinnvoll, ihre Gestaltung an den Zwecken auszurichten, denen sie dienen. Unterschiedliche Rechnungszwecke ziehen dann verschiedenartige Designs des Kosten- und Erlösrechnungssystems (KER-Systems) nach sich. Die Ausgestaltung des KER-Systems eines Unternehmens wird ferner durch strukturelle Gegebenheiten beeinflusst. Unter anderem spiegeln sich die Größe des Unternehmens, Eigenschaften der Produktionsprozesse (Serien- oder Einzelfertigung, Montagefertigung oder verfahrenstechnische Herstellung und so weiter) oder die Art der zu vermarktenden Leistungen (z. B. Dienstleistungen, industrielle Produkte, Konsumgüter oder kundenindividuelle Projekte) im KER-System wider.

Im Rahmen dieses Bandes können die verschiedenen KER-Systeme nicht ausführlich diskutiert werden. Jedoch soll Tabelle 4 einen Eindruck von der Vielgestaltigkeit in diesem Bereich vermitteln. In der Tabelle sind einige Typen von KER-Systemen nach dem Zeitbezug (Spalten der Tabelle) und dem Umfang der berücksichtigten Kostendaten (Zeilen der Tabelle) angeordnet.

Tabelle 4: Systeme der Kosten- und Erlösrechnung (modifiziert nach Brühl, 2004, 82)

	Istkosten	Plankosten
Vollkosten	• Traditionelle Kostenrechnung • Prozess-Kostenrechnung	• Flexible Plan-Kostenrechnung auf Vollkostenbasis • Starre Plan-Prozess-Kostenrechnung
Teilkosten	• Ein- oder mehrstufige Deckungsbeitragsrechnung	• Flexible Plan-Kostenrechnung auf Teilkostenbasis (Grenz-Plan-Kostenrechnung)

In zeitlicher Hinsicht können sich die Daten des KER-Systems auf die Vergangenheit beziehungsweise die Gegenwart beziehen. Es werden dann nur Faktorverzehre abgebildet, die schon stattgefunden haben oder gerade stattfinden (Ist-Kostenrechnung). Für die betriebliche Planung benötigt man hingegen Daten über zukünftige Faktorverzehre, die man in der Plan-Kostenrechnung zu schätzen versucht. Die Einteilung in Systeme der Teil- und Vollkostenrechnung bezieht sich u. a. auf die Unterscheidung von beschäftigungsvariablen und -fixen Kosten, die im Rahmen der Ausführungen zur Kostenartenrechnung besprochen wird.

Trotz der Heterogenität von KER-Systemen gibt es zentrale Bausteine, die sich mehr oder weniger in jedem Kostenrechnungssystem finden (s. Abbildung 4). Die *Kostenartenrechnung* (KAR) dient der systematischen Erfassung der entstandenen Kosten, also der Beantwortung der Frage, welche Kosten in welcher Höhe entstanden sind. Die beiden wichtigsten Rechnungszwecke der KER sind die Kalkulation und die Erfolgsrechnung. In der Kalkulation oder *Kostenträgerrechnung* (KTR) versucht man, die entstandenen Kosten den vermarktungsfähigen Leistungen (Produkten oder Dienstleistungen) des Unternehmens zuzurechnen. Ihre Ausgangsfrage ist also, wofür die Kosten entstanden sind. Manchmal ist diese Frage nicht ohne weiteren Aufwand zu beantworten. Insbesondere bei komplexen Fertigungsstrukturen mit verschiedenen Produktionsstufen ist es häufig sinnvoll, sich bei der Zurechnung bestimmter Kosten auf die Kostenträger an den Orten der Kostenentstehung (den Kostenstellen) zu orientieren, da verschiedene Kostenträger die Kostenstellen gegebenenfalls in unterschiedlichem Maße beanspruchen. Die *Kostenstellenrechnung* (KStR) fragt danach, wo die Kosten entstanden sind und wie die Beanspruchung der Kostenstellen durch die Kostenträger aussieht.

Die *Erlösrechnung* (ER) in Abbildung 4 bildet die erzielten Erlöse der Produkte und Dienstleistungen des Unternehmens ab. Sie dient zusammen mit den Daten aus der Kostenartenrechnung vorrangig der Ermittlung von Erfolgsgrößen wie beispielsweise dem Periodenerfolg in der *Periodenerfolgsrechnung* (PER).

3.2 Die Kostenartenrechnung

Die Kostenartenrechnung soll die Kosten erfassen und systematisieren, die für den Erwerb von Produktionsfaktoren (Gütern, Dienstleistungen und Rechten) auf Märk-

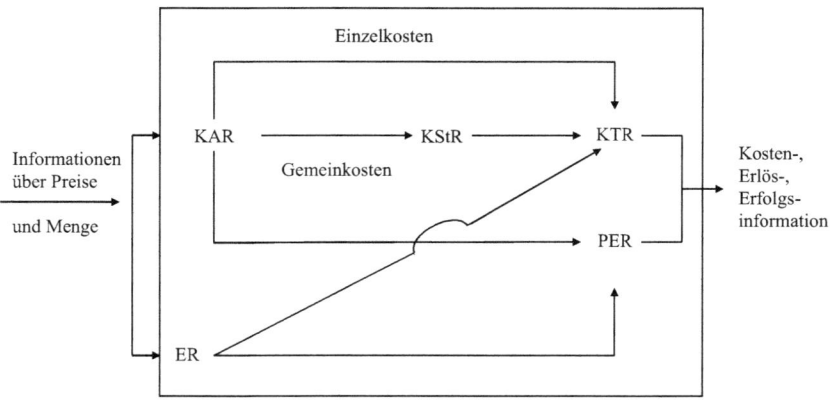

Abb. 4: Die Bausteine von KER-Systemen (Brühl, 2004, 92)

ten entstanden sind. Solche Kosten lassen sich in einem ersten Ansatz auf folgende große *Kostengruppen* aufteilen:

- Material- oder Stoffkosten: Kosten für Roh-, Hilfs- und Betriebsstoffe, Einkaufteile, Büromaterial und Ähnliches. Roh- und Hilfsstoffe gehen unmittelbar in die erstellten Produkte ein. Während Rohstoffe zu den wesentlichen Bestandteilen der Produkte zählen (z. B. der Stoff eines Hemds), haben die Hilfsstoffe eine nachrangige Bedeutung (der Faden). Betriebsstoffe gehen während der Fertigung unter, jedoch nicht in das Produkt ein (das Schmiermittel der Nähmaschine).
- Personalkosten: Löhne und lohnbezogene Personalnebenkosten wie beispielsweise Urlaubslöhne, Arbeitgeberanteile an den Sozialversicherungen, freiwillige Sozialleistungen, Sonderzuwendungen; Gehälter und gehaltsbezogene Personalnebenkosten.
- Anlagenkosten: Abschreibungen, Mieten für Anlagen, Mieten für Räume.
- Betriebsmittel- und Energiekosten: Kosten für Wartung, Instandhaltung und Reparatur, Strom, Gas, Treibstoffe.
- Kosten für fremde Dienstleistungen, Versicherungen und Rechte.
- Abgaben und Beiträge: Steuern, Gebühren und andere Abgaben, Zölle, Beiträge.

Die Erfassung der Kosten soll möglichst vollständig sein und alle angefallenen Kosten berücksichtigen. Ihre Systematisierung richtet sich wie bei den vorgestellten Kostengruppen häufig nach der Art des Produktionsfaktors. Die kalkulatorischen Abschreibungen, Zinsen und sonstige kalkulatorische Kosten können sich unter den genannten Kostengruppen finden, beispielsweise die kalkulatorischen Abschreibungen unter den Anlagekosten. Ansonsten sind sie in einer eigenen Kostengruppe zu erfassen.

Ein weiterer Grundsatz der Kostenartenrechnung ist die Eindeutigkeit und Überschneidungsfreiheit der Kostenarteneinteilung. Jeder Kostenbetrag soll genau einer Kostenart zugeordnet werden können. So könnte man in der Kostengruppe Anlagen einen Bereich für die Kosten des Fuhrparks bilden. Die Kraftfahrzeugsteuern könnten dann diesen Fuhrparkkosten oder alternativ den Steuern in der Kostengruppe Abgaben und Beiträge zugerechnet werden. Um eine solche nicht eindeutige Zuordnung zu vermeiden, müssen die im konkreten Anwendungsfall definierten Kostenarten überschneidungsfrei sein.

Die in einem Unternehmen gebildeten Kostenarten werden in einem *Kostenartenplan* aufgeführt. Er orientiert sich häufig sinnvollerweise am Kontenplan der Buchhaltung. Beispielsweise enthält der Gemeinschaftskontenrahmen der Industrie in der Kontenklasse 4 (Kostenarten) und andere Konten für Fertigungsmaterial, Gemeinkostenmaterial, Brennstoffe und Energie, Löhne und Gehälter, Sozialkosten und Abschreibungen (s. Heinhold (2001, 262).

Die Bedeutung der einzelnen Kostenarten für ein Unternehmen hängt von der Art der Produkte oder Dienstleistungen ab, die dieses anbietet, aber auch von den betrieblichen Prozessen, die es zu deren Bereitstellung und Vermarktung einsetzt. Material- und Personalkosten sowie Abschreibungen werden häufig wichtige Kostenarten sein. So findet Währisch (1998, 71–74) für die von ihm befragten deutschen Industrieunternehmen Anteile der Material- und Personalkosten an den gesamten Kosten der Betriebsergebnisrechnung von im Durchschnitt circa 40 % beziehungsweise 30 % und 5 % für die Abschreibungen. Allerdings weichen die Anteile in den einzelnen Branchen von diesen Mittelwerten zum Teil deutlich ab. So liegt der Median des Materialkostenanteils in den befragten Unternehmen aus der Bauindustrie bei circa 20 % und bei denjenigen in der Stahlindustrie bei deutlich über 40 %.

Exemplarisch wird im Weiteren die Kostenart „Materialkosten" etwas näher betrachtet. Wie alle Kosten sind die Materialkosten als bewerteter Verzehr von Produktionsfaktormengen definiert. Sie ergeben sich folglich aus der Multiplikation des Materialverbrauchs (Mengenkomponente) mit dem Preis des Materials (Wertkomponente).

Hinsichtlich der *Mengenkomponente* ist der Zeitpunkt des Güterverzehrs und die eingesetzte Menge zu erfassen. Der Zeitpunkt des Verzehrs ist der Zeitpunkt des Einsatzes der entsprechenden Materialmenge im Fertigungsprozess des Unternehmens. In aller Regel ist es für bevorratete Materialien hinreichend genau, hierfür den Zeitpunkt des Lagerabgangs zu verwenden. Werden Zulieferteile im Bedarfsfall, also *just in time*, angeliefert, ist es sinnvoll, den Liefertermin als Verbrauchsmoment anzunehmen. Lagerabgänge werden häufig über Materialentnahmescheine oder direkt im Informationssystem, hier speziell dem Warenwirtschaftssystem, erfasst und anschließend in der Buchhaltung als Materialaufwand verbucht (man spricht hier von der Fortschreibungsmethode). Der Periodenverbrauch eines Materials ergibt sich dann als die Summe der Lagerentnahmen.

Eine gröbere, aber im Allgemeinen auch weniger aufwändige Methode, die Mengen des in einer Periode verzehrten Materials zu ermitteln, ist die Inventurmethode. Bei ihr werden die Zugänge zum Lagerbestand des Materials, also beispielsweise die Lieferungen eines Rohstoffs, jeweils festgehalten und zum Lageranfangsbestand hinzugerechnet. Zieht man hiervon den Lagerendbestand ab, erhält man den Periodenverbrauch. Anfangs- und Endbestände werden dabei durch eine Inventur festgestellt. Ein Nachteil der Inventurmethode gegenüber der Fortschreibungsmethode liegt in der Tatsache, dass weder der genaue Verzehrzeitpunkt noch der Grund der Entnahme von Materialmengen aus dem Lager, wie etwa die Herstellung eines bestimmten Produktes, zu ermitteln sind. Andererseits berücksichtigt die Fortschreibungsmethode nur die dokumentierten Materialentnahmen, während Entnahmen, die ohne die Ausfertigung eines Materialentnahmescheins durchgeführt werden, sowie Schwund oder Diebstähle, nicht erfasst werden.

Bei der Ermittlung der *Wertkomponente* der Materialkosten ist zunächst die Frage zu beantworten, ob die Einstandspreise, Wiederbeschaffungspreise oder feste Verrechnungspreise verwendet werden sollen. Für zukunftsorientierte Wiederbeschaffungspreise sprechen die im Zusammenhang mit der Berechnung von Abschreibungen auf Wiederbeschaffungspreise angeführten Argumente (s. S. 80). In einem wirtschaftlichen Umfeld mit vergleichsweise hoher Preisstabilität wird ihre Verwendung jedoch im Allgemeinen kaum erforderlich sein. Feste Verrechnungspreise haben im Sinne von Planpreisen eine Bedeutung vor allem bei Systemen der Plan-Kostenrechnung. An dieser Stelle sollen aber nur die tatsächlichen Einstandspreise eingehender als Wertkomponente erörtert werden.

Einstandspreise sind die Rechnungspreise der Materialien abzüglich Rabatte und Skonti. Hinzuzurechnen sind gezahlte Zölle, Frachten, Prämien für Transportversicherungen und Ähnliches, also (Neben-) Kosten, die mit der Beschaffung der Materialien in unmittelbarem Zusammenhang stehen.

Werden Materialien gesondert für ein Projekt oder einen Kundenauftrag bestellt und angeliefert, ergeben sich die zugehörigen Materialkosten aus der Mengenkomponente und dem tatsächlichen Einstandspreis dieser Materialien. Häufig jedoch werden Rohstoffe, Einkaufteile und andere losgelöst von einzelnen Kundenaufträgen zu verschiedenen Zeitpunkten innerhalb der Rechnungsperiode bei verschiedenen Lieferanten zur Auffüllung eines Vorrats beschafft, der der Sicherstellung der Produktion insgesamt dient. Eine Materialentnahme kann dann Mengen aus verschiedenen Lieferungen umfassen. Die Ermittlung der tatsächlichen Einstandspreise würde in einem solchen Fall einen hohen Erfassungsaufwand verursachen. Daher verwendet man hier im Allgemeinen Durchschnittspreise. Durchschnittspreise für gelagerte Materialmengen können periodenorientiert oder gleitend berechnet werden. Periodenorientierte Durchschnittspreise ergeben sich aus dem bewerteten Lageranfangsbestand der Periode (z. B. eines bestimmten Monats) zuzüglich der mit den jeweiligen tatsächlichen Einstandspreisen gewichteten Lagerzugänge. Diese Summe wird dann auf die Mengeneinheit des Lagergutes bezogen (s. das Beispiel in Tabelle 5). Periodenorientierte Durchschnittspreise sind also gewichtete Mittelwerte der tatsächlichen Einstandspreise.

Gleitende Durchschnittspreise werden bei jeder Materialentnahme aktualisiert und berücksichtigen die seit der letzten Preisberechnung zugegangenen und entnommenen Mengen sowie deren Preise.

Neben der Systematisierung der Kostenarten nach den Produktionsfaktoren unterteilt man die Kosten nach ihrer Zurechenbarkeit auf die Kostenträger und nach dem Einfluss, den Änderungen der betrieblichen Beschäftigung auf deren Höhe haben. Beide Kriterien können im gegebenen Rahmen nur sehr grob angerissen werden;

Tabelle 5: Ermittlung eines periodenorientierten Durchschnittspreises für den Monat Juni (ME: Mengeneinheit)

	Menge in ME	Preis pro ME in EUR	Preis der Menge in EUR
Anfangsbestand	1000	9,98	9980.-
Lieferung am 6. Juni	300	12,06	3618.-
Lieferung am 12. Juni	500	11,00	5500.-
Zwischensummen	1800		19098.-
Durchschnittspreis		10,61	
Lagerentnahme am 7. Juni	200	10,61	2122.-
Lagerentnahme am 11. Juni	600	10,61	6366.-
Endbestand am 30. Juni	1000	10,61	10610.-

dem Leser sei eine eingehendere Beschäftigung mit diesen zentralen Gegenständen der internen Unternehmensrechnung dringend angeraten.

Nach der Zurechenbarkeit unterscheidet man Einzelkosten und Gemeinkosten.

- Vielfach werden *Einzelkosten* als diejenigen Kostenbeträge einer Kostenart definiert, die einem Kostenobjekt (*cost object*) mit vertretbarem Aufwand direkt, ohne Umweg über rechnerische Schlüsselgrößen zugerechnet werden können. Der im englischen Sprachraum verwendete Begriff *cost tracing* entspricht demjenigen des Zurechnens, die Einzelkosten sind dann *direct costs*.
- Konsequenterweise sind *Gemeinkosten* (*indirect costs*) solche Kostenbeträge, die auf ein Kostenobjekt nur durch eine Schlüsselung (*cost allocation*) verrechnet werden können (echte Gemeinkosten) oder für die der Aufwand einer direkten Zurechnung zu hoch erscheint (unechte Gemeinkosten). Schlüsselgrößen sind beispielsweise Flächenmaße (Quadratmeter) bei Raummieten, Nutzungsstunden bei geleasten Maschinen oder gefahrene Kilometer bei Wartungskosten für Fahrzeuge.

Kostenzurechnungen dienen in aller Regel den üblichen Zwecken der internen Unternehmensrechnung, also vorrangig Planungs-, Entscheidungs- und Kontrollzwecken. *Kostenobjekte* können daher die Gegenstände der Planung, der Entscheidung oder der Kontrolle sein: eine Einheit des zu vermarktenden Produkts oder der zu vermarktenden Dienstleistung (also eines *Kostenträgers*), eine Produktart im Sinne aller Einheiten dieses Produkts, ein Kunde, ein Projekt oder Auftrag, eine Kostenstelle, ein sonstiger Organisationsbereich des Unternehmens oder ein betrieblicher Prozess. Spricht man von Einzel- beziehungsweise Gemeinkosten ohne weiteren Zusatz, sind im Allgemeinen die Kosten des besonders wichtigen Kostenobjekts Einheit des Kostenträgers gemeint. Andernfalls wird das Kostenobjekt vorangestellt und man spricht beispielsweise von Kostenstellen-Einzelkosten, Prozess-Einzelkosten und Projekt-Gemeinkosten.

Beispiele für Einzelkosten in der Industrie sind die Einzelmaterial- oder Fertigungsmaterialkosten und die Fertigungslöhne. Fertigungsmaterial ist beispielsweise die Rohstoffmenge, die in die einzelne Produkteinheit in definierten Mengen eingeht (z. B. zwei Bremsscheiben für die Vorderachse jedes PKW). Fertigungslöhne fallen für die mit der Herstellung der einzelnen Kostenträgereinheit unmittelbar beschäftigten Mitarbeiter an (z. B. Akkordlöhne). Hingegen sind der Lohn des Maschinenführers, der verschiedene Anlagen einer Kostenstelle gleichzeitig überwacht, oder der Aufwand für die Schmiermittel dieser Maschinen zu den Kostenträger-Gemeinkosten zu zählen. Da diese Kosten jedoch ohne Mühe auf eindeutige Weise der betreffenden Kostenstelle zurechenbar sind, handelt es sich bei ihnen um Kostenstellen-Einzelkosten. Der Einzelkosten- oder Gemeinkostencharakter eines Kostenbetrags hängt also auch vom Kostenobjekt ab. Das Gemeinkostenmaterial im Sinne unechter Gemeinkosten umfasst in aller Regel das Büromaterial oder Verbrauchsmaterialien wie beispielsweise Schrauben oder Nieten. Zu den Einzelkosten im Handel gehören die Kosten der eingesetzten Waren, während die Miete des Ladenlokals zu den Gemeinkosten zu rechnen ist. *Sondereinzelkosten* sind Kostenbeträge, die nicht einer einzelnen Einheit eines Kostenträgers, sondern einer Menge von ihnen zugerechnet werden können. Sondereinzelkosten der Fertigung sind beispielsweise die Kosten für Modelle oder Spezialwerkzeuge, zu den Sondereinzelkosten des Vertriebs gehören in aller Regel die Transportversicherungen.

Die vorgestellte, in der Literatur verbreitete Fassung des Begriffs „Einzelkosten" erweist sich bei gründlicherem Nachdenken als nicht so präzise, wie sie auf den ersten Blick erscheint. So bleibt hier letztlich ungeklärt, was „direkt zurechenbar" heißen soll. Wieso sind Fertigungslöhne, die auf die einzelne Kostenträgereinheit über die Fertigungszeit pro Stück verrechnet werden, direkt zurechenbar und damit Einzelkosten, während die Leasinggebühr einer Maschine Gemeinkosten sind, die über die Bearbeitungszeit auf der Maschine den Kostenträgereinheiten zugeschlüsselt werden? Eine eingehendere Beschäftigung mit diesem Problem muss auf der einen Seite Präzisierungen des Begriffs „Zurechenbarkeit" und auf der anderen Seite die Rechnungszwecke berücksichtigen.

Jedes Unternehmen verfügt zu einem gegebenen Zeitpunkt über eine bestimmte Kapazität, eine maximale Leistungsmenge, die es für den Markt bereitstellen kann. Bei Dienstleistungsunternehmen kann diese maximale Kapazität durch die Anzahl der Mitarbeiter, die IT-Ausstattung und die verfügbaren Räumlichkeiten definiert sein, bei Industrieunternehmen sind maschinelle und logistische Kapazitäten und wiederum die Anzahl der Mitarbeiter wichtige Faktoren.

Die gegebene Kapazität kann im Zeitablauf in unterschiedlichem Maße ausgelastet sein, beispielsweise weil die Marktnachfrage nach den Leistungen des Unternehmens schwankt. Man spricht in diesem Zusammenhang auch vom Schwanken der betrieblichen *Beschäftigung*. Im Allgemeinen ist damit zu rechnen, dass sich Beschäftigungsschwankungen auf die Höhe bestimmter Kosten auswirken: Fertigt ein Automobilhersteller nachfragebedingt kurzfristig weniger Fahrzeuge eines bestimmten Typs, benötigt er auch weniger Zukaufteile. Bei entsprechenden Vereinbarungen mit den Zulieferern können dann die Beschaffungsmengen und damit die zugehörigen Kosten sinken. Ist der Nachfragerückgang nicht nachhaltig, werden im Gegensatz dazu die Kapazitäten auf ihrem Ausgangsniveau gehalten. Entsprechend würden die Kosten für die Bereitstellung der Kapazität auf der gleichen Höhe verharren. Zusammen ergibt sich ein Schwanken der Gesamtkosten mit der Beschäftigung.

Der Basisgedanke dieses Beispiels liegt der weit verbreiteten Unterscheidung von variablen und fixen Kosten zu Grunde: Die Höhe der gesamten (beschäftigungs-)*variablen Kosten* schwankt mit der Beschäftigung, während die (beschäftigungs-)*fixen Kosten* bei kurzfristigen Beschäftigungsschwankungen konstant bleiben. Bestimmte Kostenarten sind vergleichsweise zuverlässig als fixe oder variable Kosten erkennbar. Zu den fixen Kosten rechnen etwa zeitliche Abschreibungen oder Mieten für Fabrikgebäude, zu den variablen die Einzelmaterialkosten. Andere Kostenarten haben variable und fixe Bestandteile. Ein Beispiel sind die Energiekosten, denn ein Teil des Energieverbrauchs dient in aller Regel der Aufrecherhaltung der Betriebsbereitschaft, während ein anderer Teil von der Beschäftigung abhängt. Gerade bei solchen Kostenarten werden, um die Höhe der variablen und der fixen Bestandteile zu identifizieren, die Kostenbeträge häufig nicht auf der Ebene des gesamten Unternehmens, sondern für einzelne Kostenstellen untersucht. Die Beschäftigungsabhängigkeit der Kosten kann in verschiedenen Kostenstellen unterschiedlich ausgeprägt sein. Dies macht wiederum das Beispiel des Energieverbrauchs deutlich, der in einer Fertigungskostenstelle zu einem größeren Teil von der Beschäftigung abhängen kann als in der Verwaltungskostenstelle. Die Untersuchung variabler und fixer Kosten in den Kostenstellen macht darüber hinaus eine Präzisierung des Begriffs Beschäftigung nötig, denn in aller Regel stellt nicht jede Kostenstelle vermarktungsfähige Leistungseinheiten beziehungsweise Kostenträgereinheiten her, die wir bislang naiv zur Messung der Beschäftigung verwendet haben. Um variable und fixe Kosten abgrenzen zu können, muss daher für jede Kostenstelle ein geeignetes Beschäftigungsmaß gefunden werden. Gibt es in einem Unternehmen beispielsweise eine Energiekostenstelle, in der alle Kosten für die elektrische Energie erfasst werden, kann man deren Beschäftigung durch die Anzahl der an die anderen Unternehmensbereiche abgegebenen Kilowattstunden messen. Allerdings stellt sich die Frage nach einem sinnvollen Beschäftigungsmaß häufig auch ohne eine kostenstellengenaue Unterscheidung fixer und variabler Kosten, beispielsweise dann, wenn auf der Unternehmensebene mehr als nur ein Produkt oder eine Dienstleistung angeboten wird.

Die Unterscheidungen in beschäftigungsvariable und -fixe Kosten einerseits und in Einzel- beziehungsweise Gemeinkosten andererseits stehen nicht unabhängig nebeneinander. Besonders deutlich wird dies, wenn als Maß der Beschäftigung die Anzahl bereitgestellter Kostenträgereinheiten und als Kostenobjekt ebenfalls die Kostenträger (-einheiten) gewählt werden.

Rechnet man einer Einheit des Kostenträgers solche Kosten als Einzelkosten zu, die man im Prinzip vermeiden könnte, wenn man die betreffende Einheit nicht bereitstellt, sind Kostenträger-Einzelkosten natürlich beschäftigungsvariabel. Ein Beispiel für solche Kostenbeträge sind typischerweise die Materialeinzelkosten. Man beachte, dass die Umkehrung dieses Zusammenhangs nicht gilt: Beschäftigungsvariable

Kosten können Kostenträger-Gemeinkosten sein (Beispiel: Energiekosten). Anders formuliert ist ein mehr oder weniger großer Teil der Kostenträger-Gemeinkosten beschäftigungsvariabel, ein anderer Teil jedoch beschäftigungsfix. Hier sind als Beispiel die Abschreibungen auf Maschinen zu nennen, die in der Herstellung von allen Kostenträgereinheiten genutzt werden und nicht mit der Fertigstellung einer einzelnen Kostenträgereinheit untergehen: Beschäftigungsfixe Kosten sind Kostenträger-Gemeinkosten.

Die Bedeutung der Unterscheidung von fixen und variablen Kosten rührt aus dem Umstand, dass in der betriebswirtschaftlichen Literatur vielfach die Ansicht vertreten wird, Planungen, die sich gravierend auf die Beschäftigung auswirken, oder Entscheidungen, die die Beschäftigung determinieren (Preisentscheidungen, Annahme eines Kundenauftrags usw.), sollten im Allgemeinen auf Basis der von der Höhe der Beschäftigung abhängigen, variablen Kosten getroffen werden. Die Informationen für solche Entscheidungen oder Planungen (und die anschließende Kontrolle) sollten folglich aus einem *System der Teilkostenrechnung* stammen, für dass die Aufteilung der Kosten in seine variablen und fixen Bestandteile durchgängiges Prinzip ist, während *Vollkostensysteme* diese Unterscheidung nicht pflegen (s. Tabelle 4). Ein System der Kostenplanung, dass auf diesem Grundgedanken beruht, ist die *Grenz-(Plan-) Kostenrechnung*.

Die Tatsache, dass bestimmte Kostenbeträge von der Beschäftigung abhängen, besagt noch nichts über die Form des Zusammenhangs von Beschäftigungsmaß und Kostenhöhe, das heißt über den Verlauf der Kostenfunktion. Wer sich die Mühe macht, ein Buch über die Kostentheorie zur Hand zu nehmen, erkennt schnell, wie vielfältig Kostenverläufe gestaltet sind. Literatur und Praxis der Kostenrechnung gehen jedoch oft und vereinfachend von einem linearen Verlauf der Kosten im Beschäftigungsmaß aus, wie er in Abbildung 5 dargestellt ist. In der Abbildung bezeichnet x die Einheiten des Beschäftigungsmaßes, K_{fix} die Höhe der beschäftigungsfixen Kosten und die Funktion $K(\cdot)$ die Summe aus variablen und fixen Kosten in Abhängigkeit von x. Die Kosten gemäß dieser Funktion bei einer bestimmten Beschäftigung x lassen sich als $K(x) = K_{fix} + kx$ schreiben, wobei k die variablen Kosten pro Beschäftigungseinheit oder kurz die variablen Stückkosten sind. Die Bezeichnung *Grenzkostenrechnung* beruht nun darauf, dass bei einem linearen Verlauf der Kostenfunktion die Kostenveränderung, die durch eine kleine Veränderung der Beschäftigung induziert wird (Grenzkosten), durch die Ableitung der Kostenfunktion nach x, also die variablen Stückkosten k, angenähert werden kann. Diese Grenzkosten stehen im Fokus der Teilkosten-Rechnungssysteme.

Verschiedene empirische Studien beleuchten die Bedeutung fixer und variabler Kostenbestandteile (s. Währisch, 1998, 26). Folgt man den Ergebnissen, sind im Schnitt gut 42 % aller Kosten den Fixkosten zuzurechnen, während bei über 27 % der befragten Unternehmen der Anteil der beschäftigungsfixen Kosten bei mehr als 50 % liegt. Ferner deuten einige Studien auf ein Anwachsen des Fixkostenanteils hin, so dass die Bedeutung der nicht von der Beschäftigung abhängigen Kosten festzuhalten ist.

Die Anwendung der Einteilung in variable und fixe Kosten weist einige Probleme auf, die mit der Einfachheit ihrer Definition zusammenhängen. Einige Schwie-

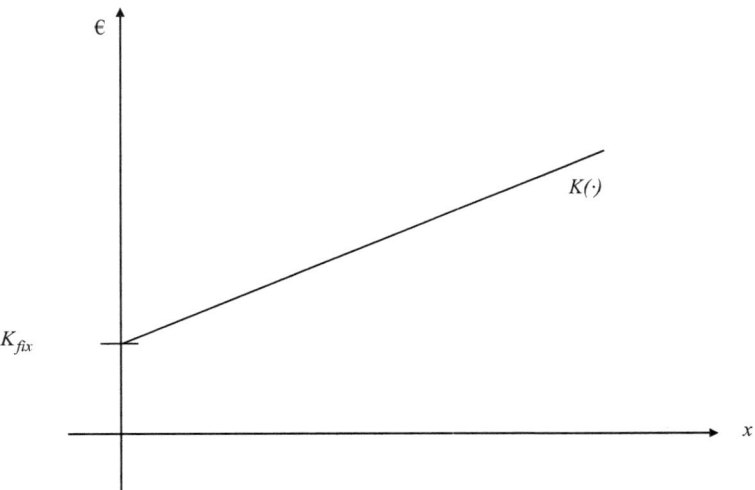

Abb. 5: Lineare Kostenfunktion

rigkeiten lassen sich mittels der Darstellung in Abbildung 5 verdeutlichen. Zunächst ist dort ein eindimensionales, homogenes Maß für die Beschäftigung (x) unterstellt. Diese Annahme wird schon dann problematisch, wenn man an das naheliegendste Maß, die Anzahl Kostenträgereinheiten, und ein Unternehmen denkt, das mehr als eine Art von vermarktungsfähiger Leistung erstellt. Angenommen, die Kapazitäten einer Fertigungsabteilung werden für die beiden Produkte $j = 1$ und $j = 2$ genutzt. Was ist der Wert des eindimensionalen Beschäftigungsmaßes, wenn x_1 Einheiten von Produkt $j = 1$ und x_2 Einheiten von $j = 2$ hergestellt werden? Wie werden die fixen Gemeinkosten, beispielsweise die Abschreibungen der Anlagen oder die Löhne der Arbeitsvorbereitung, auf die beiden Produkte aufgeteilt? Welches K_{fix} ist also in die Darstellung einzutragen? Ändert sich die Aufteilung der Fixkosten auf die beiden Produkte und damit die Höhe der produktspezifischen Fixkosten, wenn sich die Produktionsmengen ändern? Ferner wurde oben schon auf den vereinfachenden Charakter der Linearitätsannahme hinsichtlich der Kostenfunktion hingewiesen. Nutzen mehrere Produkte im Wechsel bestimmte Kapazitäten, liegt häufig eine losweise Fertigung vor. Nun zeigt sich im Rahmen produktionswirtschaftlicher Ansätze, dass die relevanten Kosten bei dieser Fertigungsform einen strikt konvexen Verlauf aufweisen. Für den angenommenen Fall mit zwei Produkten hat der Verlauf der Kostenfunktion in Abbildung 5 also bestenfalls Näherungscharakter. Demski (2001, 90) spricht in diesem Kontext davon, dass KER-Systeme eine *lokale lineare Approximation* oder *local linear approximation* (LLA) darstellen. Wie für die Kategorien von Einzel- und Gemeinkosten zeigt sich, dass eine betriebswirtschaflich richtige und sinnvolle Verwendung der Begriffe der beschäftigungsvariablen und -fixen Kosten eine theoretisch eingehende Beschäftigung mit dem Gegenstand und eine informierte und differenzierte Argumentation erfordert.

Zusammenfassend lassen sich die Kostenarten wie in Tabelle 6 einteilen.

Tabelle 6: Einteilungsmerkmale der Kostenarten (ähnlich Brühl, 2004, 95)

Merkmal	Beispiele
Art des verzehrten Produktionsfaktors	Material-, Personal-, Fremdleistungskosten
Art der Kostenerfassung	aufwandgleiche Kosten, kalkulatorische Kosten
Art der Zurechnung auf Kostenobjekte	Einzelkosten, Gemeinkosten
Verhalten bei Beschäftigungsänderungen	variable und fixe Kosten
Betriebliche Funktion	Beschaffungs-, Fertigungs-, Absatz- und Verwaltungskosten

3.3 Die Grundideen der Kostenstellen- und Kostenträgerrechnung

Damit die KER ihre wichtigsten Aufgaben erfüllen kann, genügt es nicht, die Kosteninformationen in der Kostenartenrechnung zu sammeln und zu kategorisieren. Im nächsten Schritt müssen die Kosten der interessierenden Kostenobjekte ermittelt werden, also etwa die Periodenkosten einer Produktart oder die Kosten einer Mengeneinheit eines Kostenträgers. Bei einfachen Produktionsstrukturen, insbesondere dann, wenn nur ein einziges Produkt gefertigt oder nur eine Art von Dienstleistung angeboten wird, kann man zur Berechnung der Stückkosten unter Umständen auf die *Divisionskalkulation* zurückgreifen. Bei ihr wird die Summe aller Kosten eines Zeitraums durch die zugehörige Menge an Kostenträgereinheiten geteilt. Stellt ein Unternehmen aber verschiedene Arten von Kostenträgern mit einer differenzierten Fertigungsstruktur her, reicht die einfache Divisionskalkulation als Verfahren der Kostenträgerrechnung im Allgemeinen nicht aus, denn weder verursachen unterschiedliche Kostenträger in aller Regel Einzelkosten in gleicher Höhe, noch tragen sie gleichmäßig zur Entstehung von Gemeinkosten bei. Die Verrechnung der Kostenträgereinzelkosten stellt dabei das kleinere Problem dar, denn nach Definition sind sie den Kostenträgereinheiten direkt zurechenbar. Ein alternativer Weg zur Allokation der Gemeinkosten ist beispielsweise die *Zuschlagskalkulation*, in deren Rahmen die Gemeinkosten den einzelnen Kostenträgereinheiten durch (Prozent-) Aufschläge auf die Einzelkosten zugerechnet werden.

Sinnvolle Gemeinkostenzuschläge lassen sich beispielsweise mittels einer *Kostenstellenrechnung* ermitteln. Eine grundlegende Idee ist hierbei, dass das Unternehmen sich in verschiedene organisatorische Einheiten aufteilen lässt, die für die Entstehung der Gemeinkosten verantwortlich sind. Beispiele sind die verschiedenen Fertigungsbereiche, die Energieerzeugung oder das Fertigwarenlager eines Industrieunternehmens. Insofern sind die Kostenstellen auch die natürlichen Ansatzpunkte für die Planung und Kontrolle der Gemeinkosten. Daher ist ein wichtiges Prinzip für die Bildung von Kostenstellen, dass sie Bereiche mit eigenständiger Kostenverantwortung darstellen. Ein zweiter wesentlicher Aspekt ist die Vorstellung, dass die Kostenstellen in unterschiedlicher Weise von den Kostenträgern in Anspruch genommen werden. Um dies abzubilden, sollten Kostenstellen möglichst so gebildet werden, dass die Inanspruchnahme durch eine geeignete, möglichst eindimensionale Messgröße wiedergegeben wird, die dann auch zur Verteilung der Gemeinkosten der Kostenstelle auf die Kostenträger dienen kann (s. Abbildung 4). Solche *Bezugsgrößen* können dann gegebenenfalls auch als Beschäftigungsmaße im Rahmen der Aufspaltung der Kosten in ihre variablen und fixen Bestandteile verwendet werden.

4 Ein Beispiel zur Abweichungsanalyse

Wenn die Kostenstellen nach der Kostenverantwortung in einem bestimmten Bereich gebildet wurden, liegt es nahe, sie auch in die Kostenkontrolle einzubinden. Eines der prominenten Instrumente der Kostenkontrolle ist die *Abweichungsanalyse*, deren Grundprinzip zum Schluss dieser Ausführungen zur internen Unternehmensrechnung an einem kleinen Beispiel demonstriert werden soll. Die Abweichungsanalyse dient unter anderem den Zwecken, Ursachen für Unwirtschaftlichkeiten in der Kostenstelle aufzudecken und einen Anreiz für die Kostenstellenverantwortlichen zu schaffen, Planwerte und Kostenvorgaben einzuhalten. Insofern dient diese Analyse auch der Beeinflussung der Verhaltens betrieblicher Akteure.

Für das Beispiel sei angenommen, dass zu den Aufgaben der Kostenstelle „Fuhrpark" eines Bauunternehmens die Versorgung einer bestimmten Baustelle gehört. Die Planungen in der Angebotsphase haben ergeben, dass pro Monat Versorgungsfahrten von circa 1.000 km durchzuführen sind, für die bei normaler Fahrweise und Beladung ein Planverbrauch an Dieselkraftstoff von 10 Liter pro 100 km oder insgesamt 100 Liter pro Monat anzusetzen sind. Die Betriebsleitung rechnet mit einem Literpreis von 1,50 EUR, so dass insgesamt 150,00 EUR pro Monat an Treibstoffkosten eingeplant werden.

Anfang Juli des Jahres ermittelt der Controller die tatsächlichen Kosten für den Monat Juni, die sich auf 231,00 EUR belaufen, also den Planungen gegenüber um 81,00 EUR oder 54 % erhöht sind. Eine Nachfrage beim Fuhrparkleiter ergibt, dass tatsächlich 165 Liter für 1.500 km verbraucht wurden.

Sind die zusätzlichen Kosten vollständig durch die längere Fahrstrecke zu erklären? Nein: Ändert man gegenüber der Plan-Situation nur die Kilometerzahl, x, hält hingegen den Verbrauch pro 100 km, a, und den Dieselpreis, p, auf dem Planniveau fest (a^{Plan}, p^{Plan}), ergeben sich *Sollkosten* von $x^{Ist} p^{Plan} a^{Plan} = 1.500 \cdot 1,50 \cdot 10/100 = 225,00$ und damit eine Abweichung gegenüber den Istkosten ($= x^{Ist} p^{Ist} a^{Ist}$) von 6,00 EUR. Man nennt eine solche Abweichung zwischen den Ist- und den Sollkosten eine *Gesamtabweichung*.

Die zusätzlich gefahrenen Kilometer erklären die Kostensteigerung also nur unvollständig. Außerdem ist dem Controller aufgefallen, dass der tatsächliche Literpreis für Diesel bei $231,00/165 = 1,40$ EUR lag. Insofern ist die Geamtabweichung also auf mindestens zwei Veränderungen, die Preisänderung, $\Delta p = p^{Ist} - p^{Plan}$, und den Mehrverbrauch an Diesel zurückzuführen. Die Kostenwirkungen beider Effekte lassen sich isolieren, wenn man die Berechnung der Gesamtabweichung wie folgt erweitert:

$$231 - 225 = (231 - 247,50) + (247,50 - 225) = -16,50 + 22,50 = 6 \quad (1)$$

Dabei ist 247,50 der Betrag, der sich bei dem tatsächlichen Verbrauch von 165 Litern beim Planpreis von 1,50 EUR ergeben hätte. Die $-16,50$ EUR $= \Delta p x^{Ist} a^{Ist}$ sind also die Kostensenkung, die sich beim Ist-Verbrauch auf Grund des niedrigeren Dieselpreises ergeben hat (*Preisabweichung* oder *price effect*). Der zweite Klammerausdruck in der Berechnung oben ist hingegen $p^{Plan}(x^{Ist} a^{Ist} - x^{Ist} a^{Plan})$, also der Planpreis multipliziert mit der Differenz von Ist- und Soll-Verbrauch (*Verbrauchsabweichung* oder *quantity effect* beziehungsweise *efficiency effect*). Die (erfreuliche) Preissenkung ist also durch eine deutliche Verbrauchsabweichung überkompensiert worden!

Neugierig geworden sucht der Controller weiter. Der tatsächliche Verbrauch von 165 Litern ergibt sich ja einerseits aus der zurückgelegten Strecke und andererseits aus dem Verbrauch pro 100 km. Letzterer lag in der Planung bei 10 Litern und tatsächlich bei 165 / 15 = 11 Litern pro 100 km. Den Sollkosten von 225,- EUR liegt zwar die Ist-Entfernung, aber der geplante Verbrauch pro 100 km, a^{Plan}, zu Grunde. Aus dieser Sicht ist die Verbrauchsabweichung auf den zu hohen Verbrauch pro 100 km zurückzuführen, denn sowohl bei der Ermittlung der Sollkosten als auch des Zwischenwertes von 247,50 EUR wurden der Planpreis und die Ist-Kilometer unterstellt.

Mittels dieser Erkenntnisse lässt sich die Berechnung oben erweitern:

$$231 - 150 = (231 - 247,50) + (247,50 - 225) + (225 - 150) \qquad (2)$$

Die ursprüngliche Abweichung von 81,00 EUR setzt sich also aus der Preisabweichung von $-16,50$ EUR, der Verbrauchsabweichung von 22,50 EUR und der letzten Differenz von 75,00 EUR $= (x^{Ist} - x^{Plan}) p^{Plan} a^{Plan}$ zusammen. Sie ist der Unterschied zwischen den Soll- und den Plankosten, dessen Ursache die längere Fahrstrecke ist. Insgesamt sind also in der Kostenstelle 97,50 EUR zuviel an Kosten angefallen, die auf zu lange Fahrten und einen erhöhten Verbrauch pro Kilometer zurückzuführen und vom Kostenstellenleiter zu erklären sind.

5 Vertiefende Literatur

Die Ausführungen zum Prozess der Unternehmensführung und die sich daraus ergebenden Aufgaben des Controlling stützen sich wesentlich auf Brühl (2004, Kapitel 2): Eine etwas anders gelagerte Darstellung dieses Prozesses findet sich auf S. 214 dieses Bandes im Abschnitt über die Unternehmensführung. In dem Buch von Weber (2004, 11–18) findet man eine Zusammenstellung und Analyse verschiedener empirischer Studien zu den Tätigkeitsfeldern von Controllern. Die Abgrenzung der Rechengrößen Aufwand und Ertrag beziehungsweise Kosten und Erlös ist Gegenstand jedes gängigen Lehrbuchs, dass die KER behandelt, beispielsweise Scherrer (1999) oder Brühl (2004), der auch die Prinzipien der nominalen Kapitalerhaltung (Bewertung mit Anschaffungspreisen) und der Substanzerhaltung (Bewertung mit Wiederbeschaffungspreisen) diskutiert (62–65). Lesenswert ist in diesem Zusammenhang auch Wagenhofer (2005b, 468–476). Die Ausführungen zur Abgrenzungsrechnung beruhen auf Joos-Sachse (2002, 15–18) und Speth et al. (2004, 29–39). Die Bezeichnungen der Spalten im Abgrenzungsbereich von Tabelle 3 orientieren sich an den Kontenklassen 90 und 91, die Aufwandarten in Tabelle 2 an der Kontenklasse 6 des Industriekontenrahmens (Heinhold, 2001, 263). Neben den bereits erwähnten Werken zu Kostenrechnung ist das Buch von Horngren et al. (2006) eine Quelle für die Ausführungen zur Kostenartenrechnung, zur Kostenträgerrechnung sowie zur Abweichungsanalyse.

Investition und Finanzierung

Thomas Braun

Universität Bielefeld
Fakultät für Wirtschaftswissenschaften
Lehrstuhl für Betriebswirtschaftslehre, insb. Finanzwirtschaft
tbraun@wiwi.uni-bielefeld.de

Inhaltsverzeichnis

1 Investition 103
1.1 Entscheidungstheoretische Grundlagen 103
1.2 Kapitalwert als Dominanzkriterium bei Sicherheit 105
1.3 Marktwert risikobehafteter Investitionsgelegenheiten 114
1.4 Kritische Würdigung 117

2 Finanzierung 119
2.1 Interne und externe Finanzierung 119
2.2 Externe Finanzierung und Marktvervollständigung 122
2.3 Kapitalkosten 127
2.4 Begriff und Ausstattungsumfang von Finanzierungstiteln 130
2.5 Leistungswirtschaftliche Effekte externer Finanzierung 131

3 Vertiefende Literatur 135

Wenn die Fachbegriffe „Investition" und „Finanzierung" fallen, können Sie ohne Bedenken dem allgemeinen Sprachempfinden folgen: Eine Investition ist eine Auszahlung, die man in der Erwartung tätigt, zukünftig (überwiegend) Einzahlungen zu erzielen. Die Bereitstellung der für Investitionen erforderlichen Zahlungsmittel wird Finanzierung genannt.

Leitgedanke der Ausführungen zum Thema *Investition* in Abschnitt 1 ist, dass individuelle Präferenzen von Investoren in dem Maße an Relevanz für die Beurteilung von Investitionen verlieren, in dem es der Kapitalmarkt gestattet, die Zahlungskonsequenzen von Investitionen kostengünstig an individuelle Präferenzen anzupassen. Im Idealfall führt er auf ein einmütig akzeptiertes Entscheidungskriterium: Den Kapitalwert beziehungsweise Marktwert.

Das in Abschnitt 2 behandelte Thema *Finanzierung* ist facettenreicher. Das liegt zunächst einmal daran, dass einem Unternehmen im Allgemeinen sehr viele Möglichkeiten offen stehen, Geld zu beschaffen. Als Finanzierungsquellen kommen entweder mit Umsätzen oder durch sonstige Veräußerungsgeschäfte erzielte Erlöse einerseits oder außenstehende Geldgeber (Financiers) andererseits in Betracht. Die zuerst genannten Möglichkeiten der internen Finanzierung werden nachfolgend nur am Rande behandelt, weil sie mit dem Geschäftsbetrieb verzahnt und daher schwer zu koordinieren und letztlich auch schwer zu bewerten sind. Die externe Finanzierung durch Außenstehende erscheint auf den ersten Blick frei von dieser Verbundproblematik. Bei genauerem Hinsehen zeigt sich allerdings, dass die im Zuge externer Finanzierungen auflebenden Ansprüche der Geldgeber an das Unternehmensvermögen Anreize zu leistungswirtschaftlichen Dispositionen schaffen oder bewertungsrelevante Informationen über leistungswirtschaftliche Sachverhalte liefern können. Dies und die Tatsache, dass Finanzierungen unter Umständen das Spektrum an Anlagemöglichkeiten erweitern, macht die Analyse von Finanzierungsentscheidungen interessant und lohnenswert.

1 Investition

1.1 Entscheidungstheoretische Grundlagen

Definition 1 (Investition). *Investitionen sind Auszahlungen, die in der Erwartung getätigt werden, zukünftig (überwiegend) Einzahlungen zu erzielen.*

Die Entscheidung für oder gegen eine Investition hängt demnach davon ab, ob die zukünftig zu erwartenden Einzahlungen die zunächst zu leistende Auszahlung rechtfertigen. Dabei gilt es zu bedenken, dass jede investierte Geldeinheit zunächst einmal nicht für Konsumzwecke zur Verfügung steht. Das deutet auf den ersten Blick darauf hin, dass man unabhängig vom persönlichen Entscheidungsfeld potenzieller Investoren wenig über die Vorteilhaftigkeit von Investitionen sagen kann. So interessant das Abwägen vieler von persönlichen Lebensumständen geprägter Entscheidungskriterien im Einzelfall auch sein mag, an leicht messbare Kriterien anknüpfende eindeutige Handlungsempfehlungen für eine größere Gruppe von Investoren sind dabei eher nicht zu erwarten. Also hat man sich umgekehrt gefragt, wie die Alternativen beschaffen sein müssten, um solche Handlungsempfehlungen für eine möglichst große Gruppe von Investoren formulieren zu können. An dieser Stelle kommt der Dominanz-Begriff ins Spiel.

Definition 2 (Dominanz). *Eine Reihe von Zahlungen (Zahlungsreihe)*

$$(a_t)_{t=0}^{T} := (a_0, a_1, \ldots, a_T)$$

dominiert die Zahlungsreihe $(b_t)_{t=0}^{T}$ genau dann, wenn in Verbindung mit der Definition

$$\mathscr{T} := \{0, \ldots, T\}$$

für die Menge aller Zahlungszeitpunkte angefangen vom Betrachtungszeitpunkt $t = 0$ bis zum Planungshorizont $t = T$ gilt:

$$a_t \geq b_t \quad \text{für alle } t \in \mathscr{T} \qquad (1)$$
$$\text{und} \quad a_t > b_t \quad \text{für wenigstens ein } t \in \mathscr{T}. \qquad (2)$$

Jeder, der rein monetäre Ziele verfolgt und damit nicht schon so reich geworden ist, dass Geld keine Rolle mehr spielt, sollte eine Investitionsgelegenheit A einer Investitionsgelegenheit B vorziehen, wenn diese mit Sicherheit zu keinem Zeitpunkt per Saldo[1] betrachtet kleinere Einzahlungen einbringt oder größere Auszahlungen erfordert, aber in wenigstens einem Zeitpunkt größere Einzahlungen einbringt oder kleinere Auszahlungen erfordert als die Investitionsgelegenheit B. Oder anders gesagt: Jeder nicht vollständig gesättigte Mensch, der rein monetäre Ziele verfolgt, sollte eine im Sinne von Definition 2 dominante Investitionsgelegenheit vorziehen.

---

[1] *Zahlungssalden*, das sind Differenzen zwischen Ein- und Auszahlungen, werden im Folgenden einfach nur Zahlungen genannt.

Diese Empfehlung gilt für eine hinreichend große Gruppe potenzieller Investoren, sie ist eindeutig und knüpft an leicht messbare Kriterien an, falls die Zahlungssalden im Betrachtungszeitpunkt mit Sicherheit bekannt sind. So weit so gut. Problematisch ist allerdings, dass mit jedem weiteren Zahlungszeitpunkt eine weitere Dominanzbedingung hinzu kommt, so dass es immer unwahrscheinlicher wird, die relative Vorteilhaftigkeit mit Hilfe des Dominanzprinzips zu beurteilen.

Ein Ausweg aus diesem Dilemma besteht darin, die Zahlungen z_t nicht jeweils separat miteinander zu vergleichen, sondern diese zunächst zu bewerten und dann die Summe der bewerteten Zahlungen von zwei Investitionsgelegenheiten miteinander zu vergleichen. In mathematischer Sprache lässt sich das wie folgt formulieren: Sei $(z_t)_{t=0}^T$ die Zahlungsreihe, die eine Investition einschließlich der i. d. R. negativen Anschaffungsauszahlung z_0 verursacht, und sei

$$(\alpha_t)_{t=0}^T := (\alpha_0, \alpha_1, \ldots \alpha_T)$$

eine Reihe von Bewertungsfaktoren, dann kann der Vergleich von Investitionsgelegenheiten mit Hilfe der linearen Bewertungsfunktion

$$v_0\left((z_t)_{t=0}^T, (\alpha_t)_{t=0}^T\right) := \sum_{t=0}^T \alpha_t \cdot z_t \quad (3)$$

vorgenommen werden, wenn der Wert sämtlicher z_t für den Entscheider nicht von deren Höhe abhängt. Da eine solche Bewertungsfunktion impliziert, dass der Entscheider die beiden Zahlungsreihen $(z_t)_{t=0}^T$ und

$$(\hat{z}_t)_{t=0}^T = (z_0, \ldots, z_{t-1} - \Delta, z_t + \frac{\alpha_{t-1}}{\alpha_t} \cdot \Delta, \ldots z_T)$$

als gleichwertig erachtet, lassen sich die α_t grundsätzlich ermitteln, indem man potenzielle Investoren nach den Austauschraten $\frac{\alpha_{t-1}}{\alpha_t}$ befragt. Dabei sollten sich die Angaben rationaler Entscheider auf

$$1 \leq \frac{\alpha_{t-1}}{\alpha_t} \text{ für alle } t \in \mathcal{T} \setminus \{0\}$$

beschränken, wenn die Möglichkeit besteht, Geld in der Kasse aufzuheben. Aus den Austauschraten, in denen sich die *Zeitpräferenz* der Entscheider spiegelt, lässt sich die Bewertungsfunktion (3) bis auf einen nicht entscheidungsrelevanten Proportionalitätsfaktor eindeutig ableiten. Es macht daher Sinn (3) in der Form

$$v_0\left((z_t)_{t=0}^T, (\alpha_t)_{t=0}^T\right) = z_0 + v_0\left((z_t)_{t=1}^T, (q_t)_{t=1}^T\right)$$
$$= z_0 + \sum_{t=1}^T q_t \cdot z_t . \quad (4)$$

mit den normierten Bewertungsfaktoren

$$(q_t)_{t=1}^T := (\frac{\alpha_1}{\alpha_0}, \ldots, \frac{\alpha_T}{\alpha_0}) \quad (5)$$

zu schreiben.[2]

Abgesehen davon, dass sich die tatsächlichen Präferenzen eines potenziellen Investors unter Umständen nicht durch eine lineare Bewertungsfunktion abbilden lassen, hat man durch die Einführung einer Bewertungsfunktion lediglich ein Problem gegen ein anderes getauscht. Zwar lassen sich mit Hilfe von (4) alle Investitionen ordnen, dafür gilt eine Ordnung aber auch nur für eine sehr spezifische Gruppe von potenziellen Investoren, nämlich eben diejenigen, deren Zeitpräferenz durch eine ganz bestimmte Reihe von normierten Bewertungsfaktoren (5) abgebildet werden kann. An dieser Stelle kommt der Kapitalmarkt ins Spiel.

1.2 Kapitalwert als Dominanzkriterium bei Sicherheit

Der Zugang zu einem Kapitalmarkt macht es unter bestimmten Voraussetzungen möglich, die subjektiven Bewertungsfaktoren (5) durch aus objektiven Preisen abgeleitete Bewertungsfaktoren zu ersetzen, so dass die lineare Bewertungsfunktion (3) für alle nicht vollständig gesättigten Investoren mit rein monetären Zielen gilt. Um dies zu zeigen, wird im Folgenden die Existenz eines ganz speziellen rudimentären Kapitalmarktes unterstellt. Es wird angenommen, dass auf diesen Kapitalmarkt Leerverkäufe möglich sind. Für diese Form von Wertpapier-Handelsgeschäften gilt die

Definition 3 (Leerverkauf). *Als Leerverkauf wird der Verkauf von Wertpapieren bezeichnet, die sich nicht im Bestand des Verkäufers befinden. Da an der Börse nur Stücke übertragen werden können, die man auch besitzt, ist ein Leerverkauf stets mit einer Wertpapierleihe verbunden. Ein Investor, der einen Leerverkauf durchführen möchte, muss sich zunächst die entsprechenden Wertpapiere von einem Anleger leihen, der über die Stücke verfügt. Alle Zahlungen, die in dieser Leihphase zugunsten*

---

[2] Für Leser, die mit der Vektorschreibweise vertraut sind: Seien

$$\mathbf{z} := \begin{pmatrix} z_1 \\ \vdots \\ z_T \end{pmatrix}$$

die zu einem $(T \times 1)$-Spaltenvektor zusammengefasste Reihe zukünftiger Zahlungen,

$$\mathbf{q}' := \begin{pmatrix} q_1 & \cdots & q_T \end{pmatrix}$$

der $(1 \times T)$-Zeilenvektor der Bewertungsfaktoren und

$$\mathbf{q}'\mathbf{z} := \sum_{t=1}^{T} q_t \cdot z_t$$

das Skalarprodukt der Vektoren $\mathbf{q}$ und $\mathbf{z}$, dann kann man (4) auch wie folgt schreiben:

$$z_0 + v_0(\mathbf{z}, \mathbf{q}) = z_0 + \mathbf{q}'\mathbf{z}.$$

des Wertpapiers ausgezahlt werden, muss der Leerverkäufer dem Leihgeber ersetzen. Nach Ablauf der Leihfrist muss der Leerverkäufer die Wertpapiere an der Börse zurück kaufen und dem Leihgeber zurück geben. In der Praxis fällt darüber hinaus i. d. R. eine Leihgebühr an, von der hier abstrahiert wird. Wenn keine Leihgebühren anfallen, wie hier angenommen, lässt sich der Leerverkauf als Kauf einer negativen Stückzahl abbilden, da man die Zahlungsreihe eines Leerverkaufs durch Multiplikation sämtlicher Elemente der Zahlungsreihe des entsprechenden Kaufs mit dem Wert -1 erhält.

Der Kapitalmarkt ist beschrieben durch die

Annahme 1.1 (idealisierter Geldmarkt) . *In jedem Zeitpunkt $t \in \mathcal{T} \setminus \{T\}$ werden Geldmarktfonds-Zertifikate zum Ausgabepreis B_t ausgegeben, die von der Fondsgesellschaft nach Ablauf einer Periode mit Sicherheit gebührenfrei zum Rücknahmepreis*

$$B_{t+1} = B_t \cdot (1 + r(t,t,t+1)) \tag{6}$$

zurückgenommen werden. Der Rücknahmepreis des jeweils folgenden Handelszeitpunktes ist ausweislich (6) *eindeutig durch den im Zeitpunkt t geltenden Zinssatz $r(t,t,t+1)$ für die unmittelbar auf den Betrachtungszeitpunkt folgende Periode von t bis $t+1$ bestimmt. Steuern fallen dabei nicht an. Jeder Entscheider kann die beliebig teilbaren Zertifikate in unbeschränkter Anzahl kaufen und leer verkaufen. Dank einer deterministischen Entwicklung des Zinssatzes $r(t,t,t+1)$ sind die Rücknahmepreise $(B_t)_{t=1}^T$ bereits in $t=0$ bekannt.*

Um die *Transformationsfunktion* eines idealisierten Geldmarktes gemäß Annahme 1.1 zu beschreiben, definieren wir die Funktion

$$n(z_t, B_t) := \frac{z_t}{B_t} \tag{7}$$

als die Anzahl von Geldmarktfonds-Zertifikaten, die man im Zeitpunkt t haben muss, um eine Zahlung in Höhe von z_t zu bewirken, und den Begriff *Zahlungscharakteristik* als eine Reihe *zukünftiger* Zahlungen. Die Transformationsfunktion eines idealisierten Geldmarktes besteht dann darin, dass er es ermöglicht, jede Zahlungscharakteristik $(z_t)_{t=1}^T$ durch den Erwerb oder Leerverkauf von insgesamt

$$N((\hat{z}_t - z_t)_{t=1}^T, (B_t)_{t=1}^T) := \sum_{t=1}^T n(\hat{z}_t - z_t, B_t) \tag{8}$$

Stücken des Geldmarktfonds-Zertifikats in $t=0$ in die Zahlungscharakteristik

$$(z_t + n(\hat{z}_t - z_t, B_t) \cdot B_t)_{t=1}^T = (\hat{z}_t)_{t=1}^T$$

zu transformieren, sofern die N Stücke finanzierbar sind. Die Transformationsfunktion eines idealisierten Geldmarktes gemäß Annahme 1.1 ermöglicht die folgende Erweiterung des Dominanzprinzips:

Definition 4 (Dominanz bei Geldmarkt-Zugang). *Eine Zahlungsreihe $(a_t)_{t=0}^T$ dominiert eine Zahlungsreihe $(b_t)_{t=0}^T$ genau dann, wenn es für jede Zahlungsreihe*

$$(\hat{b}_t)_{t=0}^T = \left(b_0 - N((\hat{b}_t - b_t)_{t=1}^T, (B_t)_{t=1}^T) \cdot B_0, (\hat{b}_t)_{t=1}^T\right)$$

eine Zahlungsreihe

$$(\hat{a}_t)_{t=0}^T = \left(a_0 - N((\hat{a}_t - a_t)_{t=1}^T, (B_t)_{t=1}^T) \cdot B_0, (\hat{a}_t)_{t=1}^T\right)$$

gibt, die die Zahlungsreihe $(\hat{b}_t)_{t=0}^T$ dominiert.

Im Folgenden soll gezeigt werden, dass die Bewertungsfunktion (4) mit Dominanz im Sinne von Definition 4 korrespondiert, wenn man die subjektiven Bewertungsfaktoren (5) gegen die durch objektive Marktpreise eindeutig bestimmten Bewertungsfaktoren

$$(q_t)_{t=1}^T = \left(\frac{B_0}{B_t}\right)_{t=1}^T \tag{9}$$

austauscht. Der Funktionswert, den man so erhält, heißt *Netto-Kapitalwert*. Es gilt also

Definition 5 (Kapitalwert, Netto-Kapitalwert). *Bei Zugang zu einem idealisierten Geldmarkt gemäß Annahme 1.1 erhält man den den Kapitalwert (angelsächsisch: present value) der sicheren Zahlungscharakteristik $(z_t)_{t=1}^T$ gemäß*

$$\begin{aligned} PV\left((z_t)_{t=1}^T\right) &:= v_0\left((z_t)_{t=1}^T, (\tfrac{B_0}{B_t})_{t=1}^T\right) \\ &= \sum_{t=1}^T \frac{B_0}{B_t} \cdot z_t \end{aligned} \tag{10}$$

und den Netto-Kapitalwert (angelsächsisch: net present value) der sicheren Zahlungsreihe $(z_t)_{t=0}^T$ gemäß

$$NPV\left((z_t)_{t=0}^T\right) := z_0 + PV\left((z_t)_{t=1}^T\right). \tag{11}$$

Der Netto-Kapitalwert ist ein Dominanzkriterium im Sinne der

Proposition 1. *Bei Zugang zu einem idealisierten Geldmarkt gemäß Annahme 1.1 dominiert eine Zahlungsreihe $(a_t)_{t=0}^T$ eine Zahlungsreihe $(b_t)_{t=0}^T$ genau dann im Sinne von Definition 4, wenn $NPV\left((b_t)_{t=0}^T\right) < NPV\left((a_t)_{t=0}^T\right)$ gilt.*

Beweis. Man benutze die Kurzformen

$$\begin{aligned} NPV_z &:= NPV\left((z_t)_{t=0}^T\right) \\ N_z &:= N((\hat{z}_t - z_t)_{t=1}^T, (B_t)_{t=1}^T) \end{aligned}$$

für $z = a, b$ und treffe die spezielle Wahl

$$N_a := N((\hat{b}_t - a_t)_{t=1}^T, (B_t)_{t=1}^T),$$

dann gilt konstruktionsbedingt

$$\hat{a}_t = \hat{b}_t \text{ für alle } t \in \mathscr{T} \setminus \{0\} \tag{12}$$

und

$$\begin{aligned}(N_a - N_b) \cdot B_0 &= -\sum_{t=1}^T (a_t - b_t) \cdot \frac{B_0}{B_t} \\ &= -(NPV_a - NPV_b) + a_0 - b_0,\end{aligned}$$

und somit auch

$$\begin{aligned}\hat{a}_0 &= \hat{b}_0 + (\hat{a}_0 - \hat{b}_0) \\ &= \hat{b}_0 + (a_0 - b_0) - (N_a - N_b) \cdot B_0 \\ &= \hat{b}_0 + (NPV_a - NPV_b).\end{aligned} \tag{13}$$

Sei $NPV_a > NPV_b$, dann gilt in Verbindung mit (13) $\hat{a}_0 > \hat{b}_0$, was in Verbindung mit (12) die Dominanz impliziert.

Sei $\hat{a}_t \geq \hat{b}_t$ für alle $t \in \mathscr{T}$ und $\hat{a}_t > \hat{b}_t$ für wenigstens ein $t \in \mathscr{T}$, dann gilt wegen $\frac{B_0}{B_t} > 0$ für alle $t \in \mathscr{T}$

$$\hat{a}_0 + \sum_{t=1}^T \hat{a}_t \cdot \frac{B_0}{B_t} > \hat{b}_0 + \sum_{t=1}^T \hat{b}_t \cdot \frac{B_0}{B_t},$$

woraus in Verbindung mit (12) zunächst $\hat{a}_0 > \hat{b}_0$ folgt. Hieraus folgt dann in Verbindung mit (13) schließlich $NPV_a > NPV_b$.

Korollar 1. *Hat ein potenzieller Investor Zugang zu einem idealisierten Geldmarkt im Sinne von Annahme 1.1, dann realisiert er unabhängig von seiner Zeitpräferenz alle Investitionsgelegenheiten mit positivem Netto-Kapitalwert. Befinden sich darunter Investitionsgelegenheiten, die sich gegenseitig ausschließen, dann realisiert er von diesen diejenige mit dem höchsten Netto-Kapitalwert.*

Beweis. Zu den explizit betrachteten Alternativen kommt stets eine Weitere hinzu, nämlich die Unterlassungsalternative, die in allen Zeitpunkten Zahlungen von Null generiert und somit einen Netto-Kapitalwert von Null hat. Korollar 1 folgt dann aus dem Vergleich von Investitionsgelegenheiten mit der Unterlassungsalternative.

Spezialfälle

Auf drei Spezialfälle ist noch einzugehen:

- flache Zinsstruktur,
- Rente bei flacher Zinsstruktur,
- Steuern.

Flache Zinsstruktur

Unterstellt man

$$r(t,t,t+1) = r \quad \text{für alle} \quad t \in \mathcal{T} \setminus \{T\},$$

dann gilt

$$B_t = B_0 \cdot (1+r)^t \quad \text{für alle} \quad t \in \mathcal{T}.$$

(11) konkretisiert sich in diesem Fall zu

$$NPV\left((z_t)_{t=0}^T\right) = z_0 + \sum_{t=1}^{T} \frac{z_t}{(1+r)^t}. \qquad (14)$$

Rente bei flacher Zinsstruktur

Gilt $z_t = c$ für alle $t \in \mathcal{T} \setminus \{0\}$, dann heißt die Zahlungscharakteristik $(z_t)_{t=1}^T$ in der Finanzmathematik (nachschüssige) *Rente*. Unter der Annnahme einer flachen Zinsstruktur ist der Kapitalwert einer Rente eine *geometrische Reihe*, die in Verbindung mit den Definitionen

$$q(r) := \frac{1}{1+r}, \qquad (15)$$

und (10) wie folgt berechnen lässt:

$$PV\left((c)_{t=1}^{T}\right) = \sum_{t=1}^{T} c \cdot q(r)^t$$

$$= c \cdot \frac{q(r)^{-1} - 1}{q(r)^{-1} - 1} \cdot \sum_{t=1}^{T} q(r)^t$$

$$= c \cdot \frac{q(r)^{-1} \cdot \sum_{t=1}^{T} q(r)^t - \sum_{t=1}^{T} q(r)^t}{q(r)^{-1} - 1}$$

$$= c \cdot \frac{\sum_{t=0}^{T-1} q(r)^t - \sum_{t=1}^{T} q(r)^t}{q(r)^{-1} - 1}$$

$$= c \cdot \frac{1 - q(r)^T}{q(r)^{-1} - 1}$$

$$= \frac{c}{r} \cdot \left(1 - \left(\frac{1}{1+r}\right)^T\right)$$

$$=: f(c, r, T)$$

Korollar 2 (konstante Wachstumsrate bei flacher Zinsstruktur). *Wachsen die z_t mit konstanter Rate g, dann gilt*

$$z_t = c \cdot (1+g)^{t-1} \quad \text{für alle } t \in \mathscr{T} \setminus \{0\}$$

und somit in Verbindung mit der Annahme einer flachen Zinsstruktur und der Definition

$$\hat{q}(r,g) := \frac{1+g}{1+r}$$

$$PV\left((z_t)_{t=1}^{T}\right) = \frac{c}{1+g} \cdot \sum_{t=1}^{T} \hat{q}(r,g)^t. \tag{16}$$

Für $g = r \Leftrightarrow q(r,g) = 1$ vereinfacht sich (16) zu

$$PV\left((z_t)_{t=1}^{T}\right) = \frac{c}{1+g} \cdot T.$$

Für $g \neq r$ erhält man analog zum Kapitalwert einer Rente

$$PV\left((z_t)_{t=1}^{T}\right) = \frac{c}{1+g} \cdot \frac{1 - \hat{q}(r,g)^T}{\hat{q}(r,g)^{-1} - 1}$$

$$= \frac{c}{r-g} \cdot \left(1 - \left(\frac{1+g}{1+r}\right)^T\right)$$

$$=: g(c, r, g, T).$$

Korollar 3 (unendlicher Planungshorizont). *Für $r > 0 \Leftrightarrow 0 < q(r) < 1$ gilt*

$$\lim_{T \to \infty} f(c,r,T) = \frac{c}{r}\left(1 - \lim_{T \to \infty} q(r)^T\right) = \frac{c}{r}.$$

Für $-1 < g < r \Rightarrow 0 < \hat{q}(r,g) < 1$ gilt

$$\lim_{T \to \infty} g(c,r,T,g) = \frac{c}{r-g}\left(1 - \lim_{T \to \infty} \hat{q}(r,g)^T\right) = \frac{c}{r-g}.$$

Und für $0 < r = g$ gilt

$$\lim_{T \to \infty} \frac{c}{1+g} \cdot T = \pm\infty,$$

woraus folgt, dass für $0 < r < g$ ebenfalls

$$\lim_{T \to \infty} g(c,r,T,g) = \pm\infty$$

gelten muss.

Die spezielle Annahme einer flachen Zinsstruktur hat sich in der Vergangenheit nur selten bewahrheitet. Sie stellt eine unnötige Beschränkung der Allgemeinheit dar, die womöglich sogar den Blick dafür verstellt, dass die Identifikation dominanter Alternativen mit Hilfe des Kapitalwert-Kriteriums nur dann sichergestellt ist, wenn die Bewertungsfaktoren q_t **marktgerecht** sind.

Da sich die Investitionsrechnung i. d. R. darüber hinweg setzt und dennoch ad-hoc von einer flachen Zinsstruktur ausgeht, stellt sich die Frage, welche Qualität das Entscheidungskriterium „Kapitalwert" unter diesen Umständen noch besitzt. Im Folgenden wird gezeigt, dass ein den Kapitalwert maximierender Entscheider auch dann, wenn er nicht marktgerechte Bewertungsfaktoren ansetzt, jedenfalls nicht gänzlich irrational handelt. Und zwar deshalb, weil er wenigstens eine effiziente Alternative wählt. Dabei ist von folgender Definition auszugehen:

Definition 6 (Effizienz). *Eine Zahlungsreihe ist effizient, wenn sie im Sinne von Definition 2 nicht dominiert wird.*

Es gilt die

Proposition 2. *Eine Alternative ist stets effizient, wenn sie eine Kapitalwertfunktion mit einem willkürlich gewählten Satz von strikt positiven Bewertungsfaktoren für zukünftige Geldeinheiten maximiert.*

Beweis. Sei

$$(z_t^*)_{t=0}^T := \arg\max_{(z_t) \in \mathscr{M}} z_0 + \sum_{t=1}^T q_t \cdot z_t \qquad (17)$$

eine Alternative über der Alternativenmenge $\mathscr{M}$, die die Kapitalwertfunktion für eine Reihe willkürlich gewählter strikt positiver Bewertungsfaktoren $(q_t)_{t=1}^{T}$ maximiert. Angenommen, $(z_t^*)_{t=0}^{T}$ wird von $(z_t)_{t=0}^{T}$ dominiert, dann gilt

$$(z_0 - z_0^*) + \sum_{t=1}^{T} q_t \cdot (z_t - z_t^*) > 0,$$

was offensichtlich äquivalent zu

$$z_0 + \sum_{t=1}^{T} q_t \cdot z_t > z_0^* + \sum_{t=1}^{T} q_t \cdot z_t^*$$

ist und somit im Widerspruch zu Annahme (17) steht.

Steuern

Steuern werden i. d. R. dadurch berücksichtigt, dass man von der Annahme einer flachen Zinsstruktur ausgehend mit dem Nach-Steuer-Zinssatz rechnet, der sich in Verbindung mit dem Steuersatz s gemäß

$$r_s := r \cdot (1-s) \tag{18}$$

aus dem Zinssatz r errechnet. Im Folgenden wird gezeigt, welche Annahmen erforderlich sind, um diese Vorgehensweise mit dem Zugang zu einem idealisierten Geldmarkt begründen zu können. Konstitutiv ist die

Annahme 1.2 (Symmetrische Besteuerung) *Die Besteuerung erfolgt symmetrisch in dem Sinne, dass der Fiskus im Falle eines Leerverkaufs zum Steuersubjekt wird. Das impliziert, dass der Leerverkauf weiterhin als Kauf einer negativen Anzahl von Stücken aufgefasst werden kann.*

Ökonomisch bedeutet das, dass der Fiskus Schuldzinsen mit dem Steuersatz s subventioniert.

Die Besteuerung hat einen wesentlichen Einfluss auf die Transformationsfunktion des Kapitalmarktes: i. d. R. löst jede Transformation von Zahlungscharakteristika zusätzliche Zahlungen zwischen Fiskus und Kapitalmarkt-Teilnehmer aus, da die Preise der Zertifikate bei positiven Zinssätzen streng monoton in der Zeit wachsen. Bei konsequenter Nutzung des idealisierten Geldmarktes zur Finanzierung beziehungsweise Investition dieser Steuerzahlungen gilt alles, was oben über die Transformationsfunktion geschrieben wurde mit einer einzigen Modifikation: Sei s_t der Steuersatz, der auf den Gewinn beziehungsweise Verlust der Periode von $t-1$ bis t erhoben beziehungsweise erstattet wird, dann bestimmt sich die Anzahl von Zertifikaten, die einer Zahlung z_t entspricht, nicht mehr nach Maßgabe von (7) sondern gemäß

$$n^s(z_t, (s_\tau)_{\tau=1}^{t}, (B_\tau)_{\tau=0}^{t}) = \frac{z_t}{B_t \cdot \prod_{\tau=0}^{t-1} \left(1 - \frac{B_{\tau+1} - B_\tau}{B_{\tau+1}} \cdot s_{\tau+1}\right)}.$$

Investition und Finanzierung 113

Man mache sich das der Einfachheit halber für $t = 1$ klar. In diesem Fall erfüllt

$$n^s(z_1, s_1, (B_t)_{t=0}^1) = \frac{z_1}{B_1 \cdot \left(1 - \frac{B_1 - B_0}{B_1} \cdot s_1\right)}$$

offensichtlich die Bedingung

$$n^s(z_1, s_1, (B_t)_{t=0}^1) \cdot (B_1 - (B_1 - B_0) \cdot s_1) \stackrel{!}{=} z_1.$$

Analog zu

$$q_t = n(1, B_t) \cdot B_0$$
$$= \frac{B_0}{B_t}$$

bei Steuerfreiheit bestimmt sich der Marktpreis für eine in t fällige Geldeinheit in $t = 0$ in Gegenwart einer symmetrischen Steuer gemäß

$$q_t^s = n^s(1, (s_\tau)_{\tau=1}^t, (B_\tau)_{\tau=0}^t) \cdot B_0$$
$$= \frac{B_0}{B_t \cdot \prod_{\tau=0}^{t-1}\left(1 - \frac{B_{\tau+1} - B_\tau}{B_{\tau+1}} \cdot s_{\tau+1}\right)}.$$

Durch Einsetzen bestätigt man, dass sich dieser Marktpreis unter der Annahme einer flachen Zinsstruktur und eines konstanten Steuersatzes s in Verbindung mit den Definitionen (15) und (18) zu

$$q_t^s = q(r_s)^t$$

vereinfacht. Damit sind die Auswirkungen eines hypothetischen Steuersystems auf die Replikation von Nach-Steuer-Geldeinheiten mit Hilfe von Geldmarktfonds-Zertifikaten geklärt.

Ein weiteres Grundproblem der Berücksichtigung von Gewinn-Steuern ist, dass die Bemessungsgrundlage für die in t zu zahlenden Steuern, nämlich der Gewinn g_t der Periode $t-1$ bis t, grundsätzlich nicht mit dem Zahlungssaldo z_t übereinstimmt. Von den vielen möglichen Ursachen soll hier nur eine berücksichtigt werden, nämlich die Verteilung der Anschaffungsauszahlung $z_0 < 0$ für eine Real-Investition über die steuerliche Nutzungsdauer mittels Abschreibungen. Sei $(a_t)_{t=1}^T$ die Abschreibungscharakteristik, dann gilt also $g_0 = 0$ und

$$(g_t)_{t=1}^T = (z_t - a_t)_{t=1}^T.$$

Die Nach-Steuer-Zahlungsreihe

$$(z_t^s)_{t=0}^T := (z_t - s_t \cdot g_t)_{t=0}^T$$

setzt sich somit aus $z_0^s = z_0$ und der Nach-Steuer-Zahlungscharakteristik

$$(z_t^s)_{t=1}^T = ((1-s_t) \cdot z_t + s_t \cdot a_t)_{t=1}^T$$

bzw.

$$(z_t^s)_{t=1}^T = (1-s) \cdot (z_t)_{t=1}^T + s \cdot (a_t)_{t=1}^T$$

bei konstantem Steuersatz s zusammen. Hieraus folgt bei konstantem Steuersatz

$$\begin{aligned}NPV\left((z_t^s)_{t=0}^T\right) &= z_0^s + PV\left((z_t^s)_{t=1}^T\right)\\&= z_0 + (1-s) \cdot PV\left((z_t)_{t=1}^T\right) + s \cdot PV\left((a_t)_{t=1}^T\right)\\&= (1-s) \cdot NPV\left((z_t)_{t=0}^T\right) + s \cdot \left(z_0 + PV\left((a_t)_{t=1}^T\right)\right).\end{aligned}$$

Geht man von $T^s \leq T$ für die steuerliche Nutzungsdauer T^s aus, dann gilt wegen $q_t^s < 1$ für alle $t \in \mathcal{T} \setminus \{0\}$ [3]

$$PV((a_t)_{t=1}^T) < \sum_{t=1}^T a_t \equiv -z_0,$$

was wiederum

$$z_0 + PV((a_t)_{t=1}^T) < z_0 - z_0 = 0$$

impliziert. Die verzögerte steuerliche Berücksichtigung der Anschaffungsauszahlung wirkt sich demnach negativ auf den Netto-Kapitalwert der Nach-Steuer-Zahlungsreihe aus. Schließlich lässt

$$\lim_{r \to 0}\left(z_0 + PV((a_t)_{t=1}^T)\right) = z_0 + \sum_{t=1}^T a_t = 0$$

erkennen, warum in diesem Zusammenhang von einem Zinseffekt geredet wird.

1.3 Marktwert risikobehafteter Investitionsgelegenheiten

Im Folgenden wird gezeigt, dass ein entsprechend modifizierter Kapitalwert auch in Gegenwart von (nicht beeinflussbarem) Geschäftsrisiko ein objektives Entscheidungskriterium sein kann, wenn der Kapitalmarkt gleichermaßen ideale Bedingungen für die Zeit- und Risikotransformation bietet. Das zu Grunde gelegte Modell basiert auf der Idee, dass es keinen grundsätzlichen Unterschied zwischen Zeit- und Risikotransformation gibt, wenn man sich die Risikotransformation als Tausch einer auf den Eintritt eines bestimmten Ereignisse bedingten Zahlung gegen eine auf den Eintritt eines anderen Ereignisses bedingte Zahlung vorstellt. Ein Markt ist in

---
[3] Zur Erinnerung: Steuerliche Abschreibungen dienen der Verteilung der Anschaffungsauszahlung $z_0 < 0$ auf die steuerliche Nutzungsdauer.

diesem Sinne vollständig, wenn es möglich ist, auf jedes ex ante für möglich gehaltene Ereignis bedingte Zahlungen zu handeln. Demnach ist der Kapitalwert unter Risiko eine Abbildung von Vorstellungen über zukünftig mögliche Ereignisse und deren zeitliche Abfolge (*Szenarien*).[4] Um die Darstellung so einfach wie möglich zu halten, beschränken wir uns im Folgenden auf ein Ein-Perioden-Modell mit Planungshorizont $T = 1$. Der idealisierte Geldmarkt gemäß Annahme 1.1 wird ergänzt durch

Annahme 1.3 (idealisierter Aktienhandel) *In den beiden Zeitpunkten $t \in \{0,1\}$ wird eine Aktie gehandelt. In $t = 0$ wird die Aktie mit dem Kurs S_0 notiert (S steht für stock). Die Kursnotiz in $t = 1$ hängt davon ab, welches von zwei möglichen Ereignissen $\omega \in \Omega := \{d, u\}$ eintreten wird. Dabei ist von $S_1(d) < S_1(u)$ (d steht für down und u für up) auszugehen. Die Aktien sind beliebig teilbar und können in unbeschränkter Anzahl ge- und leer verkauft werden. Transaktionsgebühren und Steuern fallen dabei nicht an.*

Gesucht ist ein mit dem Netto-Kapitalwert vergleichbarer von subjektiven Zeit- und Risikopräferenzen unabhänger Marktwert einer Investitionsgelegenheit, deren zukünftige Nettozahlung $Z_1(d) \neq Z_1(u)$ ebenfalls vom Eintritt des Ereignisses ω abhängt.

Der Lösungsansatz ist der gleiche wie beim Netto-Kapitalwert: Man repliziere die Zahlungscharakteristik mit Hilfe von Wertpapieren, für die ein Marktpreis ermittelt wird und schon hat man einen präferenzunabhängigen Marktwert. Da der Rückfluss der Investitionsgelegenheit davon abhängt, welches der beiden möglichen Ereignisse eintreten wird, benötigt man hierfür allerdings zusätzlich zum Geldmarktfonds-Zertifikat ein Wertpapier, dessen Zahlungscharakteristik ebenfalls ereignisabhängig ist. Die gesuchten Anzahlen des Geldmarktfonds-Zertifikats n_B und der Aktie n_S erhält man durch Lösen des Gleichungssystems

$$\begin{pmatrix} Z_1(d) \\ Z_1(u) \end{pmatrix} = n_S \cdot \begin{pmatrix} S_1(d) \\ S_1(u) \end{pmatrix} + n_B \cdot \begin{pmatrix} B_1 \\ B_1 \end{pmatrix}.$$

Da die Zahlungscharakteristika der Aktie und des Geldmarktfonds-Zertifikats linear unabhängig sind besitzt dieses Gleichungssystem die eindeutige Lösung

$$n_S = \frac{Z_1(u) - Z_1(d)}{S_1(u) - S_1(d)} \tag{19}$$

$$n_B = \frac{-Z_1(u) \cdot S_1(d) + Z_1(d) \cdot S_1(u)}{S_1(u) - S_1(d)} \cdot B_1^{-1}. \tag{20}$$

Würde man die Investitionsgelegenheit realisieren und gleichzeitig deren zukünftige Zahlungskonsequenzen durch den Verkauf von n_S Aktien und n_B Geldmarktfonds-Zertifikaten neutralisieren, dann hätte man eine gegenüber der Unterlassungsalternative dominante Strategie gefunden, falls gilt

---

[4] Anders als unter Sicherheit gibt es allerdings keine modellendogenen Gründe, warum alle Entscheider von den gleichen Szenarien ausgehen sollten. Dies muss daher als exogen gegeben angenommen werden!

$$z_0 + n_S \cdot S_0 + n_B \cdot B_0 > 0. \tag{21}$$

Definiert man

$$q_1(u) := \frac{B_0}{B_1} \cdot \frac{\frac{B_1}{B_0} \cdot S_0 - S_1(d)}{S_1(u) - S_1(d)} \tag{22}$$

und

$$q_1(d) := \frac{B_0}{B_1} \cdot \frac{S_1(u) - \frac{B_1}{B_0} \cdot S_0}{S_1(u) - S_1(d)}, \tag{23}$$

so folgt durch Einsetzen von (19) und (20) in (21), dass man (21) auch in der Form

$$z_0 + \sum_{\omega \in \Omega} q_1(\omega) \cdot Z_1(\omega) > 0 \tag{24}$$

schreiben kann. (24) kann als verallgemeinerte Form des Netto-Kapitalwertes im Ein-Perioden-Fall interpretiert werden.

Da

$$S_1(d) < \frac{S_0}{B_0} \cdot B_1 < S_1(u)$$

gelten muss, damit weder die Aktie noch das Geldmarktfonds-Zertifikat den jeweils anderen am Markt gehandelten Titel dominiert (was unter den getroffenen Annahmen die Möglichkeit mit sich bringen würde, unendlich reich zu werden), sind die beiden Bewertungsfaktoren $q_1(u)$ und $q_1(d)$ positiv. Sei

$$\hat{q}_1(\omega) := \frac{B_1}{B_0} \cdot q_1(\omega), \tag{25}$$

dann gilt wegen

$$q_1(u) + q_1(d) = \frac{B_0}{B_1},$$

auch

$$\hat{q}_1(u) + \hat{q}_1(d) = 1.$$

Die $\hat{q}_1(\omega)$ können somit als Wahrscheinlichkeiten interpretiert werden. Somit kann

$$\begin{aligned} v_0((Z_1(\omega))_{\omega \in \Omega}, (q_1(\omega))_{\omega \in \Omega}) &= \sum_{\omega \in \Omega} q_1(\omega) \cdot Z_1(\omega) \\ &= \frac{B_0}{B_1} \cdot \sum_{\omega \in \Omega} \hat{q}_1(\omega) \cdot Z_1(\omega) \tag{26} \\ &= \frac{1}{1+r} \cdot E_{\hat{\mathbb{Q}}}(Z_1) \tag{27} \end{aligned}$$

auch als mit dem Zinssatz r diskontierter Erwartungswert der zukünftigen Zahlungen unter dem durch die *(Pseudo-)Wahrscheinlickeiten* $\hat{q}_1(\omega)$ definierten Wahrscheinlichkeitsmaß $\hat{\mathbb{Q}}$ interpretiert werden. Diese Dualität ist einerseits von enormer praktischer Bedeutung, weil sie die Berechnung von Marktwerten im Mehr-Perioden-Fall unter bestimmten Verteilungsannahmen erheblich erleichtert, andererseits stiftet sie immer wieder Verwirrung, weil die Bewertung mit den ausweislich (25) in Verbindung mit (22) und (23) aus objektiven Marktpreisen abgeleiteten (Pseudo-)Wahrscheinlickeiten zuweilen auch als *riskoneutrale Bewertung* bezeichnet wird. Ein Marktteilnehmer gilt als risikoneutral, wenn er zukünftige Zahlungen mit dem mathematischen Erwartungswert bewertet und damit das Risiko vollkommen außer Acht lässt. Der Begriff „riskoneutrale Bewertung" könnte daher den Eindruck erwecken, dass es sich bei den $\hat{q}_1(\omega)$ um subjektive Wahrscheinlichkeiten handelt. Die Konfusion rührt daher, dass die subjektiven Wahrscheinlichkeiten den objektiven (Pseudo-)Wahrscheinlickeiten entsprechen müssen, wenn man ausschließen will, dass risikoneutrale Marktteilnehmer dominierte Alternativen präferieren.

1.4 Kritische Würdigung

Es wurde gezeigt, dass der Kapitalwert (10) und der Marktwert[5] (26) beziehungsweise (27) einmütig akzeptierte Entscheidungskriterien sind, wenn sich die bewerteten Zahlungscharakteristika mit Hilfe von Wertpapieren nachbilden lassen.

Im Falle des Kapitalwertes ist es der idealisierte Geldmarkt gemäß Annahme 1.1 alleine, der dem Kapitalwert die Qualität eines einmütig akzeptierten Dominanzkriteriums verleiht, weil jedermann durch Geldmarkt-Transaktionen Zahlungen von irgendeinem Zeitpunkt in irgendeinen anderen Zeitpunkt verlagern kann. Ein solcher Geldmarkt ist ein Spezialfall eines vollkommenen und vollständigen Kapitalmarktes. Er ist vollkommen, weil Geldmarktfonds-Zertifikate zu den selben Konditionen gebührenfrei ge- und leer verkauft werden können. Das entspricht einem identischen Zinssatz für die Geldanlage und -aufnahme. Er ist vollständig, da die Rücknahmepreise für alle zukünftigen Zeitpunkte t bekannt sind, so dass z_t Geldeinheiten im Zeitpunkt t einer eindeutig bestimmten Anzahl von

$$n(z_t, B_t) = \frac{z_t}{B_t}$$

Geldmarktfonds-Zertifikaten entsprechen, die in jedem früheren Zeitpunkt gekauft oder leer verkauft werden können. Somit ist es möglich, jede denkbare Zahlungscharakteristik durch Geldmarkt-Transaktionen nachzubilden oder anders gesagt zu replizieren. Das schließt offensichtlich die Möglichkeit ein, Zahlungen von irgendeinem Zeitpunkt in irgendeinen anderen Zeitpunkt zu verlagern. Die Kosten der Nachbildung beziehungsweise Verlagerung lassen sich objektiv feststellen: Sie entsprechen dem Preis der hierfür insgesamt erforderlichen Anzahl von Geldmarktfonds-

---

[5] Die Unterscheidung zwischen Kapitalwert und Marktwert ist an sich überflüssig. Der Kapitalwert ist nichts weiter als ein Marktwert unter Sicherheit. Es ist aber allgemeiner Sprachgebrauch, den Marktwert sicherer Zahlungscharakteristika als Kapitalwert zu bezeichnen.

Zertifikaten im Betrachtungszeitpunkt. So muss beispielsweise für die Replikation der Zahlungscharakteristik $(z_t)_{t=1}^T$ in $t=0$ die Anzahl

$$N((z_t)_{t=1}^T, (B_t)_{t=1}^T) = \sum_{t=1}^T n(z_t, B_t)$$

von Geldmarktfonds-Zertifikaten erworben oder leer verkauft werden. Dafür ist ein Betrag in Höhe von

$$N((z_t)_{t=1}^T, (B_t)_{t=1}^T) \cdot B_0 = \sum_{t=1}^T \frac{B_0}{B_t} \cdot z_t := PV((z_t)_{t=1}^T)$$

erforderlich.

Da der Zugang zu einem idealisierten Geldmarkt alleine nicht genügt, um risikobehaftete Zahlungscharakteristika nachzubilden, braucht man zur Ermittlung eines objektiven Marktwertes in diesem Fall wenigstens noch den idealisierten Aktienhandel gemäß Annahme 1.3. Dieser ist unter den getroffenen Annahmen ausreichend, weil der zukünftige Aktienkurs von den beiden möglichen Ereignissen beeinflusst wird, die in Zukunft eintreten können.

Fraglich ist natürlich, wie viel von der Objektivität übrig bleibt, wenn man das Konzept der Bewertung durch Nachbildung auf die Realität überträgt. Dabei spielt das Risiko eine ausschlaggebende Rolle. Die Nachbildung sicherer Zahlungscharakteristika erscheint auch in der Realität grundsätzlich unproblematisch, solange man bereit ist, die Antwort auf die Frage, ob es überhaupt Sicherheit geben kann, der Philosophie zu überlassen. Für risikobehaftete Zahlungscharakteristika trifft das nicht unbedingt zu: Für diese gibt es nur dann einen objektiven Marktwert, wenn objektiv feststeht, welche Ereignisse zukünftig eintreten können, und welchen Einfluss diese Ereignisse auf zukünftige Zahlungen und Preise haben werden. Anders als bei Sicherheit gibt es keine modellendogenen Gründe, warum das so sein sollte. Man muss es daher schlicht annehmen. Das daraus resultierende Problem lässt sich leicht am Beispiel der sogenannten Peergroup-Bewertung verdeutlichen. Von Peergroup-Bewertung reden die Finanzanalysten, wenn sie den Wert eines Unternehmens durch Bezugnahme auf eine Gruppe vergleichbarer Unternehmen abzuschätzen versuchen. Das ist konzeptionell nichts anderes als Bewertung durch Replikation. Dennoch wird kaum jemand behaupten, das Resultat einer Peergroup-Bewertung sei objektiv, weil es schwer fallen dürfte, die Beurteilung der Ähnlichkeit des zu bewertenden Unternehmens mit den anderen Unternehmen aus der Vergleichsgruppe als frei von Ermessensspielräumen hinzustellen.

Trotz dieser gravierenden Einschränkung ist der Marktwert einer rein subjektiven Bewertung, die nach dem Preis fragt, den ein bestimmter Financier in Anbetracht seiner persönlichen Vorlieben und seines persönlichen Entscheidungsfeldes für den Erwerb einer Zahlungscharakteristik höchstens zu zahlen bereit ist, konzeptionell klar überlegen, wenn Willkür, wie beispielsweise bei der Bemessung von Abfindungen für zwangsweise enteignete Vermögensgegenstände, so weit wie möglich eingedämmt werden soll. Und zwar deshalb, weil es viel schwieriger ist, eine Norm-Präferenz und ein Norm-Entscheidungsfeld festzulegen, als Konsens darüber herzustellen, ob ein Szenario[6] als plausibel anzusehen ist oder nicht.

2 Finanzierung

2.1 Interne und externe Finanzierung

Definition 7 (Finanzierung). *Die Bereitstellung der für Investitionen erforderlichen Zahlungsmittel heißt Finanzierung.*

Es ist sinnvoll, dabei nach der Mittelherkunft zwischen interner und externer Finanzierung zu unterscheiden (s. auch S. 8). Die beiden Quellen der *internen Finanzierung* oder Innenfinanzierung sind *Umsätze* und *Desinvestitionen*. Von *externer Finanzierung* oder Außenfinanzierung ist die Rede, wenn die Zahlungsmittel von Geldgebern (*Financiers*) bereitgestellt werden, denen als Gegenleistung für die Zahlungsmittel Ansprüche an das Unternehmensvermögen eingeräumt werden.

Obwohl an sich offensichtlich ist, dass Innenfinanzierung nur aus dem Umsatz oder durch Desinvestition erfolgen kann, ist zuweilen von *Finanzierung durch Abschreibungen und Rückstellungen* die Rede (s. S. 61, 63). Dass man diese Formulierung nicht kausal interpretieren darf, folgt bereits daraus, dass Abschreibungen und Einstellungen in die Rückstellung Aufwandsbuchungen sind, denen zwar keine Auszahlungen gegenüberstehen, die aber auch ganz gewiss keinen Zahlungsmittelzufluss bewirken können. Die irreführende Redeweise kommt daher, dass interne Finanzierung von externen Analysten indirekt mit Hilfe von Jahresabschluss-Daten gemessen wird. Mit Hilfe der stilisierten Bilanz vor Gewinnverwendung in Abbildung 1 soll die Beziehung zwischen interner Finanzierung und diesen Aufwandsbuchungen verdeutlicht werden:

Seien ΔX Veränderungen der Bestandsgröße X und
AFA : Abschreibungen
F^{ex} : externe Finanzierung
F^{in} : interne Finanzierung
I : Investitionsauszahlung (kurz: Investition)
LS : Leistungssaldo (= Saldo der Ein- und Auszahlungen aus dem Leistungsbereich eines Unternehmens)

Das der Definition 7 entsprechende Maß für Finanzierungen sind die durch diese bewirkten Zahlungsmittelzuflüsse, dementsprechend muss definitionsgemäß die Identität

$$F^{in} + F^{ex} \equiv \Delta ZM \tag{28}$$

gelten.

---

[6] Der Begriff „Szenario" steht hier für eine Menge von Ereignisketten und deren Auswirkungen auf bewertungsrelevante Größen.

Bilanz			
Aktiva		Passiva	
SV	sonstiges Vermögen	Grundkapital	GK
ZM	Zahlungsmittel	Kapitalrücklagen	KR
		Gewinn	G
		Rückstellungen	RS
		Verbindlichkeiten	VB
A	Gesamtvermögen	Gesamtvermögen	A

Abb. 1: Bilanz vor Gewinnverwendung

Da externe Finanzierung stets mit veränderten Ansprüchen an ein Unternehmen und mithin auch mit Änderungen der entsprechenden Bestandsgrößen auf der Passivseite der Bilanz einhergeht, ließe sich für diese eine unmittelbare Beziehung zur Bilanz herstellen, wenn Zahlungsansprüche mit ihrem Marktwert bilanziert würden. Das ist zwar nicht der Fall, wird aber im Folgenden aus Vereinfachungsgründen angenommen, so dass als weitere Identität

$$F^{ex} \equiv \Delta GK + \Delta KR + \Delta VB. \tag{29}$$

hinzu kommt. Eine Beziehung zwischen interner Finanzierung und Jahresabschluss lässt sich über den Gewinn herstellen: Der Gewinn G entspricht definitionsgemäß dem durch das Unternehmen erwirtschafteten Reinvermögenszuwachs einer Periode. Demnach gilt in symbolischer Sprache

$$G := \Delta ZM + \Delta SV - (\Delta GK + \Delta KR) - (\Delta RS + \Delta VB). \tag{30}$$

Auflösen von (30) nach ΔZM und Einsetzen in (28) führt unter Berücksichtigung von (29) auf

$$F^{in} = G + \Delta RS - \Delta SV. \tag{31}$$

Die Bewertung von Vermögensgegenständen zu fortgeführten Anschaffungskosten impliziert

$$\Delta SV = I - AFA. \tag{32}$$

Einsetzen von (32) in (31) führt auf die Beziehung

$$F^{in} = G + \Delta RS + AFA - I, \tag{33}$$

auf die sich die Redeweise von der Finanzierung durch Abschreibungen und Rückstellungen stützt. Abschreibungen und Einstellungen in die Rückstellung tauchen deshalb auf der rechten Seite von (33) auf, weil sie den Gewinn schmälern, ohne dass es zu Zahlungsmittelabflüssen in entsprechender Höhe kommt. Mit Abschreibungen und Einstellungen in die Rückstellungen kann man sich also keine Zahlungsmittel beschaffen, man kann lediglich verhindern, dass sie das Unternehmen in Form von Gewinn-Steuern oder Ausschüttungen an Gesellschafter verlassen.[7] Ein Kausalzusammenhang kann nur auf der Zahlungsmittelebene existieren. Also muss man den Gewinn G auf den Leistungssaldo LS zurückführen. Nimmt man an, dass alle Einzahlungen in gleicher Höhe Erträge und alle Auszahlungen in gleicher Höhe Aufwand sind, dann gilt die folgende Beziehung zwischen dem Gewinn G und dem Leistungssaldo LS

$$G = LS - AFA - \Delta RS. \tag{34}$$

Einsetzen von (34) in (33) führt schließlich auf

$$F^{in} = LS - I, \tag{35}$$

worin sich zeigt, dass Umsätze und Desinvestitionen $I < 0$ die beiden einzigen Quellen der internen Finanzierung sind.

Wer im Rahmen der internen Finanzierung Zahlungsmittelzuflüsse bewirken will, kommt i. d. R. nicht umhin, Dispositionen vorzunehmen, die in die güterwirtschaftliche Sphäre hineinwirken, wie z. B. eine Sortimentsänderung.

Die wirtschaftlichen Konsequenzen solcher Dispositionen sind im Allgemeinen schwer absehbar und dementsprechend schwierig zu bewerten und verursachen einen hohen *Koordinationsbedarf*.

Bei externer Finanzierung werden Zahlungsmittel im Austausch gegen den Financiers eingeräumten Ansprüchen an das Unternehmensvermögen beschafft. Finanzierungsvorgänge aus dem Bereich der externen Finanzierung werden daher auch nach der Art der durch sie geschaffenen Ansprüche kategorisiert. Grundsätzlich unterscheidet man zwischen *Fremdkapital* und *Eigenkapital*. Fremdkapitalgeber haben Anspruch auf einen feststehenden Rückzahlungsbetrag und in der Regel feste periodische Zahlungen (*Festbetragsanspruch*). Eigenkapitalgebern steht lediglich das nach Befriedigung der Ansprüche der Fremdkapitalgeber verbleibende Residuum zu (*Residualanspruch*). Auf den ersten Blick scheinen die mit der internen Finanzierung verbundenen Bewertungs- und Koordinationsprobleme bei externer Finanzierung keine Rolle zu spielen, weil Zahlungsmittel dabei nicht durch in dem güterwirtschaftlichen Bereich hinein wirkende Dispositionen beschafft werden. Dementsprechend wurde die externe Finanzierung in der Literatur zur betrieblichen Finanzwirtschaft lange Zeit als vom leistungswirtschaftlichen Bereich vollkommen separabel

---

[7] Man redet daher von der ausschüttungssperrenden Wirkung von Abschreibungen und Rückstellungen. *Ausschüttungssperren* sind Buchungsvorgänge, die im Sinne des *Gläubigerschutzes* zu einer Beschränkung der Ausschüttung führen, um eine gewisse *Mindesthaftungsmasse* im Unternehmen zu erhalten. Da der Gewinn die Obergrenze für Ausschüttungen einer Kapitalgesellschaft bildet, setzen die Maßnahmen entweder bereits bei der *Gewinnermittlung* oder erst bei der *Gewinnverwendung* an.

betrachtet, was wiederum maßgeblich dazu beigetragen hat, dass man sie als irrelevant eingestuft hat. Und zwar mit der Begründung, dass man den Gesamtwert eines Unternehmens[8] nicht alleine dadurch erhöhen kann, dass man ihn anders auf verschiedene Gruppen von Financiers verteilt. Zwar trifft auch das nur bedingt zu (s. Abschnitt 2.2), gravierender erscheint allerdings, dass man dabei ignoriert hat, dass Eingriffe in die Struktur der Ansprüche an das Unternehmensvermögen

- Anreize zu leistungswirtschaftlichen Dispositionen auslösen,
- Informationen generieren und
- die Unternehmenskontrolle beeinflussen

können, was wiederum sehr wohl den Gesamtwert eines Unternehmens beeinflussen kann. Hier schließt sich in gewisser Weise der Kreis: Der Gedanke, bei der externen Finanzierung im Gegensatz zur internen Finanzierung leistungswirtschaftliche Aspekte aus der Betrachtung heraus halten zu können, erweist sich letztlich als trügerisch.

2.2 Externe Finanzierung und Marktvervollständigung

Im Folgenden soll gezeigt werden, dass alleine die Art und Weise, wie man die Ansprüche von Financiers an das Unternehmensvermögen strukturiert (Kapitalstruktur), den Gesamtwert eines Unternehmens erhöhen kann, wenn die Zahlungscharakteristika der dabei entstehenden Ansprüche nicht in dem Sinne redundant sind, dass man sie zu gleichen Kosten mit Hilfe anderer handelbarer Titel nachbilden kann. Dazu treffen wir die

Annahme 2.1 *An der Börse werden zwei Unternehmen notiert, deren Leistungsbereiche vollkommen identisch sind, die aber anders finanziert sind. Beide Unternehmen werden im Planungshorizont $T = 1$ zerschlagen. Für alle Vermögensgegenstände dieser Unternehmen Märkte gibt es Märkte, so dass der Liquidationserlös in beiden Fällen dem Marktpreis der Summe aller Vermögensgegenstände $A_1(\omega)$ (A steht für assets) entspricht. Dieser wird von den beiden möglichen Ereignissen $\omega \in \{d, u\}$ beeinflusst, und zwar gemäß*

$$0 < A_1(d) < A_1(u).$$

Eines der Unternehmen hat Anleihen emittiert, die insgesamt einen Anspruch auf eine (Rück-)Zahlung (einschließlich Zinsen) in Höhe von $0 < f_1 < A_1(u)$ (f steht für face value) verbriefen. Das Andere ist unverschuldet. Für dieses Unternehmen gilt also $f_1 = 0$. Potenzielles Unternehmensvermögen gibt es nicht.[9]

---

[8] In der Literatur zur Unternehmensbewertung wird der Gesamtwert häufig als *Enterprise Value* bezeichnet.

[9] Bei Liquidation des verschuldeten Unternehmens muss die Rückzahlung in Höhe von f_1 erfolgt sein, bevor die Eigenkapitalgeber Geld zurück erhalten. Dazu ist grundsätzlich die gesamte *Haftungsmasse*, das ist die Summe aus den Vermögensgegenständen des Unternehmens (*investiertes* Unternehmensvermögen) und eventuellen Haftungszusagen von Gesellschaftern und/oder Dritten (*potenzielles* Unternehmensvermögen) heranzuziehen.

Mangels potenziellem Unternehmensvermögen beschränkt sich die Abwicklung beider Unternehmen auf die Verteilung des Liquidationserlöses $A_1(\omega)$. Die Fremdkapitalgeber des verschuldeten Unternehmens erhalten den Betrag $D_1(f_1,\omega)$ (D steht für *debt*) und die Eigenkapitalgeber das nach Abzug von D_1 verbleibende Residuum $E_1(f_1,\omega)$ (E steht für *equity*). In Verbindung mit dem Minimum-Operator

$$\min(a,b) := \begin{cases} a \text{ falls } a \leq b \\ b \text{ falls } b < a \end{cases}$$

kann das Verteilungsschema bei einem Liquidationserlös in Höhe von $A_1(\omega)$ wie folgt dargestellt werden:

Fremdkapitalgeber: $D_1(f_1,\omega) := \min(f_1, A_1(\omega))$
Eigenkapitalgeber: $E_1(f_1,\omega) := A_1(\omega) - D_1(f_1,\omega)$.

Den Eigenkapitalgebern verbleibt somit unter Berücksichtigung von

$$\max(-a,-b) := \begin{cases} -a \text{ falls } -b \leq -a \\ -b \text{ falls } -a < -b \end{cases} = -\begin{cases} a \text{ falls } a \leq b \\ b \text{ falls } b < a \end{cases} = -\min(a,b)$$

ein Betrag in Höhe von

$$A_1(\omega) - \min(f_1, A_1(\omega)) = -\min(f_1 - A_1(\omega), A_1(\omega) - A_1(\omega))$$
$$= \max(A_1(\omega) - f_1, 0).$$

Unter den Annahmen des Abschnitts 1.3 haben beide Unternehmen exakt den gleichen Wert, weil der Markt vollständig und vollkommen ist. Das impliziert, dass die finanziellen Konsequenzen jeder möglichen Aufteilung des Liquidationserlöses auf Fremdkapital und Eigenkapitalgeber auch mit Hilfe von Wertpapieren kostenlos nachgebildet werden können, woraus unmittelbar folgt, dass die Kapitalstruktur irrelevant sein muss, wenn Auswirkungen der Verschuldung auf das operative Geschäft eines Unternehmens ausgeschlossen sind. Formal spiegelt sich das in der Übereinstimmung des Gesamtmarktwertes beider Unternehmen, wenn man die unter diesen Annahmen entwickelte Bewertungsformel (27) zugrundelegt: Seien $D_0(f_1)$ der Marktpreis des Fremd- und $E_0(f_1)$ der Marktpreis des Eigenkapitals des verschuldeten Unternehmens in $t = 0$, dann gilt aufgrund der Replizierbarkeit

$$D_0(f_1) + E_0(f_1) = \frac{1}{1+r} \cdot E_{\hat{\mathbb{Q}}}(D_1(f_1,\omega)) + \frac{1}{1+r} \cdot E_{\hat{\mathbb{Q}}}(E_1(f_1,\omega)).$$

Hieraus folgt aufgrund der Linearität des Erwartungswert-Operators, die in Verbindung mit dem Residualcharakter der Ansprüche der Eigenkapitalgeber

$$E_{\hat{\mathbb{Q}}}(E_1(f_1,\omega)) = E_{\hat{\mathbb{Q}}}(A_1(\omega)) - E_{\hat{\mathbb{Q}}}(D_1(f_1,\omega))$$

impliziert, schließlich

$$D_0(f_1) + E_0(f_1) = \frac{1}{1+r} \cdot E_{\hat{\mathbb{Q}}}(A_1(\omega)) = E_0(0),$$

womit gezeigt ist, dass die Art und Weise, wie man die Ansprüche von Financiers an das Unternehmensvermögen strukturiert, den Gesamtwert eines Unternehmens nicht erhöhen kann, wenn die entsprechenden Zahlungscharakteristika von jedermann kostenlos mit Hilfe anderer handelbarer Wertpapiere nachgebildet werden können.

Im Folgenden soll gezeigt werden, dass die Kapitalstruktur relevant sein kann, wenn die von einem Unternehmen emittierten Anleihen *nicht* redundant sind. Dazu wird folgende Annahme getroffen.

Annahme 2.2 *Der Handel mit Aktien und Anleihen beschränkt sich auf die von den beiden Unternehmen emittierten Titel. Transaktionskosten und Steuern fallen beim Handel mit diesen Titeln nicht an. Leerverkäufe sind jedoch ausgeschlossen. Es besteht Zugang zu einem idealisierten Geldmarkt gemäß Annahme 1.1.*

Wir untersuchen nun, ob unter diesen Bedingungen eine höhere Bewertung des verschuldeten Unternehmens Bestand haben *kann*. Letzteres ist nur dann ausgeschlossen, wenn niemand bereit ist, auch nur Bruchteile der Aktien und Anleihen des verschuldeten Unternehmens zu halten, solange die Relation

$$D_0(f_1) + E_0(f_1) > E_0(0) \quad (0 < f_1 < A_1(u)). \tag{36}$$

gilt.

Ob ein verschuldetes Unternehmen mehr wert sein kann als ein leistungswirtschaftlich identisches unverschuldetes Unternehmen, hängt von der Anteilseigner- und Gläubigerstruktur ab. Nimmt man beispielsweise an, dass das verschuldete Unternehmen nur so genannte Proportionalfinanciers hat, die alle identische Bruchteile α, $0 < \alpha \leq 1$, des Fremd- und Eigenkapitals halten, dann kann die Relation (36) keinen Bestand haben, da jeder Financier durch den Tausch seiner Anfangsausstattung an Wertpapieren des verschuldeten Unternehmens gegen einen einen Bruchteil α am unverschuldeten Unternehmen in $t = 0$ einen Nettoerlös erzielt, ohne dass dem in $t = 1$ irgendwelche Nachteile gegenüberstünden. Dass die Kapitalstruktur in diesem Fall irrelevant ist, ist nicht wirklich überraschend, wenn man bedenkt, dass Proportionalfinanciers die Aufspaltung in Festbetrags- und Residualansprüche faktisch einfach wieder rückgängig machen.

Sind nicht alle Financiers Proportionalfinanciers, dann muss es stets einige Financiers geben, deren Bruchteil α am Eigenkapital größer ist als ihr Bruchteil am Fremdkapital β und umgekehrt.

Dank des Zugangs zum idealisierten Geldmarkt könnten die Financiers mit $\alpha < \beta \leq 1$ die Bewertungsrelation (36) zum Anlass nehmen, sich komplett von den Wertpapieren des verschuldeten Unternehmens zu trennen, eine $\alpha \cdot 100\%$-Beteiligung am unverschuldeten Unternehmen zu erwerben und den Überhang an Unternehmensanleihen in die Anzahl

$$n = \frac{(\beta - \alpha) \cdot D_0(f_1)}{B_0}$$

Geldmarktfonds-Zertifikate zu investieren. Dies hätte in den beiden relevanten Zeitpunkten per Saldo Zahlungskonsequenzen in Höhe von

$$z_0^{\alpha<\beta} = \alpha \cdot E_0(f_1) + \beta \cdot D_0(f_1) - n \cdot B_0 - \alpha \cdot E_0(0)$$
$$= \alpha \cdot ((E_0(f_1) + D_0(f_1)) - E_0(0))$$
$$> 0$$

und

$$z_1^{\alpha<\beta}(\omega) = -\alpha \cdot E_1(f_1,\omega) - \beta \cdot D_1(f_1,\omega) + n \cdot B_1 + \alpha \cdot E_1(0,\omega)$$
$$= (\beta - \alpha) \cdot \left(\frac{D_0(f_1)}{B_0} \cdot B_1 - D_1(f_1,\omega)\right). \quad (37)$$

Die Financiers mit einer Anfangsausstattung $0 \leq \beta < \alpha$ könnten sich die Finanzierungsmittel, die nach Verkauf der Anfangsausstattung an Wertpapieren des verschuldeten Unternehmens noch zum Erwerb einer $\alpha \cdot 100\%$-igen Beteiligung am unverschuldeten Unternehmen fehlen, durch den Leerverkauf der Anzahl

$$-n = \frac{(\alpha - \beta) \cdot D_0(f_1)}{B_0} > 0 \quad (38)$$

von Geldmarktfonds-Zertifikaten[10] beschaffen. Sei $H_1(\omega) \geq 0$ die private Haftungsmasse eines solchen Financiers (das ist das Vermögen, welches den Gläubigern des Financiers zur Befriedigung ihrer Ansprüche gegen den Financier zur Verfügung steht), dann hätten die oben beschriebenen Transaktionen in den beiden relevanten Zeitpunkten per Saldo Zahlungskonsequenzen in Höhe von

$$z_0^{\beta<\alpha} = \alpha \cdot E_0(f_1) + \beta \cdot D_0(f_1) - n \cdot B_0 - \alpha \cdot E_0(0)$$
$$= \alpha \cdot (E_0(f_1) + D_0(f_1)) - E_0(0))$$
$$> 0$$

und

$$z_1^{\beta<\alpha}(\omega) = -\alpha \cdot E_1(f_1,\omega) - \beta \cdot D_1(f_1,\omega)$$
$$\quad - \min(-n \cdot B_1, H_1(\omega)) + \alpha \cdot E_1(0,\omega)$$
$$= (\alpha - \beta) \cdot \left(D_1(f_1,\omega) - \min\left(\frac{-n \cdot B_1}{\alpha - \beta}, \frac{H_1(\omega)}{\alpha - \beta}\right)\right)$$
$$= (\alpha - \beta) \cdot \begin{cases} D_1(f_1,\omega) - \frac{D_0(f_1) \cdot B_1}{B_0} & \text{falls } -n \cdot B_1 \leq H_1(\omega) \\ D_1(f_1,\omega) - \frac{H_1(\omega)}{\alpha - \beta} & \text{falls } H_1(\omega) < -n \cdot B_1. \end{cases} \quad (39)$$

Im Folgenden wird gezeigt, dass

$$z_1^{\alpha<\beta}(\omega) = z_1^{\beta<\alpha}(\omega) = 0 \text{ für alle } \omega \in \Omega$$

gilt, falls die Gläubiger des verschuldeten Unternehmens dank

---

[10] Das negative Vorzeichen von n erklärt sich in Verbindung mit Definition 3.

$$f_1 \leq A_1(d) < A_1(u) \tag{40}$$

kein Ausfallrisiko tragen. Eine höhere Bewertung des verschuldeten Unternehmens kann in diesem Fall deshalb keinen Bestand haben, weil ebenfalls risikolose Geldmarktfonds-Zertifikate ein perfektes Substitut für Unternehmensanleihen sind. Da Letztere mithin redundant sind, kann der Marktwert eines Unternehmens nicht alleine dadurch erhöht werden, dass das Unternehmen Anleihen emittiert.

Annahme (40) hat zwei wesentliche Implikationen: Zum Einen muss

$$D_1(f_1,d) = D_1(f_1,u) = f_1 = \frac{D_0(f_1)}{B_0} \cdot B_1 \tag{41}$$

gelten, weil der Marktpreis von $n = \frac{D_0(f_1)}{B_0}$ Geldmarktfonds-Zertifikaten dem Marktpreis des Fremdkapitals in $t = 0$ entspricht. Dies führt in Verbindung mit (37) unmittelbar auf $z_1^{\alpha<\beta}(\omega) = 0$ für alle $\omega \in \Omega$. Zum Anderen folgt aus (41) in Verbindung mit (38)

$$-n \cdot B_1 = (\alpha - \beta) \cdot f_1.$$

und mithin

$$z_1^{\beta<\alpha} \begin{cases} = 0 \text{ falls } (\alpha - \beta) \cdot f_1 \leq H_1(\omega) \\ > 0 \text{ falls } \quad H_1(\omega) < (\alpha - \beta) \cdot f_1, \end{cases}$$

wobei ein strikt positiver Zahlungssaldo wegen

$$(\alpha - \beta) \cdot f_1 \leq \alpha \cdot A_1(\omega) \text{ für alle } \omega \in \Omega$$

nur dann eintreten kann, wenn es dem Financier gelingt, dem Leihgeber der Geldmarktfonds-Zertifikate den Zugriff auf den Liquidationserlös der in $t = 0$ erworbenen $\alpha \cdot 100\%$-Beteiligung am unverschuldeten Unternehmen wenigstens teilweise zu verwehren. Andernfalls gilt nämlich

$$(\alpha - \beta) \cdot f_1 \leq \alpha \cdot A_1(\omega) \leq H_1(\omega) \text{ für alle } \omega \in \Omega.$$

Unabhängig von diesem Detail ist eine höhere Bewertung des verschuldeten Unternehmens jedenfalls ausgeschlossen.

Tragen die Gläubiger des verschuldeten Unternehmens wegen

$$0 \leq A_1(d) < f_1 < A_1(u), \tag{42}$$

ein Ausfallrisiko, dann folgt

$$z_1^{\alpha<\beta}(u) < 0$$

aus (37) in Verbindung mit der Überlegung, dass

$$D_1(f_1,d) < D_1(f_1,u) \leq \frac{D_0(f_1)}{B_0} \cdot B_1$$

die Unternehmensanleihe zu einer vom Geldmarktfonds-Zertifikat dominierten Anlageform machen würde. Mit Ausnahme des uninteressanten Falls, dass alle Financiers Proportionalfinanciers sind, gibt es stets wenigstens einen Financier mit $\alpha < \beta$, der den Überhang an Unternehmensanleihen mit einem Marktwert von $(\beta - \alpha) \cdot D_0(f_1)$ halten wird, um das Problem $z_1^{\alpha<\beta}(u) < 0$ zu vermeiden. Daraus folgt, dass eine anhaltend höhere Bewertung des verschuldeten Unternehmens nicht ausgeschlossen werden kann und somit möglich erscheint, wenn die emittierte Anleihe *nicht redundant* ist, weil sie aufgrund des Ausfallrisikos nicht durch Geldmarktfonds-Zertifikate nachgebildet werden kann. Das gilt wohlgemerkt nur, solange der Markt aufgrund des gemäß Annahme 2.2 beschränkten Aktienhandels unvollständig ist! Man sagt daher auch, dass die Anleihe *den Markt vervollständigt*.

Zusammenfassung 2.1 *Nimmt man an, dass Finanzierungsmaßnahmen generell weder direkte noch indirekte*[11] *Auswirkungen auf leistungswirtschaftliche Dispositionen haben und auch keine Rückschlüsse auf nicht öffentliche Informationen zulassen, dann kann sich eine höhere Verschuldung bei genereller Steuerfreiheit und gebührenfreiem Wertpapierhandel ceteris paribus nur dann positiv auf den Gesamt-Marktwert eines Unternehmens auswirken, wenn die Unternehmensanleihe den Markt vervollständigt.*

2.3 Kapitalkosten

Der Standardansatz der Investitionsrechnung unter Risiko ist formal identisch mit dem Netto-Kapitalwert bei flacher Zinsstruktur (14). Es treten lediglich erwartete Zahlungen an die Stelle sicherer Zahlungen und die geforderte erwartete Rendite ρ an die Stelle des Zinssatzes r. Eine Reihe zukünftig erwarteter Zahlungen $(E_t(z_\tau))_{\tau=t+1}^T$ wird demnach in t gemäß

$$v_t\left((E_t(z_\tau))_{\tau=t+1}^T\right) = \sum_{\tau=t+1}^T E_t(z_\tau) \cdot q(\rho)^{\tau-t} \qquad (43)$$

bewertet.

Fraglich ist, welchen Wert man für ρ ansetzen soll. Grundsätzlich gibt es zwei Möglichkeiten:

1. Man orientiert sich an tatsächlichen Zahlungen von Kapitalnehmern, die vergleichbare Investitionen getätigt haben (Kapitalkostenansatz).
2. Man orientiert sich an tatsächlich erzielten Renditen von Kapitalgebern, die vergleichbare Projekte finanziert haben, oder an vermuteten oder explizit geäußerten Renditeforderungen potenzieller Financiers.

Möglichkeit 2 setzt ein Modell voraus, welches es gestattet, Austauschraten (trade-offs) zwischen Risiko und Rendite zu bestimmen. Da ein solches Modell hier nicht in der gebotenen Ausführlichkeit dargestellt werden kann, beschränken wir

---

[11] Beispielsweise aufgrund einer effektiveren Kontrolle des Managements durch die Financiers.

uns auf den Kapitalkostenansatz. Dieser geht von der Hypothese aus, dass die von den Financiers für die Finanzierungsvariante $f \in F := \{D, E\}$ geforderte *Rendite* ρ_f und der entsprechende *Kapitalkostensatz* k_f eines Unternehmens zwei Seiten ein und derselben Medaille sind,[12] so dass erwartete Renditen auch auf der Grundlage von Kapitalkosten geschätzt werden können, die im Durchschnitt einer vergangenen Schätzperiode zu beobachten waren.

Für den Fall rein eigenfinanzierter Unternehmen mit konstantem Eigenkapital hat dieser Ansatz den Vorteil, dass sich die Kapitalkosten sehr einfach bestimmen lassen: in diesem Fall sind nämlich alle Zahlungen einer nicht in Liquidation befindlichen Gesellschaft an ihre Gesellschafter in gleicher Höhe Kapitalkosten. Geht man einmal von sicheren Zahlungen aus und setzt $\rho_{t',t'+1}$ für die Anteilseigner-Rendite der unmittelbar auf den Zeitpunkt t' folgenden Periode bis zum Zeitpunkt $t'+1$ und $k_{t',t'+1}$ für den Kapitalkostensatz des Unternehmens für diese Periode, dann muss in Verbindung mit den Kurzschreibweisen

$$v_t := v_t\left((z_\tau)_{\tau=t+1}^T\right) \tag{44}$$

und

$$\Delta v_{t+1,t} := v_{t+1} - v_t \tag{45}$$

einerseits

$$\rho_{t',t'+1} \cdot v_{t'} = \Delta v_{t'+1,t'} + z_{t'+1} \quad \text{für alle } t' \in \{t, \ldots, T-1\} \tag{46}$$

und andererseits

$$k_{t',t'+1} \cdot v_{t'} = z_{t'+1} \quad \text{für alle } t' \in \{t, \ldots, T-1\} \tag{47}$$

gelten. Demnach impliziert die für den Kapitalkostenansatz charakteristische Identifikation der von den Anteilseignern geforderten Rendite mit dem Kapitalkostensatz des Unternehmens

$$\Delta v_{t'+1,t'} = 0 \quad \text{für alle } t' \in \{t, \ldots, T-1\}. \tag{48}$$

Da bei endlichem Planungshorizont $\Delta v_{T-1,T} = -v_{T-1}$ gilt, setzt (48) einen unendlichen Planungshorizont voraus, was angesichts der Tatsache, dass Eigenkapital grundsätzlich unbegrenzt zur Verfügung steht, durchaus nicht untypisch ist. Berücksichtigt man, dass (46) in Verbindung mit (48) zudem

$$v_{t'} = \frac{z_{t'+1}}{\rho_{t',t'+1}} \quad \text{für alle } t' \in \{t, \ldots, T-1\} \tag{49}$$

impliziert, gelangt man zu der Schlussfolgerung, dass der Kapitalkostenansatz sowohl konstante vollständig an die Eigenkapitalgeber ausgeschüttete Leistungssalden

---

[12] Um die Darstellung übersichtlich zu halten, wird im Folgenden auf den Index f verzichtet, falls dies nicht unbedingt erforderlich erscheint.

Investition und Finanzierung 129

$$z_{t'} = z \quad \text{für alle } t' \in \{t+1,\ldots,\infty\}$$

als auch konstante geforderte Periodenrenditen

$$\rho_{t',t'+1} = \rho \quad \text{für alle } t' \in \{t,\ldots,\infty\}$$

impliziert, da man die Ansprüche der Eigenkapitalgeber nur unter genau diesen Annahmen gemäß (49) bewerten kann.[13]

Der Kapitalkostenansatz lässt sich dann und nur dann problemlos auf den Fall eines verschuldeten Unternehmens erweitern, falls per Saldo keine Tilgung erfolgt, so dass das Fremdkapital faktisch ebenfalls auf unbegrenzte Zeit konstant ist. Genau dann sind offensichtlich sämtliche Zahlungen eines Unternehmens an seine Financiers Kapitalkosten. Damit die Kapitalkostensätze des Unternehmens für die Finanzierungsvarianten f den Renditen der Financiers entsprechen, müssen die Marktwerte der Ansprüche der Financiers konstant bleiben. Also muss der annahmegemäß von der Finanzierung unabhängige Leistungssaldo vollständig an die Financiers ausgezahlt werden. Es gilt also

$$\sum_{f \in F} z^f = z,$$

was in Verbindung mit der, wie oben dargelegt, untrennbar mit dem Kapitalkostenansatz verknüpften Bewertungsfunktion

$$v_{t'}^f = \frac{z^f}{k_f}$$

für eine unendliche Reihe von Zahlungen $(z^f)_{\tau=t'+1}^{\infty}$

$$\sum_{f \in F} k_f \cdot v_{t'}^f = k \cdot v_{t'} \quad \text{für alle } t' \in \{t,\cdots,\infty\} \quad (50)$$

impliziert. In Verbindung mit der Definition

$$\gamma_{t'} := \frac{v_{t'}^E}{v_{t'}^E + v_{t'}^D} \quad (51)$$

kann man die Bedingungen (50) unter Berücksichtigung von $v_{t'} = v_{t'}^E + v_{t'}^D$ (*Irrelevanz der Finanzierung*) und $\gamma_{t'} = \gamma$ für alle $t' \in \{t,\cdots,\infty\}$ auch in der Form

$$k = k_E \cdot \gamma + k_D \cdot (1-\gamma) =: WACC \quad (52)$$

schreiben, wobei WACC den *durchschnittlichen gewichteten Kapitalkostensatz* (W-ACC steht für *weighted average cost of capital*) repräsentiert.

Demnach ist der im Durchschnitt eines bestimmten Erhebungszeitraumes beobachtete durchschnittliche gewichtete Kapitalkostensatz *WACC* eines *leistungswirtschaftlich identischen* Unternehmens mit in der Zeit konstanten Marktwerten von Fremd- und Eigenkapital ein geeigneter Anhaltspunkt für die Bestimmung der geforderten erwarteten Rendite ρ, wenn man davon ausgehen kann, dass die Austauschrate zwischen Rendite und leistungswirtschaftlichem Risiko in der Zeit stabil ist.

---

[13] Vgl. hierzu Abschnitt 1.2.

2.4 Begriff und Ausstattungsumfang von Finanzierungstiteln

Die Ausführungen in Abschnitt 2.2 (s. S. 122) lassen erkennen, dass die Aus- und Einzahlungen von Finanzierungsverträgen von institutionellen Regelungen z. B. der Haftungsverhältnisse beeinflusst werden. Obwohl Finanzierungsverträge grundsätzlich frei verhandelbar sind, haben sich im Zuge der Etablierung organisierter Kapitalmärkte, die eine Standardisierung voraussetzt, bestimmte *Grundformen* herausgebildet. Hinsichtlich der Haftungsverhältnisse gilt für diese Grundformen der Grundsatz: Derjenige, der die Verfügungsmacht besitzt und Einfluss nehmen kann, sollte für Fehlentscheidungen haften. Andere bislang noch nicht betrachtete Aspekte, hinsichtlich derer sich diese Grundformen unterscheiden, sind:

- Fristigkeit der Kapitalüberlassung:
  Hierzu existieren die Varianten:
  - fester Rückzahlungstermin,
  - unbefristete Kapitalüberlassung und
  - Kündigungsrechte von Seiten des Kapitalgebers und -nehmers.
- Vereinbarungen über die Veräußerbarkeit:
  Die Veräußerbarkeit eines Finanztitels wird bestimmt durch:
  - Haftungsumfang,
  - Verbriefung,
  - Stückelung,
  - rechtliche Formvorschriften (z. B.: notarielle Beurkundung bei GmbH-Anteilen) und
  - Standardisierungsgrad.
- Vereinbarungen über Einwirkungsrechte:
  Der Begriff Einwirkungsrechte fasst *Entscheidungs-*, *Mitwirkungs-* und *Kontrollrechte* zusammen. Es gilt der Grundsatz: Je unmittelbarer ein Financier von den Entscheidungen der Geschäftsführung betroffen ist, desto stärker sollte er sie beeinflussen können. Daher sind Residualansprüche *grundsätzlich* und Festbetragsansprüche *grundsätzlich nicht* mit Einwirkungsrechten verknüpft. Diesem Grundsatz entspricht auch, dass die Verfügungsgewalt im Konkursfall auf die Gläubiger übergeht, weil die Gläubiger dann in gleicher Weise von den Entscheidungen der Geschäftsführung betroffen sind wie die Eigenkapitalgeber eines nicht im Konkurs befindlichen Unternehmens. Maßgeblich für die Beteiligung des einzelnen Gläubigers an der noch verbliebenen Haftungsmasse sind gesetzliche und einzelvertragliche *Prioritätsregeln*. In diesem Zusammenhang spielen Sicherheiten eine große Rolle. Der Einfluss dieser Prioritätsregeln auf die Zahlungscharakteristik von Festbetragsansprüchen soll im Folgenden kurz skizziert werden: Seien

A_1 : investiertes Unternehmensvermögen
H_1 : Haftungsmasse des Unternehmens in der Rechtsform einer
Kapitalgesellschaft
f_1^C : vereinbarter Rückzahlungsbetrag (einschließlich Zinsen)
der besicherten Verbindlichkeiten (C für *collateral*)
f_1 : vereinbarter Rückzahlungsbetrag (einschließlich Zinsen)
der unbesicherten Verbindlichkeiten
f_1^N : vereinbarter Rückzahlungsbetrag an Financiers, die
nachrangiges Haftungskapital zur Verfügung gestellt haben
C_1 : Marktpreis der Sicherheiten,

dann beläuft sich der Marktpreis der *Insolvenzmasse* in Abwesenheit von Konkurskosten und Steuern auf

$$\begin{aligned} K_1 &= H_1 - \min\left(f_1^C, C_1\right) \\ &= H_1 - \left(C_1 + \min\left(f_1^C - C_1, 0\right)\right) \\ &= H_1 - C_1 + \max\left(C_1 - f_1^C, 0\right). \end{aligned}$$

Dabei ist zu berücksichtigen, dass die Sicherheiten nach Eintritt des Konkurses zunächst abgesondert und eigenständig verwertet werden. Ist der Verwertungserlös größer als der vereinbarte Rückzahlungsbetrag der besicherten Verbindlichkeiten, so kommt der überschießende Betrag der Insolvenzmasse wieder zu Gute. Der Marktpreis der Ansprüche der Konkursgläubiger beläuft sich auf

$$D_1^K = \min\left(K_1, f_1 + \max\left(f_1^C - C_1, 0\right)\right).$$

Sei

$$q^C := \frac{\max\left(f_1^C - C_1, 0\right)}{f_1 + \max\left(f_1^C - C_1, 0\right)}$$

die Konkursquote der besicherten Verbindlichkeiten, dann belaufen sich die Ansprüche der einzelnen Gruppen von Financiers des Unternehmens auf

$$\begin{aligned} D_1^C &= C_1 - \max\left(C_1 - f_1^C, 0\right) + q^C \cdot D_1^K \\ D_1 &= (1 - q^C) \cdot D_1^K \\ D_1^N &= \min\left(f_1^N, \max\left(H_1 - D_1^C - D_1, 0\right)\right) \\ E_1 &= \max\left(A_1 - D_1^C - D_1 - D_1^N, 0\right). \end{aligned}$$

Von den eben erläuterten Grundsätzen kann durch Zusatzvereinbarungen (*covenants*) abgewichen werden.

2.5 Leistungswirtschaftliche Effekte externer Finanzierung

Im Folgenden soll mit Hilfe eines Beispiels illustriert werden, wie es zu Auswirkungen der Kapitalstruktur eines Unternehmens auf den leistungswirtschaftlichen Bereich kommen kann. Die Illustration greift auf das zuvor verwendete Zwei-Zeitpunkte-Modell zurück, welches um die beiden folgenden Annahmen erweitert wird:

132   T. Braun

Annahme 2.3 *Die Gesellschafter einer Kapitalgesellschaft führen ihre Geschäfte selber (Manager-Eigner). Sie können zwischen zwei Investitionsgelegenheiten $i \in \{l,h\}$ mit niedrigem Risiko l (für low) oder hohem Risiko h (für high) wählen. Fest steht allerdings, dass die Kapitalgesellschaft im Zeitpunkt $T = 1$ zerschlagen wird. Für die Liquidationserlöse $A_1(i,\omega)$ gilt:*

$$A_1(h,d) < A_1(l,d) \leq A_1(l,u) < A_1(h,u). \tag{53}$$

Sei

$$E_1(i,f_1,\omega) := \max(A_1(i,\omega) - f_1, 0)$$

der den Gesellschaftern zufallende Anteil am Liquidationserlös. Zu zeigen ist, dass die optimale Strategie der Gesellschafter

$$i^* := \arg\max_i v_0(E_1(i,f_1,\omega))$$

und mithin der Gesamtwert des Unternehmens $v_0(A_1(i,\omega))$ von der Verschuldung f_1 abhängig ist. Eine offensichtliche Voraussetzung hierfür ist

$$A_1(h,d) \leq f_1 < A_1(h,u),$$

weil die Gesellschafter andernfalls entweder unabhängig von i stets den vollen Rückzahlungsbetrag f_1 an die Gläubiger abführen müssen, falls $f_1 < A_1(h,d)$, oder unabhängig von i stets leer ausgehen, falls $A_1(h,u) \leq f_1$. Ist die Voraussetzung gegeben, dann sind zwei Fälle zu unterscheiden:

Fall 1: Gilt

$$A_1(l,d) \leq f_1 < A_1(h,u),$$

dann verursacht die Verschuldung in Verbindung mit Annahme (53) einen negativen *externen Effekt*: Für die Gesellschafter ist die riskantere Investitionsgelegenheit h dominant besser, weil sie von der Konstellation $A_1(l,u) < A_1(h,u)$ profitieren, falls das Ereignis $\omega = u$ eintritt, ohne dafür anderenfalls Nachteile in Kauf nehmen zu müssen. Die Nachteile gehen wegen $A_1(h,d) < A_1(l,d) \leq f_1$ ausschließlich zu Lasten der Kreditgeber. In der Literatur wird das hier beschriebene Problem daher als *Risikoanreiz-Problem* bezeichnet.

Fall 2: Gilt

$$A_1(h,d) \leq f_1 < A_1(l,d)$$

und erfolgt die Bewertung wie in Abschnitt 1.3 dargestellt durch Replikation, dann bestimmt sich die optimale Strategie in Verbindung mit (26) nach Maßgabe von

Investition und Finanzierung   133

$$i^* = \begin{cases} l & \text{falls} \quad \sum_{\omega \in \Omega} \hat{q}_1(\omega) \cdot A_1(l,\omega) - f_1 \geq \hat{q}_1(u) \cdot (A_1(h,u) - f_1) \\ h & \text{falls} \quad \sum_{\omega \in \Omega} \hat{q}_1(\omega) \cdot A_1(l,\omega) - f_1 < \hat{q}_1(u) \cdot (A_1(h,u) - f_1) \end{cases}$$

$$= \begin{cases} l & \text{falls} \quad f_1 \leq \phi_1 \\ h & \text{falls} \quad \phi_1 < f_1 \end{cases}$$

mit der kritischen Schwelle

$$\phi_1 := A_1(l,d) - \frac{\hat{q}_1(u)}{\hat{q}_1(d)} (A_1(h,u) - A_1(l,u)) . \tag{54}$$

Demnach ist der Gesamt-Marktwert eines Unternehmens unter den hier getroffenen Annahmen im Allgemeinen von der Finanzierung abhängig.

Im Folgenden wird noch gezeigt, dass ein Forderungsverzicht in Höhe von $f_1 - \phi_1$ nicht nur für die Eigner, sondern auch für Gläubiger vorteilhaft ist, falls

$$\sum_{\omega \in \Omega} \hat{q}_1(\omega) \cdot A_1(h,\omega) < \sum_{\omega \in \Omega} \hat{q}_1(\omega) \cdot A_1(l,\omega) \Leftrightarrow A_1(h,d) < \phi_1 , \tag{55}$$

d. h. falls die weniger riskante Investitionsgelegenheit zu einem höheren Gesamt-Marktwert führt, und

$$\phi_1 < f_1 < \phi_2 := \frac{1}{\hat{q}_1(u)} (\phi_1 - \hat{q}_1(d) \cdot A_1(h,d))$$

gilt. Ursächlich hierfür ist, dass der Forderungsverzicht die Gesellschafter veranlasst, Investitionsgelegenheit l anstelle von h zu verwirklichen.

Beweis. Die obige Analyse hat gezeigt, dass

$$v_0(D_1(i^*(f_1),f_1,\omega)) = v_0(D_1(f_1,\omega))$$
$$= \frac{B_0}{B_1} \cdot \begin{cases} f_1 & \text{falls} \quad f_1 \leq \phi_1 \\ \hat{q}_1(u) \cdot f_1 + \hat{q}_1(d) \cdot A_1(h,d) & \text{falls} \quad \phi_1 < f_1 \end{cases}$$

gilt. Das impliziert einerseits

$$v_0(D_1(i^*(\phi_1),\phi_1,\omega)) = \frac{B_0}{B_1} \cdot \phi_1$$

und andererseits wegen (55)

$$\lim_{f_1 \downarrow \phi_1} v_0(D_1(i^*(f_1),f_1,\omega)) = \frac{B_0}{B_1} \cdot (\hat{q}_1(u) \cdot \phi_1 + \hat{q}_1(d) \cdot A_1(h,d))$$
$$< \frac{B_0}{B_1} \cdot (\hat{q}_1(u) \cdot \phi_1 + \hat{q}_1(d) \cdot \phi_1)$$
$$= \frac{B_0}{B_1} \cdot \phi_1 .$$

Daraus folgt die Behauptung, wenn man berücksichtigt, dass für $\phi_1 < f_1$

$$\frac{\partial v_0 \left(D_1 \left(i^*(f_1), f_1, \omega \right) \right)}{\partial f_1} = \frac{B_0}{B_1} \cdot \hat{q}_1(u) > 0$$

gilt, und $\phi_2 > \phi_1$ die Lösung der Gleichung

$$\hat{q}_1(u) \cdot \phi_2 + \hat{q}_1(d) \cdot A_1(h,d) = \phi_1$$

bzw.

$$v_0 \left(D_1 \left(i^*(\phi_2), \phi_2, \omega \right) \right) = v_0 \left(D_1 \left(i^*(\phi_1), \phi_1, \omega \right) \right)$$

ist.

Durch den Forderungsverzicht erhöht sich der Marktwert des Eigenkapitals um den Betrag

$$\Delta_E := v_0 \left(E_1(l, \phi_1, \omega) \right) - v_0 \left(E_1(h, f_1, \omega) \right)$$
$$= \frac{B_0}{B_1} \cdot \hat{q}_1(u) \cdot (f_1 - \phi_1)$$

und der Marktwert des Fremdkapitals um den Betrag

$$\Delta_D := v_0 \left(D_1(l, \phi_1, \omega) \right) - v_0 \left(D_1(h, f_1, \omega) \right)$$
$$= \frac{B_0}{B_1} \cdot \left(\phi_1 - (\hat{q}_1(d) \cdot A_1(h,d) + \hat{q}_1(u) \cdot f_1) \right)$$
$$= \frac{B_0}{B_1} \cdot \hat{q}_1(u) \cdot \left(\frac{1}{\hat{q}_1(u)} \left(\phi_1 - \hat{q}_1(d) \cdot A_1(h,d) \right) - f_1 \right)$$
$$= \frac{B_0}{B_1} \cdot \hat{q}_1(u) \cdot (\phi_2 - f_1).$$

Demnach teilen sich Eigner und Gläubiger den gesamten Effizienzgewinn in Höhe von

$$v_0 \left(A_1(l, \omega) \right) - v_0 \left(A_1(h, \omega) \right) = \frac{B_0}{B_1} \cdot \hat{q}_1(u) \cdot (\phi_2 - \phi_1)$$

bei Verzicht auf irgendwelche Ausgleichszahlungen im Verhältnis $(f_1 - \phi_1) : (\phi_2 - f_1)$.

Zusammenfassung 2.2 *Der Beitrag verschiedener Finanzierungsformen zur Begrenzung von Interessenkonflikten zwischen verschiedenen Gruppen von Financiers, von Verhaltensrisiken bei der Geschäftsführung und zur Informationsübermittlung steht heute im Mittelpunkt des Forschungsinteresses der betrieblichen Finanzwirtschaft. Diesem Sachverhalt sollte exemplarisch Geltung verschafft werden, indem gezeigt wurde, dass die Eigner hoch verschuldeter Unternehmen zu übertrieben riskanten Entscheidungen neigen, weil sie unter schlechten ökonomischen Rahmenbedingungen sowieso Konkurs anmelden müssen.*

3 Vertiefende Literatur

Lesern, deren Zeitbudget für das Thema Investition und Finanzierung ein paar Stunden nicht überschreitet und die wie der Verfasser dieser Zeilen der Meinung sind, dass gerade bei knappem Zeitbudget Grundsätzliches im Vordergrund stehen sollte, sei die Lektüre von Kapitel 7 in Neus (2005) empfohlen. Wer sich vorstellen kann, das Fach Finanzwirtschaft als Vertiefungsfach zu wählen, dem sei geraten, sich frühzeitig solide Grundkenntnisse im Bereich der Bewertung zukünftiger Zahlungen zu erarbeiten. Kruschwitz (2004) ist hierbei eine gute Hilfe. Wer verhindern will, so tief in die Welt der Bewertungsmodelle zu versinken, dass er sie eines Tages für die Realität hält, der möge hin und wieder Drukarczyk (2003) zur Hand nehmen. Dort findet sich eine systematische Darstellung wichtiger institutioneller Rahmenbedingungen, wie beispielsweise der Insolvenzordnung. Und wer ein Lehrbuch sucht, das einen ausgewogenen Kompromiss zwischen Breite und Tiefe bietet, sollte Copeland et al. (2005) in Erwägung ziehen.

Produktion

Hermann Jahnke[1] und Dirk Biskup[2]

[1] Universität Bielefeld
Fakultät für Wirtschaftswissenschaften
Lehrstuhl für Betriebswirtschaftslehre, Controlling und Produktionswirtschaft
lstjahnke@wiwi.uni-bielefeld.de
[2] Berryville Graphics, Inc., USA

Inhaltsverzeichnis

1	**Produktionswirtschaftliche Grundbegriffe**	138
1.1	Produktion und Produktionsunternehmen	138
1.2	Ein Beispiel aus der Nahrungsmittelindustrie	139
1.3	Struktureigenschaften der Produktion	141
2	**Grundprobleme der Produktionsplanung**	145
2.1	Simultanplanungsansätze und PPS-Systeme	145
2.2	Das klassische Economic Order Quantity–Modell	150
3	**Ein kurzer Blick in die Produktions- und Kostentheorie**	154
3.1	Gegenstand	154
3.2	Isoquanten und Produktionsfunktionen	154
3.3	Minimalkostenkombinationen und Kostenfunktionen	158
4	**Vertiefende Literatur**	160

Definitorische Merkmale von Unternehmen sind die Erzeugung und Vermarktung betrieblicher Leistungen. Hierzu zählen speziell die Bereitstellung von Dienstleistungen und die Herstellung von Produkten. Die Produktionswirtschaft als betriebswirtschaftliche Teildisziplin beschäftigt sich mit den Fragestellungen, die mit der Gütererzeugung in Unternehmen entstehen. Sie tut dies aus zwei Sichtwinkeln, zum einen auf produktionswirtschaftliche Planungen und Entscheidungen ausgerichtet (Planung und Steuerung der Produktion), zum anderen mit dem Blick auf die grundsätzlichen Mengen- und Kostenverhältnisse der Produktionsprozesse (Produktions- und Kostentheorie). Im ersten Abschnitt dieses Kapitels wird das gemeinsame begriffliche Fundament für diese beiden Sichtweisen gelegt. Anschließend werden in Abschnitt 2 zwei grundlegende Ansätze aus dem Bereich der Produktionsplanung und in Abschnitt 3 einige elementare Begriffe und Zusammenhänge aus der Produktions- und Kostentheorie vorgestellt.

1 Produktionswirtschaftliche Grundbegriffe

1.1 Produktion und Produktionsunternehmen

Unter der *Produktion* versteht man beispielsweise einen physikalischen, biologischen oder chemischen Gewinnungs- oder Transformationsvorgang, bei dem materielle oder immaterielle Güter (z. B. Sachgüter oder Dienstleistungen) in definierten Mengen zielgerichtet eingesetzt werden, um andere materielle oder immaterielle Güter herzustellen. Die durch diesen Kombinationsvorgang entstehenden Outputgüter heißen *Produkte*, die eingesetzten Güter sind die *Produktionsfaktoren*. Diese werden in der Betriebswirtschaftslehre, Gutenberg (1983) folgend, gerne in drei Arten von *Elementarfaktoren* eingeteilt (s. zu Details S. 6):

- (objektbezogene) Arbeit,
- *Betriebsmittel* (die „gesamte technische Apparatur eines Betriebes", Gutenberg, 1983, 2) und
- *Werkstoffe* (die „Rohstoffe, selbsthergestellte oder fertig bezogene Teile", Gutenberg, 1983, 3).

Da die Werkstoffe im Zuge der betrieblichen Leistungserstellung untergehen, werden sie als *Verbrauchsfaktoren* bezeichnet. *Potenzialfaktoren* sind hingegen Leistungspotenziale, die ihre Leistung für wiederholte Durchführungen des Kombinationsprozesses zur Verfügung stellen. Werden sie einmalig in Anspruch genommen, führt dies zu einer im Vergleich zu ihrem Leistungspotenzial kleinen oder gegebenenfalls nicht messbaren Abnutzung. Als Beispiele sind Maschinen, menschliche Arbeitsleistung und Grundstücke zu nennen.

Unter den Produktionsunternehmen, in denen sich die Herstellung materieller Güter, also von Sachgütern, vollzieht (s. S. 8), werden wir uns in diesem Kapitel wegen ihrer Bedeutung auf die Industrieunternehmen konzentrieren. Wesentliche Merkmale der *industriellen Sachgüterproduktion* sind der hohe Automatisierungsgrad, die fortgeschrittene Arbeitsteilung, die Konzentration von Betriebsmitteln in Fabriken und der Absatz der erzeugten Güter auf großen, anonymen Märkten. Die industrielle Sachgüterproduktion lässt sich einteilen in die *Gewinnung von Rohstoffen* (z. B. im Bergbau) und die *Be- und Verarbeitung von Stoffen* (z. B. in der Möbelindustrie). Hinsichtlich der industriellen Stoffbe- und -verarbeitung unterscheidet man die fertigungs- und die verfahrenstechnische Produktion. Bei der *fertigungstechnischen Produktion* werden Güter mit bestimmten Stoff- oder Funktionseigenschaften und mit einer bestimmten geometrischen Form erzeugt. Die Grundverfahren der fertigungstechnischen Produktion sind das Urformen (Fertigen eines festen Körpers aus formlosem Stoff), das Umformen, das Trennen (Zerteilen, Spanen, Abtragen, Zerlegen, Reinigen, Evakuieren), das Fügen (Füllen, An- und Einpassen usw.), das Beschichten und das Ändern von Stoffeigenschaften (Härten, Festwalzen, Entkohlen). Bei der *verfahrenstechnischen Produktion* werden *Fließgüter* erzeugt, also insbesondere Schüttgüter, Flüssigkeiten und Gase. Als Grundverfahren sind die Umwandlung der Einsatzstoffe (z. B. das Cracken von Mineralölen) und die Stoffaufbereitung wie

Separation (Reduktion der Zahl der Stoffkomponenten, z. B. Destillation) oder Mischung (Erhöhung der Zahl der Stoffkomponenten, z. B. Legieren oder Lösen) zu nennen.

Planung und *Steuerung* der Produktion dienen der auf die Erfolgsziele des Unternehmens ausgerichteten Gestaltung der mit der Herstellung der Outputgüter verbundenen Prozesse und Güterbestände. Die Vielschichtigkeit produktiver Vorgänge und die Heterogenität der verschiedenen Produktionsverfahren führen zu einer großen Bandbreite der Fragen, die in diesem Rahmen zu beantworten sind. Sie kann von der Wahl des Fertigungsstandorts und der Fertigungsverfahren über die Gestaltung der logistischen Prozesse innerhalb der Fertigungsstruktur bis zur Festlegung des Umfangs und des Startzeitpunkts eines einzelnen Fertigungsauftrags auf einer bestimmten Maschine reichen. Im vorgegebenen Rahmen kann natürlich nur ein kleiner Teil dieses Spektrums angesprochen werden. Um hier eine sinnvolle Auswahl treffen und die Ausführungen zu den Aufgaben der Produktionsplanung möglichst konkret halten zu können, schauen wir uns zunächst als Beispiel die industrielle Herstellung von Markentees in Teebeuteln an.

1.2 Ein Beispiel aus der Nahrungsmittelindustrie

Für viele Güter weist die Nachfrage eine saisonabhängige Struktur auf. Erntemaschinen, deren Erwerb einen hohen Finanzierungsaufwand nach sich zieht, werden von den Käufern kurz vor dem Ernteeinsatz abgenommen, Winterreifen werden vorrangig in der kalten Jahreszeit gekauft und auch die Nachfrage nach bestimmten Bekleidungsartikeln hängt von der Saison ab. Ebenso verhält es sich mit der Nachfrage nach Tee, der als Tassen- oder Kannenportion in Teebeuteln angeboten wird. Während im Winter große Mengen von Kräuter- und Früchtetee (Pfefferminz-, Hagebutten-, Fencheltee usw.) abgesetzt werden können, sinkt ihr Absatz mit steigenden Temperaturen. In der wärmeren Jahreszeit werden hingegen aromatisierte schwarze Tees, die sich als Beuteltee besonders gut zur Herstellung von Eistee nutzen lassen, von den Endverbrauchern bevorzugt. Der saisonale Verlauf der Nachfrage ist dabei wegen der niedrigen Lagerhaltungsniveaus im Handel voll beim Produzenten spürbar, muss also in der Produktions- und Lagerhaltungspolitik seinen Niederschlag finden.

Den Herstellungsvorgang bei einem typischen Markentee-Anbieter in diesem Markt kann man sich im Wesentlichen aus drei sehr eng miteinander verbundenen Produktionsschritten zusammengesetzt vorstellen (vgl. Abbildung 1). Um die vom Endverbraucher gewünschte Markenqualität sicherzustellen, werden die Rohtees nicht sortenrein verwendet, sondern gemischt. Durch die Verwendung von Tees verschiedener Provenienzen (z. B. Pfefferminze aus Osteuropa, aus Frankreich und aus Deutschland) wird eine laufend durch Verkostung überprüfte, gleichbleibende Qualität und Geschmacksrichtung des Endproduktes erreicht. Hierbei können unter Umständen auch Methoden zum Einsatz kommen, mit denen man sicherstellen kann, dass eine Mischung bestimmte quantifizierbare Qualitätseigenschaften einhält und trotzdem möglichst niedrige Kosten verursacht.

Der erste Verarbeitungsschritt besteht in der Mischung der verschiedenen ausgewählten Rohtees in großen Mischapparaturen. Die Teemischung wird dann ohne

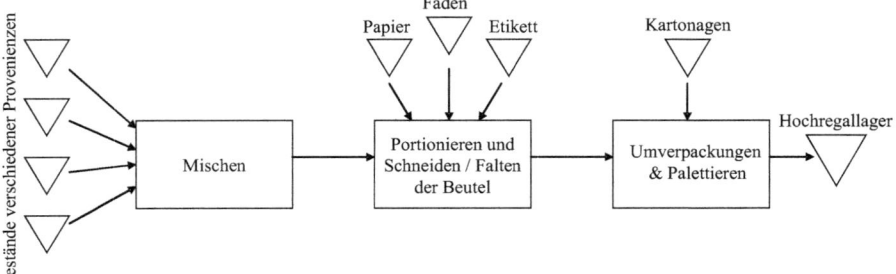

Abb. 1: Stilisierte Herstellung des Teebeispiels (vgl. Jahnke & Biskup, 1999, 62)

Zwischenlagerung in einer direkt mit der Mischapparatur verbundenen Verpackungsanlage in die bekannten Beutel gefüllt, an die ein Faden mit einem sortenspezifischen Etikett angebracht wird. In einer zweiten Verpackungsstufe werden die Teebeutel in die ebenfalls sortenspezifischen Umverpackungen unterschiedlicher Größe (z. B. 10er Papierumverpackung, 50er, 75er und 100er Kartons) abgefüllt. Abschließend werden die Kartons nach Größe sortiert auf Paletten ins Hochregallager verbracht, wo sie auf ihre Auslieferung warten. Gelagert werden also nur die Rohwaren auf der einen und die distributionsfähigen Produkte auf der anderen Seite.

Der Mischvorgang setzt große Mengen feiner Teepartikel frei, die sich in der Mischapparatur und in Teilen der Verpackungsanlage absetzen. Vor der Verarbeitung einer neuen Teesorte muss daher die Anlage gründlich gereinigt werden, um geschmackliche Beeinträchtigungen des Endproduktes zu vermeiden, beispielsweise wenn schwarzer Tee nach Pfefferminztee gefertigt werden soll. Man spricht bei der Gesamtheit solcher Aktivitäten als von einem *Rüstvorgang* oder Umrüstvorgang. Typische Tätigkeiten beim Rüsten sind das Einrichten, Einstellen und gegebenenfalls Aufheizen von Maschinen, das Beschicken der Maschine mit Vorprodukten und Rohstoffen, Werkzeugwechsel und eben Reinigungsvorgänge. Vernachlässigt man, dass es neben der Tassengröße den Teebeutel auch als Kannenportion gibt, ist der Verpackungsvorgang hingegen weitgehend frei von vergleichbaren Tätigkeiten. Zwar muss bei einem Wechsel der Umverpackungsgröße die Anlage mit neuen Kartonagen bestückt werden, aber der Aufwand hierfür ist gering.

Das Planungsproblem besteht in diesem Fall darin, bei gegebenen beschränkten Kapazitäten der Misch- bzw. Verpackungsanlage die saisonal schwankende Nachfrage nach den verschiedenen Artikeln kostenminimal zu befriedigen. Dabei soll jede Bestellung eines Kunden in möglichst kurzer Zeit ausgeliefert, das heißt ein guter Kundenservice garantiert werden. Dies kann man unter anderem dadurch erreichen, dass hohe Bestände der verschiedenen Artikel als Saisonpuffer vorgehalten werden, oder dass Fertigungslose der nachgefragten Sorten kurzfristig in die Fertigung gegeben werden, wenn die Lagerbestände nicht ausreichen. Ein Los ist dabei die Menge eines Produkts, die nach Beendigung eines auf seine Herstellung gezielten Rüstvorgangs in einer Produktionseinheit (z. B. auf einer Maschine) bis zum nächsten Rüstvorgang insgesamt gefertigt wird. Ziel muss es folglich sein, die Summe der Kosten für die Lagerung der Artikel und für die Umrüstvorgänge (inkl. der Reinigung der Anlage) zu minimieren. Ein guter Produktionsplan wird unter diesen Umständen dadurch gekennzeichnet sein, dass bei relativ niedrigen Lagerbeständen nur wenige Rüstvorgänge nötig sind, um die auftretende Nachfrage auch in den Saisonspitzen zu befriedigen.

In manchen Unternehmen mit saisonal schwankender Nachfrage wird ein hoher Lieferservice nicht oder nicht nur durch die Bevorratung von Produkten, sondern durch die Anpassung der Fertigungskapazitäten an die Nachfrage angestrebt. Größere Erntemaschinen wie beispielsweise Mähdrescher oder Maishäcksler sind – anders als Teebeutel – einerseits schwer beziehungsweise nur mit hohen Kosten zu lagern, da ihre Aufstellung viel Platz in Anspruch nimmt und sie wegen ihrer relativ hohen Herstellkosten einen hohen Finanzierungsaufwand verursachen. Andererseits müssen verschiedene technische Merkmale der Erntemaschinen (Motorisierung, Schneidwerk, Siebe und Rüttler usw.) den Gegebenheiten des jeweils geplanten Einsatzes (Bodenbeschaffenheit, Erntegut usw.) so angepasst werden, dass die Maschinen einen vergleichsweise hohen Grad an Kundenindividualität aufweisen. Die Lagerung solcher Produkte ist schwer zu realisieren, teuer und mit hohen ökonomischen Risiken verbunden, sodass hier der hohe Lieferservice betriebswirtschaftlich sinnvoll eher durch eine Kapazitätsanpassung erreicht werden kann. Sie lässt sich etwa über einen hohen Grad der Flexibilität der Arbeit umsetzen (z. B. über die Nutzung von Jahresarbeitszeitkonten).

Insgesamt zeichnen sich an dieser Stelle als wichtige Fragestellungen für die Produktionsplanung ab:

- der Abgleich von nachgefragten und hergestellten Produktmengen bei schwankendem Absatz über die Steuerung von Lagerbeständen oder die Anpassung der Kapazität im Rahmen einer Planung mit einem mittelfristigen Planungshorizont,
- die Planung von Beständen an Vor- und im Allgemeinen auch an Zwischenprodukten,
- die Festlegung von konkreten Produktionsmengen, der Größe der Fertigungslose sowie deren Bearbeitungsbeginn.

Die Ausführungen im nächsten Abschnitt sollen durch einen Blick auf allgemeine Struktureigenschaften der Fertigung klären, inwieweit die exemplarisch hergeleiteten Planungsaufgaben über das Beispiel hinausgreifen.

1.3 Struktureigenschaften der Produktion

Ansatzpunkte von Planung und Steuerung der Produktion sind die Steuergrößen, die den Verbrauch an Produktionsfaktoren und den Output im Betrachtungszeitraum determinieren. Welche Parameter unter die Steuergrößen zu rechnen sind, hängt vom konkreten Unternehmen und insbesondere vom Fertigungsprozess ab. Um auf theoretischer Ebene eine angemessene Auswahl an Steuergrößen treffen zu können, müssen die Strukturmerkmale des betrachteten Unternehmens näher untersucht werden. Der Literatur folgend werden die *Strukturmerkmale* in Bezug auf den Output, den Input und den Produktionsprozess geordnet.

Im Hinblick auf den *Output* lassen sich die folgenden produktbezogenen Eigenschaften unterscheiden:

1. die Anzahl hergestellter Produkte (Ein- oder Mehrprodukt-Unternehmen) sowie
2. die Art der Auslösung der Produktion
   (Die Nachfrage nach den Erzeugnissen eines Unternehmens ist im Allgemeinen unsicher, das heißt die Unternehmen wissen nicht, welche Kunden wann, in welchen Mengen, welche Produkte erwerben. Die Art der Reaktion der Unternehmen auf diese Unsicherheit hängt unter anderem von der Gestalt des Absatzmarktes (s. S. 164 ff.) ab, auf dem sie sich bewegen. So können die vom Unternehmen angebotenen Produkte aus Sicht der Konsumenten nicht oder nur schwer durch Konkurrenzprodukte substituierbar sein und einen hohen Individualisierungsgrad aufweisen. Dem Herstellungsvorgang liegt dann in aller Regel ein – etwa in technischer Hinsicht im Zuge von Verhandlungen genau spezifizierter – Auftrag zugrunde (*Auftragsfertigung*). Beispiele sind etwa der Schiff- oder der Anlagenbau. Von *bedingter Auftragsfertigung* spricht man, wenn die Kunden aus einem Katalog verschiedener und von vornherein festliegender Produkteigenschaften auswählen können. Dies ist zum Beispiel bei der Herstellung von Erntemaschinen der Fall, bei der der Kunde sich bezüglich eines Modells für eine bestimmte Motorisierung, Schneidwerk, Sieben, Rüttlern und so weiter entscheiden kann. Sind die Produkte standardisiert und werden sie von den Käufern als weitgehend substituierbar angesehen, erfolgt eine Fertigung für den anonymen Markt. Beispiele für diesen Fall sind insbesondere einfache Konsumgüter wie Bleistifte, Papier und (mit Einschränkungen) Lebensmittel – wie beispielsweise Tee in Teebeuteln.).

Die Strukturmerkmale, die sich auf den *Input* beziehen, sind:

3. die Anzahl benötigter Vorprodukte (einteilige oder mehrteilige Produktion) sowie
4. die Intensität des Einsatzes bestimmter Potenzialfaktoren (lohn- oder betriebsmittelintensive Fertigung).

In Bezug auf den *Produktionsprozess* sind zu unterscheiden:

5. die Anzahl der Produktionsstufen (ein- oder mehrstufige Produktion),
6. die Verbundenheit der Produktion
   (Bei der *verbundenen Produktion* oder *Kuppelproduktion* entstehen im Zuge der Erzeugung eines Gutes gleichzeitig mehrere andere Produkte, die zueinander in einem starren oder variablen Mengenverhältnis stehen. Dies ist beispielsweise in der Rohölverarbeitung der Fall. Bei der *unverbundenen Produktion* sind die Outputmengen voneinander unabhängig und stehen in keinem technisch bedingt festen Verhältnis zueinander.),
7. der Wiederholungsgrad der Produktion
   (Bei der *Einzelfertigung* wird jedes Erzeugnis individuell und nur einmal hergestellt, da ein individueller Kundenauftrag vorliegt. Bei der *Serienfertigung*

werden die herzustellenden Mengen eines Produktes zu Losen gebündelt, wobei die Umstellung der Maschinen bei aufeinander folgenden Losen in der Regel zu Rüstvorgängen führt. Bei verfahrenstechnischer Fertigung spricht man in diesem Kontext auch von der Kampagnenfertigung. Die Kennzeichen der Serienfertigung sind somit die Losgröße und die Rüstkosten. Die *Sortenfertigung* als Spezialfall der Serienfertigung zeichnet sich dadurch aus, dass nacheinander verschiedene Varianten gleichartiger Produkte hergestellt werden. Die Unterschiede in den Produkteigenschaften sind gering und die Rüstvorgänge sehr einfach und kurz. Typischerweise werden große Lose aufgelegt. Die Mischung von verschiedenen Rohtees zum Markentee ist ein Beispiel hierfür. Ist der Produktionsprozess bei jedem Los hinsichtlich der Qualität und Ausführung nicht vollkommen gleich, so spricht man von *Partie- oder Chargenfertigung*. Gründe sind entweder sich ändernde technologische Bedingungen wie die Temperatur eines Hochofens oder der Druck eines Kessels oder die unterschiedliche Qualität der Inputfaktoren, wie beispielsweise in der Textilherstellung. Bei der *Massenfertigung* werden auf einen unbestimmten Zeitraum gleichartige und standardisierte Erzeugnisse hergestellt, ohne dass die Produktion durch Rüstvorgänge unterbrochen wird. Der Einsatz von Produktionsfaktoren bleibt im Zeitablauf gleich. Massenfertigung findet sich beispielsweise in der chemischen oder in der Baustoff-Industrie.) sowie

8. der Organisationstyp der Fertigung
(Für die industrielle Sachgüterfertigung sind im Wesentlichen die Werkstatt-, die Reihen- und die Fließfertigung von Bedeutung. Im Rahmen der *Werkstattfertigung* werden funktionsgleiche oder -ähnliche Betriebsmittel nach dem Verrichtungsprinzip in Werkstätten räumlich zusammengefasst. Der Fluss der Werkstücke durch die Fertigung orientiert sich an der Anordnung der Werkstätten, denn die Bearbeitungsreihenfolgen der Werkstücke können bei der Werkstattfertigung unterschiedlich sein. Der Transport von Werkstatt zu Werkstatt erfolgt bedarfsgesteuert. Die Werkstattfertigung ist unter anderem im Maschinenbau zu finden, wenn die Betriebsmittel in einer Fräserei, Dreherei, Gießerei, Lackiererei und so weiter zusammengefasst werden. Bei der *Reihenfertigung*, die auch als Straßen- oder Linienfertigung bezeichnet wird, sind die Betriebsmittel und Arbeitsplätze in der Reihenfolge angeordnet, wie die Herstellung der verschiedenen Werkstücke es erfordert. Dadurch werden der Materialfluss durch die Fertigungsstruktur vereinheitlicht und Transportvorgänge verkürzt. Allerdings geht auch ein Teil der Flexibilität der Werkstattfertigung verloren, denn die Reihenfertigung ist vor allem dann sinnvoll, wenn dem gesamten Produktespektrum eine einheitliche Bearbeitungsreihenfolge zugrunde liegt, z. B. in der Papierherstellung. Die *Fließfertigung* ist der Reihenfertigung sehr ähnlich, da auch bei ihr die Betriebsmittel nach dem Materialfluss angeordnet sind. Darüber hinaus sind bei der Fließfertigung die Leistungsumfänge der einzelnen Arbeitsstationen aufeinander abgestimmt. Der Transport der Werkstücke zwischen den Arbeitsstationen erfolgt automatisch und ist zeitlich an einen Takt gebunden. Beispiele für die Fließfertigung findet man bei Montageprozessen, etwa in der Elektrogeräte- und der Automobilherstellung.).

Viele dieser Strukturmerkmale sind abhängig voneinander und sie treten in Industrieunternehmen gemeinsam auf. Es lassen sich daher bestimmte typische Kombinationen von Strukturmerkmalen identifizieren. Beispielsweise findet man im Flugzeug-, Schiff- oder Anlagenbau eine *auftragsorientierte Einzelfertigung* vor. Die Produktion wird hier durch Aufträge ausgelöst (Auftrags- oder bedingte Auftragsfertigung). Differenzierte Nachfrageprognosen sind in diesem Fall kaum verfügbar. Andererseits sind die Kunden wegen des relativ hohen Individualisierungsgrads der Produkte in aller Regel bereit, gewisse Lieferfristen zu akzeptieren. Um einer derartigen Nachfragesituation angemessen begegnen zu können, wird die Produktion häufig in Form von Werkstätten organisiert. So wird eine hohe Flexibilität in Hinblick auf die Anzahl der unterschiedlichen gefertigten Produkte und deren individueller Ausgestaltung garantiert. Entsprechend richtet sich die Produktionsplanung schwerpunktmäßig auf die Ausrüstung der einzelnen Werkstätten mit Betriebsmitteln und auf die Ablaufplanung, also die Festlegung einer Bearbeitungsreihenfolge der eingehenden Kundenaufträge in den verschiedenen Werkstätten.

Die Herstellung von Nahrungsmitteln, Papierwaren und Stiften, Baustoffen, Seife und so weiter stellt gewissermaßen den anderen Extremfall der *marktorientierten Großserien- und Massenfertigung* dar. Die Unternehmen agieren hier auf einem anonymen Markt mit einer relativ großen Nachfrage nach leicht substituierbaren Gütern. Im Allgemeinen sind die Kunden nicht bereit, Lieferfristen zu akzeptieren. Ist im Moment der Nachfrage das Produkt nicht vorhanden, weichen die Kunden auf Konkurrenzprodukte aus. Ein Unternehmen begegnet dieser Nachfragesituation, indem es die Fertigprodukte bevorratet, um jederzeit lieferfähig zu sein. Dies wird insofern erleichtert, als die Nachfrage nach Art und Menge recht gut prognostizierbar ist. Es werden große Mengen mittels Fließfertigung produziert; im Rahmen einer Werkstattfertigung wäre die Herstellung einer entsprechend großen Outputmenge gar nicht möglich. Allerdings ist die Fließfertigung nur wenig flexibel und das in ihrem Rahmen realisierbare Produktespektrum vergleichsweise klein. Die Fragen, die sich solchen Unternehmen in der Produktionsplanung stellen, beziehen sich neben der Nachfrageprognose zum Beispiel auf die Ausgestaltung des Fertigungssystems. Insbesondere entsteht bei mehrstufiger Produktion die Aufgabe, verschiedene Arbeitselemente zu Arbeitsstationen zusammenzufassen und auszutakten, womit die Produktionsgeschwindigkeit festgelegt wird.

Zwischen diesen Extremformen gibt es viele Unternehmen, die in bestimmten Teilen ihrer Fertigungsstruktur Aspekte der Auftrags- oder der Großserienfertigung mischen. Unter anderem zählen hierzu die Herstellung von Computern, hochwertigen HiFi-Geräten oder Möbeln. Aus diesen Beispielen wird deutlich, dass in diesem Bereich Unternehmen mit zum Teil stark unterschiedlichen Strukturmerkmalen angesiedelt sind. Die Produktion wird durch eine bedingte Auftragsfertigung oder durch den anonymen Markt ausgelöst. Allerdings sind die Produkte zumeist nicht vollständig substituierbar, und es werden von den Kunden unter Umständen gewisse Lieferzeiten in Kauf genommen. Liegt eine bedingte Auftragsfertigung vor, sind Nachfrageprognosen meist nur in aggregierter Form möglich. Beispielsweise wird der Erntemaschinenhersteller die Gesamtnachfrage nach dem Maishäcksler recht gut abschätzen können. Wieviele Einheiten einer speziellen Ausstattungsvariante zukünftig nachgefragt werden, dürfte allerdings im Allgemeinen schwer vorherzusagen sein. Die Produktion ist gegebenenfalls in Teilen in Form einer Reihen- oder Fließfertigung organisiert, andere Teile vielleicht nach dem Verrichtungsprinzip. Die Produkte werden in mehr oder weniger großen Serien gefertigt. Entsprechend sind die dominierenden Problemstellungen für die Produktionsplanung neben der Ausgestaltung des Fertigungssystems und den Nachfrageprognosen die Bestimmung der Losgrößen der Serien, deren Auflagehäufigkeiten und Terminierung.

Zusammenfassend zeigt sich, dass sich unter anderem

1. die Anzahl der zu einem *Los* oder *Fertigungsauftrag* zusammengefassten Produkteinheiten, die Auflagehäufigkeit dieser Lose und die Zeitpunkte, zu denen die Bearbeitung der Lose auf dem jeweiligen Betriebsmittel beginnt;
2. die Höhe der *Lagerbestände* zwischen den einzelnen Produktionsstufen und die Fertigproduktbestände;
3. die Festlegung von *Bearbeitungsreihenfolgen* von Aufträgen auf Maschinen und deren *Terminierung*

in vielen Fällen als wichtige Aspekte herausstellen, auf die im Rahmen der Produktionsplanung eingegangen werden muss.

2 Grundprobleme der Produktionsplanung

2.1 Simultanplanungsansätze und PPS-Systeme

Da sich die verschiedenen Steuergrößen hinsichtlich ihrer Erfolgswirkung gegenseitig beeinflussen, sollte ihre Planung diese Interdependenzen berücksichtigen. Ein Weg, dies zu tun, ist die Nutzung von Simultanplanungsmodellen für die Produktionsplanung. Um ihre Funktionsweise und ihre Begrenzungen zu illustrieren, soll ein sehr einfaches Beispiel eines solchen Optimierungsansatzes kurz dargestellt werden.

Für das Produktionsplanungsmodell wird die Zeit bis zum *Planungshorizont T* in Perioden $t = 1, 2, \ldots, T$ eingeteilt. Der Planungs- oder Betrachtungszeitpunkt selbst ist der Zeitpunkt $t = 0$. Entsprechend sind die Variablen und Daten, die für zeitbezogene Entscheidungen stehen und im Zeitablauf verschiedene Werte annehmen können, mit einem Zeitindex zu versehen. Die Werte zeitindizierter Größen beziehen sich auf das Ende der jeweiligen Periode. Es wird angenommen, dass die bei den herrschenden Preisen maximal erzielbare Nachfrage gegeben ist.

In der Unternehmenspraxis fallen die Produktion und der Absatz von Produkten nicht zwingend zeitlich zusammen, Güter werden unter Umständen erst geraume Zeit nach ihrer Herstellung verkauft. Im Modell wird dies dadurch berücksichtigt, dass sowohl für die Produktions- als auch für die Absatzmengen einer Periode getrennte Variablen eingeführt und die Möglichkeit zur *Lagerhaltung* von *Produkten* eröffnet werden. Dazu wird die in Periode t hergestellte Menge von Produkt j, $j = 1, 2, \ldots, J$, mit $x_{j,t}$ und die Absatzmenge des Produktes mit $y_{j,t}$ bezeichnet. Der Lagerendbestand von Produkt j in der Periode t, $LB_{j,t}$, der dem Lageranfangsbestand der folgenden Periode $t + 1$ entspricht, ergibt sich aus dem entsprechenden

Lagerendbestand der Vorperiode zuzüglich der Herstellungsmenge $x_{j,t}$ und abzüglich der Periodenabsatzmenge $y_{j,t}$ dieses Produktes. Dieser Sachverhalt lässt sich formal durch die Lagerbilanzgleichung (s. S. 47) ausdrücken:

$$LB_{j,t-1} + x_{j,t} - y_{j,t} = LB_{j,t} \quad j = 1,\ldots,J, \ t = 1,\ldots,T \tag{1}$$

Die Anfangsbestände der ersten Periode sind vorgegeben; beispielsweise wurden sie per Inventur des Lagers ermittelt. Das bedeutet, dass die Größen $LB_{j,0}$ als Konstanten in das Modell eingehen. Analog sollen die Lagerendbestände der letzten Periode, $LB_{j,T}$, als vorgegeben angenommen werden. Tatsächlich ist die Wahl sinnvoller Lagerendbestände ein Problem, das hier aber nicht diskutiert werden soll (s. hierzu Jahnke & Biskup, 1999, 60).

Die hinter der Lagerbilanzgleichung stehende Vorstellung ist, dass sämtliche Produkteinheiten zunächst dem Lager zugeführt werden. Die Nachfrage wird dann direkt aus dem Lager befriedigt. In einer mehrperiodigen Betrachtung mit Lagerhaltung ist es so möglich, im Modell das zeitliche Auseinanderfallen von Produktion und Nachfrage zu berücksichtigen: Es kann in einer Periode für einen später anfallenden Bedarf mitproduziert werden. Dabei muss allerdings beachtet werden, dass das Halten von Lagerbeständen Kosten verursacht.

Die *Lagerhaltungskosten* können in *Kosten der Vorratshaltung, Ein- und Auslagerungskosten* und die *Kosten der Lagerraumverwaltung* unterteilt werden. Die Kosten der Vorratshaltung umfassen alle Kosten, die dadurch entstehen, dass die Produkte lagern. Dies sind zum einen die Kosten für die Errichtung des Lagerraums, dessen Instandhaltung und Temperierung. Weiterhin sind (kalkulatorische) Zinsen für das gebundene Kapital, Versicherungsbeiträge, eventuell zu entrichtende Steuern und Kosten für Verderb, Schwund und so weiter zu berücksichtigen. Die Kosten der Vorratshaltung hängen von der Lagerdauer und dem Lagerwert ab. Die Ein- und Auslagerungskosten oder *Handlingkosten* hingegen ergeben sich, weil die Produkte bewegt werden. Sie fallen durch das Umschichten, Umsortieren und Bewegen der Lagergüter zum Lagerort und vom Lagerort zum Lagerausgang an. Im Planungsansatz werden die Lagerhaltungskosten in Form eines Lagerhaltungskostensatzes in die Zielfunktion einbezogen. Diese Lagerhaltungskostensätze h_j bezeichnen die Kosten für die Lagerung einer Einheit des Produktes j während einer Periode.

Für die Formulierung des folgenden Produktionsplanungsmodells wird angenommen, dass das Unternehmen auf die Maximierung der Gewinne abstellt. Zu entscheiden ist über die Menge der einzelnen Produkte, die pro Periode verkauft werden sollen. Die maximalen Nachfragemengen der einzelnen Produkte in einer Periode, $D_{j,t}$, und die Verkaufspreise, p_j, werden dabei als gegeben angesehen. Die Angaben über die bestehende Nachfrage können beispielsweise auf Schätzungen oder auf bereits vorliegenden Kundenaufträgen beruhen. Zweiter Planungsgegenstand sind die in den einzelnen Perioden von den verschiedenen Produkten bei gegebenem Maschinenbestand herzustellenden Mengen. Annahmegemäß sind die zur Verfügung stehenden Kapazitäten bekannt, und ihre Inanspruchnahme für die Herstellung der Produkte darf eine bestimmte obere Grenze nicht überschreiten, die beispielsweise in Fertigungsminuten gemessen wird. Für jedes Produkt ist ferner der *Produktionskoeffizient* bekannt, der angibt, wie lange eine bestimmte Maschine durch die Bearbeitung einer einzelnen Mengeneinheit des entsprechenden Produkts beansprucht wird. Für das Modell werden damit die folgenden Symbole benötigt. In eckigen Klammern sind die jeweiligen Dimensionen der Größen angegeben. Dabei bedeuten ZE Zeiteinheiten, ME Mengeneinheiten und GE Geldeinheiten.

Indizes
j Produktindex, $j = 1, 2, \ldots, J$
m Maschinenindex, $m = 1, 2, \ldots, M$
t Periodenindex, $t = 1, 2, \ldots, T$

Daten
$C_{m,t}$ Kapazität der Maschine m in Periode t [ZE]
$c_{j,m}$ Produktionskoeffizient, Beanspruchung der Maschine m bei der Bearbeitung einer Mengeneinheit von Produkt j [ZE/ME]
$D_{j,t}$ maximale Nachfrage nach Produkt j in Periode t [ME]
h_j Lagerhaltungskostensatz des Produktes j [GE/(ME & Periode)]
$k_{j,t}$ Kosten für die Herstellung des Produktes j in Periode t [GE/ME]
p_j fester Verkaufspreis des Produktes j [GE]

Variablen
$x_{j,t}$ Herstellungsmenge des Produktes j in Periode t [ME]
$y_{j,t}$ Absatzmenge des Produktes j in Periode t [ME]
$LB_{j,t}$ Lagerendbestand des Produktes j in Periode t [ME]

Mit Hilfe dieser Symbole lässt sich das folgende Modell formulieren:

$$\text{Maximiere} \quad \sum_{t=1}^{T} \sum_{j=1}^{J} \left((p_j - k_{j,t}) y_{j,t} - h_j LB_{j,t} \right) \quad (2)$$

unter Beachtung von

$$\sum_{j=1}^{J} c_{jm} x_{j,t} \leq C_{m,t} \quad\quad m = 1, \ldots, M,\ t = 1, \ldots, T \quad (3)$$

$$y_{j,t} \leq D_{j,t} \quad\quad j = 1, \ldots, J,\ t = 1, \ldots, T \quad (4)$$

$$LB_{j,t-1} + x_{j,t} - y_{j,t} = LB_{j,t} \quad\quad j = 1, \ldots, J,\ t = 1, \ldots, T \quad (5)$$

$$x_{j,t} \geq 0, y_{j,t} \geq 0, LB_{j,t} = 0 \quad\quad j = 1, \ldots, J,\ t = 1, \ldots, T \quad (6)$$

Das Ziel ist die Maximierung der Summe der Periodenerfolge, die als Differenz von Gesamtdeckungsbeitrag und Lagerhaltungskosten definiert sind. Der *Deckungsbeitrag* errechnet sich dabei aus der Multiplikation des Stückdeckungsbeitrages (Verkaufspreis abzüglich der variablen Kosten) mit der Absatzmenge und anschließender Summation über alle Produkte und Perioden. Man beachte, dass hier eine Ermittlung der Periodenerfolge nach dem *Umsatzkostenverfahren* unterstellt ist. Fixe Kosten sind nicht in die Zielfunktion aufgenommen worden, da sie in dem vorliegenden Entscheidungsmodell keinen Einfluss auf die optimale Lösung hätten, sondern nur auf die Höhe des Zielfunktionswertes. Die Nebenbedingungen (3) stellen sicher, dass in keiner Periode der Kapazitätsbedarf, also die Summe der Produktionsmengen einer Periode multipliziert mit den jeweiligen Produktionskoeffizienten, größer als die zur Verfügung stehenden Kapazität ist. Weiterhin ist dafür zu sorgen, dass die für eine Periode geplanten Absatzmengen die maximale Nachfrage nicht überschreiten (Nebenbedingungen (4)). Die Nebenbedingungen (5) sind die Lagerbilanzgleichungen. Die Nichtnegativitätsbedingungen (6) verhindern, dass negative Produktions-, Absatz- oder Lagermengen auftreten können. Eine Lösung des Modells besteht in der Festlegung von Werten der Variablen $x_{j,t}$, $y_{j,t}$ und $LB_{j,t}$.

Das Modell war sehr einfach, aber dennoch für einen praktischen Einsatz in der vorliegenden Form sicher nicht ohne Weiteres geeignet. In einer großzügigen Interpretation ließen sich die Produktionsmengen $x_{j,t}$ jedoch im Kontext der Diskussion über die Steuergrößen in der Produktionsplanung mit den Fertigungsauftragsgrößen von Produkt j identifizieren (also mit Losgrößen). Die Nebenbedingungen (3) sorgen in dieser Interpretation dafür, dass die Fertigungsauftragsgrößen und die Produktions- oder Startzeitpunkte der Fertigungsaufträge mit Periodengenauigkeit unter Beachtung der vorhandenen Kapazitäten festgelegt werden. Dabei wird berücksichtigt, dass die Betriebsmittel unter Umständen von mehreren Produkten gemeinsam kapazitätswirksam genutzt werden und nicht exklusiv für das in Frage stehende Produkt verfügbar sind. Insofern werden als Ergebnis der Planung auch die Maschinenbelegung und natürlich über die Nebenbedingungen (5) die Lagerbestände determiniert. Insgesamt liefert das Modell eine Teilantwort auf die Frage nach guten Werten für die Steuergrößen, wobei die gegenseitigen Abhängigkeiten hinsichtlich der Erfolgswirkung mit in die Betrachtung einbezogen werden.

Bei dem vorliegenden Modell handelt es sich um ein lineares Optimierungsmodell (LP-Modell), da die Terme der Zielfunktion und der Nebenbedingungen lineare Funktionen der Entscheidungsvariablen sind; Ganzzahligkeits- oder Binärbedingungen werden nicht benötigt. Dies ist insofern von Bedeutung, als lineare Optimierungsmodelle leicht und schnell, beispielsweise mithilfe des Simplex-Verfahrens, lösbar sind.

Allerdings werden in dem Modell keine Rüstkosten berücksichtigt, ein gewichtiger Mangel vor dem Hintergrund des Interpretationsrahmens. Werden nämlich auf einer Maschine nacheinander unterschiedliche Produkte (einzeln oder in Losen) gefertigt, ist es in aller Regel notwendig, die Anlage zwischen den Fertigungsvorgängen umzurüsten. Die Rüstkosten entsprechen dann grundsätzlich dem (bewerteten) Verzehr an Produktionsfaktoren für den Rüstvorgang. Sie werden in der Literatur in *direkte* und *indirekte Rüstkosten* unterschieden. Direkte Rüstkosten sind die zu den Rüstvorgängen gehörenden Material-, Werkzeug- und Prüfkosten. Unter indirekten Rüstkosten werden im Wesentlichen Opportunitätskosten bei Engpassanlagen verstanden: Ist die Kapazität einer Anlage knapp, führen häufige Rüstvorgänge (kleine Lose) zu einem relativ niedrigen Anteil produktiver Zeiten an der Gesamtzeit. Während der (unproduktiven) Rüstzeiten könnten bei Vermeidung der Rüstvorgänge Produkteinheiten mit positivem Deckungsbeitrag erzeugt werden. Diese Deckungsbeiträge entgehen dem Unternehmen während des Rüstvorgangs und sind insofern als Opportunitätskosten anzusetzen. Da die indirekten Rüstkosten aber schwer zu fassen sind, wird in der Literatur als Approximation die Verwendung anderer Kostengrößen vorgeschlagen. Nicht unüblich ist hier die Verwendung der Summe aus Maschinen- und Lohnkosten für das Einrichten pro Stunde multipliziert mit der Rüstdauer.

Zu beachten ist, dass die Rüstkosten im Gegensatz zu den mengenproportionalen Lagerhaltungskosten von der Größe des gefertigten Loses nicht in einer einfachen, linearen Weise abhängen. Vielmehr werden mit jedem Los einmalig im Zeitpunkt des Rüstvorganges, also im Allgemeinen unmittelbar vor dem Auflagezeitpunkt, Rüstkosten in häufig gleicher, fixer Höhe fällig. Bei gegebener Absatzmenge führen große Lose damit zu einer relativ niedrigen Anzahl von Losen und damit zu vergleichsweise niedrigen Rüstkosten im Betrachtungszeitraum, während kleine Lose zu häufigen Rüstvorgängen und hohen Rüstkosten führen.

Man kann unser Produktionsplanungsmodell so modifizieren, dass die Rüstkosten Eingang in die Zielfunktion finden und damit bei der Wahl der Fertigungsauftragsgrößen berücksichtigt werden. Allerdings stellt sich bei eingehender Untersuchung heraus, dass das so entstandene Modell wegen seiner Struktur in aller Regel im betrieblichen Einsatz einen unpraktikabel hohen Rechenaufwand verursachen würde. Folglich ist es für die Produktionsplanung wohl zur Analyse der Zusammenhänge, jedoch weniger zur konkreten Festlegung von Steuergrößenwerten tauglich (vgl. im Detail Jahnke & Biskup, 1999, 37 ff.). Die Unternehmenspraxis nutzt daher häufig andere Vorgehensweisen, um die Aufgaben der Produktionsplanung zu bewältigen. Verbreitet sind beispielsweise Produktionsplanungs- und -steuerungs-Systeme (PPS-Systeme), die eingebettet in kommerzielle Softwarelösungen für die Produktions- und Materialwirtschaft von verschiedenen Anbietern erworben werden können.

Vom Grundsatz her dienen PPS-Systeme dem gleichen Zweck wie die angesprochenen Planungsmodelle, nämlich der Ermittlung von Fertigungsauftragsgrößen der verschiedenen End- und Zwischenprodukte eines Unternehmens sowie der zugehörigen Fertigungstermine. Bei gegebenen Absatzmengen lassen sich daraus die Lagerbestände berechnen, sodass PPS-Systeme am Ende für die gleichen Variablen Werte festlegen wie dies die Planungsmodelle tun. Allerdings berücksichtigen PPS-Systeme die Produktionsstrukturen in sehr vereinfachter Form. Beispielsweise vernachlässigen sie bei der anfänglichen Wahl der Fertigungsauftragsgrößen die Beschränkung der Fertigungskapazitäten der betroffenen Betriebsmittel und den Umstand, dass gegebenenfalls andere Fertigungsaufträge ebenfalls auf diese Kapazitäten zugreifen. Anders ausgedrückt umgehen sie die Interdependenzen zwischen den Steuergrößen hinsichtlich ihrer Erfolgswirkung, also den eigentlichen Kern der Simultanplanungsansätze, der aber, wie man zugeben muss, zugleich auch der wesentliche Grund für ihre Rechenzeitprobleme ist. Zwar versucht man im Rahmen von PPS-Systemen, den auf diese Weise entstehenden Fehler auszugleichen, indem man in einem nachfolgenden Planungsschritt einen Kapazitätsabgleich und unter Umständen eine Terminverschiebung durchführt. Jedoch kann dieses schrittweise Vorgehen die Abbildung der angesprochenen Interdependenzen nicht vollständig ausgleichen. Aus der Perspektive der Simultanplanungsmodelle liefern PPS-System folglich nur Näherungslösungen für das Planungsproblem. Ihr entscheidender Vorzug liegt aber darin, dass sie – anders als im Allgemeinen die Simultanplanungsmodelle – trotz großer Datenmengen überhaupt in der Lage sind, in realistischen Rechenzeiten sinnvolle Produktionspläne zu erzeugen (vgl. zu PPS-Systemen im Detail Jahnke & Biskup, 1999, Abschnitt 2.4).

2.2 Das klassische Economic Order Quantity–Modell

Um einen konkreteren Einblick in die Vorgehensweisen der Produktionsplanung zu vermitteln, wird in diesem Abschnitt exemplarisch das Economic Order Quantity-Modell (EOQ-Modell) als Ansatz für die Wahl der Fertigungsauftragsgröße dargestellt (s. Harris, 1913, 1990). Es gehört eigentlich eher in den Bereich der Lagerhaltungstheorie, in der unterstellt wird, dass zur Bedarfsdeckung benötigte Mengeneinheiten eines Produkts bei einem Lieferanten bestellt und von diesem nach einer mehr oder weniger langen Lieferzeit bereitgestellt werden. Nimmt man an, dass es keine positive Lieferzeit gibt, bestellte Mengeneinheiten also sofort geliefert werden, korrespondiert dies mit einem Produktionskontext, in dem keine Kapazitätsbeschränkungen bestehen. Zusammen mit der isolierten Betrachtung der einzelnen Lose sind dies jedoch Annahmen, wie sie in PPS-Systemen im ersten Schritt, vor dem Kapazitätsabgleich und der Terminverschiebung, für die Losgrößenwahl unterstellt werden: PPS-Systeme vernachlässigen bei der ersten Festlegung der Los- oder Seriengrößen die Beschränkung der Fertigungskapazitäten und Interdependenzen von Losen verschiedener Produkte.

In der Lagerhaltungstheorie spricht man nicht von Rüstkosten, sondern von bestellfixen Kosten, die wir im Folgenden mit $R > 0$ bezeichnen. Hierunter versteht man die mit jeder Bestellung unabhängig von der Bestellmenge anfallenden Kosten. Beispiele sind die Kosten für das Telefonieren oder das Schreiben der Bestellung, Transportkosten, falls und soweit diese von der Bestellmenge unabhängig sind, Grundgebühren, die für jede Lieferung anfallen, Kosten der Einlagerung, Kosten der stichprobenartigen Qualitätsprüfung im Rahmen der Wareneingangskontrolle und der Mängelrüge. Diese Kosten ähneln den Rüstkosten bei der Losfertigung und übernehmen im EOQ-Modell deren Rolle. Ein Teil der Kosten im Zusammenhang mit dem Bestellvorgang kann proportional zur Bestellmenge sein. Beispiele sind Kosten der Wareneingangskontrolle, wenn jede angelieferte Mengeneinheit untersucht wird, oder Transportkosten(anteile), die von der beförderten Menge abhängen. Solche Kosten lassen sich analog zu den ebenfalls bestellmengenproportionalen Lagerhaltungskosten berücksichtigen. Auf ihre explizite Darstellung wird daher im Folgenden verzichtet. Hinsichtlich der Lagerhaltungskosten gibt es zwischen der Lagerhaltungs- und der Produktionssituation keine wesentlichen Unterschiede, sodass wir es auf den bisherigen Ausführungen beruhen lassen können. Wie im Rahmen des Planungsmodells sind im EOQ-Modell die Bestellmengen und -zeitpunkte so zu wählen, dass die resultierende Summe aus Lagerhaltungskosten und bestellfixen Kosten minimiert wird.

Im Rahmen des klassischen EOQ-Ansatzes werden eine Reihe von recht einschränkenden Annahmen getroffen, die aber die Herleitungen einfach machen. Zunächst betrachtet man nur ein einzelnes Gut, vernachlässigt also Effekte, die aus Sammelbestellungen für mehrere Güter entstehen können (z. B. Einsparungen von Transportkosten), und unterstellt einen konstanten deterministischen Bedarfsverlauf.

Genauer wird angenommen, dass der Bedarf in jeder Zeiteinheit (ZE) d Mengeneinheiten (ME) entspricht (*Bedarfsrate*). Von saisonalen oder sonstigen periodischen Schwankungen oder der Unsicherheit der Bedarfsmengen wird abstrahiert. Die Annahme hinsichtlich der Bedarfsmengen ist für einen Einsatz des EOQ-Modells im PPS-Kontext eher problematisch, denn der Bedarf der verschiedenen Zwischenprodukte oder Teile, der in PPS-Systemen mittels Stücklisten aus dem prognostizierten Periodenabsatz berechnet wird, ist typischerweise zwar bekannt, aber dynamisch, also in verschiedenen Perioden unterschiedlich hoch.

Der Bedarf von d ME pro ZE soll jederzeit befriedigt werden, das heißt es ist vorgegeben, dass der Lagerbestand so gesteuert wird, dass keine Bedarfsmengen verloren gehen. Die nächste Annahme bezieht sich auf die Zeit. Bestellungen sollen jederzeit möglich sein, nicht nur in vorgegebenen Zeitpunkten. Daher wird auf eine diskrete Zeiteinteilung verzichtet, die Zeit ist im Modell eine kontinuierliche Größe. Weiterhin wird sie als nicht beschränkt angesehen, es gibt keinen endlichen Planungshorizont. Abschließend wird angenommen, dass bestellte Einheiten des Gutes sofort nach der Aufgabe der Bestellung im Lager eintreffen und verfügbar sind. Zu Beginn des Planungszeitraumes ist kein Lageranfangsbestand vorhanden. Aufgrund der verschwindenden Lieferzeit gibt es trotzdem zulässige Bestellpolitiken, denn die Lagereinheiten aus einer sofort erteilten Bestellung stehen ja unmittelbar zur Verfügung.

Die Zielsetzung, die der klassische EOQ-Ansatz verfolgt, ist es, die Losgröße oder Bestellmenge q so zu wählen, dass die Summe aus den Lagerhaltungs- und den bestellfixen Kosten pro Zeiteinheit minimal wird. Die grundsätzliche Überlegung zur Bestimmung der optimalen Bestellmenge ist dabei wie folgt. Da am Anfang kein Lagerbestand des Gutes vorhanden ist, muss in $t = 0$ eine Bestellung von $q > 0$ ME aufgegeben werden, um den auftretenden Bedarf zu befriedigen. $q = 0$ ist aufgrund der getroffenen Annahmen nicht zulässig. Neben den bestellfixen Kosten sind mit dieser ersten Bestellung Lagerhaltungskosten verbunden, denn nicht alle gelieferten ME werden sofort verbraucht. Vielmehr werden dem Lager für die Bedarfsbefriedigung pro ZE d ME entnommen. Die letzte Einheit wird also im Zeitpunkt $\tau = q/d$ (Zyklus) eingesetzt. Während dieser τ ZE sind Mengeneinheiten aus der ersten Bestellung im Lager vorhanden und verursachen Lagerhaltungskosten. Die Summe aus den bestellfixen Kosten und den Lagerhaltungskosten der ersten Bestellung beziehen sich folglich auf diesen Zyklus der Länge τ, die Division durch τ ergibt die Kosten pro ZE.

Im Zeitpunkt τ ist der Lagerbestand aus der ersten Bestellung erschöpft, und es muss eine neue Bestellung aufgegeben werden. In einem früheren Zeitpunkt ein zweites Mal zu bestellen, kann nicht optimal sein. Denn für die zusätzlich gelieferten Mengeneinheiten würden vermeidbare Lagerhaltungskosten anfallen. Später zu bestellen würde in Fehlmengen resultieren und ist daher nicht zulässig. Die Entscheidungssituation im Zeitpunkt τ unterscheidet sich also in nichts von derjenigen in $t = 0$: Der Lagerbestand ist null und muss durch eine Bestellung aufgefüllt werden, die Kostensätze und die Bedarfsrate haben sich nicht verändert, der Planungshorizont ist unbeschränkt. Folglich muss eine optimale Bestellmenge des ersten Zyklus ebenfalls die Kosten des zweiten Zyklus minimieren. Anders formuliert zeigt sich, dass die optimale Bestellpolitik stationär mit optimaler Bestellmenge (oder economic order quantity, EOQ) q_{EOQ} und Bestellzyklus $\tau = q_{EOQ}/d$ ist.

Die Kosten pro ZE sind für die optimale Politik konsequenterweise in jedem Zyklus gleich hoch und hängen wegen $\tau = q/d$ nur von der Bestellmenge q ab. Die optimale Bestellmenge q ergibt sich aus der Minimierung dieser Kostengröße.

Um die Lagerhaltungskosten im ersten Zyklus konkret herzuleiten, ist in Abbildung 2 die Entwicklung des Lagerbestandes für eine gegebene Bestellmenge dargestellt. Die Abbildung zeigt, dass der physische Lagerbstand in $t = 0$, $LB(0)$, gleich der in diesem Moment eingehenden Lieferung ist. Gemäß der konstanten Bedarfsrate wird er bis zum Zeitpunkt τ linear auf $LB(\tau) = 0$ abgebaut. Der Lagerhaltungskostensatz h [GE/(ME & ZE)] gibt wieder die Kosten an, die fällig werden, falls eine ME des Lagergutes eine ZE lang gelagert wird.

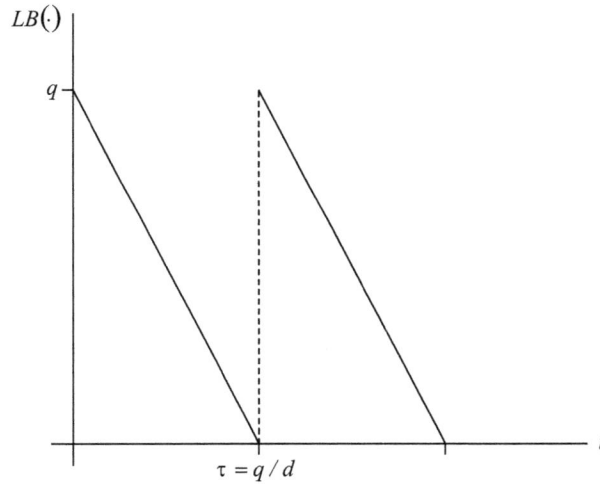

Abb. 2: Entwicklung des Lagerbestandes im EOQ-Modell (vgl. Jahnke & Biskup, 1999, 97)

Damit entspricht das Produkt $h \cdot LB(t)$ den im Zeitpunkt t anfallenden Lagerhaltungskosten und die Lagerhaltungskosten des ersten Zyklus lauten

$$\int_0^\tau h LB(t)\, dt = h \int_0^{q/d} LB(t)\, dt = \frac{h}{2d} q^2. \tag{7}$$

Die Kosten des ersten Loses setzen sich aus den Lagerhaltungs- und den bestellfixen Kosten R [GE/Bestellung] zusammen. Für die Gesamtkosten des ersten Loses gilt

$$R + \frac{h}{2d} q^2, \tag{8}$$

und die Kosten pro ZE in Abhängigkeit von der Bestellmenge $q > 0$ ergeben sich aus der Division dieses Ausdrucks durch die Zykluslänge $\tau = q/d$:

$$K(q) = \frac{Rd}{q} + \frac{hq}{2} \qquad (9)$$

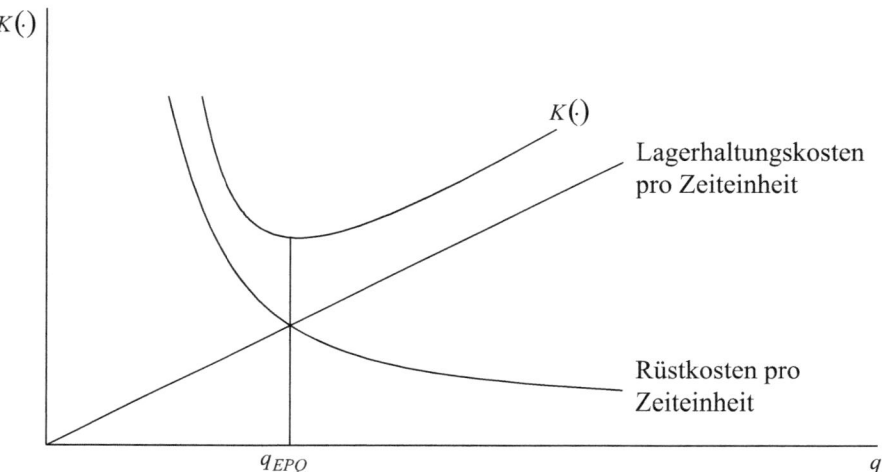

Abb. 3: Kostenfunktion K des EOQ-Modells (vgl. Jahnke & Biskup, 1999, 99)

Die Kostenfunktion K ist in Abbildung 3 dargestellt. Sie ist differenzierbar über $(0, \infty)$. Nullsetzen der Ableitung

$$K'(q) = -\frac{Rd^2}{q} + \frac{h}{2} \qquad (10)$$

und Auflösen nach der Bestellmenge ergeben die bekannte Wurzelformel für die gesuchte optimale Bestellmenge bzw. die EOQ, q_{EOQ}, des klassischen Modells:

$$K'(q_{EOQ}) = 0 \quad \Rightarrow \quad q_{EOQ} = \sqrt{2Rd/h} \qquad (11)$$

Da die Kostenfunktion streng konvex ist (vgl. Abbildung 3), ist q_{EOQ} die einzige kostenminimale Bestellmenge.

Der erste Summand in dem Ausdruck für die Kosten pro Zeiteinheit in Formel (9) entspricht den bestellfixen Kosten pro ZE, Rd/q. Division durch q ergibt die bestellfixen Kosten bezogen auf eine Zeit- und eine Mengeneinheit, Rd/q^2. Analog lassen sich die Lagerkosten pro ZE und ME, $h/2$, ermitteln. Die notwendige Bedingung für eine optimale Bestellmenge (10) beziehungsweise (11) zeigt folglich, dass im Optimum die Rüstkosten pro ZE und ME (bzw. ZE) gleich den Lagerhaltungskosten pro ZE und ME (bzw. ZE) sind (vgl. auch Abbildung 3).

Die Gesamtkosten, die pro Zeiteinheit bei Anwendung der optimalen Bestellmenge anfallen, ergeben sich, wenn die optimale Bestellmenge in die Kostenfunktion eingesetzt wird:

$$K(q_{EOQ}) = \frac{Rd}{q_{EOQ}} + \frac{h}{2} q_{EOQ} = \sqrt{hR^2 d^2 / 2Rd} + \sqrt{h^2 2Rd / 4h} = \sqrt{2Rdh}. \quad (12)$$

3 Ein kurzer Blick in die Produktions- und Kostentheorie

3.1 Gegenstand

Der Gegenstand der betriebswirtschaftlichen *Produktionstheorie* ist die Beschreibung der mengenmäßigen Beziehungen zwischen eingesetzten Produktionsfaktoren und daraus hergestellten Produkten, die durch die gegebene Fertigungsstruktur des betrachteten Betriebs, insbesondere seine Potenzialfaktorausstattung, bedingt sind. Die Kenntnis dieser Mengenverhältnisse ist aus betriebswirtschaftlicher Sicht nützlich für die Ermittlung von Kosten, die man grob gesprochen als die Menge der in einer Periode verbrauchten Produktionsfaktoren multipliziert mit den Faktorpreisen ermitteln kann (s. zu Details S. 72 ff.). Damit dient die Produktionstheorie zugleich der Betrachtung wesentlicher Einflussgrößen, die die Höhe der Kosten bestimmen und daher von großer betrieblicher Bedeutung sind. Ferner beschreibt die Produktionstheorie mit den genannten Mengenverhältnissen auch das Fertigungspotenzial des Unternehmens. Produktionstheoretische Modelle fließen darüber hinaus wegen ihrer Beschreibung von Mengenverhältnissen und Fertigungspotenzialen häufig in wirtschaftswissenschaftliche Ansätze ein, die eigentlich primär keine produktionswirtschaftlichen Fragen untersuchen, aber zur Entwicklung ihrer Modelle eine produktionswirtschaftliche Komponente benötigen. Beispielsweise lassen sich viele Fragen des Rechnungswesens besonders fruchtbar diskutieren, wenn ein Produktionskontext berücksichtigt wird (vgl. Christensen & Demski, 2002). Andererseits vernachlässigen produktionstheoretische Beschreibungen betrieblicher Produktion häufig viele Details, wie etwa die Bildung von Fertigungslosen oder die Maschinenbelegungsplanung mit ihrem Einfluss auf die zeitliche Gestaltung der Produktion. Man könnte diesen Aspekt auch so formulieren: Wie die in produktionstheoretischen Ansätzen beschriebenen Mengenverhältnisse genau zustande kommen, ist nicht das zentrale Anliegen der Produktionstheorie.

3.2 Isoquanten und Produktionsfunktionen

Im einfachsten Fall ist das Ergebnis der Beschreibung der Produktionsverhältnisse eine *Produktionsfunktion*, die einem gewünschten Output den notwendigen mengenmäßigen Input an Produktionsfaktoren bzw. einem gegebenen Input den größtmöglichen Output des Produktes zuordnet. Dieser Zusammenhang wird anhand des Teebeispiels aus Abschnitt 1.2 näher erläutert.

Um einen Beutel Pfefferminztee herzustellen, benötigt man neben den Verbrauchsfaktoren Etikett, Faden und Klammern, mit denen der Faden an Etikett und Beutel befestigt wird, das Papier für den Beutel sowie, sagen wir, insgesamt zwei

Gramm von der Rohteemischung. Nehmen wir an, es würden, um den Markentee-Charakter zu erhalten, Rohtees aus Südfrankreich und aus dem Norden der EU gemischt. Aus der Verkostung kommt dabei die Vorgabe, dass aus geschmacklichen Gründen jede der beiden Rohteesorten mit mindestens einem Viertel an der Gesamtteemenge beteiligt sein sollte. Die Mengenangaben für die Herstellung eines Teebeutels sind in Tabelle 1 zusammengefasst. Die mittlere Spalte enthält die Variablenbezeichnungen für die Einsatzmengen der sechs erwähnten Produktionsfaktoren pro Teebeutel (andere Potenzial- oder Verbrauchsfaktoren, wie beispielsweise die Betriebsmittel, das Personal oder die Energie, werden im Weiteren aus Vereinfachungsgründen vernachlässigt).

Tabelle 1: Mengenverhältnisse bei der Herstellung von Teebeuteln

Produktionsfaktor	Variablen	Einsatzmenge pro ME
Etikett	r_6	1 Stück
Faden	r_5	14 cm
Papier für Beutel	r_4	34,4 cm^2
Klammern	r_3	2 Stück
Rohtee/Frankreich	r_2	$0,5 \leq r_2 \leq 2$ [ME]
Rohtee/Nord-EU	r_1	$0,5 \leq r_1 \leq 2$ [ME]

Die Produktionsfaktoren in Tabelle 1 lassen sich in zwei Klassen einteilen. Etikett, Faden, Papier und Klammern werden in einem festen, technisch bestimmten Einsatzverhältnis benötigt, wenn ein Teebeutel hergestellt werden soll. Beispielsweise wird für jeden Beutel genau ein Etikett verwendet. Solche Produktionsfaktoren nennt man *limitational*. Auf der anderen Seite kann man die beiden Rohtees in unterschiedlichen Mengenverhältnissen mischen, solange nur die jeweilige Mindesteinsatzmenge von einem Viertel der Teemischung nicht unterschritten wird. Man sagt, die beiden Rohtees seien (in Grenzen) *substituierbar*. Substitutionalität ist eine wichtige Eigenschaft, wenn die Faktorpreise unterschiedlich hoch sind, denn dann eröffnet sie die Möglichkeit, durch eine geschickte Wahl des Einsatzverhältnisses der Produktionsfaktoren die Kosten zu minimieren.

Die Substitutionalität von Produktionsfaktoren veranschaulicht man gerne mittels *Isoquanten*. In Abbildung 4 sind, unter Vernachlässigung der limitationalen Produktionsfaktoren, die zulässigen Kombinationen von r_1 (Rohtee aus Frankreich in ME) und r_2 (Rohtee aus dem Norden der EU in ME) als durchgezogener Geradenabschnitt eingezeichnet, mit denen ein Teebeutel unter Beachtung der Vorgaben aus der Verkostung hergestellt werden kann. Algebraisch kann man diese Menge von Produktionsfaktorkombinationen (r_1, r_2) durch folgende Bedingungen beschreiben.

$$0,5 \leq r_1 \leq 2 \tag{13}$$

$$0,5 \leq r_2 \leq 2 \tag{14}$$

$$r_1 + r_2 = 2 \tag{15}$$

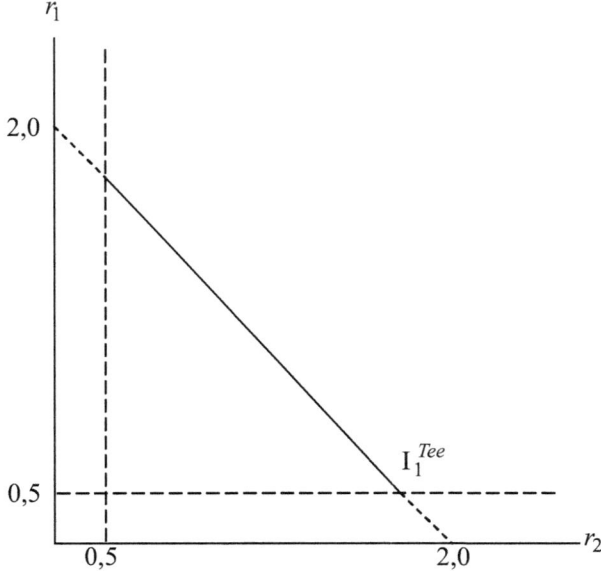

Abb. 4: Isoquante des Teebeispiels

Unter einer Isoquante zum Outputniveau x versteht man nun die Menge von alternativen Produktionsfaktorkombinationen, mit denen sich der gewünschte Output von x Mengeneinheiten herstellen lässt. In unserem Beispiel ist der Geradenabschnitt in Abbildung 4 eine grafische, die Ungleichungen (13), (14) und (15) eine algebraische Darstellung der Isoquante zum Niveau $x = 1$. Für ein allgemeines Herstellungsniveau x (Anzahl herzustellender Teebeutel in Stück) würde das Ungleichungssystem entsprechend

$$0{,}5x \leq r_1 \leq 2x \tag{16}$$
$$0{,}5x \leq r_2 \leq 2x \tag{17}$$
$$r_1 + r_2 = 2x \tag{18}$$

oder gleichwertig $I_x^{Tee} = \{(r_1, r_2) | r_1 = 2x - r_2, 0{,}5x \leq r_2 \leq 1{,}5x\}$ lauten.

Ein besonderes Kennzeichen der Tee-Isoquante I_x^{Tee} ist, dass jede Erhöhung der Einsatzmenge des einen Rohtees um die gleiche Zusatzmenge immer dazu führt, dass der andere Rohtee in einem bestimmten, gleich bleibenden Umfang weniger eingesetzt wird. Man sagt in diesem Zusammenhang auch, die *Grenzrate der Substitution*, also das marginale Austauchverhältnis der beiden zueinander substitutionalen Produktionsfaktoren, sei konstant. Im Teebeispiel ist zusätzlich sogar die eingesparte Menge des einen gleich der Zusatzmenge des anderen Rohtees.

Häufig ist die Grenzrate der Substitution allerdings nicht konstant. Bei einem schlecht isolierten Haus beispielsweise kann die Anbringung einer vergleichsweise wenig aufwendigen Wärmeisolation bei gleich gehaltener Temperatur im Inneren des Hauses zu einer erheblichen Einsparung an Heizenergie führen. Ist das betrachtet Haus hingegen bereits gut isoliert, steigt der Aufwand, den man treiben muss, um durch zusätzliche Wärmeisolation die gleiche Reduktion des Energieverbrauchs zu erreichen, deutlich an. Anders ausgedrückt führt die Erhöhung des Einsatzes von Faktor 2 (Isolation) bei hohem Einsatzniveau desselben Faktors zu einer geringeren Substitutionswirkung als bei einem niedrigen Einsatzniveau: Die Grenzrate der Substitution fällt mit steigendem Einsatzniveau. Abbildung 5 zeigt eine Isoquante zum Outputniveau x mit einer solchen abnehmenden Grenzrate der Substitution, nämlich $I_x^{CD*} = \{(r_1, r_2) : r_1 = x^2/(4r_2), 0 < r_2\}$. Die Veränderung (im Beispiel die Erhöhung) der Einsatzmenge des Faktors 2 bei niedrigem Einsatzniveau (Δ_{21}) führt bei konstanter Innentemperatur des Hauses zur Senkung der Einsatzmenge von Faktor 1 um Δ_{11}, also einer relativ deutlichen Verringerung des Energieeinsatzes. Die mengenmäßig gleiche Erhöhung der Einsatzmenge von Faktor 2 auf einem hohen Einsatzniveau ($\Delta_{22} = \Delta_{21}$) hingegen hat nur die geringe Energieersparnis $\Delta_{12} < \Delta_{11}$ zur Folge.

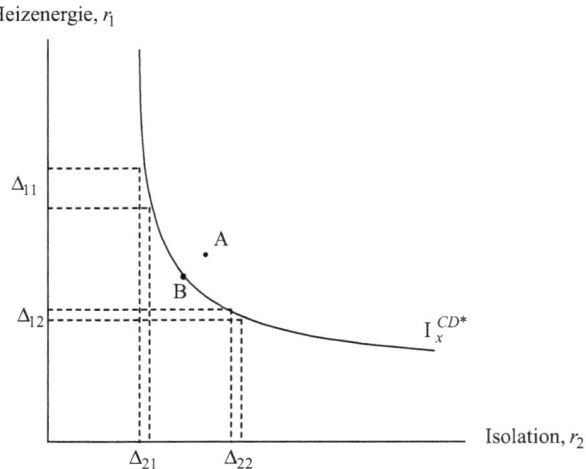

Abb. 5: Isoquante der speziellen Cobb-Douglas-Produktionsfunktion f^{CD*}

Bemerkenswert ist in Abbildung 5 auch der zusätzlich eingezeichnete Punkt A. Nehmen wir an, mit der durch den Punkt A repräsentierten Faktormengenkombination ließe sich das gleiche Outputniveau x herstellen wie mit den Kombinationen auf der Isoquante I_x^{CD*}. Dann würde man diese Möglichkeit zur Herstellung der x Mengeneinheiten sinnvollerweise nie nutzen, denn auf der Isoquante gibt es günstigere Produktionsmöglichkeiten: Der Punkt B beispielsweise benötigt bei gleichem Output x von beiden Produktionsfaktoren eine geringere Einsatzmenge. A wird also durch B dominiert (s. S. 2 ff.). Anders die Punkte auf der Isoquante: Sie stellen nicht dominierte, also effiziente Kombinationen von Produktionsfaktormengen dar, mit denen x Mengeneinheiten des Produkts gefertigt werden können. Etwas besser

158 H. Jahnke und D. Biskup

zur Definition von effizienten Gütertransaktionen in Kapitel 1 passt eine auf den Begriff des Produktionspunkts zurückgreifende Formulierung. Man bezeichnet einen Vektor, der zunächst die Inputmengen und dann die Outputmengen enthält, als Produktionspunkt. In unseren Beipielen mit zwei Produktionsfaktoren und einem hergestellten Gut lassen sich die Produktionspunkte also durch Trippel der Form (r_1, r_2, x) formalisieren. Unsere eben gewonnene Erkenntnis lässt sich mit diesem Begriff dann auch so formulieren, dass die zur Isoquante gehörenden Produktionspunkte effizient sind.

Nimmt man nun die Menge aller bei der gegebenen Produktionsstruktur effizienten Produktionspunkte her und ordnet den in diesen Produktionspunkten repräsentierten Faktoreinsatzmengenkombinationen jeweils ihre Outputmenge zu, erhält man die Produktionsfunktion zu dieser Struktur. Beispielsweise lautet die Produktionsfunktion zu der Isoquanten I_x^{CD*}

$$f^{CD*}(r_1, r_2) = 2\sqrt{r_1 r_2}, \tag{19}$$

wobei $r_i > 0, i = 1, 2$, gilt (mit nur einem der beiden Produktionsfaktoren lässt sich das Produkt nicht herstellen). Dabei handelt es sich um einen Spezialfall der allgemeineren Cobb-Douglas-Produktionsfunktion

$$f^{CD}(r_1, r_2) = \alpha_0 r_1^{\alpha_1} r_2^{\alpha_2}, \tag{20}$$

mit $\alpha_0 > 0$ und $\alpha_1, \alpha_2 \in (0,1)$. f^{CD*} erhält man für die speziellen Werte $\alpha_0 = 2$, $\alpha_1 = 0,5$ und $\alpha_2 = 0,5$. Ist generell eine Produktionsfunktion f gegebenen, lassen sich ihre Isoquanten I_x^f zum Outputniveau x schreiben als

$$I_x^f = \{(r_1, r_2) | f(r_1, r_2) = x, r_1 > 0, r_2 > 0\}. \tag{21}$$

Die Cobb-Douglas-Produktionsfunktion hat eine Reihe wichtiger Eigenschaften, durch die sie bei Wirtschaftswissenschaftlern sehr beliebt ist. Zum Beispiel sind ihre Isoquanten strikt konvex (vgl. Abbildung 5), die Grenzrate der Substitution also abnehmend. Ferner ist f^{CD} homogen vom Grade $\alpha_1 + \alpha_2$. Denn für $\lambda > 0$ gilt

$$f^{CD}(\lambda r_1, \lambda r_2) = \alpha_0 (\lambda r_1)^{\alpha_1} (\lambda r_2)^{\alpha_2} = \lambda^{\alpha_1 + \alpha_2} f^{CD}(r_1, r_2). \tag{22}$$

Ist beispielsweise $\alpha_1 + \alpha_2 = 1$ (*lineare Homogenität*) und $\lambda = 2$, bedeutet diese Eigenschaft, dass eine Verdoppelung der Einsatzmengen beider Produktionsfaktoren zu einer Verdoppelung der Herstellungsmenge führt.

3.3 Minimalkostenkombinationen und Kostenfunktionen

Die Bedeutung substitutionaler Produktionsfaktoren wurde im vorigen Abschnitt damit motiviert, dass sich durch Veränderungen der Mengenverhältnisse der Faktoren die Kosten der Herstellung einer bestimmten Ausbringungsmenge beeinflussen lassen. Sind beispielsweise $p_1 > 0$ und $p_2 > 0$ die Einstandspreise je einer Mengeneinheit der beiden betrachteten Rohtees, ergeben sich die Kosten der Herstellung von x

Teebeuteln zu $k = p_1 r_1 + p_2 r_2$, wenn $(r_1, r_2) \in I_x^{Tee}$ die realisierte Produktionsalternative ist.

Diese Formulierung der Kosten von (r_1, r_2) lässt mindestens zwei Betrachtungen zu: Einerseits ist offensichtlich, dass man durch die konkrete Wahl der Kombination $(r_1, r_2) \in I_x^{Tee}$ den anfallenden Kostenbetrag verändern kann, falls die beiden Einstandspreise verschieden hoch sind. Ist beispielsweise $p_1 < p_2$, realisiert man mit der Kombination von $r_1 = 1,5x$ und $r_2 = 0,5x$ die im Rahmen der Gegebenheiten niedrigsten Kosten. Andererseits kann man den Kostenbetrag auf dem Niveau k einfrieren und alle Kombinationen (r_1, r_2) betrachten, die dieses Kostenniveau erzeugen. Die Menge dieser Kombinationen

$$r_1 = \frac{k}{p_1} - \frac{p_2}{p_1} r_2, \ r_2 > 0 \tag{23}$$

nennt man auch eine *Isokostenlinie* zu Kosten k. Zwei solche Isokostenlinien, nämlich zu den Kostenniveaus $k_1 < k_2$, sind in der Abbildung 6 gemeinsam mit I_x^{CD*} dargestellt. Man erkennt, dass die Isokostenlinie mit dem niedrigeren Kostenniveau, k_1, parallel in Richtung Ursprung des Koordinatensystems verschoben ist: Je weiter links unten eine Isokostenlinie liegt, desto niedriger ist das zugehörige Kostenniveau. Damit lässt sich die oben analog formulierte Aufgabe, nämlich die Kosten $p_1 r_1 + p_2 r_2$ unter Beachtung der Bedingung $(r_1, r_2) \in I_x^{CD*}$ zu minimieren, grafisch interpretieren. Diese Suche nach einer *Minimalkostenkombination* entspricht in Abbildung 6 der Bestimmung des Tangentialpunkts zwischen Isoquanten I_x^{CD*} und der am weitesten in Richtung Ursprung verschobenen Isokostenline, die noch mindestens einen Punkt mit I_x^{CD*} gemein hat. Diese Minimalkostenkombination (r_1^*, r_2^*) stellt diejenige Kombination der beiden substitutionalen Produktionsfaktoren dar, mit der x zu den niedrigsten Kosten hergestellt werden kann.

Die Minimalkostenkombination (r_1^*, r_2^*) lässt sich leicht analytisch ermitteln, denn für $(r_1, r_2) \in I_x^{CD*}$ gilt ja $r_1 = x^2/(4r_2), 0 < r_2$. Setzt man diesen Ausdruck für die Einsatzmenge des ersten Produktionsfaktors in die Kostensumme ein, lassen sich die Kosten der Faktorkombination (r_1, r_2) zur Herstellung von x Outputeinheiten als

$$C(r_2) = p_1 \frac{x^2}{4 r_2} + p_2 r_2 \tag{24}$$

schreiben. Nullsetzen der ersten Ableitung von C nach r_2 und Auflösen nach r_2 ergibt

$$r_2^2 = \frac{p_1}{p_2} \frac{x^2}{4} \tag{25}$$

oder

$$r_2 = \sqrt{\frac{p_1}{p_2}} \frac{x}{2}. \tag{26}$$

Die Minimalkostenkombination für die Herstellung von x Einheiten des Outputguts gemäß der Produktionsfunktion f^{CD*} ist also

$$(r_1^*(x), r_2^*(x)) = \frac{x}{2} \left(\sqrt{\frac{p_2}{p_1}}, \sqrt{\frac{p_1}{p_2}} \right). \tag{27}$$

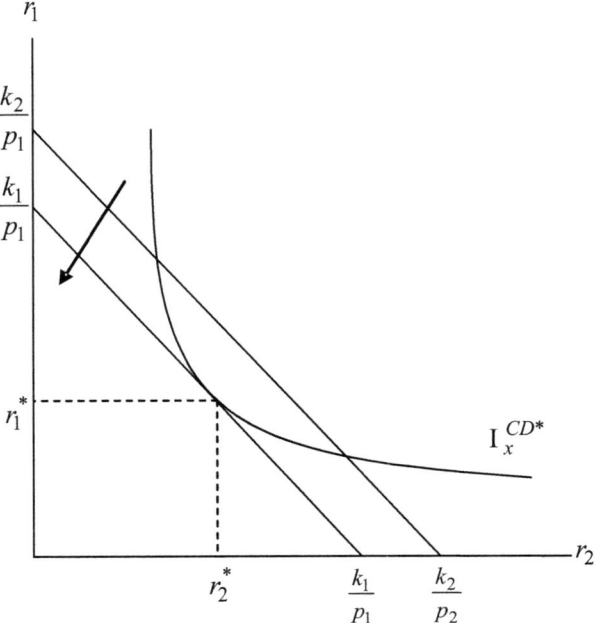

Abb. 6: Minimalkostenkombination zu I_x^{CD*} für $k_1 < k_2$

Sie wird wesentlich durch das Verhältnis der Faktorpreise (und natürlich die Höhe der Ausbringung) bestimmt. Die Kosten, die bei Anwendung der Minimalkostenkombination zur Produktion von x entstehen, sind folglich

$$C(r_2^*(x)) = \frac{1}{2}\left(p_1\sqrt{\frac{p_2}{p_1}} + p_2\sqrt{\frac{p_1}{p_2}}\right)x = \sqrt{p_1 p_2}\, x. \qquad (28)$$

Sie hängen bei gegebenen Faktorpreisen nur noch von der variablen Herstellungsmenge ab, weshalb man sie gerne zur *Kostenfunktion K* mit $K(x) = C(r_2^*(x))$ zusammenfasst. Die Kostenfunktion, die die bei der gegebenen Produktionsstruktur niedrigsten Kosten zur Herstellung der x Produkteinheiten wiedergibt, ist offenbar für unsere spezielle, linearhomogene Cobb-Douglas-Produktionsfunktion eine lineare Funktion der Ausbringungsmenge – eine Feststellung von allgemeinerer Gültigkeit: Die Kostenfunktionen linear homogener Produktionsfunktionen sind generell linear in der Ausbringung und entsprechen somit der Standardvorstellung, die man sich beispielsweise im Rechnungswesen von Kostenfunktionen macht.

4 Vertiefende Literatur

Die Abschnitte 1 und 2 dieser kurzen Einführung in die Produktion beruhen sehr stark auf dem Lehrbuch von Jahnke & Biskup (1999), insbesondere auf dem dortigen ersten Kapitel und dem Abschnitt 2.3.1. Dort finden sich auch umfassende

Hinweise auf die weiterführende Literatur. Die *Struktureigenschaften* der Produktion werden ausführlicher beispielsweise von Kistner (1993) und Günther & Tempelmeier (2004) besprochen. Produktionswirtschaftliche *Simultanplanungsmodelle* werden unter anderem in Zäpfel (1982, 88–152), Kistner (1993, 231–254) und Tempelmeier (2005) diskutiert. Die Bedeutung des Aufsatzes von Harris (1913, 1990) über das EOQ-Modell für die Entwicklung der Losgrößentheorie wird sehr anschaulich in Erlenkotter (1990) ausgeführt. Abschnitt 3, der einige Stichworte aus der Produktions- und Kostentheorie anreißt, kann durch die Lektüre von Standardlehrbüchern zu diesem Thema, etwa Fandel (2005) oder Kistner (1993), vertieft werden.

Marketing

Reinhold Decker und Ralf Wagner

Universität Bielefeld
Fakultät für Wirtschaftswissenschaften
Lehrstuhl für Betriebswirtschaftslehre, insb. Marketing
rdecker@wiwi.uni-bielefeld.de, rwagner@wiwi.uni-bielefeld.de

Inhaltsverzeichnis

1 **Definition und Bedeutung von Marketing** 164
2 **Marktverständnis und Entscheidungsvorbereitung** 166
   2.1 Käuferverhalten 166
   2.2 Marktsegmentierung 168
   2.3 Marktforschung 170
3 **Marketinginstrumente** 175
   3.1 Produktpolitik 175
   3.2 Preispolitik 182
   3.3 Kommunikationspolitik 188
   3.4 Vertriebspolitik 194
4 **Beziehungsmarketing** 199
5 **Vertiefende Literatur** 199

Die Professionalität der Marktbearbeitung entscheidet in einem hohen Maße über den Erfolg oder Misserfolg einer Unternehmung. Aufgrund der zunehmenden Sättigung der Märkte in Verbindung mit einer anhaltenden Globalisierung des Wettbewerbs kommt dem Marketing heute eine Führungsfunktion zu, die sich in der Ausrichtung der Unternehmensaktivitäten an den Bedürfnissen der Nachfrager niederschlägt. Modernes Marketing bedeutet somit eine bewusst marktorientierte Unternehmensführung. Um diesem Anspruch gerecht zu werden, können die Unternehmen auf ein breites Spektrum an Instrumenten, den so genannten Marketing-Mix, zurückgreifen. Die Grundlage für deren adäquaten Einsatz bilden Informationen über Marktentwicklungen, Käuferpräferenzen und Kundenbeziehungen. Die nachfolgenden Seiten geben einen kompakten Einblick in die genannten Themengebiete.

1 Definition und Bedeutung von Marketing

Der Begriff *Marketing* geht auf das englische „to market" (vermarkten) zurück und bezeichnet ein Bündel von auf einen Markt gerichteten Aktivitäten zur Erreichung von zuvor festgelegten Unternehmenszielen. Im Mittelpunkt des Interesses steht der Kunde und die Befriedigung seiner Bedürfnisse. Dieses Begriffsverständnis kommt auch durch die beiden folgenden Definitionen der American Marketing Association (AMA) aus dem Jahr 1985 und des Chartered Institute of Marketing (CIM) aus dem Jahr 2001 zum Ausdruck (Brassington & Pettitt, 2005, 2):

> „Marketing is the process of planning and executing the conception, pricing, promotion, and distribution of ideas, goods, and services to create exchanges that satisfy individual and organizational objectives."
>
> „Marketing is the management process responsible for identifying, anticipating, and satisfying customer requirements profitably."

Aufgrund der alltäglichen Konfrontation mit dem Marketing in Form von Werbeanzeigen in Zeitungen, Werbespots im Fernsehen und Bannerwerbung im Internet wird Marketing von vielen Menschen fälschlicherweise mit Werbung und Verkaufen gleichgesetzt. Dass Marketing jedoch weitreichender ist und eine zentrale Funktion in den Unternehmensaktivitäten hat, soll auf den folgenden Seiten verdeutlicht werden. In der deutschsprachigen Literatur sind als Synonym für Marketing auch nach wie vor die Begriffe „Absatzpolitik" und „Absatzwirtschaft" weit verbreitet.

Wie bereits durch die Definitionen vom AMA und CIM deutlich wurde, steht der Kunde im Mittelpunkt des modernen Marketing. Seine Wünsche und Bedürfnisse frühzeitig zu erkennen und richtig zu interpretieren (= *Marktforschung*) und hierauf basierend geeignete Produkte oder Dienstleistungen (= *Produktpolitik*) zu angemessenen Preisen zu entwickeln (= *Preispolitik*), diese in wirksamer Weise bekannt zu machen (= *Kommunikationspolitik*) und zum richtigen Zeitpunkt, am richtigen Ort (= *Vertriebspolitik*) anzubieten, stellt auf von einem intensivem Wettbewerb geprägten Märkten eine stete Herausforderung dar, deren Bewältigung umfangreiches Know-how erfordert. Die Begriffe „Produkt" und „Leistung" werden der Einfachheit halber im Folgenden als Synonyme für das Angebot eines Unternehmens verwandt, unabhängig davon, ob diese Leistungen physisch existent (z. B. Autos und Kaugummis) oder eher abstrakter Natur (z. B. Ideen und Beratungen) sind. *Modernes Marketing* bedeutet somit

- eine bewusst marktorientierte Unternehmensführung und
- das Angebot und den Verkauf von Kundennutzen und Problemlösungen.

Dies bedeutet jedoch nicht, es jedem (potenziellen) Kunden recht machen zu wollen, sondern es legt vielmehr die Konzentration auf die aus Unternehmenssicht relevanten Zielgruppen nahe. Im Zentrum der absatzpolitischen Aktivitäten steht dabei nicht die kurzfristige Gewinn-, sondern die langfristige Unternehmenssicherung. Der skizzierte Zusammenhang lässt sich in vereinfachter Weise durch die in Abbildung 1 dargestellte Wirkungskette beschreiben. Sie zeigt, wie – ausgehend von dem durch die Kunden wahrnehmbaren Nutzen – eine dauerhafte Kundenbeziehung entstehen kann, die ihrerseits wiederum die Basis für nachhaltigen ökonomischen Erfolg ist.

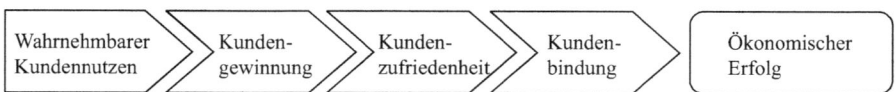

Abb. 1: Zusammenhang zwischen Kundennutzen und ökonomischem Erfolg

Dies ist gleichbedeutend mit der Schaffung und dem Erhalt nachhaltiger Wettbewerbsvorteile durch dauerhafte, für die Kunden substanzielle und wahrnehmbar überlegene Produkteigenschaften. Voraussetzung hierfür ist die möglichst genaue Kenntnis der eigenen Ressourcen und Kompetenzen sowie jene der Wettbewerber. Abbildung 2 veranschaulicht diesen Sachverhalt anhand des strategischen Dreiecks. Wichtig ist hiernach nicht nur die Vermittlung eines wahrnehmbaren Nutzens, sondern auch die klare Differenzierung gegenüber den Wettbewerbern, beispielsweise über die Qualität der angebotenen Produkte, ihren Preis oder beides. So gesehen ist Marketing nicht nur eine betriebliche Funktion, sondern ein *unternehmerischer Denkstil*, im Grunde genommen sogar eine Unternehmensphilosophie. Es ist ein dynamischer und kreativer Prozess, in dem die Unternehmen auf sich ändernde Marktbedingungen reagieren, um die gesetzten Ziele zu erreichen.

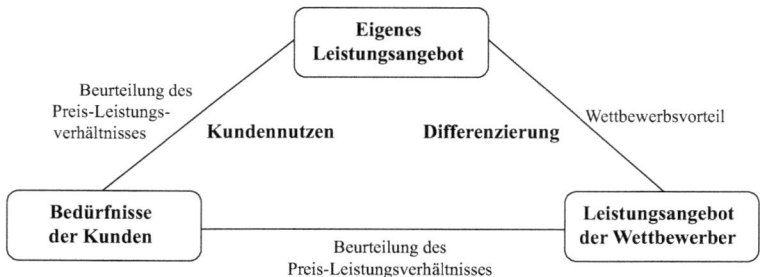

Abb. 2: Strategisches Dreieck im Marketing

Marketing-Know-how kommt heute auf den unterschiedlichsten Märkten und in den verschiedensten Formen zum Einsatz. Weit verbreitete Differenzierungen wie beispielsweise „Konsumgütermarketing", „Industriegütermarketing" und „Dienstleistungsmarketing" bringen zum Ausdruck, welche Art von Produkten Gegenstand entsprechender Bemühungen sind. Konsumgüter sind Produkte (z. B. Hemden), deren Erwerb (z. B. im Kaufhaus) der Befriedigung eines privaten Bedarfs dienen. Unter Industriegütern versteht man hingegen Leistungen (z. B. Stoffe), die von Unternehmen (z. B. Bekleidungsherstellern) mit dem Ziel beschafft werden, hiermit Produkte (z. B. Hemden) zur Deckung des Bedarfs Dritter (z. B. Kaufhäuser) zu erstellen. Eine weitere Differenzierung erfolgt im Unterabschnitt „Produktpolitik" (s. S. 175 ff.). Begrifflichkeiten wie etwa „Handelsmarketing", „Internationales Marketing" oder „Internet-Marketing" liegt hingegen eine institutionelle Perspektive zugrunde. Auch soziale Einrichtungen, Sportvereine und Hilfsorganisationen bedienen sich spezieller Marketinginstrumente, was unter dem Begriff „Social Marketing" zusammengefasst wird. Allen gemeinsam ist jedoch die grundsätzliche Orientierung an den in den folgenden Abschnitten skizzierten Aufgaben und Funktionen.

2 Marktverständnis und Entscheidungsvorbereitung

2.1 Käuferverhalten

Ausgangspunkt erfolgreicher Marketingaktivitäten ist die profunde Kenntnis des *Käuferverhaltens*. Der Kauf von Produkten lässt sich, wie bereits eingangs erwähnt, als Austauschprozess zwischen verschiedenen Marktteilnehmern beschreiben. Austauschprozesse resultieren aus Vorgängen zwischen Marktteilnehmern, die etwas besitzen (z. B. Fähigkeiten, Produkte, Zahlungsmittel), was für die anderen im Markt Agierenden von Interesse ist. Das Marketing umfasst alle Maßnahmen, um dieses Interesse zu wecken, zu steigern und zu erhalten.

Betrachtet man das Kaufverhalten als unvorhersehbar, so ist eine Abschätzung der Reaktionen der potenziellen Käufer eines Produkts auf diesbezügliche Marketingaktivitäten nicht möglich. Ansatzpunkte für eine gezielte Beeinflussung des Käuferverhaltens lassen sich dann nur schwer finden. Akzeptiert man jedoch die Gültigkeit gewisser Gesetzmäßigkeiten, so erfordert der effiziente Einsatz der Marketinginstrumente fundierte Kenntnisse dieser Gesetzmäßigkeiten und Informationen über die wesentlichen Merkmale und Hintergründe des Käuferverhaltens. Die in Abbildung 3 aufgeführten *10 W's des Käuferverhaltens* liefern eine erste Vorstellung von den durch die Kaufverhaltensforschung zu behandelnden Fragestellungen (s. Decker & Wagner, 2002).

Üblicherweise differenziert man bei der Analyse des Käuferverhaltens nach Konsumenten („Endverbrauchern") und Organisationen (Unternehmen, Behörden etc.). Die Erforschung des individuellen Kaufverhaltens verspricht Einblicke in die Entscheidungsprozesse, innerhalb derer Konsumenten über den Einsatz von Ressourcen (Geld, Zeit, Anstrengungen etc.) zur Bedürfnisbefriedigung verfügen. Im Mittelpunkt der Erforschung des organisationalen Kaufverhaltens steht der im Zusammenhang mit der Feststellung eines Produktbedarfs, der Suche nach geeigneten Angeboten und Anbietern sowie der Bewertung und Auswahl der in Frage kommenden Alternativen stattfindende Entscheidungsprozess in Organisationen. Die Kaufentscheidung wird hier häufig von mehreren Personen, dem „Buying-Center", gemeinsam getroffen. Im Gegensatz zu den Konsumenten tätigen Organisationen ihre Käufe nicht für den privaten Bedarf, sondern in erster Linie zum Zwecke der Leistungserstellung beziehungsweise Weiterverarbeitung („Produzenten") oder zum Weiterverkauf („Händler"), was als derivative Nachfrage bezeichnet wird. Die nachfolgenden

Wer oder was initiiert den Kauf?	→ Kaufinitiator/-anlass
Wer trifft die Kaufentscheidung?	→ Kaufentscheider
Wer vollzieht die Kaufhandlung?	→ Kaufakteur
Was wird gekauft?	→ Kaufobjekt
Wann wird gekauft?	→ Kaufzeitpunkt
Wo wird gekauft?	→ Ort der Kaufhandlung
Wie viel wird gekauft?	→ Einkaufsmenge
Warum wird gekauft?	→ Kaufziel
Wie wird gekauft?	→ Kaufpraktik
Welche Konsequenzen hat der Kauf?	→ Nachkaufwirkung

Abb. 3: Im Zusammenhang mit dem Käuferverhalten relevante Fragestellungen (in Anlehnung an Kotler & Bliemel, 2005, 324 und Decker & Wagner, 2002, 8)

Ausführungen konzentrieren sich stellvertretend auf das Kaufverhalten von Endverbrauchern. Ein weit verbreiteter Ansatz zur Analyse und Erklärung des Käuferverhaltens ist das in Tabelle 1 zusammengefasste *Stimulus-Organismus-Reaktion-* oder kurz *SOR-Schema*.

Ausgangspunkt ist die Annahme, dass bestimmte, zumeist direkt beobachtbare Stimuli (z. B. die Einflüsse des sozialen Umfelds, in dem sich ein Individuum bewegt, oder seine aktuelle wirtschaftliche Situation) im Organismus der betreffenden Person bewusst oder unbewusst in entsprechenden kognitiven Prozessen (z. B. in Form des Lernens und Erinnerns von Produktinformationen) verarbeitet werden beziehungsweise Veränderungen psychischer Zustände (z. B. die Änderung der Einstellung gegenüber einem Produkt) hervorrufen. Beides zusammen führt schließlich zu ebenfalls direkt beobachtbaren Reaktionen (z. B. die Realisation des Kaufs eines bestimmten Produkts in einem bestimmten Laden). Eine besondere Herausforderung stellt dabei die Erfassung und Interpretation der in Verbindung mit einer Kaufentscheidung im Organismus respektive im Bewusstsein des Individuums vorherrschenden psychischen Zustände und ablaufenden kognitiven Prozesse dar (s. Kroeber-Riel & Weinberg, 2003).

Der mit dem SOR-Schema konkurrierende Ansatz ist das Stimulus-Reaktion-, oder kurz SR-Schema. Dieses impliziert den Verzicht auf die Analyse und Modellierung aller nicht direkt beobachtbaren Vorgänge im Inneren des Konsumenten. Der Organismus wird auf eine nicht weiter betrachtete „Black-Box" reduziert, was die Entwicklung operationaler Modelle für die Marketingplanung erleichtert. So ist beispielsweise die in Abbildung 8 (s. S. 186) dargestellte Preisabsatzfunktion ein einfaches Modell im Sinne des SR-Schemas.

Tabelle 1: Schwerpunkte der am SOR-Schema orientierten Käuferverhaltensforschung (in Anlehnung an Decker & Wagner, 2002, 11)

	**Stimulusbezogene Aspekte des Käuferverhaltens**
Aktivierung:	▷ Spezifikation und Messung der Aktivierung von Individuen sowie Implikationen für das Marketing
Persönlichkeit und Umwelt:	▷ Verhaltensbestimmende Einflüsse der individuellen Persönlichkeit sowie der physischen und sozio-kulturellen Umwelt eines Käufers
	**Organismusbezogene Aspekte des Käuferverhaltens**
Kognitive Prozesse:	▷ Informationsaufnahme (Funktionsweise des menschlichen Gedächtnisses, Wahrnehmung von Informationen und Messung der Informationsaufnahme)
	▷ Informationsverarbeitung und -speicherung (Prozesse des Denkens, Lernens, Erinnerns und Vergessens, Messung der Informationsverarbeitung und -speicherung sowie Informationsüberlastung)
Psychische Zustände:	▷ Emotion und Motiv (Spezifizierung und Messung dieser Konstrukte, Theorien zu ihrer Erklärung sowie Implikationen für das Marketing)
	▷ Einstellung (Spezifizierung und Messung des Konstrukts, Theorien zu seiner Erklärung und Operationalisierung sowie Implikationen für das Marketing)
	**Reaktionsbezogene Aspekte des Käuferverhaltens**
Kaufentscheidung:	▷ Entstehen und Rolle von Kaufabsichten
Kaufhandlung:	▷ Arten und Formen des Kaufens in Geschäften und in der Wohnung
Kaufwirkung:	▷ Zufriedenheit im Zusammenhang mit einem realisierten Kaufakt und Entstehung von (langfristiger) Markentreue

2.2 Marktsegmentierung

Zur Befriedigung der auf einem Markt vorhandenen Wünsche und Bedürfnisse stehen einem Unternehmen zwei sich gegenseitig weitgehend ausschließende Strategien zur Auswahl, das Massenmarketing und das Zielgruppen- oder Segmentmarketing:

- Beim *Massenmarketing* versucht man mit einem für alle Nachfrager einheitlichen Leistungsangebot die auf einem Markt bestehenden Bedürfnisse zu befriedigen. Den sich daraus häufig ergebenden Kostenvorteilen (z. B. in der Werbung) steht das Problem des unter Umständen nicht wirklich passgenauen Leistungsangebots gegenüber (z. B. die Produktausgestaltung betreffend). Je unterschiedlicher die individuellen Präferenzen auf einem Markt ausfallen, umso weniger geeignet ist jedoch ein solcher „Rundumschlag".
- Erfolg versprechender ist in diesem Fall der gezielte Zuschnitt der Aktivitäten auf die spezifischen Bedürfnisse weitgehend homogener Teilmärkte. Voraussetzung für das *Zielgruppen-* oder *Segmentmarketing* ist eine den zugrunde liegen-

den betriebswirtschaftlichen Zielen und Möglichkeiten angemessene Aufspaltung (Segmentierung) des heterogenen Gesamtmarktes. Die größere Homogenität der segmentspezifischen Präferenzen ermöglicht gezieltere Marketingaktivitäten und mithin eine bessere Befriedigung der bestehenden Wünsche und Bedürfnisse. In aller Regel müssen dafür höhere Marketingkosten (z. B. aufgrund des Erfordernisses segmentspezifischer Produktvarianten oder Werbemaßnahmen) in Kauf genommen werden.

Ziel der Segmentierung ist somit die Identifikation deutlich voneinander abgrenzbarer Teilmärkte, von denen mindestens einer für die zu vermarktenden Produkte von Interesse ist und auf dem/denen das Unternehmen eine ausreichend große Chance für eine nachhaltige Differenzierung gegenüber der Konkurrenz beziehungsweise deren Produktangebot sieht.

In Abhängigkeit von den für die Segmentierung eines Marktes herangezogen Kriterien können verschiedene *Ausprägungsformen* unterschieden werden (s. Brassington & Pettitt, 2005, 112 ff.):

- Geografische Segmentierung: Bestimmung der Teilmärkte auf Basis von geografischen Kriterien, wie beispielsweise der Region, in der die einzelnen Konsumenten leben (methodischer Anspruch: sehr gering).
- Sozio-demografische Segmentierung: Bestimmung der Teilmärkte auf Basis von sozio-demografischen Kriterien, wie zum Beispiel dem Alter, Geschlecht und Berufsstand der Konsumenten (methodischer Anspruch: gering).
- Psychografische Segmentierung: Bestimmung der Teilmärkte auf Basis von den Lebensstil der Konsumenten prägenden Kriterien, wie beispielsweise Einstellungen und Meinungen (methodischer Anspruch: hoch).
- Verhaltensorientierte Segmentierung: Bestimmung der Teilmärkte auf Basis des mutmaßlichen Verwendungszwecks der Produkte und des individuell empfundenen Produktnutzens, zum Beispiel die Mobilität oder der Spaß durch Autofahren (methodischer Anspruch: sehr hoch).

In der Praxis kommen zumeist Kombinationen der genannten Segmentierungsformen zum Einsatz. Die für die ersten beiden Ansätze erforderlichen Daten können mittels Beobachtung oder Befragung gewonnen werden. Bei den beiden anderen Ansätzen sind hingegen, je nach Zielsetzung, mitunter aufwändige Methoden erforderlich, beispielsweise solche aus der multivariaten Datenanalyse (s. S. 174). Mit zunehmendem methodischem Anspruch steigt jedoch in aller Regel auch die Marketingrelevanz der identifizierten Segmente. Unabhängig von der gewählten Vorgehensweise ist bei der Auswahl der für eine Segmentierung heran zu ziehenden Kriterien auf deren Verhaltensrelevanz, Operationalisierbarkeit und zeitliche Stabilität zu achten.

Der idealtypische *Ablauf* einer Marktsegmentierung gestaltet sich wie folgt:

1. Bestimmung der Marktsegmente auf Basis verhaltensrelevanter Kriterien (z. B. des empfundenen Produktnutzens),

2. Differenzierung der identifizierten Segmente mittels direkt beobachtbarer und mit dem Kaufverhalten in Beziehung stehender Kriterien (z. B. dem Haushaltseinkommen),
3. Auswahl der in Frage kommenden Zielsegmente (z. B. auf Basis vertriebstechnischer Überlegungen) und
4. Überprüfung der Angemessenheit der Segmentierung in bestimmten zeitlichen Abständen und erforderlichenfalls Durchführung einer erneuten Segmentierung.

Übliche Methoden zur Durchführung einer Marktsegmentierung sind die Clusteranalyse, die Multidimensionale Skalierung und die Faktorenanalyse. Für die Durchführung einer verhaltensorientierten Segmentierung empfiehlt sich der Einsatz der im Marketing ebenfalls sehr populären Conjoint-Analyse. In allen vier Fällen handelt es sich um mathematisch-statistische Verfahren, die sich unter anderem durch den Anspruch, den sie an die der Segmentierung zugrunde liegenden Daten stellen, unterscheiden (s. z. B. Herrmann & Homburg, 2000).

2.3 Marktforschung

Die *Marktforschung* kann als die systematische Sammlung, Analyse und Interpretation von Daten über Märkte, Marktteilnehmer und deren Verhaltensweise zum Zweck der Entscheidungsvorbereitung im Marketing definiert werden (s. Decker & Wagner, 2002, 4). Sie umfasst ein breites Spektrum von Instrumenten und Methoden zur Entdeckung und Erklärung der zwischen den Marktteilnehmern bestehenden (Austausch-) Beziehungen. In größeren Unternehmen ist die Marktforschung zumeist eine organisatorisch selbstständige Einheit, die über ein eigenes Budget verfügt und dem Marketingleiter unterstellt ist. Kleinere Unternehmen hingegen nehmen aufgrund fehlenden Know-hows in aller Regel die Dienste externer Marktforschungsinstitute in Anspruch. Gegenstand von Marktforschungsaktivitäten sind sowohl Absatz- als auch Beschaffungsmärkte. Aufgrund ihres hohen Stellenwerts für das Marketing konzentrieren sich die weiteren Ausführungen auf die *Absatzmarktforschung*.

Abhängig von der Planungsperspektive kann in der Marktforschung zwischen *strategischer und operativer Informationsbeschaffung* unterschieden werden. Im ersten Fall ist der Fokus auf die langfristige Entwicklung von Märkten (z. B. im Hinblick auf deren Volumen, Wachstumsdynamik und Zusammensetzung) gerichtet. Die Marktforschung dient hier in erster Linie der Absicherung langfristig wirksamer Marketingentscheidungen. Auf Unternehmensebene können unter anderem die Zukunftsperspektiven einzelner strategischer Geschäftseinheiten oder die langfristigen Marktchancen neuer Produktkonzepte im Mittelpunkt des Interesses stehen. Einen weiteren Schwerpunkt stellt die Beobachtung und Auswertung so genannter Frühwarnindikatoren zur rechtzeitigen Erkennung nachfragerelevanter Trends dar. Im zweiten Fall bezieht sich die Marktforschung auf einen eng abgegrenzten zeitlichen Horizont und kann beispielsweise Informationen über die bisherige und gegenwärtige Wirkung absatzpolitischer Maßnahmen und das Ausmaß des Erreichens gesteckter Marketingziele liefern. Die kurzfristige Prognose der Wirkungen des Einsatzes der in den folgenden Abschnitten beschriebenen Marketinginstrumente wird ebenfalls üblicherweise der operativen Informationsbeschaffung zugeordnet. Die Spanne der Einsatzfelder der Marktforschung reicht somit von der Beobachtung, über die Beurteilung bis hin zur Prognose und Kontrolle der marktseitigen Wirkung von Marketingaktivitäten.

Vor der Durchführung eines Marktforschungsprojekts stehen planerische Überlegungen, die den Ablauf der Informationsgewinnung und -aufbereitung möglichst präzise festlegen. Idealtypischerweise unterscheidet man folgende *Projektschritte* (s. Decker & Wagner, 2002, 33 ff.):

1. Spezifikation des Untersuchungsgegenstands
   (Welche Informationen werden wann worüber benötigt?),
2. Festlegung der relevanten Informationsquellen
   (Sollen neue Daten erhoben werden – und wenn ja, wo – oder kann auf vorhandene Daten zurückgegriffen werden?),
3. Formulierung von Forschungshypothesen
   (Welche Vermutungen bezüglich des interessierenden Marktes sollen durch die Untersuchung überprüft werden?),
4. Festlegung des Untersuchungs- und Analysedesigns
   (Wie soll bei der Untersuchung vorgegangen werden: deskriptiv, exploratorisch oder eher konfirmatorisch?),
5. Auswahl der Erhebungs- und Analyseinstrumente
   (Welche Datengewinnungsmethode/n soll/en zum Einsatz kommen und wie sollen die verfügbaren Daten ausgewertet werden?),
6. Planung der zu realisierenden Stichprobe
   (Welchen Umfang sollte die Erhebung haben, um aussagekräftige Resultate liefern zu können und welche „Informanten" sollen dabei in Anspruch genommen werden?),
7. Erhebung und Erfassung der Daten
   (Wie ist der Datengewinnungsprozess und die damit verbundene EDV-technische Datenerfassung und -aufbereitung zu organisieren?),
8. Auswertung der verfügbaren Daten
   (Welchen Detaillierungsgrad soll die Datenauswertung aufweisen und welche Formen der Ergebnisaufbereitung sollen zur Anwendung kommen?),
9. Ergebnispräsentation und Berichterstellung
   (Wie sind die gewonnenen Informationen zu interpretieren und wie können sie den an den Untersuchungsergebnissen interessierten Personen zugänglich gemacht werden?) und
10. Bewertung der bereitgestellten Informationen
    (Inwieweit decken die erzielten Ergebnisse den Informationsbedarf und wo bestehen noch Informationsdefizite?).

Das vorliegende Schema beschreibt eine idealisierte Vorgehensweise, deren praktische Umsetzung, beispielsweise aufgrund bestehender finanzieller oder zeitlicher Rahmenbedingungen, zumeist nur mit Abstrichen möglich ist. Im Einzelfall kann es erforderlich werden, einzelne Schritte zu übergehen oder zu wiederholen. Es gilt, ein ausgewogenes Verhältnis zwischen dem zeitlichen, finanziellen und personellen Ressourceneinsatz einerseits und den Mindestanforderungen an den erwarteten Erkenntnisgewinn andererseits zu erzielen.

Bei der Beurteilung alternativer Informationsquellen unter Kosten-Nutzen-Aspekten sieht sich der Marktforscher jedoch häufig einem „Informationsdilemma" gegenüber: In aller Regel kann er den Nutzen einer Marktinformation, zum Beispiel hinsichtlich der hierdurch möglichen Absicherung einer anstehenden Marketingentscheidung, nämlich erst dann beurteilen, wenn ihm diese Information vorliegt. Die Kosten sind dann aber bereits entstanden. Ein weiteres Dilemma der Marktforschung besteht in dem Konflikt zwischen der Schnelligkeit der Verfügbarkeit und der Genauigkeit von Informationen. Die Notwendigkeit von Kompromisslösungen ist in praxi somit nahezu allgegenwärtig.

Bei der Festlegung der relevanten Informationsquellen gemäß Projektschritt 2 stehen grundsätzlich zwei Alternativen zur Auswahl, die *Sekundärforschung*, bei der auf bereits vorhandene Daten (z. B. aus einschlägigen Datenbanken) zurückgegriffen wird, und die *Primärforschung*, im Rahmen derer eigens Daten zur gezielten Beantwortung der zuvor formulierten Fragestellungen erhoben werden. Vielfach bietet sich eine Kombination beider Ansätze dergestalt an, dass zunächst mittels Sekundärforschung der aktuelle Status Quo in dem betreffenden Themengebiet eruiert wird. Das Internet bietet hier vielfältige Möglichkeiten der Recherche an. Aufbauend auf diesen Basisinformationen kann dann geprüft werden, welche Aspekte des in Projektschritt 1 formulierten Untersuchungsgegenstands damit nicht oder nur in unzureichendem Maße abgedeckt sind. Die auf diese Weise identifizierten Informationslücken können sodann mittels geeigneter Methoden der Primärforschung geschlossen werden.

Wichtige *unternehmensinterne Quellen der Sekundärforschung* sind beispielsweise Betriebsstatistiken, die Kosten- und Leistungsrechnung sowie Berichte von Außendienstmitarbeitern. Mit ihrer Hilfe sind vor allem in die Vergangenheit gerichtete Untersuchungen (etwa den Erfolg einer durchgeführten Marketingmaßnahme betreffend) möglich. Beliebte *externe Sekundärquellen* sind zum Beispiel amtliche Statistiken sowie Marktstudien von Wirtschaftsverbänden und Verlagen, die jedoch zwangsläufig nur eher allgemeine Hinweise auf Marktveränderungen geben können. Sekundärinformationen haben den Vorteil, dass sie schnell und relativ kostengünstig zu beschaffen sind, leiden jedoch unter der zumeist eher geringen Aktualität und dem unter Umständen nur indirekten Bezug zum Untersuchungsgegenstand.

Bei den *Erhebungsmethoden der Primärforschung* sind zwei Grundformen zu unterscheiden, die Befragung und die Beobachtung. Beide Formen kommen jedoch vielfach auch in Kombination zum Einsatz (z. B. bei Untersuchungen der Akzeptanz von Neuprodukten). Sonderformen der Datengewinnung sind Experimente mit einer genau definierten Versuchsanordnung und Panels. Bei Letzteren werden in regelmäßigen Abständen und über einen längeren Zeitraum hinweg bei einem weitgehend gleich bleibenden Personenkreis Befragungen oder Beobachtungen zu einem vorgegebenen Untersuchungsgegenstand (z. B. dem persönlichen Lebensmittelkonsum) durchgeführt. Wegen ihres herausragenden Stellenwerts in der Praxis wird nachfolgend stellvertretend auf das Instrument der Befragung genauer eingegangen (s. Decker & Wagner, 2002).

Üblicherweise unterscheidet man Ein- und Mehrthemenumfragen. *Mehrthemenumfragen* werden regelmäßig von Marktforschungsinstituten durchgeführt. Unternehmen können sich hier gegen ein entsprechendes Entgelt mit eigenen Fragen an einer mehrere unterschiedliche Themen aufgreifenden Befragung beteiligen und können auf diese Weise an einer professionell durchgeführten Datenerhebung partizipieren. *Einthemenumfragen* konzentrieren sich hingegen auf ein spezielles Thema, anlässlich dessen die Erhebung durchgeführt wird. Hinsichtlich der Durchführung können drei Typen von Befragungen unterschieden werden: schriftliche, persönliche und telefonische.

Schriftliche Befragungen erfordern die sachkundige Erstellung eines sich aus Sicht der Auskunftspersonen selbst erklärenden Fragebogens. Dieser wird den zu befragenden Personen per gelber oder elektronischer Post (Online-Befragung) mit der Bitte um Beantwortung und anschließende Rücksendung zugesandt. Schriftliche Befragungen bieten sich vor allem dann an, wenn die zu stellenden Fragen eher einfach strukturiert sind, die Auskunftspersonen nur schwer persönlich zu erreichen sind oder nur ein vergleichsweise geringes Budget zur Verfügung steht. Als Nachteile sind beispielsweise die mangelnde Kontrolle der Befragungssituation und die zumeist eher geringe Teilnahmebereitschaft zu nennen.

Bei *persönlichen Befragungen* (Interviews) werden die interessierenden Fragestellungen in einem Gespräch zwischen Interviewer und Auskunftsperson abgearbeitet. Sie kommen beispielsweise dann zum Einsatz, wenn den Auskunftspersonen umfangreiche Unterlagen gezeigt werden müssen oder wenn die Möglichkeit spontaner Rückfragen für die erfolgreiche Durchführung der Befragung von Bedeutung ist. Als Nachteil erweisen sich die in aller Regel vergleichsweise hohen Kosten der Durchführung und der Interviewereinfluss. Eine Spezialform der persönlichen Befragung sind *Telefoninterviews*, bei denen häufig auf Computerunterstützung zurückgegriffen wird. Beim so genannten Computer Aided Telephone Interviewing (kurz: CATI) übernimmt der Computer zumeist auch die Auswahl und telefonische Anwahl der Auskunftspersonen. Während der eigentlichen Befragung werden dem Interviewer die zu stellenden Fragen auf dem Bildschirm angezeigt und die Antworten direkt in das System eingegeben. Auf diese Weise kann die Fragesequenz dynamisch an das individuelle Antwortverhalten angepasst werden. Telefoninterviews bieten sich vor allem dann an, wenn die Befragungsergebnisse schnell verfügbar sein müssen und der Fragenumfang überschaubar ist.

Die Durchführung von Befragungen erfolgt in aller Regel weitgehend standardisiert, das heißt sowohl die Inhalte der Fragen als auch deren Anzahl, Aufbau und Anordnung im Fragebogen werden im Vorhinein festgelegt. In Situationen, in denen dies entweder nicht möglich oder nicht sinnvoll erscheint, können beispielsweise individuelle Tiefeninterviews oder aber auch Gruppeninterviews zum Einsatz kommen. Bei Letzteren werden die interessierenden Themen (z. B. der wahrscheinliche Erfolg eines in Vorbereitung befindlichen Neuprodukts) gleichzeitig mit einer ganzen Gruppe von Auskunftspersonen (z. B. potenziellen Käufern) erörtert. Gruppeninterviews bieten sich vor allem dann an, wenn innerhalb kurzer Zeit ein breites

Spektrum an Meinungen, Ansichten oder Ideen zu einem bestimmten Thema eingeholt werden sollen. Qualitative Erhebungen der skizzierten Art haben häufig den Charakter von Pilotstudien, deren Zweck in erster Linie darin besteht, die wesentlichen Dimensionen und Elemente eines Untersuchungsgegenstands zu ermitteln. Die auf diese Weise gewonnenen Erkenntnisse können dann Eingang in standardisierte Formen der quantitativen Datengewinnung finden.

Liegen schließlich Daten in ausreichender Form und Qualität vor, so stellt sich die Frage nach deren adäquater Auswertung. Die Anzahl der für Marketingfragestellungen anwendbaren Methoden und Modelle ist in den letzten Jahren stetig gewachsen. Die meisten dieser Ansätze haben mittlerweile auch bereits Eingang in einschlägige Software-Pakete, wie beispielsweise SAS® und SPSS®, gefunden. Das eigentliche Problem besteht somit weniger in der Verfügbarkeit von Analysewerkzeugen als vielmehr in deren qualifiziertem Einsatz. In Abhängigkeit von der Anzahl der in die Analyse einzubeziehenden Variablen kann zwischen univariaten (Betrachtung einer unabhängigen Variable) und multivariaten Verfahren (gleichzeitige Betrachtung von mindestens zwei unabhängigen Variablen) unterschieden werden. Bei den *univariaten Verfahren* handelt es sich in erster Linie um einfache Häufigkeitsauszählungen sowie Lage- und Streuungsparameter aus der deskriptiven Statistik. Die wichtigsten *multivariaten Verfahren* sind (Die Beispielfragen in Klammern geben Hinweise auf mit dem jeweiligen Instrument bearbeitbare Fragestellungen.):

- Regressionsanalyse
  (Wie ändert sich der Absatz eines Produkts, wenn dessen Preis um 20 % und die Werbeaufwendungen um 50 % erhöht werden?),
- Varianzanalyse
  (Hat die Neugestaltung der Produktverpackung einen Einfluss auf den Produktabsatz?),
- Diskriminanzanalyse
  (Anhand welcher sozio-demografischer Variablen lassen sich die Konsumenten der Marktsegmente A und B unterscheiden?),
- Korrespondenzanalyse
  (Welcher Zusammenhang besteht zwischen der Häufigkeit der Nachfrage nach den Produkten A, B, C und dem Bildungsniveau der Käufer?),
- Kausalanalyse
  (Wie stark beeinflussen die Qualität und das Image eines Warenangebots die Einkaufsstättentreue?),
- Conjoint-Analyse und Analytisch Hierarchischer Prozess (AHP)
  (Welchen anteilsmäßigen Beitrag zum Gesamtnutzen eines Produkts erbringen dessen Farbe, Design und Garantieleistungen?),
- Faktorenanalyse
  (Auf welche übergeordneten Einflussfaktoren lassen sich die im Rahmen einer quantitativen Befragung erhaltenen Antworten zurückführen?),
- Clusteranalyse
  (Welche Marktsegmente („Cluster") lassen sich auf Basis der vorliegenden Segmentierungskriterien identifizieren?) und

- Multidimensionale Skalierung
  (Wie ähnlich sind sich die auf einem Markt miteinander konkurrierenden Produkte A, B, C, ... in den Augen der Käufer?).

Welche der genannten Methoden im konkreten Fall zur Anwendung kommen kann, hängt neben der zu behandelnden Fragestellung vor allem auch vom Skalenniveau der verfügbaren Daten ab (s. Decker & Wagner, 2002, 227 ff.). Folglich ist es wichtig, schon bei der Planung eines Marktforschungsprojekts genau zu überlegen, auf welche Weise die zu erhebenden Daten anschließend ausgewertet werden sollen.

3 Marketinginstrumente

3.1 Produktpolitik

Gegenstand der Produktpolitik sind sämtliche im Zusammenhang mit der Ausgestaltung des Leistungsprogramms eines Unternehmens zu treffenden Entscheidungen. Ziel ist es, zu jedem Zeitpunkt die für den erfolgreichen Fortbestand des Unternehmens erforderlichen Produkte, Ideen und Konzepte in angemessener Qualität und Aktualität bereitzustellen. Sie umfasst somit alle Strategien und Maßnahmen, die erforderlich sind, um neue Produkte zum richtigen Zeitpunkt auf den Markt zu bringen (Produktinnovation), um bereits auf dem Markt befindliche Produkte gegebenenfalls zu modifizieren (Produktvariation) oder, um zukünftig nicht mehr profitable Produkte zum richtigen Zeitpunkt vom Markt zu nehmen (Produkteliminierung).

Abbildung 4 beschreibt die neben dem Produktkern wichtigsten Merkmale eines Produkts. Der Produktkern ergibt sich aus dem Zweck der betreffenden Leistung und bestimmt, zusammen mit deren Qualität, den Grundnutzen. Inwieweit die in der Abbildung genannten Merkmale im Einzelfall von Bedeutung sind, hängt von der Art des Produkts ab. Während bei wiederholt zum Einsatz kommenden Gebrauchsgütern (z. B. einem Personal Computer), neben dem Produktkern (die „Hardware"), unter Umständen den mit dem Produkt verbundenen Serviceleistungen (z. B. im Bereich der Wartung) und dem verfügbaren Zubehör (z. B. der installierbaren Software) eine hohe Bedeutung zukommt, spielen diese Eigenschaften bei Verbrauchsgütern des täglichen Bedarfs (z. B. bei Zahncreme), wenn überhaupt, nur eine sehr untergeordnete Rolle. Bei Letzteren wird die Kaufentscheidung, neben dem Produktkern, vor allem durch den Markennamen und den Preis beeinflusst. Auf den Preis wird wegen seines besonderen Stellenwerts im nachfolgenden Unterabschnitt ausführlich eingegangen.

Um die Wirkung von Marketingmaßnahmen genauer analysieren zu können, bedarf es einer allgemeingültigen Klassifikation von Produkten. Im Falle von Konsumgütern ist die folgende, sich an der Form der Produktinanspruchnahme orientierende Unterscheidung üblich:

- *Verbrauchsgüter*: Hierbei handelt es sich um Güter, die im Normalfall im Verlaufe eines einzigen oder einiger weniger Verwendungseinsätze aufgebraucht werden. Produktion und Verbrauch können hier zeitlich nahe beieinander liegen.

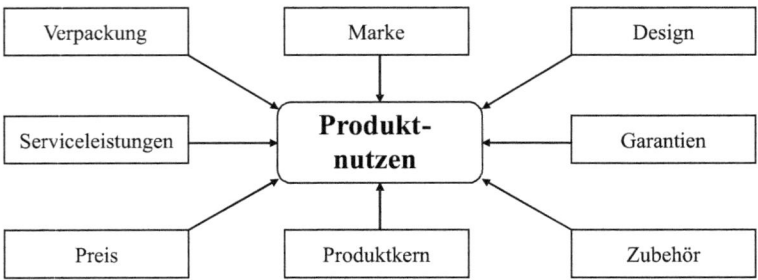

Abb. 4: Merkmale eines Produkts

Verbrauchsgüter zeichnen sich häufig durch ihre geringe Erklärungsbedürftigkeit und die damit einhergehende Selbstverkäuflichkeit aus. Als Beispiele lassen sich Lebensmittel, einfache Körperpflegemittel und Treibstoffe nennen.

- *Gebrauchsgüter*: Produkte dieses Typs eignen sich für wiederholte Verwendungseinsätze. Gebrauchsgüter können im Vergleich zu Verbrauchsgütern einen größeren Aufwand beim persönlichen Verkauf und der Nachkaufbetreuung sowie eine stärkere Betonung der Erbringung von Garantieleistungen erforderlich machen. Beispiele hierfür sind Kleidung, Haushaltseinrichtungen und Fahrzeuge.
- *Dienstleistungen*: Hierunter versteht man Fähigkeiten, die als augenblickliche oder zukünftige Leistungen angeboten werden. Als Beispiele können Reparaturleistungen, Beratungen oder medizinische Behandlungen angeführt werden. Aufgrund der zum Zeitpunkt der Kaufentscheidung unter Umständen nur schwer zu beurteilenden Qualität einer Dienstleistung kommt dem Vertrauen der Käufer in die Anbieter und deren Arbeitsweise erhöhte Bedeutung zu. Zudem lassen sich Dienstleistungen nicht lagern, was zum Teil spezielle Marketingkonzepte erforderlich macht.

Eine Klassifikation von Konsumgütern aus verhaltensorientierter Sicht führt zu folgender, ebenfalls weit verbreiteten Typologie:

- *Güter des täglichen Bedarfs* (engl. „Convenience Goods"): Hierbei handelt es sich um mehr oder weniger regelmäßig gekaufte Konsumgüter, deren Beschaffung als unproblematisch angesehen werden kann. Der Kauf erfolgt oft spontan und ist mit einem minimalen Aufwand an Vergleichs- und Bewertungsanstrengungen verbunden. Als Beispiele können Lebensmittel, Zigaretten und Haushaltskurzwaren genannt werden. Die Bindung an bestimmte Hersteller (Markentreue) ist zumeist eher schwach ausgeprägt.
- *Güter des gehobenen Bedarfs* (engl. „Shopping Goods"): Gemeint sind hier Produkte, deren Kauf in aller Regel relativ intensive Vergleichsanstrengungen in Bezug auf Preis, Qualität, Aussehen etc. vorausgehen. Der Informationsbedarf ist zumeist hoch. Oft existiert kein vorgegebenes, die Kaufentscheidung erleichterndes Präferenzsystem. Den Urteilen von Verbraucherorganisatoren und dem Rat

von Verkäufern kommt hier besondere Bedeutung zu. Typische Vertreter dieser Gruppe von Gütern sind z. B. Schuhe, Möbel und Haushaltsgeräte.
- *Spezialitäten* (engl. „Speciality Goods"): Hierunter sind Konsumgüter zu verstehen, denen in den Augen der jeweiligen Käufer eine gewisse „Einzigartigkeit" zukommt. Ein hohes Maß an Markenidentifikation, gezielte Kaufanstrengungen zur Erreichung eines maximalen persönlichen Nutzens und das Vorliegen eines Präferenzsystems sind Kennzeichen dieser Klasse von Produkten. Käufe von Spezialitäten weisen zumeist ein vergleichsweise hohes Maß an Involvement auf. Als Beispiele lassen sich bestimmte Arten von Luxusgütern, wie etwa teure Parfüms sowie Schmuck und exklusive Kleidung anführen.

Produkte weisen im Normalfall einen mehr oder weniger spezifischen *Lebenszyklus* auf. Dieser lässt sich z. B. anhand des von der Zeit t abhängigen Umsatzes $U(t)$ beschreiben. Definiert man $U(t)$ als stetig differenzierbare Funktion, so lassen sich die folgenden sechs Phasen unterscheiden (die Angaben in Klammern beschreiben in idealisierter Weise den Umsatzverlauf in den einzelnen Phasen):

1. Entwicklung (mit $U(t) = 0$),
2. Einführung (mit $\frac{\partial U(t)}{\partial t} > 0$ und $\frac{\partial^2 U(t)}{\partial t^2} > 0$),
3. Wachstum (mit $\frac{\partial U(t)}{\partial t} > 0$ und $\frac{\partial^2 U(t)}{\partial t^2} \approx 0$),
4. Reife (mit $\frac{\partial U(t)}{\partial t} > 0$ und $\frac{\partial^2 U(t)}{\partial t^2} < 0$),
5. Sättigung (mit $\frac{\partial U(t)}{\partial t} \approx 0$),
6. Degeneration (mit $\frac{\partial U(t)}{\partial t} < 0$).

Der Aussagegehalt dieses sehr einfachen Modells ist allerdings beschränkt. Kritisiert werden u. a. die fehlende Allgemeingültigkeit, die Abhängigkeit der Form der Lebenszykluskurve vom jeweiligen Produkt und den zu seiner Vermarktung ergriffenen Werbe- und Vertriebsmaßnahmen sowie die Probleme im Zusammenhang mit der genauen Abgrenzung der einzelnen Phasen. Nichtsdestotrotz bietet es bei empirischer Untermauerung durch Marktforschungsdaten eine Orientierung für die Planung produktpolitischer Maßnahmen, etwa die Planung des Startzeitpunktes für die Entwicklung von Folgeprodukten. Hervorzuheben ist zudem, dass der Produktlebenszyklus die Basis für strategische Planungshilfen, etwa die einschlägigen Portfoliokonzepte verschiedener großer Unternehmensberatungen, bildet.

Eine der Entscheidungen im Rahmen der Produktpolitik ist die über die Planung, Entwicklung und Einführung *neuer Produkte*. In hoch entwickelten Wirtschaftssystemen, wie sie in Deutschland, USA oder Japan existieren, stellt die Innovationsfähigkeit der Unternehmen einen zentralen Wettbewerbsfaktor dar, der in einigen Branchen, zum Beispiel der Telekommunikationsindustrie, sogar überlebensnotwendig ist.

In der Betriebswirtschaftslehre unterscheidet man, in Abhängigkeit davon, ob sich eine Neuerung auf betriebliche Abläufe oder eine erbrachte Leistung bezieht, zwischen Prozess- und Produktinnovation. Letzteres dominiert im Marketing. Ein Produkt gilt als innovativ, wenn es für das betreffende Unternehmen oder den zu bedienenden Markt neuartig ist.

Die wesentlichen *Schritte bei der Durchführung einer Produktinnovation* sind:

1. *Wahrnehmung einer Innovationschance*:
   Anregungen für die Entwicklung eines neuen marktfähigen Produkts können sich beispielsweise aus der Verfügbarkeit neuer, Technologien ergeben. Hinweise hierauf liefern Fachpublikationen von Forschungseinrichtungen und Patentdatenbanken. Aber auch Kundenbefragungen können Hinweise auf sich zukünftig ergebende oder verändernde Bedürfnisse liefern.
2. *Ideengewinnung und -auswahl*:
   Mögliche Quellen für Neuproduktideen sind zum Beispiel das innerbetriebliche Vorschlagswesen, die Marktforschung, aber auch Beschwerden und Reklamationen von Kunden. Bekannte Verfahren zur systematischen Entwicklung von Neuproduktideen sind die Morphologie, das Brainstorming und die Methode 635 und andere (s. z. B. Schlicksupp, 1995).
3. *Konzeptentwicklung und -bewertung*:
   Auch für die Überführung vorhandener, unter Umständen noch relativ unspezifischer Ideen in konkrete Produktkonzepte oder Prototypen sind verschiedene Methoden verfügbar. Die weiteste Verbreitung haben in diesem Bereich die Conjoint-Analyse (s. S. 174) und das Quality Function Deployment gefunden. Letzteres hilft dabei, die seitens der Kunden bestehenden Anforderungen in systematischer Weise in technisch realisierbare Produktmerkmale umzusetzen.
4. *Konzept- oder Produkttest*:
   Ziel dieser Phase der Neuproduktentwicklung ist die Identifikation jener Produkte oder Produktkonzepte, die tatsächlich realisierenswert erscheinen und für eine Markteinführung in Frage kommen. Die Basis hierfür können beispielsweise Checklisten und Scoring-Modelle bilden. Bei Ersteren handelt es sich um Kriterienkataloge, mittels derer beispielsweise geprüft wird, ob ein Neuprodukt zur Unternehmensphilosophie passt, ob es bestehende Normen erfüllt und inwieweit durch seine Realisation betriebliche Ressourcen gebunden werden. Bei Scoring-Modellen erfolgt die Beurteilung der als relevant erachteten Kriterien anhand von im Vorhinein festgelegten Bewertungsskalen. Für die Überprüfung der tatsächlichen Akzeptanz von Neuprodukten bieten sich Testverkäufe in regional abgegrenzten Gebieten („Testmärkten") an, etwa einer für den Gesamtmarkt repräsentativen Stadt. Alternativ hierzu können auch Kaufsimulationen unter Laborbedingungen durchgeführt werden. Aus den auf diese Weise zu gewinnenden Daten können mittels spezieller Testmarktsimulationsmodelle (Gaul et al., 1996), etwa ASSESSOR, Prognosen hinsichtlich des mit einem Neuprodukt langfristig zu erzielenden Marktanteils erstellt werden. Erforderlichenfalls erfolgt eine Überarbeitung der Neuproduktkandidaten.
5. *Markteinführung*:
   Das Neuprodukt mit den höchsten Erfolgsaussichten wird schließlich in den Markt eingeführt. Auch dieser Prozessschritt sollte möglichst systematisch erfolgen. Hilfestellung können hier Planungsmethoden aus dem Operations Research bieten, beispielsweise die „Kritische-Pfad-Methode". Mit ihrer Hilfe lassen sich Verantwortlichkeiten verdeutlichen (Wer übernimmt bei der Vermarktung

welche Aufgabe?), Arbeitsabläufe kontrollieren (Wann muss spätestens mit der Einführungswerbung begonnen werden?), Planabweichungen erkennen (Wann hätte das Produkt im Handel sein müssen?) und mögliche Engpässe prognostizieren (Wann werden welche Marketingressourcen in welchem Umfang benötigt?).

Im Zusammenhang mit der Einführung eines neuen Produkts stellt sich natürlich auch die Frage, ab wann damit Gewinne erwirtschaftet werden. Ein einfacher Ansatz zur Beantwortung dieser Frage ist die *Break-Even-Analyse*. Ziel dieser Analyse ist die Bestimmung jener Absatzmenge x eines Produkts, bei der der Produktpreis p gerade die Kosten je Mengeneinheit deckt. Mit k_v als den variablen Stückkosten und k_f als den für die Erstellung des Produkts relevanten Fixkosten gilt für den mit dem Produkt im betrachteten Zeitraum erzielbaren Gewinn G:

$$G(x) = U(x) - K(x) = p \cdot x - (k_v \cdot x + k_f) \qquad (1)$$

Die Variable $U(x)$ steht hierbei für den mit dem Produkt erzielten Umsatz und $K(x)$ für die damit einhergehenden Gesamtkosten. Für den Break-Even-Point x_B muss gelten: $G(x_B) = 0$ beziehungsweise $U(x_B) = K(x_B)$. Dies liefert die einfache Beziehung:

$$x_B = \frac{k_f}{p - k_v} \qquad (2)$$

Abbildung 5 veranschaulicht diesen Zusammenhang in grafischer Weise.

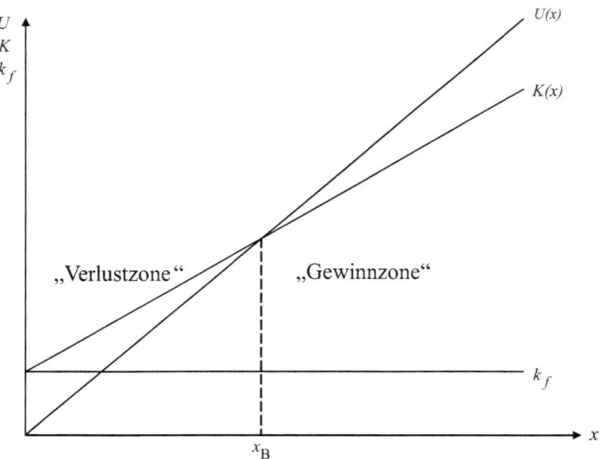

Abb. 5: Grafische Bestimmung des Break-Even-Points

In vielen Bereichen bieten heute mehrere Anbieter Produkte ähnlicher, wenn nicht sogar identischer Funktion an. Dies gilt in besonderem Maße für Konsumgüter (wie etwa Zigaretten, Softdrinks und T-Shirts), aber zunehmend auch für Industriegüter und Dienstleistungen. Um sich in Märkten mit mehr oder weniger homogenem

Leistungsangebot von der Konkurrenz abzuheben, bedarf es deshalb eines individuellen und einprägsamen Produktprofils. Ausdruck dieses Produktprofils ist zumeist die Marke, unter der ein Produkt vertrieben wird.

Markenprodukte sind Leistungen, die über einen längeren Zeitraum mit gleich bleibender oder verbesserter Qualität unter einer bestimmten Bezeichnung, der Marke, angeboten werden. Sie ermöglicht den potenziellen Käufern eine leichtere Orientierung in der vorhandenen Angebotsvielfalt und garantiert ihnen bei wiederholter Inanspruchnahme der betreffenden Leistung einen gleich bleibenden oder steigenden Nutzen. Insoweit stellt eine Marke auch immer ein Nutzenversprechen der Anbieter an die Nachfrager dar. Wichtige Unterscheidungen sind:

- Herstellermarke (z. B. *Jacobs*-Kaffee) versus Handelsmarke (z. B. *TIP*-Taschentücher) versus Dienstleistungsmarke (z. B. *TUI*-Reisen),
- Solitärmarke (z. B. *Red Bull*) versus Produktgruppenmarke (z. B. *Nivea*) versus Dachmarke (z. B. *Dr. Oetker*) und
- Regionalmarke (z. B. *Südmilch*) versus Nationalmarke (z. B. *Ehrmann*-Joghurt) versus Globalmarke (z. B. *Coca Cola*).

Zu den wichtigsten Entscheidungen im Zusammenhang mit der *Markierung* eines Produkts zählen:

- Namensfindung (Soll ein realer Name, wie bspw. der Familienname bei *Dr. Oetker*, oder ein fiktiver Name, wie beispielsweise bei der Biermarke *Kelts* verwendet werden?),
- Labeling (Soll mittels entsprechender Zusätze, z. B. „Made in Germany", auf die Herkunft der Marke hingewiesen werden?),
- gesetzlicher Schutz (Wie ist die Marke bzw. der Markenname vor Missbrauch, z. B. im Internet, zu schützen?),
- Lizenzierung (Soll die Nutzung des Markennamens auch anderen Unternehmen gegen ein entsprechendes Entgelt ermöglicht werden?) und
- Imagetransfer (Soll bzw. kann der Markteintritt eines neuen Produkts oder einer neuen Produktgruppe durch den gezielten Imagetransfer von einer bereits etablierten Marke erleichtert werden?).

Ein Paradebeispiel für den erfolgreichen Transfer eines bestehenden Markennamens und des damit verbundenen Images auf eine andere Produktkategorie ist die Marke *Camel*. Das ursprünglich als Zigarettenmarke erfolgreich im Markt eingeführte Label steht heute auch für eine breite Palette von Produkten aus der Bekleidungsbranche.

In aller Regel agiert eine Marke auf den für sie relevanten Märkten weitgehend autonom. Hin und wieder kommt es aber auch zu gemeinsamen Auftritten verschiedener Marken. Ziel solcher *Markenallianzen* ist zumeist die Erhöhung des Absatzvolumens der beteiligten Partner unter Ausnutzung der individuellen Markenwerte. Wichtige Ausprägungsformen sind die horizontale Werbeallianz, bei der zwei oder mehr Marken gemeinsame Werbung machen (z. B. ein Waschmaschinen- und ein Waschpulverhersteller) und das „Co-Branding", bei dem ein Produkt unter Verwendung der Markenbezeichnungen einzelner Komponentenhersteller vermarktet wird

(z. B. ein Computer und ein Prozessorhersteller). Letzteres bezeichnet man auch als „Ingredients Branding".

Der *Wert einer Marke* wird im Wesentlichen durch deren Bekanntheit, die wahrgenommene Qualität der betreffenden Produkte, die mit ihr verbundenen subjektiven Assoziationen sowie ihre Fähigkeit zur Erzeugung einer dauerhaften Käuferbindung bestimmt. Der betriebswirtschaftliche Erfolg eines Produkts hängt jedoch nicht nur von seinen physischen Eigenschaften und der Bekanntheit seines Markennamens ab, sondern auch davon, welche Marktposition das Produkt in Bezug auf die Konkurrenz innehat.

Die *Positionierung* im Markt ist das Ergebnis aller für das Produkt unternommenen Marketinganstrengungen und deren Wahrnehmung durch Konkurrenz und Käuferschaft. Im Umkehrschluss ermöglicht die Kenntnis der Position eines Produkts Rückschlüsse darauf, wie beispielsweise eine Modifikation des gegenwärtigen Marktauftritts aussehen müsste, wollte man sich von einem bestimmten Wettbewerber abheben. Weit verbreitete Methoden zur Bestimmung der Marktposition von Produkten sind die Faktorenanalyse und die Multidimensionale Skalierung. Mit Hilfe dieser Verfahren lassen sich aus Befragungsdaten zu den auf einem Markt angebotenen Produkten so genannte Wahrnehmungsräume („Perceptual Maps") bestimmen. Diese in aller Regel zweidimensionalen und einer mentalen Landkarte ähnelnden Darstellungen beschreiben in anschaulicher Weise die – in der Wahrnehmung der Käufer – zwischen den einzelnen Produkten bestehenden Wettbewerbsbeziehungen. Abbildung 6 zeigt einen fiktiven Wahrnehmungsraum für acht auf einem Markt angebotene PKW-Marken $M_1, \ldots, M_8$.

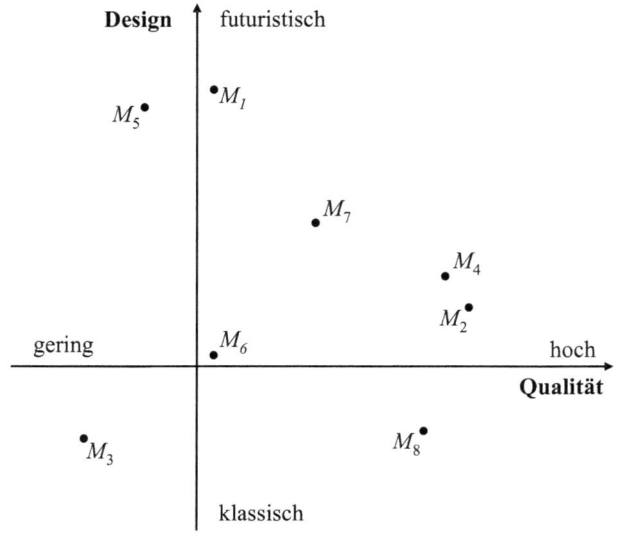

Abb. 6: Fiktiver Produktwahrnehmungsraum

Abbildung 6 ist unter anderem zu entnehmen, dass PKW der Marken M_2 und M_4 von den Käufern als sehr ähnlich empfunden werden, und zwar sowohl bezüglich des Fahrzeugdesigns als auch bezüglich der Verarbeitungsqualität. Letztere wird in beiden Fällen als hoch angesehen. Die Produkte stehen damit in unmittelbarer Konkurrenz zueinander. Durch eine Modernisierung des Designs bei gleich bleibender Qualität könnte sich M_4 von seinem unmittelbaren Konkurrenten M_2 abheben. Auch die Produkte M_1 und M_5 liegen vergleichsweise nahe beieinander. Beide werden vom Design her als futuristisch empfunden, weisen in den Augen der Käufer aber nur eine mittlere Qualität auf. Produkt M_7 besitzt bezüglich beider Dimensionen eine akzeptable Position, während die „mittlere" Position der PKW-Marke M_6 das Ergebnis ihrer sprichwörtlichen Mittelmäßigkeit hinsichtlich der betrachteten Dimensionen ist.

3.2 Preispolitik

Preispolitische Entscheidungen haben direkten Einfluss auf die mit einem Produkt zu realisierenden Umsatzvolumina und wirken damit unmittelbar auf die Ertragslage des Unternehmens. Während in der mikroökonomischen Literatur der Preis in vereinfachender Weise als monetäre Gegenleistung für die Zurverfügungstellung einer bestimmten Menge eines Produkts definiert wird, erweist sich für eine aktive Marketingpolitik eine erweiterte, am Kunden orientierte Betrachtungsweise als vorteilhaft:

- Der Preis spiegelt alle in Verbindung mit dem Produkterwerb verbundenen *Kosten* wider. Diese resultieren u. a. aus der im Vorfeld eines Kaufes erforderlichen Informationsbeschaffung, der Anfahrt zur Einkaufsstätte und der in die Abwicklung des Kaufs investierten Zeit.
- Käufer neigen dazu, Kaufentscheidungen durch die Anwendung von *Heuristiken* zu vereinfachen. Dies ist beispielsweise dann der Fall, wenn die einzelnen Preise der in einem Einkaufswagen liegenden Produkte nur überschlägig in die Gesamtbewertung des zu kaufen beabsichtigten Warenkorbs eingehen.
- Vielfach herrscht ein *pagatorisches Kostenverständnis* vor. Kaufentscheidungen, insbesondere solche, die vor dem Hintergrund eines gegebenen Budgets (z. B. dem pro Monat verfügbaren „Haushaltsgeld") getroffen werden, orientieren sich dann verstärkt an dem damit verbundenen nominellen Mittelabfluss. Beispielsweise bilden bei Ratenkäufen und beim Leasing, aber auch in der Vermögensbildung, oftmals die resultierenden monatlichen Belastungen anstelle eines mathematischen Rentabilitätskalküls die Entscheidungsgrundlage. Im Vordergrund stehen also Liquiditätsüberlegungen.
- Der Kauf von Produkten, insbesondere der von Gebrauchsgütern, ist oft mit *Folgekosten* verbunden (beim PKW-Kauf spielen z. B. Steuern, Versicherungen und der Benzinverbrauch eine wichtige Rolle). Diese Folgezahlungen fließen in das Preiskalkül mit ein, obwohl sie nicht an den Verkäufer zu leisten sind.
- Preisdifferenzen oder -änderungen werden situationsspezifisch bewertet. Im Regelfall werden Preise vor dem Hintergrund eines *Referenzpreises* (z. B. dem Preis des betreffenden Produkts beim letzten Kauf) bewertet. Hiervon ausgehend wird

eine Geldeinheit Ersparnis anders bewertet als eine Geldeinheit zusätzlicher Ausgaben. Zudem werden Preisänderungen relativ zur Gesamthöhe des Preises erfasst. Einen Euro beim Kauf eines geringwertigen Gutes (etwa einem Kännchen Kaffee) „zu sparen" erscheint besser, als die Ersparnis eines Euros beim Kauf eines höherwertigen Gutes (etwa eines Computers).
- Die *Signal- und Informationsfunktion* des Preises (z. B. als Indikator für die Produktqualität) führt zur Herausbildung von Preislagen. Begriffe wie „Mittelklassewagen" bringen dies zum Ausdruck. Die Verbraucher wählen häufig zunächst die für sie in Frage kommende Preislage und treffen dann zwischen den in dieser Preislage vorhandenen Produktangeboten ihre Kaufentscheidung. Wichtig ist in diesem Fall die Nähe zum Referenzpreis respektive ein geringfügiges Unterschreiten desselben und nicht unbedingt die Realisation des günstigsten Preises im Markt.

Diese Aspekte berücksichtigend kann der Preis als die Summe aller mittelbar oder unmittelbar in der Wahrnehmung des Käufers mit dem Kauf eines Produkts verbundenen Aufwendungen, einschließlich jener aufgrund seiner Nutzung, definiert werden (s. Diller, 2000, 25). Hervorzuheben ist an dieser Definition, dass lediglich die wahrgenommenen Aufwendungen herangezogen werden. So kann beispielsweise der mit der Ausnutzung von Sonderangeboten beim täglichen Lebensmitteleinkauf verbundene Zeitaufwand in die Preiswahrnehmung einfließen, während die Zeit zum Anprobieren von Bekleidung als Einkaufsvergnügen gesehen wird und deshalb bei der subjektiven Preiswahrnehmung keine Rolle spielt. Auch ist es nicht notwendigerweise so, dass der subjektiv wahrgenommene Preis das an den Verkäufer zu zahlende Entgelt übersteigt, da auch zukünftige Ersparnisse (z. B. beim Wechsel eines Telekommunikationsanbieters) in die aktuelle Preiswahrnehmung einfließen können. Darüber hinaus kann die Anwendung von Heuristiken bei der Preisbeurteilung, beispielsweise im Falle von Tarifen, die sich aus mehreren Komponenten zusammensetzen, in Verbindung mit nicht-ganzzahligen Beträgen zu Fehleinschätzungen seitens des Käufers führen (s. Estelami, 2003).

Grundlage einer aktiven Preispolitik ist eine im- oder explizite Vorstellung von den Preisreaktionen der Käufer. Im einfachsten Fall kann dies durch eine *Preisabsatzfunktion* der Art

$$x(p) = a - b \cdot p, \tag{3}$$

mit $a, b > 0$, zum Ausdruck kommen. Dabei bezeichnet der Parameter a die Sättigungsmenge und b das Ausmaß der Abnahme der Abverkaufsmenge bei steigendem Preis. Der Funktion liegen folgende vereinfachende Annahmen zugrunde:

1. Der Preis entspricht dem für das Produkt zu zahlenden Entgelt; weitere Aufwendungen sind nicht zu berücksichtigen.
2. Es gibt keine konkurrierenden Anbieter (Angebotsmonopol), jedoch zahlreiche Nachfrager (Nachfragerpolypol).
3. Die Reaktion der Käufer auf Preisänderungen kann durch eine lineare Funktion approximiert werden.

Falls sich die aus der Bereitstellung des Produkts resultierenden Kosten ebenfalls durch eine lineare Funktion

$$K(x(p)) = k_v \cdot x(p) + k_f \tag{4}$$

beschreiben lassen, so gilt für den Gewinn des Anbieters:

$$G(p) = (p - k_v) \cdot x(p) - k_f = (p - k_v) \cdot (a - b \cdot p) - k_f \tag{5}$$

Setzt man die erste Ableitung dieser Gleichung gleich Null und löst sie nach p auf, so liefert dies den gewinnmaximalen Preis

$$p^* = \frac{1}{2}\left(\frac{a}{b} + k_v\right), \tag{6}$$

der als *Cournot'scher Preis* bezeichnet wird und von den Fixkosten unabhängig ist. Beim Preis p^* gilt, wie man leicht zeigt, $U'(x(p)) = K'(x(p))$, d. h. die Gleichheit von Grenzerlös und Grenzkosten. Abbildung 7 veranschaulicht diesen Zusammenhang grafisch.

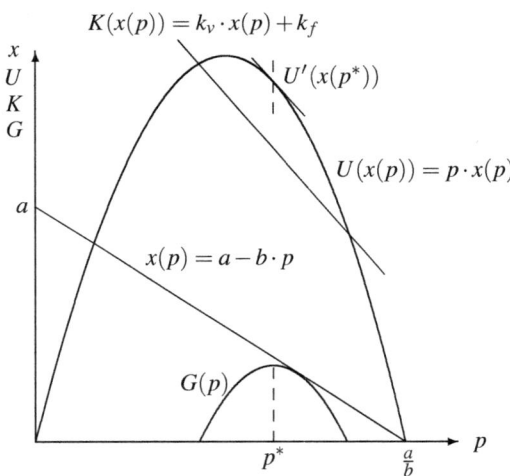

Abb. 7: Monopolistische Preisoptimierung bei linearer Preisabsatzfunktion

Löst man sich von der restriktiven Annahme eines Angebotsmonopols, indem ein zweiter Anbieter zugelassen wird (Angebotsduopol), so führt dies auf die erweiterten Preisabsatzbeziehungen (mit $c > 0$)

$$x_1(p_1, p_2) = a - b \cdot p_1 + c \cdot p_2 \quad \text{bzw.} \quad x_2(p_1, p_2) = a + b \cdot p_1 - c \cdot p_2, \tag{7}$$

wobei die Indizierung mit 1 und 2 die jeweiligen Preise und Absatzmengen kennzeichnet. Der optimale Preis (p_1) des Anbieters 1 ist nun abhängig vom Preis (p_2)

des Wettbewerbers. In diesem vereinfachten Szenario ist das Marktvolumen konstant, es gilt $x_1 + x_2 = 2a$.

Ist in dem betrachteten Markt beispielsweise der Wettbewerber (Anbieter 2) Preisführer und somit in der Lage, seinen Preis p_2 unabhängig vom Preis des Anbieters 1 zu setzen, so gilt gemäß der *Launhardt-Hotelling-Hypothese* für den seinen Preis optimierenden Preisnehmer (Anbieter 1):

$$p_1^* = \frac{1}{2} \left(\frac{a + c \cdot p_2}{b} + k_v \right) \quad (8)$$

Hierbei wird explizit unterstellt, dass Anbieter 2 nicht auf Preisänderungen von Anbeiter 1 reagiert, was in der Praxis beispielsweise dann der Fall ist, wenn Preise international vereinheitlicht werden, um graue Märkte zu vermeiden. Passt Anbieter 2 hingegen seinen Preis an den von Anbieter 1 an, gilt also $p_2 = p_1$, so führt dies auf die *Chamberlin-Hypothese*. Aus

$$x_1(p_1) = a - b \cdot p_1 + c \cdot p_1 \quad (9)$$

folgt hiernach (bei Kosten gemäß Gleichung (4) auf S. 184) für den gewinnmaximierenden Preis:

$$p_1^* = \frac{1}{2} \left(\frac{a}{b - c} + k_v \right) \quad (10)$$

In allen drei Fällen hängt der optimale Preis von den variablen Stückkosten k_v sowie dem durch die Parameter a, b beziehungsweise c zum Ausdruck kommenden Einfluss der jeweils relevanten Preise auf die Absatzvolumina ab. Für das Preismanagement in der Unternehmenspraxis haben solche Optimalitätsbetrachtungen jedoch zumeist nur geringe Bedeutung. Die Kosten dienen hier allenfalls als Basis für die Bestimmung der langfristigen Preisuntergrenzen. Aufgrund permanenter Verbesserungen der Produktionsverfahren, Größendegressionseffekten und voneinander abweichenden Kosten bei den in die Produkterstellung eingehenden Produktionsfaktoren weichen die Kostenstrukturen konkurrierender Anbieter oftmals deutlich voneinander ab und weisen eine nur schwer vorhersehbare Dynamik auf. Der tatsächlich am Markt durchsetzbare Preis wird vielmehr von Faktoren wie dem Image der Produktmarke, den mit dem Produkt verbundenen Serviceleistungen sowie dem im gewählten Vertriebskanal (z. B. dem Facheinzelhandel) vorherrschenden Preisniveau bestimmt. Diese und weitere Faktoren vermitteln dem Käufer einen Zusatznutzen und ermöglichen so vielfach die Realisation von zum Teil deutlich über den Herstellkosten liegenden Preisen. Diese als *akquisatorisches Potenzial* bezeichnete Attraktivität eines Produkts kann, wie in Abbildung 8 dargestellt, anhand der doppelt-geknickten Preisabsatzfunktion von Gutenberg (1984) verdeutlicht werden.

Wie aus der Abbildung ersichtlich, ist das mittlere Teilstück der Preisabsatzfunktion vergleichsweise flach, so dass bei Preisvariationen innerhalb dieses Intervalls nur geringfügige Änderungen des Absatzvolumens zu erwarten sind. Der Anbieter hat hier aufgrund des akquisatorischen Potenzials seiner Produkte einen gewissen preispolitischen Spielraum, innerhalb dessen er ohne größere Absatzmengenänderungen Preisänderungen vornehmen kann. Man bezeichnet diesen Preisspielraum

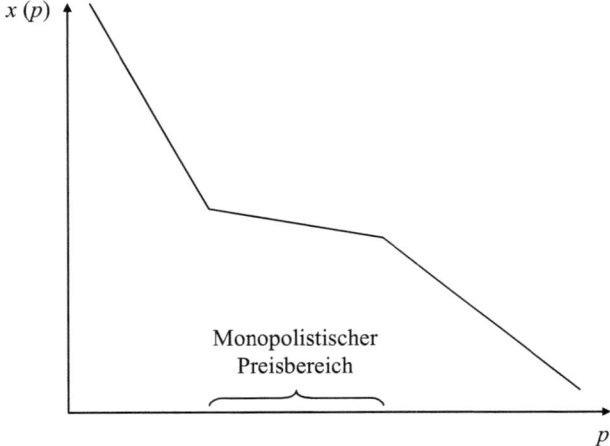

Abb. 8: Doppelt-geknickte Preisabsatzfunktion nach Gutenberg

deshalb auch als monopolistischen Preisbereich. Wählt er einen Preis oberhalb dieses Preisbereiches, so wandern die Käufer zur Konkurrenz ab.

Die sich aufgrund von Preisänderungen ergebenden relativen Änderungen der nachgefragten Menge werden üblicherweise mittels der *Preiselastizität* ε quantifiziert. Allgemein gilt:

$$\varepsilon_{x(p),p} = \frac{\partial x(p)}{\partial p} \cdot \frac{p}{x(p)} \tag{11}$$

Den Einfluss von Preisänderungen bei konkurrierenden Angeboten beschreibt man in analoger Weise mittels der so genannten Kreuz-Preiselastizität. Im Falle von zwei am Markt Agierenden Anbietern 1 und 2 berechnet sich die Elastizität der Nachfrage nach dem Produkt von Anbieter 1 in Abhängigkeit von Preisänderungen beim Produkt von Anbieter 2 als:

$$\varepsilon_{x_1(p_1,p_2),p_2} = \frac{\partial x_1(p_1,p_2)}{\partial p_2} \cdot \frac{p_2}{x_1(p_1,p_2)} \tag{12}$$

Für den Monopolfall mit linearer Preisabsatzfunktion gemäß der Gleichung (3) (s. S. 183) und linearer Kostenfunktion lässt sich der gewinnmaximierende Preis auch in Abhängigkeit von der Preiselastizität $\varepsilon = \frac{-b \cdot p}{a - b \cdot p} < 0$ darstellen. Die resultierende Beziehung heißt *Amoroso-Robinson-Relation*. Es gilt:

$$p = \frac{\varepsilon_{x(p),p}}{1 + \varepsilon_{x(p),p}} \cdot k_v \quad \Leftrightarrow \quad p = \frac{-b \cdot p}{a - b \cdot p - b \cdot p} \cdot k_v \tag{13}$$

$$\Leftrightarrow \quad p \cdot a - 2 \cdot b \cdot p^2 = -b \cdot p \cdot k_v \quad \Leftrightarrow \quad a + b \cdot k_v = 2 \cdot b \cdot p \quad \Leftrightarrow \quad \frac{1}{2} \cdot \left(\frac{a}{b} + k_v \right) = p \tag{14}$$

Die Amoroso-Robinson-Relation bringt auf anschauliche Weise die Abhängigkeit des gewinnmaximalen Preises von der Sensibilität des Marktes in Bezug auf Preisänderungen und den variablen Stückkosten zum Ausdruck. Je höher – absolut betrachtet – die Preiselastizität ist, umso eher sollte sich der am Markt gesetzte Preis an den variablen Kosten (Stückkosten) des Produkts orientieren.

Eine wichtige und zumeist strategische Bedeutung besitzende Marketingentscheidung ist das Pricing von Neuprodukten, da hier die Auswirkungen der aktuellen Preisfestsetzung auf den Erlös in den folgenden Perioden zu berücksichtigen sind. Zudem haben die (potenziellen) Käufer in diesem Fall keinen Referenzpreis, auf den sie bei der Beurteilung des aktuellen Preises zurückgreifen könnten. In der Unternehmenspraxis sind zwei gegensätzliche Preisstrategien etabliert, und zwar das *Skimming Pricing* und das *Penetration Pricing*. In Abbildung 9 ist die Entwicklung der Preispfade für diese beide Strategien in idealisierter Weise im Zeitverlauf dargestellt.

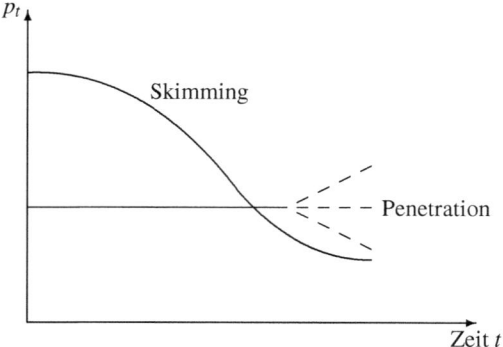

Abb. 9: Skimming Pricing versus Penetration Pricing

Wie aus der Abbildung ersichtlich, impliziert eine Skimming-Strategie die Neuprodukteinführung zu einem vergleichsweise hohen Preis, der dann im Laufe der Zeit sukzessive gesenkt wird. Bei einer Penetration-Strategie wird das Produkt hingegen zu einem eher niedrigen Preis in den Markt eingeführt. Dieser kann später, wie in der Abbildung durch die gestrichelten Linien angedeutet, entsprechend der Nachfrage- und Wettbewerbssituation variiert werden. Es lassen sich folgende Überlegungen beziehungsweise Prämissen anführen, unter denen eine Skimming-Strategie Erfolg versprechend erscheint (s. Monroe, 2003, 381 ff.):

1. Das Produkt bietet einen deutlich wahrnehmbaren Kundennutzen.
2. Die Nachfrage ist am Anfang des Produktlebenszyklusses weniger preiselastisch als in den späteren Phasen, in denen möglicherweise auch bereits Imitationen des Neuprodukts um die Gunst der Käufer konkurrieren.
3. Ein höherer Einführungspreis bietet mehr Spielraum für spätere Preissenkungen.

4. Die Einführung zu einem vergleichsweise hohen Preis ermöglicht das Aufbrechen des Marktes in Segmente mit unterschiedlicher Zahlungsbereitschaft.
5. Ein hoher Einführungspreis führt zu einem Referenzpreis auf hohem Niveau und nützt dem Neuproduktanbieter als „Verteidigungspreis" in der Phase der Markterkundung.
6. Höhere Einführungspreise führen zu höheren Deckungsbeiträgen (s. S. 147), die ihrerseits zur Finanzierung des Einstiegs in das niedrigpreisigere „Massengeschäft" genutzt werden können.
7. Ein hoher Einführungspreis kann auch als Qualitätssignal dienen, was sich vor allem dann als zweckmäßig erweist, wenn die Kunden hinsichtlich relevanter Produktmerkmale (etwa die zu erwartende Lebensdauer des Produkts) unsicher sind.
8. Eine Skimming-Strategie signalisiert den Wettbewerbern, dass der Neuproduktanbieter keine substanziellen Lernkurveneffekte erwartet.

Im Gegensatz hierzu erscheint unter folgenden Bedingungen eine *Penetration-Strategie* vorteilhaft:

1. Bereits in den frühen Phasen des Produktlebenszyklusses ist von einer hohen Preiselastizität auszugehen.
2. Die Produktqualität kann beim oder unmittelbar nach dem Kauf beurteilt werden.
3. Substanzielle Lernkurveneffekte sind zu erwarten.
4. Aggressive Wettbewerbsreaktionen direkt nach der Einführung (z. B. durch Preissenkungen und forcierte Werbeanstrengungen für konkurrierende Angebote) sind wahrscheinlich.
5. Es ist kein Marktsegment mit vergleichsweise hoher Zahlungsbereitschaft erkennbar.
6. Bei der Produkteinführung sind große Produktions- und Distributionskapazitäten verfügbar.
7. Den Wettbewerbern soll signalisiert werden, dass substanzielle Größen- und Lernkurveneffekte zu erwarten sind.

Zusammenfassend kann festgehalten werden, dass weder einfache Daumenregeln noch pauschale „Erfolgsrezepte", sondern nur die sorgfältige Analyse der Marktbedingungen zu profitablen Preisentscheidungen führt.

3.3 Kommunikationspolitik

Die Kommunikationspolitik zielt auf die Darstellung der vom Unternehmen erbrachten Leistungen gegenüber seinen Zielgruppen. Sie umfasst Maßnahmen zur marktgerichteten Kommunikation (z. B. Anzeigenwerbung in Tageszeitungen), solche zur nach innen, auf das Unternehmen selbst gerichteten Kommunikation (z. B. Beiträge in einer unternehmensinternen Mitarbeiterzeitschrift) sowie solche zur interaktiven Kommunikation zwischen Mitarbeitern und Kunden (z. B. im Rahmen von Verkaufsgesprächen). Gemäß dieses Begriffsverständnisses kann das Unternehmen eine

Vielzahl von internen und externen Kommunikationsaktivitäten ergreifen, um eine bestimmte Botschaft (z. B. Informationen über ein neu auf dem Markt befindliches Produkt oder eine bevorstehende Sonderpreisaktion) an seine Zielgruppen zu übermitteln. Infolge des hohen Stellenwerts der marktgerichteten Kommunikation steht diese im Mittelpunkt der nachfolgenden Ausführungen.

Unter ökonomischen Gesichtspunkten besteht das Ziel der Kommunikationspolitik letzten Endes darin, potenzielle Nachfrager auf am Markt verfügbare Leistungen und deren Anbieter aufmerksam zu machen, das Verlangen nach diesen Leistungen zu wecken und zu verstärken und schließlich zum Kauf zu veranlassen. Mit zunehmender Angleichung der funktionalen Eigenschaften der einzelnen Vertreter einer Produktgruppe, man denke hier etwa an den Markt für Mobiltelefone oder an den für Zahncremes, steigt für die einzelnen Anbieter der Zwang, sich über eine gezielte, möglichst ausdrucksstarke Kommunikation gegenüber den Wettbewerbern zu profilieren. Die Kommunikation ist deshalb heute für viele Unternehmen zu einem strategischen Wettbewerbsfaktor geworden. Abbildung 10 zeigt wichtige *Formen der Marktkommunikation*.

Abb. 10: Formen der Marktkommunikation

Die in der Abbildung genannten *Kommunikationsinstrumente* lassen sich wie folgt charakterisieren:

- *Werbung* ist einer Definition der American Marketing Association zufolge jede Form der nicht persönlichen Präsentation und Unterstützung von Ideen, Produkten oder Dienstleistungen durch einen identifizierbaren Auftraggeber. Zu unterscheiden sind die Werbeträger von den Werbemitteln. Zu den Erstgenannten zählen beispielsweise Fernsehsender, Zeitungen und Zeitschriften. Den Weg, auf dem eine Werbebotschaft umgesetzt wird (z. B. als Werbespot, als Werbeanzeige oder als Werbebanner auf einer Website), bezeichnet man als Werbemittel. Die Werbung gilt als die wichtigste Form der Marktkommunikation und wird mit dieser hin und wieder fälschlicherweise sogar gleichgesetzt. Ein wesentlicher Erfolgsfaktor der Werbung ist die Art und Weise, wie die zu kommunizierende Botschaft gestaltet wird. Es ist heute allgemeiner Konsens, dass Bilder – zumindest in der Werbung – schneller und intensiver wahrgenommen werden als Texte. Neben der Informationsübermittlung kommt den Bildelementen eines Werbemittels

aber auch eine aktivierende Funktion zu. Je höher das Aktivierungsniveau einer Werbeanzeige ist, um so wahrscheinlicher ist es, dass sie die Aufmerksamkeit des Betrachters weckt und er sich mit ihrem Inhalt auseinandersetzt.
- *Verkaufsförderung* (engl. „Sales Promotions") ist eine Kommunikationsform, die häufig dann zum Einsatz kommt, wenn der Absatz eines Produkts kurzfristig stimuliert oder aggressive Maßnahmen der Wettbewerber „beantwortet" werden sollen. Je nach Adressat unterscheidet man Verbraucher-Promotions (z. B. in Form von Gewinnspielen oder Gutscheinen), Außendienst-Promotions (z. B. in Form von Weiterbildungsseminaren oder Verkaufsprämien für Vertriebsmitarbeiter) und Händler-Promotions (z. B. in Form von Display-Material oder Argumentationshilfen). Vielfach kommt die Verkaufsförderung zusammen mit anderen Kommunikationsmaßnahmen zum Einsatz, etwa bei der Einführung eines Neuprodukts im Lebensmittelbereich.
- *Persönliche Kommunikation* dient der Erzielung einer Kommunikationswirkung durch den direkten Kontakt mit dem anvisierten Empfänger einer Werbebotschaft. Sie ist häufig interaktiv angelegt und ermöglicht so, mit Einschränkungen, eine unmittelbare Beurteilung der Kommunikationswirkung auf Seiten des Kunden. Ein Kompromiss zwischen der Massenkommunikation und der persönlichen Kommunikation ist die personalisierte, auf den Empfänger zugeschnittene Kommunikation mittels Direct Mailing. Dabei wird der potenzielle Käufer per Post, Fax oder E-Mail persönlich angeschrieben und erhält auf diesem Wege beispielsweise Prospektmaterial oder eine Einladung zu einer Verkaufsveranstaltung. Eine echte Interaktion bieten Call-Centers, die entweder unternehmensintern oder aber auch unternehmensextern angesiedelt sein können. Die persönliche Kommunikation bietet sich unter anderem bei Produkten an, die einen sehr speziellen Bedarf befriedigen, zum Beispiel im Gesundheitsbereich, oder einer besonderen Erklärung bedürfen.
- *Messen und Ausstellungen* sind zeitlich und örtlich begrenzte, zumeist regelmäßig wiederkehrende Veranstaltungen mit Marktcharakter, die das Leistungsangebot eines oder mehrerer Wirtschaftszweige demonstrieren. Während sich Messen primär an gewerbliche Kunden richten, liegt der Fokus von Ausstellungen eher auf den Endverbrauchern. Beide dienen in erster Linie der Steigerung der Bekanntheit der beteiligten Unternehmen und deren Produkte sowie der Herstellung und Pflege von Kundenkontakten. Aktuelle Trends sind die zunehmende Internationalisierung von Messen und Ausstellungen und Versuche in Richtung auf eine internetbasierte Virtualisierung dieser Form der Marktkommunikation.
- *Öffentlichkeitsarbeit* (engl. „Public Relations") dient in erster Linie der systematischen Pflege des Images und der Beziehungen des Unternehmens zu der als relevant erachteten Öffentlichkeit. Ziel ist es, bei Kunden, Lieferanten, Anteilseignern, Investoren und Repräsentanten des öffentlichen Lebens Verständnis für und Vertrauen in das Unternehmen und seine Leistungen zu erzeugen und dieses aufrecht zu erhalten. Neben dieser Informations- und Profilierungsfunktion kommt der Öffentlichkeitsarbeit aber auch die Aufgabe zu, das Unternehmen bei „kritischen" Vorkommnissen (z. B. bei nachträglich aufgedeckten Qualitätsmängeln an bereits auf dem Markt befindlichen Produkten) vor größerem Schaden

(z. B. infolge eines dauerhaft beeinträchtigten Images aufgrund eines unvollständigen oder falschen Informationsstandes der Öffentlichkeit) zu bewahren.
- *Sponsoring* hat in den letzten Jahren zunehmend an Bedeutung gewonnen und stellt eine Kommunikationsform dar, bei der das Unternehmen einer Institution (z. B. einem Sportverein) oder einzelnen Personen (z. B. einem Künstler) materielle Zuwendungen gewährt und dafür eine die eigenen Marketingziele unterstützende Gegenleistung erhält. Eine solche Gegenleistung könnte beispielsweise im Erwerb des Rechts bestehen, mit dem Namen des Zuwendungsempfängers (z. B. eines Fußballclubs) selbst Werbung machen zu dürfen. Weit verbreitete Ausprägungsformen sind das Sport- und das Kultursponsoring. Sponsoring ermöglicht die Zielgruppenansprache in einem nicht-kommerziellen Umfeld (z. B. im Theater) und bietet, mit Einschränkungen, Möglichkeiten der Umgehung von Kommunikationsbarrieren (z. B. in den nicht für reguläre Werbung zugelassenen Sendeblöcken öffentlich-rechtlicher Fernsehanstalten).

Einige der genannten Instrumente dienen jedoch nicht nur kommunikativen, sondern auch vertrieblichen Zwecken, etwa die Verkaufsförderung und die Messen.

Der *Kommunikationsprozess* im Marketing weist im Allgemeinen die in Abbildung 11 dargestellte Struktur auf. Bei den *Kommunikationszielen* unterscheidet man zwischen ökonomischen Zielen (z. B. die Erreichung eines bestimmten Umsatzes oder Marktanteils in einer Periode) und psychografischen Zielen (z. B. die Erreichung eines bestimmten Bekanntheitsgrades oder der Aufbau eines bestimmten Images innerhalb einer vorgegebenen Zeitspanne). Im Hinblick auf die spätere Erfolgskontrolle ist auf eine angemessene Operationalisierung der Ziele zu achten.

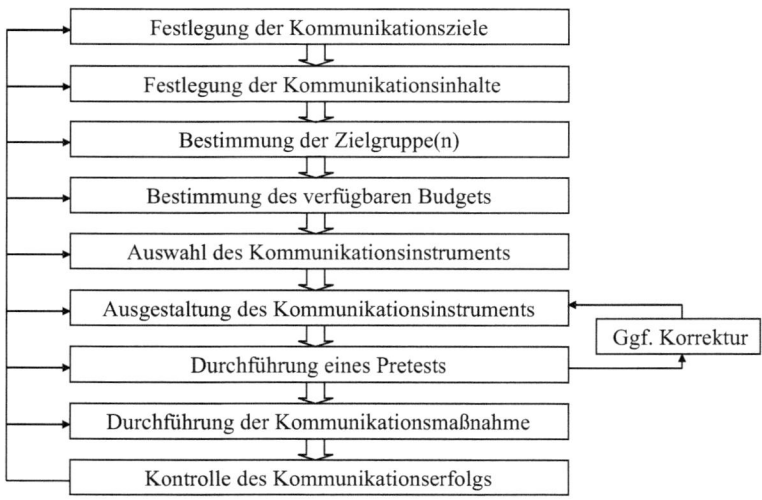

Abb. 11: Kommunikationsprozess im Marketing

Ein möglicher *Kommunikationsinhalt* könnte ein Qualitätsversprechen in Bezug auf das zu vermarktende Produkt sein. Die möglichst präzise Bestimmung des Kreises der Adressaten der Kommunikation ist eine elementare Voraussetzung für einen maßgeschneiderten Zuschnitt der zu übermittelnden Botschaft. Die Grundlage hierfür kann eine flankierend durchgeführte Marktsegmentierung bilden. Bei der Bestimmung der Höhe des *Kommunikationsbudgets* können sowohl Daumenregeln (z. B. „Investiere z % vom Umsatz des Produkts in der zurückliegenden Periode in die Werbung der laufenden Periode.") als auch mathematische Planungsansätze zum Einsatz kommen. Stellvertretend sei an dieser Stelle auf das weiter unten vorgestellte Dorfman-Steiner-Theorem verwiesen.

Die Auswahl des einzusetzenden *Kommunikationsinstruments* hängt faktisch von allen vorausgegangenen Entscheidungen ab. Soll beispielsweise ein neuartiger Energy-Drink auf einem Markt eingeführt werden, so kann zur schnellen Erreichung einer angemessenen Bekanntheit des Produkts eine Werbekampagne in für die anvisierte Zielgruppe relevanten TV-Sendern und Zeitschriften gestartet werden. Diese kann, wenn das Produkt eine gewisse Erklärungsbedürftigkeit aufweist, noch durch Verkaufsförderungsaktivitäten im Lebensmitteleinzelhandel ergänzt werden.

Je breiter der Mediaplan jedoch angelegt wird, desto höher ist in aller Regel auch das hierfür insgesamt erforderliche Budget. Vor dem Hintergrund der immer größer werdenden Anzahl an zur Auswahl stehenden Werbeträgern kommt deshalb der *Mediaselektion* eine herausragende Bedeutung zu. Ein einfaches und weit verbreitetes Selektionskriterium ist der so genannte Tausenderkontaktpreis TKP, der beispielsweise für Zeitschriften wie folgt definiert ist:

$$TKP = \frac{Preis\ pro\ Anzeigenschaltung}{Auflage\ bzw.\ Reichweite\ der\ Zeitschrift} \cdot 1.000 \quad (15)$$

Bevor eine Kommunikationsmaßnahme in die Tat umgesetzt wird, sollte eine Überprüfung der Angemessenheit des hierbei zum Einsatz kommenden Kommunikationsmittels erfolgen. Im Falle von Werbeanzeigen empfiehlt sich beispielsweise die Durchführung von *Werbe-Pretests*, im Rahmen derer unter anderem geprüft wird, ob die in der Anzeige enthaltene Werbebotschaft von Mitgliedern der Zielgruppe richtig verstanden wird und die gewünschten Assoziationen und Schlussfolgerungen hervorruft. Ist dies nicht der Fall, bedarf es einer Korrektur der Ausgestaltung, im Einzelfall kann sogar ein Wechsel des Kommunikationsinstruments erforderlich werden. Fällt die Überprüfung hingegen positiv aus, so kann die Kommunikationsmaßnahme umgesetzt werden.

Die sich anschließende *Erfolgskontrolle* kann grundsätzlich auf zwei Arten durchgeführt werden: Zum einen kann durch spezielle Erinnerungs- und Wiedererkennungstests überprüft werden, ob und wenn ja, welche Elemente einer Botschaft von den Zielpersonen verinnerlicht wurden. Zum anderen können ökonomische Erfolgsgrößen, wie beispielsweise der durch die Kommunikationsmaßnahme mutmaßlich erzielte Umsatz oder Marktanteil, herangezogen werden. Dabei ist allerdings zu beachten, dass der Markterfolg eines Produkts in aller Regel von mehreren Faktoren abhängt und die genaue Zuordnung zwischen Maßnahme und Wirkung schon alleine aufgrund der zumeist erst verzögert eintretenden Kommunikationswirkung nur sehr bedingt möglich ist. Die aus der Erfolgskontrolle resultiernden Erkenntnisse können ihrerseits wiederum Einfluss auf die vorangegangenen Stufen nehmen.

Abschließend soll anhand des bekannten *Dorfman-Steiner-Theorems* (s. Dorfman & Steiner, 1954) in exemplarischer Weise dargelegt werden, wie sich die Wirkung der Werbung im Zusammenspiel mit dem Preis eines Produkts auf dessen Absatz auswirkt. Darüber hinaus liefert das Theorem, wenn auch nur für den Monopolfall, Hinweise darauf, wie hoch das optimale Werbebudget in einer Planungsperiode sein sollte. Von monopolartigen Rahmenbedingungen kann beispielsweise in der Zeit unmittelbar nach der Markteinführung eines innovativen Produkts ausgegangen werden. Dem Modell liegen die folgenden Annahmen zugrunde:

1. Das betrachtete Unternehmen vertreibt nur ein Produkt.
2. Ziel ist die Maximierung des Gewinns in einem (einperiodigen) Planungszeitraum.
3. Der Einfluss von Werbebudget w und Preis p auf den Produktabsatz x lässt sich durch eine stetig differenzierbare Funktion darstellen, das heißt es gilt $x = x(w,p)$. Analoges gilt für die mengenabhängige Kostenfunktion $K = K(x)$.

Damit lässt sich folgende allgemeingültige Gewinnfunktion formulieren:

$$G = \big(p - K(x(w,p))\big) \cdot x(w,p) - w = p \cdot x - K \cdot x - w \qquad (16)$$

Zur Bestimmung des unter Gewinnmaximierungsgesichtspunkten optimalen Werbebudgets w^* berechnet man zunächst die partiellen Ableitungen nach dem Preis und der Werbung und setzt beide gleich Null:

$$\frac{\partial G}{\partial p} = x + p \frac{\partial x}{\partial p} - \frac{\partial K}{\partial x} \cdot \frac{\partial x}{\partial p} \cdot x - K \cdot \frac{\partial x}{\partial p} \stackrel{!}{=} 0 \qquad (17)$$

bzw.

$$\frac{\partial G}{\partial w} = p \cdot \frac{\partial x}{\partial w} - \frac{\partial K}{\partial x} \cdot \frac{\partial x}{\partial w} \cdot x - K \cdot \frac{\partial x}{\partial w} - 1 \stackrel{!}{=} 0 \qquad (18)$$

Aus den beiden Gleichungen folgt durch Division durch $\frac{\partial x}{\partial p}$ bzw. $\frac{\partial x}{\partial w}$ (mit $\frac{\partial x}{\partial p} \neq 0$ und $\frac{\partial x}{\partial w} \neq 0$) und einfache Umformung:

$$p = -x \cdot \frac{\partial p}{\partial x} + \frac{\partial K}{\partial x} \cdot x + K \qquad \text{bzw.} \qquad p = \frac{\partial w}{\partial x} + \frac{\partial K}{\partial x} \cdot x + K \qquad (19)$$

Setzt man diese beiden Gleichungen gleich, so liefert dies die einfache Beziehung:

$$-x \cdot \frac{\partial p}{\partial x} = \frac{\partial w}{\partial x} \qquad (20)$$

Durch Multiplikation dieser Gleichung mit $\frac{x}{p}$ und $\frac{x}{w}$ erhalten wir schließlich:

$$\frac{w^*}{x \cdot p^*} = -\frac{\varepsilon_w}{\varepsilon_p} \qquad \Leftrightarrow \qquad w^* = -\frac{\varepsilon_w}{\varepsilon_p} \cdot x \cdot p^*, \qquad (21)$$

mit $\varepsilon_p = \frac{\partial x}{\partial p} \cdot \frac{p}{x}$ als Preiselastizität des Absatzes und $\varepsilon_w = \frac{\partial x}{\partial w} \cdot \frac{w}{x}$ als der entsprechenden Werbeelastizität.

Inhaltlich bedeutet dies, dass bei Realisation des Gewinnmaximums das Verhältnis aus optimalem Werbebudget w^* und Umsatz gleich dem negativen Verhältnis von Werbeelastizität und Preiselastizität ist. Oder anders ausgedrückt: Das optimale Werbebudget ist umso höher, je höher die Werbeelastizität ist, das heißt je sensibler der betrachtete Markt auf Änderungen der Werbeintensität reagiert. Und es ist umso niedriger, je höher die Preiselastizität betragsmäßig ist. Hierbei wird von einer negativen Preiselastizität gemäß der Ausführungen in Abschnitt 3.2 ausgegangen.

Das Dorfman-Steiner-Theorem kann, wie das nachfolgende einfache Beispiel zeigt, unter bestimmten Voraussetzungen als modelltheoretische Begründung für die in der Praxis beliebte „Prozent-vom-Umsatz-Methode" (vgl. S. 192) betrachtet werden: Nehmen wir an, eine empirische Marktstudie habe gezeigt, dass zwischen Absatz x und Preis p beziehungsweise Werbebudget w die folgende nichtlineare Beziehung besteht:

$$x = x(w, p) = 25.000 \cdot p^{-1,5} \cdot w^{0,3} \tag{22}$$

Dann ergibt sich hieraus eine Preiselastizität des Absatzes in Höhe von

$$\varepsilon_p = -1,5 \cdot 25.000 \cdot p^{-2,5} \cdot w^{0,3} \cdot \frac{p}{25.000 \cdot p^{-1,5} \cdot w^{0,3}} = -1,5 \tag{23}$$

und eine Werbeelastizität in Höhe von

$$\varepsilon_w = 0,3 \cdot 25.000 \cdot p^{-1,5} \cdot w^{-0,7} \cdot \frac{w}{25.000 \cdot p^{-1,5} \cdot w^{0,3}} = 0,3. \tag{24}$$

Aus dem Dorfman-Steiner-Theorem ergibt sich dann wegen

$$\frac{w^*}{x \cdot p^*} = -\frac{0,3}{-1,5} = 0,2 \tag{25}$$

die Empfehlung, 20 % des Umsatzes (der Vorperiode) in die Werbung (der laufenden Periode) zu investieren. Erweiterungen dieses einfachen Basismodells können z. B. in der zusätzlichen Berücksichtigung der Produktqualität oder der Vertriebsaufwendungen als weitere, den Absatz beeinflussende Größen bestehen.

3.4 Vertriebspolitik

Die Vertriebspolitik umfasst sämtliche Entscheidungen, die sich auf die direkte oder indirekte Versorgung der Kunden mit den erbrachten Unternehmensleistungen beziehen. Dabei werden drei wesentliche *Aufgabenfelder* unterschieden (s. Bruhn, 2004):

a) die Gestaltung der Absatzwege
   (insbesondere der Aufbau und das Management der Vertriebsinfrastruktur),
b) der Einsatz der Verkaufsorgane
   (insbesondere die Auswahl, Steuerung und Motivation der im Verkauf tätigen Mitarbeiter) sowie

c) die Marketinglogistik
(insbesondere die Koordination und Durchführung von Maßnahmen zur Überbrückung von Raum und Zeit durch Transport und Lagerung der Produkte).

Hinsichtlich der *Gestaltung der Absatzwege* sind zwei Grundsatzentscheidungen zu treffen:

- *Vertriebsstrategie*: Soll(en) ein exklusiver Vertriebsweg, einige wenige, gezielt ausgewählte Vertriebswege oder alle konkurrierenden Vertriebswege, die geeignet und gewillt sind, das Produkt aufzunehmen, in Anspruch genommen werden?
- *Vertriebsform*: Soll der Vertrieb durch den Leistungsersteller selbst (direkter Vertrieb) oder durch die Einbeziehung externer Absatzmittler, insbesondere des Groß- und Einzelhandels, erfolgen (indirekter Vertrieb)?

Exklusive Vertriebswege eignen sich insbesondere für Produkte im oberen Preis- und Qualitätsbereich („Premium-Produkte"), für deren Gesamtwahrnehmung auch das Image des Vertriebsweges, die Qualifikation der Vertriebsmitarbeiter und die anderen über den gleichen Vertriebsweg angebotenen Produkte von Bedeutung sind. Der Direktvertrieb ist mit Aufwendungen für den Aufbau der Vertriebsinfrastruktur verbunden, er bietet dafür aber oft höhere Deckungsbeiträge und, in begrenztem Maße, die Möglichkeit der unmittelbaren Kontrolle und Koordination aller den Absatz fördernden Marketingaktivitäten. Die ausschließliche Konzentration auf Formen des Direktvertriebs ist jedoch nur dann zu empfehlen, wenn der Anbieter den Erwartungen der Nachfrager im betrachteten Produktbereich hinsichtlich des Produktspektrums zu entsprechen vermag. Als Beispiel sei die direkt vertriebene Kosmetikmarke *AVON* genannt, deren Produktspektrum alle relevanten Kosmetiksparten abdeckt.

Werden externe Absatzmittler eingeschaltet (Einzelhandel oder Handelsvertreter), so kann der Hersteller diese entweder direkt beliefern, oder aber er nimmt die Leistung eines dazwischen geschalteten Großhändlers in Anspruch, der seinerseits dann die nachgelagerten Absatzmittler bedient. Wichtige *Formen des Großhandels* sind:

- *Cash & Carry Großhandel*: Selbstabholung und direkte Bezahlung durch den Einzelhändler.
- *Rack-Jobber*: Übernahme der Regalbestückung und -pflege im Einzelhandel durch Mitarbeiter eines Großhändlers.
- *Zustell-Großhandel*: Belieferung des Einzelhandels auf Bestellung (z. B. im Buchhandel).

Analog sind folgende *Betriebsformen des Einzelhandels* zu unterscheiden:

- *Fachgeschäfte*: tiefes Sortiment, gehobene Qualität und Preise, Fachberatung und oftmals zusätzliche Serviceangebote (z. B. Apotheken oder Blumenfachgeschäfte).
- *Fachmärkte*: tiefes und in den dauerhaft gelisteten Produktgruppen zugleich breites Sortiment, günstige Preise und oftmals aggressive Werbung, meist in städtischen Randlagen (z. B. *Obi*-Baumärkte oder *MediaMarkt*).

- *Spezialgeschäfte*: geringere Sortimentsbreite dafür aber höhere Sortimentstiefe als Fachgeschäfte (z. B. Brautmodengeschäfte und Fischhändler).
- *Warenhäuser*: breites, branchenübergreifendes Sortiment mittlerer Tiefe mit zum Teil mehr als 100.000 verschiedenen Artikeln (z. B. *Karstadt* oder *Kaufhof*).
- *Kaufhäuser*: branchenorientiertes Sortiment mittlerer Tiefe, ca. 1.000 bis 3.000 m^2 Verkaufsfläche (z. B. *C & A* und *Peek & Cloppenburg*).
- *Supermärkte*: überwiegend Lebensmittelsortiment in Kombination mit Non-Food-Sortiment geringer Tiefe, ca. 400 bis 800 m^2 Verkaufsfläche, Selbstbedienungskonzept ergänzt durch Bedientheken für Frischwaren (z. B. *Minimal* oder *Edeka*).
- *Verbrauchermärkte*: breiteres und tieferes Sortiment als Supermärkte, ca. 1.000 bis 5.000 m^2 Verkaufsfläche, zumeist in Kombination mit Fachgeschäften in unmittelbarer Nähe (z. B. *Real* und *Globus*).
- *Discounter*: preis- und werbeaggressive Einzelhandelsform mit minimalem Service und oftmals beschränkter Sortimentsbreite (z. B. *Aldi* oder *Lidl*).
- *Tankstellen-Shops*: convenience-orientierte Verkaufsstätten mit geringer Sortimentsbreite und -tiefe, zumeist mit Selbstbedienung (z. B. *ARAL*- und *Shell*-Shops).
- *Kioske*: convenience-orientierte Verkaufsstätten, oftmals in exponierter Lage, mit Bedienungskonzept.
- *Märkte und Verkaufsshows*: nicht-stationärer Einzelhandel mit unterschiedlicher Sortimentsbreite und -tiefe.
- *Reste-Rampen*: Verwertung der in den anderen Betriebstypen nicht abgesetzten Aktions- und Saisonartikel, minimaler Service, keine geplante Sortimentsstruktur (z. B. *1001 Gelegenheiten*).

Fabrikläden (engl. „Factory Outlets") sind hingegen keine originäre Betriebsform des Handels, da sie definitionsgemäß in der Regie von Herstellerunternehmen geführt werden und daher nicht dem Einzelhandel zuzurechnen, sondern als Direktvertriebsform zu betrachten sind.

Eine wichtige Frage im Kontext der Planung des *Einsatzes von Verkaufsorganen* ist die Wahl zwischen im Unternehmen abhängig beschäftigten Mitarbeitern („Reisende") und selbstständigen Handelsvertretern, die neben den Produkten des betrachteten Unternehmens auch solche anderer Unternehmen anbieten können. Das korrespondierende Entscheidungsproblem lässt sich wie folgt beschreiben:

Der Reisende erhält aus seinem Beschäftigungsverhältnis ein verkaufsmengenunabhängiges Fixum in Höhe von α sowie eine Provision in Höhe von β für jede von ihm verkaufte Mengeneinheit des betrachteten Produkts. Der Handelsvertreter hingegen erhält als nicht abhängig beschäftigtes Verkaufsorgan lediglich eine Provision in Höhe von γ pro verkaufter Mengeneinheit, wobei $\beta < \gamma$ gelten soll. Die Kosten des Einsatzes eines Reisenden sind somit durch $K^R(x) = \alpha + \beta \cdot x$ und die des Handelsvertreters durch $K^H(x) = \gamma \cdot x$ gegeben, wobei mit x die jeweils verkauften Mengeneinheiten erfasst werden. Möchte ein Unternehmen nun seine Verkaufskosten minimieren, so kann das bereits in Abbildung 5 (s. S. 179) veranschaulichte Prinzip der *Break-Even-Analyse* herangezogen werden, um die Menge x_B zu bestimmen, bis zu der sich der Rückgriff auf Handelsvertreter als vorteilhaft erweist. Es gilt:

$$\alpha + \beta \cdot x_B \stackrel{!}{=} \gamma \cdot x_B \quad \Leftrightarrow \quad x_B = \frac{\alpha}{\gamma - \beta} \tag{26}$$

Bei einer unterhalb der Break-Even-Menge liegenden (erwarteten) Absatzmenge ist der Rückgriff auf Handelsvertreter anzuraten, andernfalls ist der Einsatz eines Reisenden die bessere Lösung. Erhält der Reisende beispielsweise ein Fixum in Höhe von 2.000,00 EUR pro Monat und eine Provision in Höhe von 0,50 EUR pro verkaufter Mengeneinheit, der Handelsvertreter hingegen eine Provision in Höhe von 3,00 EUR pro verkaufter Mengeneinheit des Produkts, so ist $x_B = \frac{2.000}{3-0,5} = 800$ die entscheidungsrelevante Break-Even-Menge. Die ausschließlich an den Aufwendungen orientierte Betrachtungsweise beruht jedoch auf der kritischen Prämisse, dass der Absatz unabhängig von der Beschäftigungs- und Entlohnungsform zu realisieren ist. In aller Regel wird sich der Reisende jedoch stärker mit den Produkten „seines" Unternehmens identifizieren, während der Handelsvertreter möglicherweise mehrere, vielleicht sogar konkurrierende Unternehmen vertritt. Dafür aber ist bei Letzterem aufgrund der ausschließlich leistungsorientierten Vergütung der Anreiz zu erhöhten Verkaufsanstrengungen größer.

Ein wichtiges Entscheidungsproblem aus dem Bereich der *Marketinglogistik* ist die Standortwahl im stationären Einzelhandel. Ein populäres Modell zur Lösung dieses Problems wurde von Huff (1964) vorgeschlagen. Die grundsätzliche Idee des Modells wird nachfolgend am Beispiel der Standortwahl eines neu zu errichtenden Möbelhauses veranschaulicht. Für das neue Möbelhaus stehen zwei potenzielle Standorte zur Wahl: ein Solitärstandort ($s = 1$) und ein Standort in einem Einkaufszentrum ($s = 2$). Gegenstand der Analyse ist eine Stadt mit drei Einzugsgebieten ($i = 1, 2, 3$) und es wird unterstellt, dass bereits zwei etablierte Möbelhäuser an den Standorten $j = 1$ und $j = 2$ vorhanden sind.

Seien q_{ijs} und $\tilde{q}_{is}$ die Wahrscheinlichkeiten dafür, dass ein Kunde aus dem Einzugsgebiet i ($i = 1, \ldots, I$) eine Einkaufsstätte am bereits etablierten Standort j ($j = 1, \ldots, J$) respektive am neuen Standort s ($s = 1, \ldots, S$) aufsucht. Die Wahrscheinlichkeit dafür, beim Einkauf einen der bereits etablierten Standorte aufzusuchen, ist natürlich davon abhängig, welcher der potenziellen neuen Standorte s realisiert wird. Die Wahrscheinlichkeiten hängen ab von der Attraktivität θ_j beziehungsweise $\tilde{\theta}_s$ der Standorte, der Zeit t_{ij} beziehungsweise $\tilde{t}_{is}$, die für An- und Rückreise zwischen Einzugsgebiet i und Standort j beziehungsweise s aufgewendet werden muss, sowie einem Distanzparameter $\lambda > 0$, der die mit dem jeweiligen Einkaufsvorhaben (im Beispiel ein Möbelkauf) korrespondierende Neigung zur Anreise repräsentiert. Damit lässt sich folgender Potenzialansatz formulieren:

$$q_{ijs} = \frac{\theta_j \cdot t_{ij}^{-\lambda}}{\tilde{\theta}_s \cdot \tilde{t}_{is}^{-\lambda} + \sum_{j'=1}^{J} \theta_{j'} \cdot t_{ij'}^{-\lambda}} \quad \forall i, j, s \tag{27}$$

und

$$\tilde{q}_{is} = \frac{\tilde{\theta}_s \cdot \tilde{t}_{is}^{-\lambda}}{\tilde{\theta}_s \cdot \tilde{t}_{is}^{-\lambda} + \sum_{j'=1}^{J} \theta_{j'} \cdot t_{ij'}^{-\lambda}} \qquad \forall i,s \qquad (28)$$

Je größer die Attraktivität eines Standorts j (respektive s) in Relation zur Attraktivität der anderen zur Auswahl stehenden Standorte ist und umso geringer der Reiseaufwand zwischen dem Einzugsgebiet i und dem Standort j (respektive s), desto größer ist die Wahrscheinlichkeit q_{ijs}. Analoges gilt für die Wahrscheinlichkeit $\tilde{q}_{is}$. Seien ferner π_i die durchschnittliche Kaufkraft pro Einwohner und e_i die Anzahl der Einwohner im Einzugsgebiet i, dann berechnet sich das Potenzial der betrachteten Standorte wie folgt:

$$v_{js} = \sum_{i=1}^{I} q_{ijs} \cdot e_i \cdot \pi_i \quad \forall j,s \qquad \text{und} \qquad \tilde{v}_s = \sum_{i=1}^{I} \tilde{q}_{is} \cdot e_i \cdot \pi_i \quad \forall s \qquad (29)$$

Der Standort mit dem höchsten Potenzial wird schließlich für die Errichtung der Einkaufsstätte gewählt. Die Standortattraktivitäten θ_j und $\tilde{\theta}_s$ können dabei beispielsweise anhand der für die betreffende Lokalität geplanten Verkaufsfläche oder, falls sich der Standort in unmittelbarer Nähe zu weiteren, bereits existierenden Einkaufsstätten (etwa in einem Einkaufszentrum) befindet, auch auf Basis der Gesamtfläche des Einkaufsstättenkonglomerats beziffert werden. Der Parameter λ ist gemäß des jeweiligen Einkaufsvorhabens zu wählen, so dass beispielsweise die Reisezeit beim Möbelkauf anders bewertet wird als beim Einkauf von Lebensmitteln.

Um das Vorgehen am Beispiel des Möbelhauses zu verdeutlichen, sind in Tabelle 2 die für eine Modellanwendung erforderlichen Daten zusammengestellt, wobei die Kaufkraft als auf das landesweite Mittel bezogen zu interpretieren ist.

Tabelle 2: Datenbeispiel zur Potenzialberechnung und Standortwahl

Etablierte Standorte	θ_j	t_{1j}	t_{2j}	t_{3j}	Einzugsgebiete	π_i	e_i
$j=1$	2.000	10	20	15	$i=1$	1,12	105.000
$j=2$	3.000	15	25	25	$i=2$	0,88	180.000
Mögliche neue Standorte	$\tilde{\theta}_s$	$\tilde{t}_{1s}$	$\tilde{t}_{2s}$	$\tilde{t}_{3s}$	$i=3$	0,93	150.000
$s=1$ (Solitärstandort)	2.900	5	15	25			
$s=2$ (Einkaufszentrum)	3.400	20	10	5			

Für $\lambda = 2,723$ ergeben sich bei Eröffnung des neuen Möbelhauses am Solitärstandort die (gerundeten) Potenziale $v_{11} = 122.808$, $v_{21} = 61.238$ und $\tilde{v}_1 = 231.452$. Wird für das neue Möbelhaus hingegen der Standort im Einkaufszentrum realisiert, so ergeben sich die Potenziale $v_{12} = 83.123$, $v_{22} = 44.727$ und $\tilde{v}_2 = 287.648$. Da $\tilde{v}_1 < \tilde{v}_2$ bietet der Standort im Einkaufszentrum die besseren Voraussetzungen für das neue Möbelhaus und sollte deshalb gewählt werden. Erklären lässt sich dies aus der höheren Attraktivität dieses Standorts und seiner Nähe zu den Einzugsgebieten 2 und 3.

4 Beziehungsmarketing

In der aktuellen Marketingliteratur, aber auch in der Marketingpraxis, findet das *Beziehungsmarketing* (engl. „Relationship Marketing") als Alternative zum klassischen, in Abschnitt 3 dargestellten instrumentenorientierten Ansatz zunehmend Beachtung. Hintergrund dieser Entwicklung ist die weitgehende Sättigung der Nachfrage in den Industrienationen, was unter anderem dazu führt, dass insbesondere die Gewinnung neuer Kunden häufig fast nur noch durch die kostspielige Abwerbung von den Konkurrenten möglich erscheint. Der dauerhaften Bindung einmal gewonnener Kunden an das Unternehmen kommt deshalb ein immer höherer Stellenwert zu. Ziel ist es, die Erträge aus einer Anbieter-Kunden-Beziehung für die Dauer ihres Bestehens zu maximieren. Insbesondere bei der Vermarktung von Dienstleistungen, wo die Leistungserbringung häufig unter unmittelbarer Beteiligung des Kunden erfolgt, wird die Qualität der Beziehung zum Kunden für das Unternehmen zu einem elementaren Erfolgsfaktor.

Vor diesem Hintergrund wird das Beziehungsmarketing als Menge aller Marketingmaßnahmen verstanden, die auf die Etablierung, den Ausbau und die Fortführung erfolgreicher Austauschbeziehungen ausgerichtet sind. Empirische Untersuchungen (Wagner, 2005) lassen jedoch erkennen, dass der instrumentenorientierte Marketingansatz nach wie vor zumindest auf den Märkten für standardisierte und häufig gekaufte Konsumgüter sowie auf jenen mit wachsender Nachfrage (wie z. B. derzeit in Osteuropa und Asien) Gültigkeit besitzt. Darüber hinaus unterliegen die Unternehmen mit zunehmender Reife der Märkte einem Lernprozess, in dem der klassische Ansatz um Elemente aus dem Beziehungsmarketing ergänzt wird.

5 Vertiefende Literatur

Das Lehrbuch „Marketing-Management" von Kotler & Bliemel (2005) ist die deutschsprachige Bearbeitung eines international populären Standardwerks zu diesem Thema, das sich unter anderem durch seine zahlreichen praktischen Fallbeispiele auszeichnet. Alternativ hierzu bietet das Buch „Marketingmanagement" von Homburg & Krohmer (2003) neben den qualitativen Aspekten des Marketings auch einen durch konkrete Datenbeispiele unterstützten Einstieg in die quantitative Modellierung von Marketingphänomenen. Das Buch „Konsumentenverhalten" von Kroeber-Riel & Weinberg (2003) beschreibt psychologische und soziologische Aspekte des Konsumentenverhaltens und informiert über den Aufbau und das Resultat marketingrelevanter Experimente in der Verhaltensforschung. Ein umfassender Einblick in den Methoden- und Modellvorrat der Marketingforschung mit einem besonderen Augenmerk auf der systematischen Gewinnung und Auswertung von Marketingdaten wird in Decker & Wagner (2002) („Marketingforschung") gegeben. Das Buch „Marketing" von Nieschlag et al. (2002) bietet dem Leser eine gut abgestimmte Kombination der zuvor genannten Themenfelder und zählt zu den Standardwerken der deutschsprachigen Marketingliteratur.

Unternehmensführung

Fred G. Becker

Universität Bielefeld
Fakultät für Wirtschaftswissenschaften
Lehrstuhl für Betriebswirtschaftslehre, insb. Organisation, Personal und
Unternehmungsführung
fgbecker@wiwi.uni-bielefeld.de

Inhaltsverzeichnis

1	**Verständnis der Unternehmensführung**	202
1.1	Unternehmensführung und Management	202
1.2	Management als Institution	202
1.3	Managementfunktionen	203
2	**Externe und interne Rahmenbedingungen**	206
2.1	Unternehmensverfassung	206
2.2	Unternehmenskultur	207
2.3	Unternehmensumwelt	209
3	**Managementsystem**	211
3.1	Planungsfunktion	211
3.2	Kontrollfunktion	216
3.3	Organisationsfunktion	218
3.4	Personalfunktion	223
4	**Fazit**	232
5	**Vertiefende Literatur**	232

In diesem Kapitel wird das Basiswissen zur Unternehmensführung komprimiert vermittelt. Ausgehend von einer allgemeinen Diskussion der einschlägigen Termini und Begriffe wird in Abschnitt 1 auf Basis eines funktionsorientierten Begriffs das Managementsystem in seinem Sinn und seinen Elementen skizziert. Da die Unternehmensführung nicht in einem luftleeren Raum stattfindet, erfolgt in Abschnitt 2 eine Thematisierung der allgemeinen, wesentlichen externen und internen Rahmenbedingungen. Nachfolgend werden in Abschnitt 3 die Hauptsubsysteme eines Managementssystems und -prozesses nacheinander und aufeinander bezogen in ihren Grundbegriffen erläutert: Planungsfunktion, Kontrollfunktion, Organisationsfunktion und Personalfunktion.

1 Verständnis der Unternehmensführung

1.1 Unternehmensführung und Management

Das Unternehmen stellt die rechtliche und wirtschaftliche Einheit einer nach dem erwerbswirtschaftlichen Prinzip tätigen Institution dar. Eine solche Institution bedarf der Steuerung. Diese geht grundsätzlich von den Eigentümern aus, die allerdings dieses Recht auf andere Personen übertragen können. Unabhängig davon, wer ein Unternehmen steuert, ob geschäftsführend tätige Gesellschafter oder Fremdmanager, die damit verbundenen Aufgaben werden als Unternehmensführung bezeichnet. Im Sprachgebrauch werden dabei die Termini Unternehmensführung (oft synonym auch: Führung) und Management begrifflich häufig gleichgesetzt. Diskutiert werden in diesen Zusammenhängen alle mit der Führung von Unternehmen verbundenen sachlichen und personellen Aspekte. Allerdings kann man Management auch auf andere Institutionen bzw. Organisationen (im institutionellen Sinne) ausdehnen, beispielsweise auf Verwaltungen und Non-Profit-Organisationen. In einem solchen Verständnis gibt es dann Unterschiede zwischen Management und Unternehmensführung beispielsweise hinsichtlich des Zwecks, der Zielsetzungen und der entsprechenden Maßnahmen. Wir konzentrieren uns hier aber im Folgenden auf die *Managementaufgaben in Unternehmen*, als erwerbswirtschaftlich tätige Organisationen. Dies schließt allerdings nicht aus, dass eine Vielzahl der nachfolgenden Inhalte auch für andere Institutionen von Belang ist. Die Termini Unternehmensführung und Management verwenden wir dabei synonym.

Üblich ist des Weiteren die *Differenzierung in einen funktionalen und in einen institutionellen Begriff* der Unternehmensführung bzw. des Managements (s. Staehle, 1999, 71 ff., Schreyögg, 2004). Damit sind jeweils verschiedene Objekte der Betrachtung angesprochen: Während mit dem institutionellen Begriff die Einzelpersonen respektive die Gremien (beispielsweise Vorstand, Geschäftsleitung/-leiter, Bereichsleitung/-leiter usw.) angesprochen werden, die die Unternehmensführung zu verantworten haben, werden mit dem funktionalen Begriff die spezifischen, zu erfüllenden Aufgaben (vor allem Planung, Kontrolle, Organisation, Personal) dieser Institutionen thematisiert.

1.2 Management als Institution

Unter Management als Institution sind die *Träger der Unternehmensführungsprozesse* und damit die Willensbildungszentren – je nach Rechtsform (s. S. 21 ff.) – innerhalb (vor allem Vorstand, Geschäftsleitung) und außerhalb (u. a. Aufsichtsrat, Gesellschafterversammlung) des Unternehmens zu verstehen. (Zur besseren sprachlichen Abgrenzung zur Funktion der Unternehmens*führung* wäre es sinnvoll, hier von Unternehmens*leitung* zu sprechen. Diese Differenzierung hat sich jedoch nicht ausreichend durchgesetzt.) In der institutionellen Betrachtung stehen Problemaspekte wie die Zusammensetzung, das Zusammenwirken, die spezifische Rollen und die Funktionsweise dieser Einheiten im Mittelpunkt. Dies kann bei Unternehmenskomplexen

(Konzernmanagement), bei international tätigen Unternehmen (Internationales Management), in Krisensituation (Krisen- oder Sanierungsmanagement), bei vielfältigen Neuerungen (Innovationsmanagement), bei der Konzentration auf Qualität (Qualitätsmanagement), bei einer langfristig angelegten Unternehmensführung (Strategisches Management), bei der Bearbeitung temporärer Problemstellungen (Projektmanagement), bei staatlichen Institutionen (New Public Management) etc. dann jeweils anders – institutionell wie konkret in den Aufgaben – ausgestaltet sein.

Für die Ausführungen ist es sinnvoll, einige allgemeine, organisatorische Abgrenzungen anzusprechen: Zum einen werden alle *Stellen* (als kleinste organisatorische Einheiten eines Unternehmens), deren Inhaber Führungs- respektive Leitungsaufgaben erfüllen sollen, als *Instanzen* bezeichnet. Die Personen, die solche Instanzen besetzen, bezeichnet man als Führungskräfte oder Manager. Zum anderen werden auch Gremien als Stellenmehrheiten gebildet, die Führungsaufgaben wahrnehmen, beispielsweise Vorstand und Geschäftsleitung. Diese Gremien werden in aller Regel mit mehreren Personen besetzt (allerdings sind auch bspw. Allein-Geschäftsführer möglich). Diese Managementinstitutionen haben Managementfunktionen zu erfüllen. Die jeweiligen Entscheidungs- und Weisungsbefugnisse sind dabei nicht direkt an die leitende Person selbst, sondern an ihre formale Position im Unternehmen gebunden. Die verschiedenen, hierarchisch und horizontal gegliederten Managementinstitutionen (als Leitungsorganisation) wirken in arbeitsteiliger Weise an der unternehmerischen Zielformulierung und -erreichung mit und sind mit jeweils unterschiedlichen Kompetenzen (hier i. S. von Machtbefugnissen) ausgestattet.

Je nach organisatorischer Positionierung der Management-Institutionen differenziert man die unternehmerischen Machthierarchien im Allgemeinen in Top-, Middle- und Lower-Management (s. Abbildung 1). Mit dieser hierarchischen Einstufung sind unterschiedliche Aufgabentypen und Verantwortungsbereiche angesprochen: Während das *Top-Management* (Unternehmensleitung) für die Entwicklung von Grundsätzen, Zielen und Strategien zur Erarbeitung von Erfolgspotenzialen zuständig ist, verantwortet das *Middle-Management* vornehmlich deren Umsetzung innerhalb der Hierarchie und die operative Unternehmensführung (als Tagesgeschäft). Das *Lower-Management* schließlich ist – an der Nahtstelle zur Ausführungsebene – für die operative Umsetzung der geplanten Tätigkeiten im Leistungsprozess des Unternehmens zuständig. Die nachgeordneten Ausführungsebenen (Sachbearbeiter, Facharbeiter etc.) sind dann nicht mehr für Untergebene, sondern nur noch für die Erfüllung von Aufgaben zuständig.

1.3 Managementfunktionen

Der Managementprozess lässt sich auf einer abstrakten Ebene in eher *allgemeine* Managementfunktionen (synonym: Führungsfunktionen) differenzieren. Sie haben – quasi als *Querschnittsfunktionen* – sicherzustellen, dass das Zusammenspiel zwischen den strukturellen Subsystemen und Funktionen im Unternehmen effizient erfolgt. Der funktionale Managementbegriff spricht dabei die Aufgaben an, die im System und im Prozess der Unternehmensführung arbeitsteilig von den Managementinstitutionen zu erfüllen sind. Er beinhaltet die sachlichen Tätigkeiten der *Wil-*

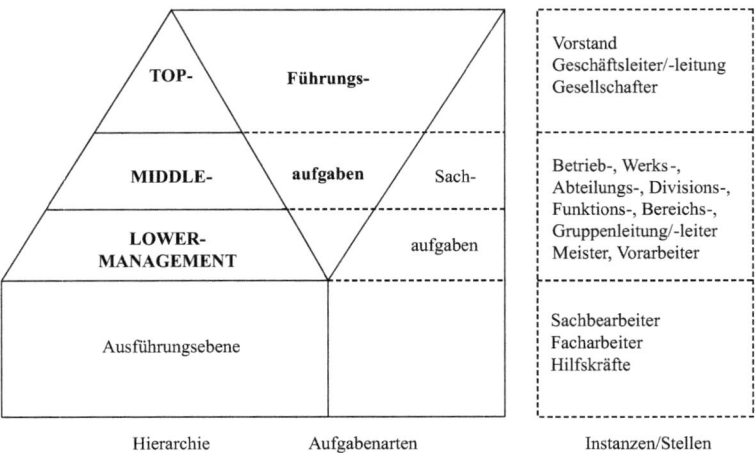

Abb. 1: Managementinstitutionen

lensbildung, der Willensdurchsetzung und -sicherung sowie die personenbezogenen Aufgaben der Personalführung (synonym: Mitarbeiterführung, s. u.). Die von den Managementinstitutionen unterschiedlicher Hierarchieebenen zu erfüllenden Managementaufgaben können dabei inhaltlich vielfältig und heterogen sein, je nachdem ob man im Finanzbereich, im Marketingbereich, im Personalbereich, in der Produktion oder Ähnliches tätig ist. Sie sind jedoch dann ähnlich, wenn die jeweiligen *Kernaufgaben* im Management der Sachfunktionen (Finanzmanagement, Marketingmanagement etc.) erfüllt werden. Diese Ähnlichkeit bezieht sich vor allem auf vier allgemeine Aufgabenkomplexe (s. Macharzina, 2003, 357 ff., Schreyögg, 2004, Becker & Fallgatter, 2005, 23 ff.): *Planung, Kontrolle, Organisation und Personalaufgaben.* Es handelt sich um allgemeine und weitgehend homogene Kernaufgaben – unabhängig von der Hierarchieebene und den Sachfunktionen – der Managementinstitutionen.

Die Managementfunktionen bilden dabei die *Basis* für die Gestaltung eines das Gesamtunternehmen umspannenden *Systems der Unternehmensführung* (synonym: Führungs-/Managementsystem) (s. Abbildung 2). Unter einem solchen Rahmenkonzept wird die Gesamtheit der Regeln zu Strukturen und Prozessen verstanden, mit deren Hilfe Führungsaufgaben erfüllt werden sollen. Deren Formulierung und Umsetzung erhöht die Transparenz im Unternehmen und leistet einen Beitrag zur Komplexitätsreduktion der Unternehmensführung. Es existieren dabei funktionale Führungssubsysteme entlang der genannten Managementfunktionen: Planungssystem, Kontrollsystem, Organisationssystem und Personalsystem. Sie bedürfen einer zielgerichteten, konsistenten und ineinander greifenden Gestaltung – und zwar auf Basis von Unternehmensverfassung, -kultur und -umwelt. Gerade diese sind als Rahmenbedingungen (s. u.) auch Gegenstand eines *General Management*. Dieses beschäftigt sich auf der obersten Managementebene mit eher übergreifenden Fragen der Unternehmensführung. Die allgemeinen Managementsubsysteme strukturieren hierbei den unternehmerischen Entscheidungsprozess wie auch das Funktionsmanagement (Beschaffung, Produktion etc.; s. die Angaben in Abbildung 2).

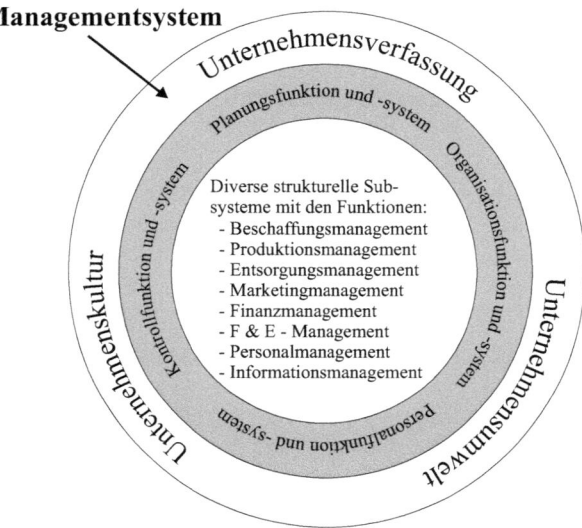

Abb. 2: Managementsystem und Managementfunktionen

Die *funktionalen Führungssubsysteme* sind als gedankliche Einheiten zu verstehen, die durch eine sachlogisch vorgenommene Bündelung von Teilaufgaben eines Managementsystems entstehen. Sie sind selten deckungsgleich mit den realen Organisationseinheiten eines Unternehmens (Abteilungen, Divisionen o. Ä. als *strukturelle Subsysteme*). Diese Subsysteme mit strukturellen wie prozessualen Regelungen werden benötigt, um eine gemeinsame Basis für die Ausführung aller unternehmerischen Verrichtungen (*sachliche Subsysteme* wie Beschaffung, Produktion, Marketing etc.) zu schaffen. Sie alle werden im Rahmen der *Metaplanung* (Planung der Planung) gebildet.

Diese Managementfunktionen stehen im System nicht separat nebeneinander, sondern in einer bestimmten Ordnung und Abfolge. Im *Führungsprozess* (s. auch S. 72 ff.) werden die Funktionen dynamisch als Phasen – idealtypisch als eine aufeinander aufbauende Abfolge von Aufgaben – angesehen. Vielfältige Rückkopplungsprozesse flexibilisieren diesen Prozess (s. weiter unten den Planungsprozess als Ausschnitt aus dem Führungsprozess). Die meist optisch dargestellte lineare Abfolge der Managementfunktionen ist zu relativieren. In der Realität entziehen sich die sachlichen und zeitlichen Interdependenzen zwischen den Funktionen einer formalen, sequenziellen Abarbeitung. Mehrere Funktionen müssen bei ihrer Gestaltung gleichzeitig bedacht werden.

In der Literatur gibt es sowohl unterschiedliche Positionen zum *theoretischen Zugang* zu Unternehmen als auch zur Interdisziplinarität der Lehre von der Unternehmensführung (s. Staehle, 1999, 22 ff., 126 ff.). Die Ansichten schwanken bereits bei der Einordnung der Unternehmensführung in die Betriebswirtschaftslehre (gesonderte oder zu integrierende Aufgabe). Sie setzen sich bei der Fokussierung inhaltlicher und/oder methodologischer Aspekte (Sichtweisen wie bspw. system-, vertrags-, konfigurations-, evolutionstheoretische Vorgehensweisen) fort und „enden" bei Überlegungen zur Einbeziehung von Erkenntnissen anderer wissenschaftlicher Disziplinen, vor allem aus den Verhaltenswissenschaften (Dilettantismus versus Realität). Im Rahmen der Managementlehre wird dabei im Allgemeinen als Auswahlprinzip für die Aufnahme von nachbarwissenschaftlichen Erkenntnissen der Praxis- und Problemlösungsbezug der Erkenntnisse für unternehmerische Fragestellungen verwendet. Dabei werden durchaus unterschiedliche Sichtweisen zur Formulierung einer Lehre von der Unternehmensführung verwendet.

2 Externe und interne Rahmenbedingungen

Entscheidend beeinflusst und/oder gesteuert wird die spezifische Konfiguration eines Unternehmens durch besonders wichtige Rahmenbedingungen der unternehmerischen Tätigkeit. Hervorgehoben werden hier Unternehmensverfassung, Unternehmenskultur und Unternehmensumwelt.

2.1 Unternehmensverfassung

In aller Regel werden unter dem Begriff der Unternehmensverfassung solche unternehmensspezifischen Regelungen verstanden, die die Gründung eines Unternehmens, sein Außenverhältnis, die Verteilung des erzielten Erfolges (vor allem Gewinne), die Grundrechte der Koalitionsmitglieder (Stakeholder; u. a. unternehmerische und betriebliche Mitbestimmung) und der Organe (z. B. Aufsichtsrat, Beirat, Vorstand, Geschäftsleitung) des Unternehmens betreffen (s. auch S. 12 ff.). Letzteres bezieht sich auf Bezeichnung, Zustandekommen, Zusammenwirken, Zuständigkeiten, Verantwortung und Befugnis der einzelnen Organe bzw. Personen im Rahmen einer gewählten Rechtsform (s. auch S. 21 ff.). Heutzutage spricht man in diesem Zusammenhang oft von *Corporate Governance*. Eine in sich geschlossene, kodifizierte und allgemeine Unternehmensverfassung existiert allerdings nicht. Unternehmensspezifische Regelungen haben aber den gesetzlichen Bestimmungen (z. B. Bildung eines Aufsichtsrats und Kollegialprinzip in Vorständen bei Aktiengesellschaften) zu genügen. Weitergehende (bspw. Einrichtung eines Beirats), nicht jedoch einschränkende Regelungen sind möglich (s. z. B. Bleicher, 1991, 13 ff., Macharzina, 2003, 114 ff.).

In diesem Zusammenhang ist auch die Frage des *Unternehmenszwecks* zu klären. In der Diskussion wird vereinfacht in zwei unterschiedliche Positionen differenziert:

- Mit dem *Shareholder-Ansatz*, als einerseits traditionelles, andererseits inzwischen auch wieder aktuelles interessenmonistisches Grundkonzept, wird die Unternehmensführung allein an den Interessen der Anteilseigner ausgerichtet. Diese

Interessen werden dabei oft fokussiert auf die – manchmal kurzfristig, manchmal langfristig ausgerichtete – Erhaltung und Steigerung des Unternehmenswertes und/oder die Gewinnmaximierung.
- Alternativ dazu steht das interessenpluralistische Verständnis des *Stakeholder-Ansatzes* (s. auch S. 12). Dieser zielt auf die Berücksichtigung der vielfältigen internen und externen Interessengruppen eines Unternehmens ab. Primäre (marktbezogene) Stakeholder, wie vor allem Kunden, Lieferanten, Kapitalgeber und Beschäftigte, beeinflussen mit unterschiedlichen Intentionen und Einflussstärken den Unternehmenszweck. Sekundäre Stakeholder sind Staat, Medien, Interessenverbände etc. Diese erheben jeweils Ansprüche an das Unternehmen und deren Führung, wenn auch mit unterschiedlicher Intensität und mit unterschiedlichem Einfluss. Die Entscheidungsprozesse in Unternehmen sind entsprechend auf diese Ansprüche zu fokussieren (und zwar im Rahmen einer koalitionstheoretischen Betrachtung; s. S. 12).

Für die Unternehmensleitung ist es relevant zu wissen, ob man allein im Interesse der Anteilseigner oder im Interesse des Unternehmens und seiner Beteiligten handelt. Letztendlich werden sich Entscheidungen in Unternehmen immer auf diejenigen Stakeholder mit den größten Einflüssen konzentrieren (i. d. R. die Eigentümer/Shareholder). Der Unternehmenszweck hängt dann sehr von deren Zielsetzung mit ihrer Unternehmensbeteiligung ab: Spekulative Shareholder mit einem eher kurzfristigen Beteiligungshorizont setzen dabei andere Vorgaben, als am langfristigen Bestand des Unternehmens (und seines Wertes) orientierte Shareholder. Shareholder- und Stakeholder-Ansätze stellen von daher auch nicht unbedingt gegensätzliche, sondern eher komplementäre Positionen dar: Die langfristige Erhöhung des Unternehmenswertes liegt im Interesse der meisten Anspruchsgruppen: Nur so werden Arbeitsplätze geschaffen und erhalten, bieten sich Liefer- und Dienstleistungsbeziehungen an, wird Kundennutzen geschaffen, werden Steuern gezahlt. Ein Unternehmen kann auf der anderen Seite langfristig nur dann wirtschaftlich existieren, wenn es neben den Ansprüchen der Shareholder zugleich auch die Interessen von Lieferanten, Mitarbeitern, Öffentlichkeit und anderen berücksichtigt.

Der Unternehmenszweck ist handlungssteuernd: Er bietet Entscheidungskriterien für die Formulierung von Strategien, er erleichtert die Koordination im Tagesgeschäft wie bei Konfliktfällen und er legitimiert letztlich Unternehmensentscheidungen. Konkretisiert wird er im Wesentlichen durch die Formulierung der situations-, zeit- und gegebenenfalls bereichsspezifischen Unternehmensziele (Gewinne, Aktienkurssteigerung, Marktanteile, Kundenzufriedenheit, Kostensenkung, Qualitätsführerschaft u. a.).

2.2 Unternehmenskultur

Unternehmenskultur wird als ein von den Mitarbeitern eines Unternehmens, vor allem in der Vergangenheit geschaffenes Konstrukt von *Werten, Normen, Annahmen, Artefakten* verstanden, welches es erlaubt, das unternehmensspezifische Verhalten dieser Mitarbeiter zu erklären, zu koordinieren und zum Teil auch zu steuern (s.

bspw. Steinmann & Schreyögg, 2005, 707 ff.). Diese Kulturelemente werden dabei von den Mitarbeitern im Wesentlichen weitgehend geteilt und akzeptiert.

Die Unternehmenskultur ist zugleich *Ergebnis wie Mittel* der sozialen Interaktionen innerhalb des Unternehmens. Sie manifestiert sich dabei (s. Abbildung 3) auf verschiedenen Ebenen in gemeinsamen Basis-Annahmen, Werten/Normen/Standards und Artefakten/Symbolsysteme, welche ihrerseits wieder die Kultur beeinflussen: Die Unternehmenskultur kommt zum Ausdruck in sichtbaren Erkennungszeichen (Artefakte) wie der Art des Umgangs der Mitarbeiter, in ihren gemeinschaftlich gepflegten Verhaltensweisen, Gebräuchen, Bekleidungsgewohnheiten, Sprachregelungen, aber auch in solchen Dingen wie der Gebäudearchitektur. Diese Oberflächenstruktur macht eine spezifische Unternehmenskultur nach außen hin deutlich. Sie ist auch für Außenstehende wahrnehmbar, jedoch ist das dahinter stehende Warum oft nicht leicht zu deuten. Dieses Warum wird durch Werte, Normen und Standards gesteuert und drückt sich konkret in Zielen, Handlungsmaximen, Verhaltensvorschriften aus. Dadurch werden sie teilweise sichtbar. Maßgeblich dafür, dass solche Werte, Normen und Standards gelten, sind nochmals hinter diesen stehende Basis-Annahmen, die von den Unternehmensmitgliedern als selbstverständlich vorausgesetzt und daher nicht mehr hinterfragt werden. Sie richten sich auf die Realität und den Sinn des Unternehmens, darauf, was als Triebfeder menschlichen Handelns und als Hintergrund menschlicher Beziehungen gesehen wird.

Sie sind in stärkerem Maße unbewusst, für viele insesondere Außenstehende unsichtbar sowie auf einer höheren Abstraktionsebene angesiedelt.

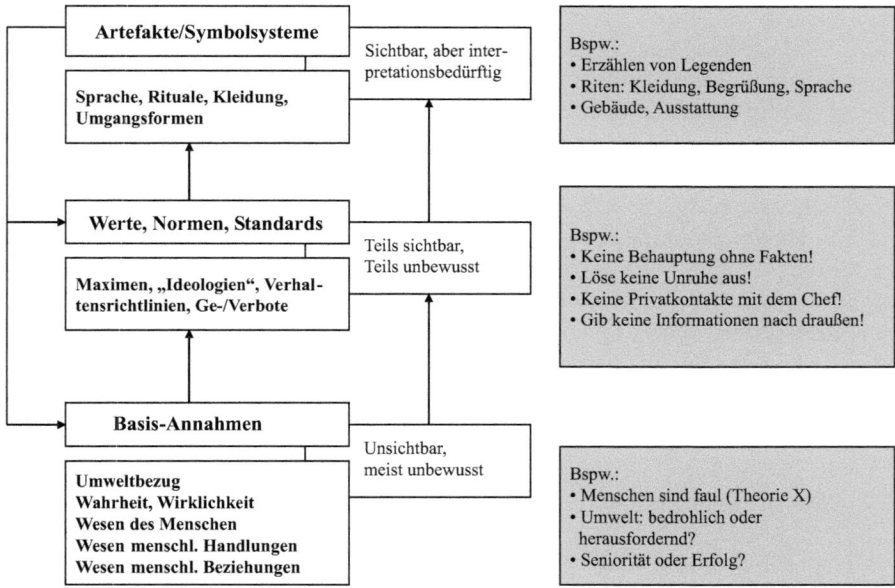

Abb. 3: Schichtenmodell der Unternehmenskultur (in Anlehnung an Schein, 1984, 4)

Die *Inhalte und Formen der Kultur* sind spezifisch. Sie bilden im Unternehmen ein relativ stimmiges System (trotz der einen oder anderen Subkultur in regionalen und/oder verrichtungsorientierten Organisationseinheiten). Sie unterscheiden sich von Unternehmen zu Unternehmen (unterschiedliche Kulturtypen wie bspw. Risikokultur, Machokultur, Prozesskultur) und befinden sich ständig im – langsamen – Wandel (durch Neuinterpretationen, Weiterentwicklungen, Umformulierungen).

Zu thematisieren ist noch die *Stärke der Unternehmenskultur* und deren Einfluss auf den Unternehmenserfolg. Die Stärke wird operationalisiert durch das jeweilige Ausmaß der Prägnanz (Deutlichkeit der Werte, Normen etc.), des Verbreitungsgrads (wie viele Unternehmensmitarbeiter die Kultur teilen) und der Verankerungstiefe (wie stark die Kultur bei den Mitarbeitern verhaltenswirksam verinnerlicht ist). Eine starke Unternehmenskultur ist dabei nicht prinzipiell die bessere. Die tiefe Verankerung und ein hoher Verbreitungsgrad einer Kultur können auch ein Hemmnis für eine notwendige Veränderung sein und insofern kontraproduktiv wirken. Dennoch wird sie in aller Regel angestrebt.

Im Allgemeinen werden die Möglichkeiten des konkreten *Eingreifens* (Gestaltung wie Veränderung) als sehr gering eingeschätzt. Dennoch findet sich eine Anzahl von Versuchen, dieses Konstrukt der Unternehmenskultur als möglichen Erfolgsfaktor gezielt zu beeinflussen. In Grenzen und in bestimmten Situationen ist dies auch möglich, allerdings nicht unbedingt schnell und zielgerecht. Eine entscheidende Rolle kommt dabei dem Verhalten der Unternehmensleitung, mit anderen Worten der Glaubwürdigkeit (Einheit von Wort und Tat) dieser Instanz zu.

2.3 Unternehmensumwelt

Unternehmensführung findet nicht im luftleeren Raum statt, sondern innerhalb gegebener, teilweise auch gestaltbarer Bedingungen. Diese Unternehmensbedingungen sind von daher einerseits Rahmen und Ausgangspunkt, andererseits aber auch Objekt der Unternehmensführung. Man differenziert im Allgemeinen in externes Umfeld (Aspekte in der äußeren Umwelt des Unternehmens) und in internes Umfeld (innerhalb des Unternehmens selbst) (s. Steinmann & Schreyögg, 2005, 160 ff.).

Externe Umweltbedingungen lassen sich ebenenspezifisch differenzieren in (s. Abbildung 4):

- Die *globale Umwelt* betrifft zunächst alle Bedingungen in einem relevanten geografischen Raum (z. B. Region, Staat, Kontinent), die den Handlungsspielraum des Unternehmens direkt oder indirekt beeinflussen. Diese Bedingungen werden inhaltlich in fünf Kategorien unterschieden: (1) Das *politisch-rechtliche Umfeld* betrifft die Gesetzgebung, die Stabilität des Landes, die Steuer-, Gesundheits-, Arbeitsmarktpolitik und Ähnliches mehr. (2) Das *ökonomische Umfeld* bezieht sich auf die jeweilige Entwicklung des Bruttosozialproduktes, der Bevölkerung, des Einkommens und dessen Verwendung, der Inflationsrate, der Wachstumsraten in Branchen etc. (3) Das *sozio-kulturelle Umfeld* bezieht sich auf die Werte und Einstellungen in der Bevölkerung (als potenzielle Arbeitnehmer wie Kunden), den jeweiligen Lebensstil, die Arbeitseinstellungen, die demografischen

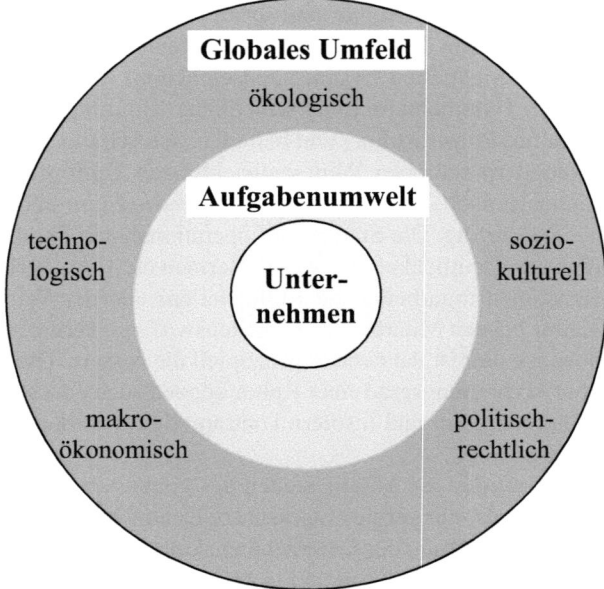

Abb. 4: Elemente der externen Umwelt

Entwicklungen etc. (4) Das *technologische Umfeld* bezieht sich auf Erfindungen, produktions- und informationstechnologische Entwicklungen, staatliche Förderungsmaßnahmen für Forschung & Entwicklung (F&E)und Ähnliches in den jeweiligen geografischen Räumen. (5) Mit dem *ökologischen Umfeld* sind beispielsweise Infrastruktur, geografische und klimatische Bedingungen angesprochen. Hier ist zum Ersten ein mittlerweile gesteigertes Interesse an einer unbelasteten Umwelt zu nennen. Zum Zweiten wird auch allein wegen der Schaffung und Sicherung von Arbeitsplätzen der Umweltschutz kritisch betrachtet. Zum Dritten bieten sich hier für Unternehmen Chancen wie Risiken (bspw. Produkte, Verkehrsanbindungen etc.).

- Die *Aufgabenumwelt* eines Unternehmens schließlich besteht aus unterschiedlichen, sich teilweise überschneidenden Teilsegmenten der Umwelt: den bislang bearbeiteten und den zukünftig zu bearbeitenden Märkten, den jeweiligen Branchen und Branchensegmenten sowie den Konkurrenten.

Als *unternehmensinterne Rahmenbedingungen* gelten vor allem die Unternehmensgeschichte, die Unternehmensstrategien, das vorhandene Produktprogramm, die vorherrschende Unternehmenskultur, die Unternehmensverfassung sowie die zur Verfügung stehenden Ressourcen personeller, sachlicher und finanzieller Art.

Nachfolgend werden nun die einzelnen Managementfunktionen als Bestandteile eines allgemeinen Managementsystems (s. Abbildung 2) skizziert.

3 Managementsystem

3.1 Planungsfunktion

Nachfolgend werden zunächst das Verständnis von Planung sowie anschließend verschiedene Aspekte eines Planungssystems und die Phasen des Planungsprozesses erläutert.

Verständnis

Das *Planungssystem* ist die Gesamtheit aller im Unternehmen erstellten Pläne sowie ihre gegenseitigen, funktionalen und zielgerichteten Beziehungen (Abhängigkeiten, Über- oder Unterordnungen).

Planung stellt dabei einen permanenten, willensbildenden, informationsverarbeitenden, prinzipiell rationalen und systematischen Entscheidungsprozess mit dem Ziel dar, zukünftige Entscheidungs- oder Handlungsspielräume des Unternehmens einzugrenzen, zu strukturieren und inhaltlich zu gestalten (s. anders S. 74). Hierbei ist man auf Prognosen, Einschätzungen und andere unsichere Erwartungen angewiesen.

Planung betrifft prinzipiell rationales Handeln. Intuitives, improvisierendes und gewohnheitsmäßiges Handeln soll mittels der Planung durch systematisches, zielgerichtetes Denken ersetzt werden. Prinzipiell bedeutet dabei, dass Gefühl, Erfahrung und Fingerspitzengefühl durchaus eine nützliche und fruchtbare Ergänzung zur analytischen Dimension des Denkhandels darstellen. Hierauf kann eine gute Planung nicht verzichten.

Aspekte eines Planungssystems

Es gilt, verschiedene *formale Aspekte* eines Planungssystems voneinander zu differenzieren (s. Abbildung 5) (s. Schweitzer, 2005, Macharzina, 2003, 320 ff.).

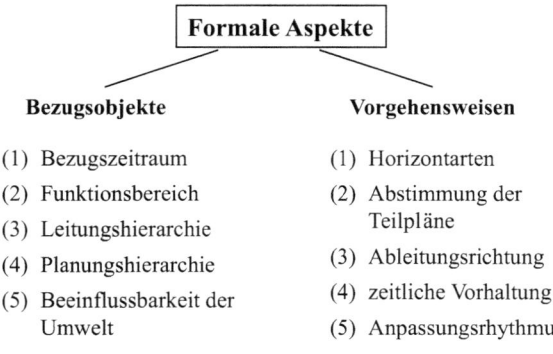

Abb. 5: Formale Aspekte von Planungssystemen

Zunächst werden die Planungsarten nach ihren *Bezugsobjekten* differenziert:

1. Der *Bezugszeitraum* betrifft die Fristigkeit der Planung bzw. die zeitliche Dauer, auf die sich die Planung und der Plan beziehen: kurzfristige Planung (ca. einjähriger Zeitraum, Detailplanung), mittelfristige Planung (ca. ein- bis vierjähriger Zeitraum) und langfristige Planung (ca. Zeitraum über vier Jahre, Grobplanung). Eine allgemein gültige Abgrenzung ist allerdings nicht möglich. Planungsfristen sind abhängige Variablen. Der gewählte Bezugszeitraum ist vor allem von der Branche des Unternehmens, Produktlebensdauer, der Qualität der Prognose und vom Planungsgegenstand abhängig.
2. Für jeden *Funktionsbereich* und somit für jede Sachfunktion wird geplant und es werden entsprechende Pläne erarbeitet. Insofern lassen sich unterscheiden: Marketingplanung, Finanzplanung, Beschaffungsplanung und Produktionsplanung (s. Abbildung 2).
3. Die *Leitungshierarchie* eines Unternehmens differenziert organisatorisch auch die Planung in verschiedenen Ebenen. Insofern wird im Allgemeinen unterschieden in Unternehmens(gesamt)planung, in Geschäftsbereichsplanung und in Funktionsbereichsplanung.
4. Die *Planungshierarchie* betrifft die Differenzierung in operative und strategische Planung. Strategische Pläne gelten den operativen Plänen gegenüber als übergeordnet. Sie beziehen sich auf die grundsätzliche Ausrichtung der Unternehmenszukunft (Unternehmensziele, Produktprogramm, Qualitäts- oder Kostenführerschaft, Internationalisierungsgrad u. Ä.). Ihre Planungsprobleme sind oft schlecht definiert, insofern schwieriger zu bearbeiten. Der Wirkungshorizont der Pläne (s. u.) ist langfristig, nicht immer jedoch ihr Aktionshorizont. Operative Planungen beschäftigen sich abgeleitet mit so genannten wohl definierten Problemen, in aller Regel kurzfristigen Aktivitäten sowie Detailproblemen und sind sehr differenziert. Eine direkte Zuordnung von operativ zu kurzfristig und strategisch zu langfristig ist bedenklich, da jeweils andere Bezugsmerkmale betroffen sind: Operative Pläne sind zwar in aller Regel kurzfristig orientiert, allerdings kann auch ein strategischer Plan eine kurzfristig umzusetzende (aber langfristig wirkende) Akquisition beinhalten. Ein operativer Plan eines Großanlagenbauers kann im Übrigen auch bereits einzelne Arbeitsschritte über drei Jahre hin vorsehen.
5. Im Bezug auf die *Beeinflussbarkeit* der externen Umwelt lässt sich Planung in zwei Untergruppen differenzieren: Die Outside-In-Planung geht davon aus, dass das eigene Unternehmen vor allem den Marktgegebenheiten zu folgen hat und wenig Einfluss auf die Marktpartner hat (= marktorientierte Unternehmensführung). Die Inside-Out-Planung sieht dagegen durchaus Möglichkeiten, einzelne Marktparameter nachhaltig zu beeinflussen. Die Marktmacht, aber auch eine interne Ressourcenstärke tragen dazu bei, aktiv(er) in das Marktgeschehen einzugreifen zu können (= ressourcenorientierte Unternehmensführung).

Um die Planungen und Pläne bestmöglich zu koordinieren, bieten sich verschiedene *Vorgehensweisen* an:

1. Der *zeitliche Horizont* der Planung lässt sich in verschiedene Arten differenzieren: Der Aktionshorizont legt fest, bis zu welchem Zeitpunkt (innerhalb der

Planzeit) die Beeinflussung des jeweiligen Handlungsspielraums des Unternehmens durch einen Plan bei der Beurteilung der Planalternativen berücksichtigt werden soll. Der Planungshorizont legt fest, bis zu welchem Zeitpunkt maximal Pläne erstellt werden sollen. Der Wirkungshorizont definiert, bis zu welchem Zeitpunkt Folgen der Planrealisierung bezüglich der Unternehmensziele überhaupt betrachtet werden. Generell gilt zwischen den einzelnen Horizonten die Relation: Aktionshorizont $\leq$ Planungshorizont $\leq$ Wirkungshorizont.
2. Die verschiedenen Pläne sind während der Planung zu koordinieren, es bedarf einer *Abstimmung* der Teilpläne. Ist ein Planungssystem horizontal differenziert (bspw. ein Nebeneinander von Absatz-, Produktions- und Finanzplan), so sind die prinzipiell gleichrangigen Pläne aufeinander abzustimmen. Dies kann auf zwei Wegen erfolgen: Bei der Sukzessivplanung wird zunächst ein Teilbereich (z. B. Marketing) ausgeplant, dessen Plan dann die Basis der Planentwicklung für die übrigen Sachfunktionen darstellt. Bei der Simultanplanung werden alle Planbereiche gleichzeitig erarbeitet – mit einer quasi parallel stattfindenden Abstimmung der Teilpläne.
3. Die *Ableitungsrichtungen* der Planung (Hierarchiedynamik) beziehen sich auf die vertikalen Entwicklungsrichtungen des Planungsprozesses: Bei der Bottom up-Planung (progressive Variante) erarbeiten nachgeordnete Managementebenen für die jeweils nächsthöhere Managementebene Planentwürfe. Damit wird intendiert, dass objektnahe Informationen und Erfahrungen genutzt werden. Bei der Top down-Planung (retrograde Variante) erstellt das übergeordnete Management Rahmenpläne für die jeweils nachgeordnete Ebene. Diese detaillieren und konkretisieren diese Pläne. So wird sichergestellt, dass entlang grundsätzlicher Unternehmensziele eine Vorab-Koordination der Planungen auf den nachgeordneten Managementebenen gelingt. Das Gegenstromverfahren (zirkuläre Variante) ist als Kombination der Bottom up- und der Top down-Planung zu verstehen. Danach startet der Planungsprozess mit der Formulierung von vorläufigen Rahmenplänen auf der Top-Management-Ebene. Unter Beachtung der Rahmendaten werden dann von der Middle-Management-Ebene vorläufige, konkretere Bereichspläne entwickelt, die die Realisierbarkeit der Leitentwürfe sicherstellen sollen und Hinweise für deren Modifikation liefern. Die vorläufigen Pläne werden bei Bedarf modifiziert. Sie liefern dann die Ausgangsbasis für die Formulierung von vorläufigen, konkreten Funktionsplänen durch das Lower-Management, die selbst wiederum zur Überprüfung der vorläufigen Bereichspläne dienen. Analog können diese modifiziert und neue, vorläufige Fundierungspläne entworfen werden.
4. Die *zeitliche Verkettung* betrifft die unmittelbaren Zusammenhänge von lang-, mittel- und kurzfristiger beziehungsweise strategischer und operativer Pläne: Nach dem Prinzip der Reihung werden vor allem Pläne unterschiedlicher Fristigkeit unmittelbar und lückenlos hintereinander ausgeführt. Die jeweiligen Planzeiten überlappen sich nicht. Das Prinzip der Stufung sieht überlappende Zeiträume bei Plänen unterschiedlicher Fristigkeit vor. Der Endzeitraum des kürzerfristigen Plans ist zugleich Anfangszeitraum des längerfristigen Plans. Man will so die Anschlussfähigkeit der Pläne sicherstellen. Das Prinzip der Schachtelung be-

deutet die Integration von kurz-, mittel- und langfristigen Plänen und zwar so, dass die jeweiligen Planzeiten des kürzerfristigen Plans vollständig in denen des längerfristigen Plans eingebettet sind. Bei Revisionen des längerfristigen Plans werden dadurch gleichzeitig auch die kürzerfristigen Pläne überarbeitet, aber nicht umgekehrt.

5. Der *Anpassungsrhythmus* betrifft die Anpassung von Plänen im Zeitablauf. Hier liegen prinzipiell zwei Alternativen vor: Die rollende Planung betrifft die Fortschreibung, die Konkretisierung und die Aktualisierung von Plänen. Die Pläne sind nach dem Prinzip der Reihung gebildet. Normalerweise wird die Planzeit in zwei Phasen gegliedert: Der zeitlich zunächstliegende, kurzfristige Abschnitt wird detailliert, während der folgende langfristige Abschnitt nur grob geplant wird. Nach Abschluss der ersten Phase wird die gesamte Planzeit um den ersten Abschnitt zeitlich vorgeschoben und der neue Planzeitraum wieder entsprechend aufgeteilt und geplant. In einem Unternehmen wird so jeder kurzfristige Zeitraum unter langfristiger globaler Orientierung geplant und zugleich eine laufende Konkretisierung, Aktualisierung und Fortschreibung der langfristigen Planung gewährleistet. Die revolvierende Planung stellt eine Sonderform der rollenden Planung dar und bezeichnet ein Anpassungs- oder Revisionsprinzip für Pläne unterschiedlicher Fristigkeit: Die Pläne verschiedener Fristigkeit sind gemäß dem Prinzip der Schachtelung verbunden. Die Pläne geringer Fristigkeit werden aus den längerfristigen abgeleitet. Revolvierende Planung sieht nun vor, dass die Pläne aller Fristigkeitsstufen zyklisch revidiert werden, wobei bei einer Überarbeitung eines längerfristigen Plans auch alle kürzerfristigen Pläne angepasst werden.

Planungsprozess

Planung erstreckt sich über verschiedene Planungsphasen, die zyklisch oder ereignisbedingt wiederkehren (*Planungsprozess*) (anders S. 72): In regelmäßiger Folge oder auch ad hoc werden Pläne entwickelt, überprüft und verändert (s. u.). Solche Planungsprozesse gliedern die Planung in sachlogische Schwerpunktaktivitäten. Damit sollen eine sachliche und zeitliche Ordnung der einzelnen Informationsverarbeitungs- und Willensbildungsschritte geschaffen sowie Ansatzpunkte für eine koordinierte, arbeitsteilige Erfüllung der Planungsaufgabe festgelegt werden. Wesentliche *Phasen* des Planungsprozesses sind (s. Abbildung 6) (s. Macharzina, 2003, 305 ff.):

Die *Zielbildung* beinhaltet die Festlegung von operationalen Soll-Zuständen für das Unternehmen und seine verschiedenen Bereiche. Eine angemessene Zielformulierung setzt voraus, dass sowohl das innere als auch das äußere Umfeld analysiert und prognostiziert werden. Eine entsprechende Umfelduntersuchung bezieht sich insofern auf die Gegenwart (Ist-Zustand) sowie auf die Zukunft (Wird-Zustand). Es erfolgt eine *Prämissenbildung* (Annahmen über Konjunkturen, Geldwerte, Kundenwünsche usw.), die in enger gegenseitiger Wechselwirkung zur Zielbildung steht. Die Umweltanalyse und -prognose sind der Zielbildung in einem iterativen Prozess sowohl vor- als auch nachgelagert.

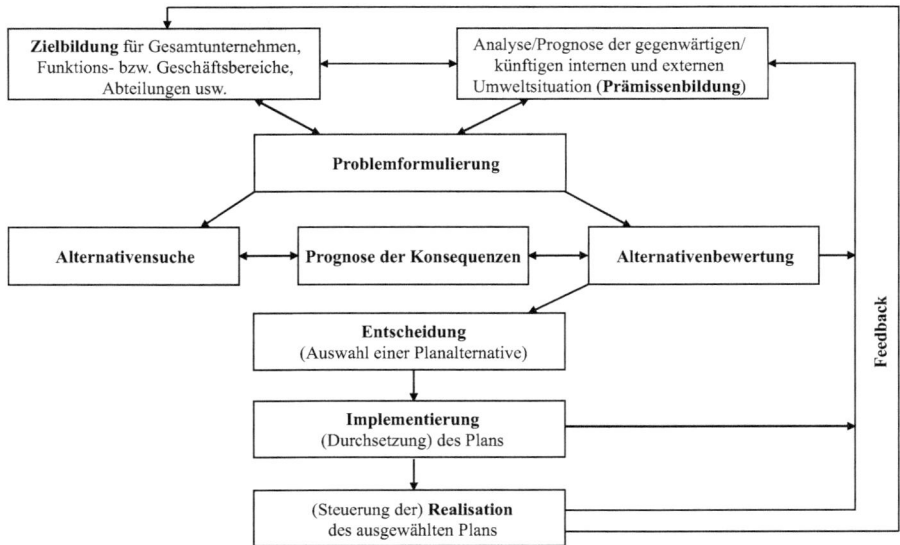

Abb. 6: Planungsprozess (ähnlich Macharzina, 2003, 305)

Die *Problemformulierung* konkretisiert nun die zu lösende Aufgabenstellung zwischen den Zielvorstellungen und der erwarteten Umwelt. Sie setzt sich aus vier Teilphasen zusammen: Die *Problemerkennung* umfasst die kognitive Wahrnehmung und Grobskizzierung von vermuteten Spannungen beziehungsweise die operationale Spezifizierung des Problems. Die *Problembeurteilung* schätzt die relative Bedeutung des Problems ein (z. B. Bedeutung der Marktposition für das Unternehmenswachstum). Die *Problemanalyse* beinhaltet die Aktivitäten der Präzisierung der problemrelevanten Informationen und die Durchdringung der Problemstruktur (bspw. Wirkungen der unterschiedlichen Marktpositionen). Mit der *Problemdefinition* wird letztlich bestimmt, welches Problem durch die Planung zu handhaben ist (beispielsweise Erreichung der Marktposition 2).

Da Planungsprobleme in aller Regel nicht nur auf eine einzige Art und Weise lösbar sind, sind *alternative Pläne* zu entwickeln. Diese unabhängig voneinander zu realisierenden Lösungen unterscheiden sich bezüglich der verwendeten Ressourcen und Technologien, des Horizonts, ihrer Wirtschaftlichkeit, der ihnen anhaftenden Risiken und anderes. Begleitet wird die Alternativensuche durch eine *Prognose der Konsequenzen*. Auch Planung kommt ohne Aussagen über die Zukunft nicht aus. Für die Auswahl geeigneter Planalternativen ist es insofern unerlässlich, sich über die problemrelevanten Entwicklungen zu informieren und Wirkungsprognosen hierüber abzugeben. Sie sollten möglichst begründet und nachvollziehbar die Wirkungen der Planentwürfe vorhersagen. Da zur Handhabung eines Planungsproblems nur eine Alternative verwendet werden kann, ist es notwendig, die Alternativen zu bewerten. Bewertungsmaßstab ist die Zielwirksamkeit. Die schlussendliche Entscheidung ist die prinzipiell bewusste, rationale und verpflichtende Auswahl einer Alternative.

Nachfolgend ist der gewählte Plan zu implementieren und zu realisieren. Die *Implementierung* bereitet dabei die Realisation vor. Dies geschieht durch eine Präzisierung der Zeitpunkte, die Bereitstellung der Ressourcen und durch die Schaffung eines Commitment (Planakzeptanz der betroffenen Mitarbeiter). Die Implementierung ist zwar ein Teil des Führungsprozesses, nicht jedoch der Planung im eigentlichen Sinne.

Zum Schluss bedarf es noch der (Steuerung der) *Realisation* des gewählten Plans. Die Realisation ist dabei weder Planungs- noch Führungsaufgabe, sondern reine Ausführungsaufgabe für die dem Management nachgeordneten Aufgabenträger.

3.2 Kontrollfunktion

Das Kontrollsystem umfasst die Gesamtheit aller durchgeführten Vergleiche zwischen bestimmten Soll- und Ist-Zuständen beziehungsweise Erwartungen sowie die Analyse eventueller Abweichungen. Kontrolle und Planung stehen in einem engen Zusammenhang. Sie ergänzen und bedingen einander: Planung, die auf eine systematische Kontrolle verzichtet, begibt sich eines wichtigen *Lernpotenzials*. Gerade durch Kontrollkonzepte wird Planung in die Lage versetzt, bei Fehlentwicklungen frühzeitig Korrekturen vorzunehmen. Ein inhaltlicher Unterschied zwischen Planung und Kontrolle besteht darin, dass der Kontrolle im Gegensatz zur Planung kein unmittelbarer Gestaltungsaspekt zukommt.

Zunächst ist zu klären, wer *Aufgabenträger* der Kontrolle ist.

- *Selbstkontrolle* von Planung und Planrealisierung liegt dann vor, wenn der Planer die Überwachung des Planungsablaufs, der Planprämissen, der Fortschritte im Verlauf der Planrealisierung oder des Realisationsergebnisses für den eigenen Verantwortungsbereich entweder vollständig oder teilweise eigenverantwortlich durchführt.
- Wenn die Kontrollaufgabe durch dazu beauftragte Dritte (vor allem Vorgesetzte und Controller) wahrgenommen wird, spricht man von einer *Fremdkontrolle* der Planung. Entsprechend ist dann auch die Verantwortung für die Kontrolle und für die zu ziehenden Konsequenzen aus gegebenenfalls festgestellten Abweichungen an diese Dritte (einzeln oder gemeinsam) vergeben.

Des Weiteren ist zu klären, was *Gegenstand* der Kontrolle ist (s. bspw. Macharzina, 2003, 317 ff., Steinmann & Schreyögg, 2005, 264 ff., 402 ff.):

- Traditionell wird Kontrolle als Vergleich zwischen vorgegebenen Sollwerten (Plan) und vorliegenden Istwerten (Realität) zur Überprüfung der Planzielerreichung (*Ergebniskontrolle*) verstanden. Diese Sichtweise von Kontrolle greift aus mehreren Gründen zu kurz. Erfolgen Kontrollen erst ex post nach der Planrealisierung, so können sie ihrer Managementfunktion, zu einer der Zielsetzung entsprechenden Planrealisierung beizutragen, überhaupt nicht oder nur bedingt (in der nächsten Planperiode) gerecht werden. Diese Problematik wird vor allem bei langfristigen Planungsprozessen deutlich. Ex post-Kontrollen ignorieren Veränderungen interner und externer Rahmenbedingungen, die sich bereits während

des Planungsprozesses ereignen. Pläne werden in Folge zunächst implementiert und realisiert, auch wenn ihr Zielbeitrag aufgrund veränderter Bedingungen nicht mehr gewährleistet ist. Diese Sichtweise von Kontrolle ist angesichts der hohen Umweltdynamik dahingehend erweitert worden, dass Kontrolle auch die beinahe fortlaufende Überprüfung der im Planungsprozess angenommenen Umweltbedingungen sowie die Fortentwicklungen der Implementierung einschließt.
- Bei der *Fortschrittskontrolle* (Soll-Wird-Vergleich) wird im Verlauf der Planrealisierung in definierten Zeitabständen beziehungsweise beim Eintreten bestimmter Bedingungen überprüft, ob die bis dahin feststellbare und aufgrund der Planrealisierung erfolgte Entwicklung im Unternehmen plangerecht funktioniert. Sie liefert Ansatzpunkte für eventuell erforderliche Anpassungsmaßnahmen.
- Die während des Planungsprozesses laufende Überprüfung, ob die angenommenen Prämissen der Planung noch aktuell sind (*Prämissenkontrolle* als Wird-Ist-Vergleich), erhöht des Weiteren die Chance, zu adäquaten Plänen zu gelangen beziehungsweise rechtzeitige Modifikationen an ratifizierten Plänen vorzunehmen. Ergänzen könnte man sie um einen Wird-Wird-Vergleich quasi als *Prognosekontrolle*.

Es ist sinnvoll, bei der Durchführung von Kontrollen Toleranzgrenzen zur Verringerung des Erfassungs-, Beurteilungs- und Verwaltungsaufwands festzulegen. Liegen festgestellte Abweichungen innerhalb der Grenzen, kann darauf verzichtet werden, analysierende und korrigierende Maßnahmen einzuleiten und/oder höhere Hierarchieebenen zu benachrichtigen. Lediglich bei Überschreiten der Werte ist sowohl eine Benachrichtigung übergeordneter Hierarchieebenen als auch eine ergänzende Abweichungsanalyse zur Identifizierung der Ursachen durchzuführen. Die Analyse der Differenzen zwischen geplanten und realisierten Entwicklungen und Zuständen liefert dann Ansatzpunkte, Korrekturen einzuleiten und indirekt die Qualität der Planung zu erhöhen. Bei den Abweichungsursachen ist dabei in unvorhersehbare Ereignisse und echte Planungsfehler zu unterscheiden. Die Revision von Plänen beziehungsweise die Anpassung von Aktivitäten an vorgegebene Pläne (i. S. einer nachfolgenden Steuerung der Unternehmensaktivitäten) sind also möglicherweise die Reaktion auf die Ergebnisse der Kontrolle und der Abweichungsanalyse.

Planung und Kontrolle (inkl. des Steuerungsaspektes) müssen aufeinander abgestimmt werden. Im deutschsprachigen Raum hat sich für die Verbindung dieser beiden Führungssubsysteme der Terminus *Controlling* durchgesetzt (s. S. 72 ff.). Wenngleich sehr unterschiedlich definiert, versteht man hierunter eine Aufgabe, die ergebnisorientiert die Verbindung zwischen Planung und Kontrolle sowie einer hierzu notwendigen Informationsversorgung koordiniert und dadurch die Zielorientierung der Unternehmensführung an den Nahtstellen strategischer und operativer Führung sowie Planung (in all ihren Teilphasen) und Kontrolle nachhaltig fördern soll. Differenziert werden kann entsprechend in ein strategisches und ein operatives Controlling. Ersteres bezieht sich mehr auf die Überwachung, Prämissenkontrolle und Durchführungskontrolle von Unternehmensstrategien, letzteres mehr auf die Planeinhaltung und -steuerung in operativen Realisationsfragen der tagtäglichen Unternehmensführung in den Linieneinheiten.

3.3 Organisationsfunktion

Nachfolgend werden zunächst das Verständnis von Organisation sowie danach aufbau- und ablauforganisatorische Regelungen dargestellt.

Verständnis von Organisation

Im Zusammenhang der Organisationsfunktion wird der Organisationsbegriff *instrumentell* verwendet. Unter Organisation ist daher die Gesamtheit aller generellen, expliziten Regelungen zur Gestaltung von Aufbau- und Ablaufstrukturen des Unternehmens zu verstehen (Das Unternehmen hat eine Organisation!). Weder der institutionelle Begriff der Organisation als Oberbegriff für Institutionen aller Art, wie beispielsweise Unternehmen, Krankenhäuser (Das Unternehmen ist eine Organisation!) noch der der funktionale Organisationsbegriff als Tätigkeit (Das Unternehmen organisiert!) sind in dem genannten Zusammenhang sinnvoll.

Im Rahmen der Organisationsfunktion sind zwei grundsätzliche Aspekte dieses Instruments zu differenzieren: Aufbau- und Ablauforganisation (vgl. z. B. Krüger, 2005, Schreyögg, 2003, 107 ff.). Sie werden jede für sich und aufeinander bezogen nach dem *Analyse- und Synthesekonzept* gestaltet (s. Abbildung 7). Im Rahmen der jeweiligen Analyse werden alle Teilaufgaben und -prozesse in ihre Grundelemente zerlegt, bevor mittels einer Synthese zielorientiert arbeitsfähige Einheiten und Prozesse geschaffen werden.

Aufbauorganisation

Unter der Aufbauorganisation (synonym: Strukturorganisation) wird die Festlegung des Gebildes des Unternehmens und seiner inneren Zusammenhänge nach den Merkmalen der Verrichtung und/oder des Objekts verstanden. Dies betrifft die Gliederung des Unternehmens in arbeitsteilige Einheiten (Spezialisierung) und hierarchische Elemente (Konfiguration) sowie deren Zusammenarbeit (Koordination). Hiermit sind die drei *Strukturdimensionen* angesprochen, die später in unterschiedlichen Kombinationen die Grundmodelle der Organisationsstruktur bilden.

- Im Rahmen der *Spezialisierung* werden durch eine horizontale Aufgabenteilung einzelne funktionsfähige Teileinheiten (Stellen, Abteilungen usw.) geschaffen. Ziel ist eine qualifikationsorientierte und den Kundenbedürfnissen entsprechende Arbeitsteilung im ganzen Unternehmen. Sie kann gemäß dem Verrichtungsprinzip (funktionale Spezialisierung) nach den (Sach-) Funktionen Beschaffung, Produktion, Vertrieb and andere vorgenommen werden, aber auch nach dem Objektprinzip (objektorientierte Spezialisierung) bezogen auf die Objekte Produktart, Kundengruppe und/oder Region.
- Mit der *Konfiguration* ist die vertikale Aufgabenteilung zwischen den – zu schaffenden – hierarchischen Ebenen, also das Netz der Leitungsbeziehungen, zu gestalten. Ziel ist es, aufgabenorientierte Weisungsbeziehungen festzulegen. Hier

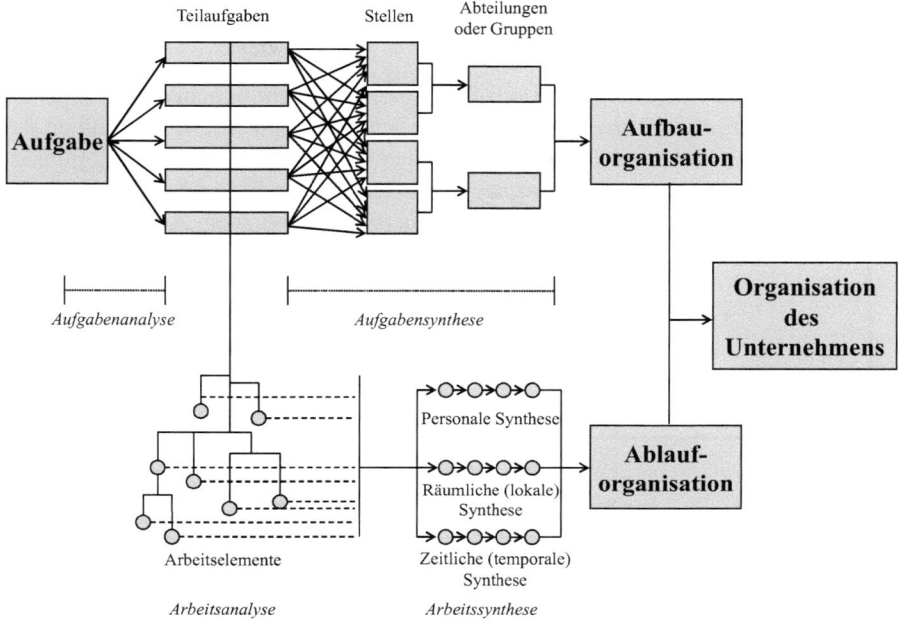

Abb. 7: Aufbau- und Ablauforganisation (ähnlich Bleicher, 1991, 49).

wird einerseits differenziert in Einliniensystem (jeweils nur ein direkter Vorgesetzter, ungeteilte Weisungsbefugnisse, Einheit der Auftragserteilung), Mehrliniensystem (aufgabenspezifische Weisungsbefugnisse, durchaus mehrere direkte Vorgesetzte, allerdings für unterschiedliche Aufgabenbereiche) und Stab-Liniensystem (Assistenz- und/oder Dienstleistungsstellen an einer Instanz zur deren Entlastung, ohne eigene Weisungsbefugnisse) differenziert. Andererseits ist hiermit die Leitungsspanne (Anzahl der einer Führungskraft/Instanz zugeordneten Untergebenen) und die Leitungstiefe (flache Pyramide mit wenigen Führungsebenen, steile Pyramide mit vielen Ebenen) entsprechend des Unternehmensumfelds effizient zu gestalten.

- Mit der *Koordination* ist die durch die Spezialisierung und Konfiguration notwendig gewordene aufgabenübergreifende Zusammenarbeit angesprochen. Mittels Plänen, Programmen oder persönlichen Weisungen wird versucht, diese Beziehungen zu optimieren. In diesem Zusammenhang kann man auch die – manchmal als gesonderte Dimensionen der Organisationsstruktur angesprochenen – Aspekte des Entscheidungszentralisationsgrades und des Formalisierungsgrades ansprechen: Ein hoher Zentralisationsgrad bedeutet, das eine Entscheidung relativ hoch in der Unternehmenshierarchie zu treffen ist, ein hoher Dezentralisationsgrad hat eine Delegation der betreffenden Befugnisse auf niedrigere Managementebenen zur Folge. Unterschiedlich ausgeprägte Formalisierungsgrade

220 F. G. Becker

betreffen die Fixierung der Aufgabenerfüllung, das heißt den jeweiligen Freiheitsgrad der Stelleninhaber.

Die konkrete Aufbauorganisation eines Systems besteht nun aus verschiedenartigen Organisationseinheiten als den strukturellen Subsystemen. Die Gesamtheit der Organisationseinheiten zur Erfüllung von Daueraufgaben wird als *Primärorganisation* (im Gegensatz zur Sekundärorganisation) bezeichnet. Sie umfasst insbesondere die jeweilige Abteilungsstruktur sowie dauerhaft eingerichtete Ausschüsse. Drei *Grundmodelle* werden differenziert (s. Abbildung 8):

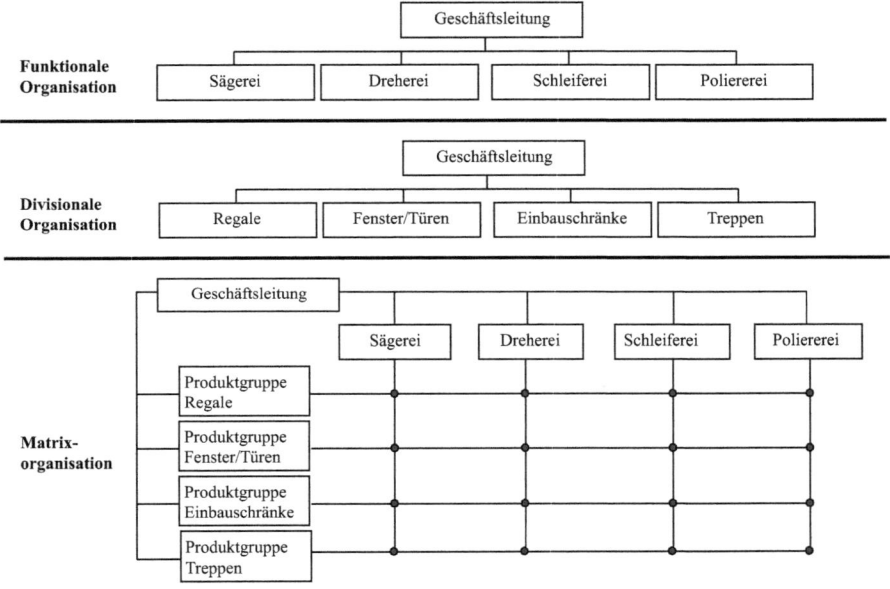

Abb. 8: Grundmodelle der Organisationsstruktur

- Die (klassische) *funktionale Organisation* ist eine verrichtungsorientierte Einlinienorganisation mit einer Tendenz zur Entscheidungszentralisation. Die Gliederung der zweiten Ebene (nach der Geschäftsführung = erste Ebene) erfolgt nach unterschiedlichen Verrichtungen (z. B. Beschaffung, Produktion, Absatz). Jeder Mitarbeiter erhält Weisungen nur von einem Vorgesetzten (Einliniensystem).
- Die *divisionale Organisation* stellt eine objektorientierte Einlinienorganisation mit einer Tendenz zur Entscheidungsdezentralisation dar. Die Gliederung der zweiten Ebene erfolgt in aller Regel nach den Objektmerkmalen Produkt(gruppen), teilweise auch nach Regionen oder Kunden(gruppen). Die objektbezogenen Organisationseinheiten werden als Sparten, Divisionen oder Geschäftsbereiche bezeichnet. Den Divisionen sind die Kernfunktionen (vor allem Marketing, Produktion) zuzuordnen. Die Weisungskompetenzen sind normalerweise ungeteilt

(Einliniensystem). Um eine divisionsspezifische Politik machen zu können, ist ein relativ hoher Grad an Dispositionsfreiheit für die entsprechend Verantwortlichen erforderlich.
- Die *Matrixorganisation* stellt eine Mehrlinienorganisation mit Verrichtungs- und Objektorientierung sowie einer Tendenz zur Entscheidungsdezentralisation dar. Auf der zweiten Hierarchieebene wird gleichzeitig die Objekt- und Verrichtungsgliederung umgesetzt. Eine funktionale Organisation bildet die vertikale Verrichtungs- beziehungsweise Grunddimension, über die eine beispielsweise nach Produkten, Regionen oder Projekten gegliederte Objektdimension gelegt wird. Die ursprünglich ungeteilten Weisungsbefugnisse werden aufgespalten; es entstehen zwei sich kreuzende Weisungslinien (Mehrliniensystem), so dass die betroffenen Mitarbeiter gleichberechtigte Weisungen vom zuständigen Funktions- und vom Matrixmanager erhalten.

Sekundärorganisatorische Einheiten sind für die Abwicklung von Innovationsaufgaben und/oder zeitspezifischen Aufgaben sinnvoll. Die Problemstellungen sind eher schlecht strukturiert, die Dienstwege kurz, die Zusammenarbeit teamorientiert. Oft werden sie schnittstellenbezogen, funktions- und hierarchieübergreifend und mit flexibler Aufgabenzuweisung gebildet. Zu nennen sind hier beispielsweise: Projektteams (bspw. für die Einführung einer neuen Software), Ausschüsse (z. B. ein Lenkungsausschuss für die Neuproduktentwicklung), strategische Geschäftseinheiten (v. a. für die Entwicklung von Strategien), Qualitätszirkel (zur Verbesserung des Produktionsprozesses).

Ablauforganisation

Bei der Ablauforganisation (synonym: Prozessorganisation) steht die Strukturierung der Informations- und Arbeitsprozesse, also des prozessualen Geschehens im Unternehmen im Zentrum. Sie ist durch die Festlegung der spezifischen *Arbeitsteilung* (Zuweisung der Arbeit zu einzelnen Stellen zur Maximierung der Kapazitätsauslastung; personale Analyse und Synthese), der *Zeit* (Zeitpunkt und -bedarf der Aufgabenerfüllung zur Minimierung der Durchlaufzeiten; zeitliche Analyse und Synthese) und des *Raums* (Erfüllungsort der Aufgabenbestimmung zur optimalen Nutzung der räumlichen Kapazitäten; räumliche Analyse und Synthese) im Arbeitsprozess gekennzeichnet. Sie strukturiert somit das prozessuale Geschehen und determiniert das in der Aufbauorganisation festgelegte Handeln weiter.

Bei der Aufbau- und Ablauforganisation handelt es sich letztlich um zwei Betrachtungsweisen des gleichen Gesamtproblems der Organisation nach verschiedenen Gesichtspunkten. Sie stehen in einem Wechselverhältnis zueinander, so dass in der konkreten Organisationsarbeit keine der beiden Betrachtungsseiten vernachlässigt werden kann. Die Zusammengehörigkeit beider Systeme verdeutlicht Abbildung 9 die den Ablauf einer Auftragsabwicklung innerhalb einer gegebenen Struktur veranschaulicht (s. auch S. 240).

Die innerhalb der Ablauforganisation festzustellenden relevanten Prozesse lassen sich nach verschiedenen *Perspektiven* analysieren und beschreiben (s. Krüger, 2005, 180 ff.):

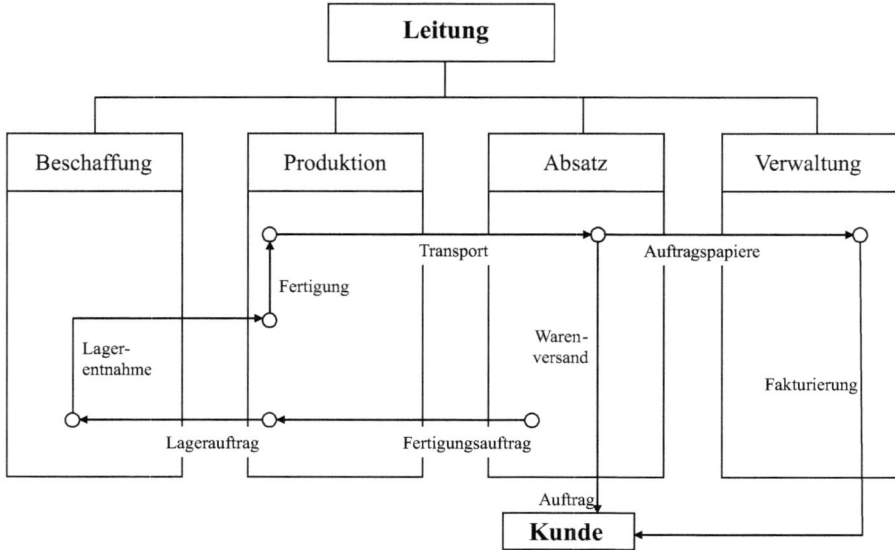

Abb. 9: Struktur und Prozess am Beispiel einer funktionalen Organisation (s. Krüger, 2005, 179).

- Zunächst sind die hinsichtlich der Umweltbedingungen und den unternehmerischen Zielen wichtigen *Kernprozesse* des Leistungsprozesses (besonders wichtig zur Erfüllung des Unternehmenszwecks) zu identifizieren. Diese Kernprozesse sind in einem Wettbewerb, bei dem es auf Schnelligkeit der Lieferung ankommt, andere, als dort wo Qualität oder niedrige Preise stärker Kaufentscheidungen determinieren.
- Danach können in einer *Makroanalyse* die Zusammenhänge zwischen allen unternehmerischen Teilprozessen dargestellt sowie die gegebenenfalls vorhandenen Schnittstellenprobleme identifiziert und näher analysiert werden. Schnittstellenprobleme sind im Allgemeinen die Ursachen für Zeitverzögerungen, Qualitätsmängel und/oder Kostensteigerungen.
- Eine *Mikroanalyse* konzentriert sich dagegen auf einzelne Aufgabenerfüllungsprozesse im Bereich der verschiedenen Management- und Sachfunktionen. Hier stehen zunächst unterschiedliche Analyseinstrumente sowie danach auch sehr verschiedene Gestaltungsoptionen (von der Baustellenfertigung über die Fertigungsinsel bis hin zur Fertigungsstraße, von dezentralen Logistiksystemen bis zum zentralen Hochregallager, von freien Händlernetzen über regionale Außendienstmitarbeiter bis hin zu Key Account-Managern) zur Verfügung.

Im Rahmen der Prozessorganisation ist auch die so genannte *externe Prozessvernetzung* anzusprechen. Hierbei handelt es sich um eine reale Verbindung der Organisationsprozesse verschiedener Unternehmen. Diese Unternehmen kooperieren im gesamten Leistungsprozess, beispielsweise Lieferanten → Automobilproduzent →

Händler. Um im vielfach herrschenden Zeit-Wettbewerb effizienter, kostengünstiger und schneller als Mitbewerber zu sein, ist hier eine unternehmensübergreifende Kooperation sinnvoll. Dies bedeutet im Einzelnen, dass Daten – teilweise auch direkt – ausgetauscht und Prozesse miteinander abgestimmt werden. (Beispiele: (1) Scanner-Kasse im Supermarkt leitet den Verkauf eines bestimmten Produkts und das Unterschreiten einer Mindestmenge im Regal weiter an den Lieferanten und setzt so einen automatischen Beschaffungsprozess in Gang. (2) Just-in-Time-Lieferungen in den Produktionsprozess hinein. (3) Parallelentwicklungen und gemeinsame Entwicklungsprozesse von Zuliefern und Automobilproduzenten.)

3.4 Personalfunktion

Nachfolgend werden zunächst das Verständnis der Personalfunktion sowie danach verschiedene Regelungen zur Systemgestaltung wie zur Verhaltenssteuerung und Mitarbeiterführung thematisiert.

Verständnis

Personal (oft auch als Humankapital bezeichnet) ist der Sammelbegriff für alle Mitarbeiter eines Unternehmens. Es stellt letztlich eine Ressource beziehungsweise einen Produktionsfaktor im Leistungsprozess dar. Von daher wird es als Mittel zur unternehmerischen Zielerreichung eingesetzt. Im Allgemeinen kommt dem Personalmanagement dabei *funktionsübergreifender Charakter* zu, das heißt es beschäftigt sich in seinen Grundfunktionen mit allen Funktionsbereichen und den dort beschäftigten Mitarbeitern. Insbesondere in der unternehmerischen Praxis sind neben rein ökonomischen Aspekten auch verhaltenswissenschaftlich fundierte Kenntnisse aus (Sozial)Psychologie, Soziologie oder Arbeitswissenschaft unabdingbar, um treffende personalbezogene Aussagen formulieren zu können.

Personalmanagement hat einerseits die Systemgestaltung und andererseits die Verhaltenssteuerung zum Inhalt (s. Berthel & Becker, 2003, Wunderer, 2003) (s. Abbildung 10):

- *Systemgestaltung* (in etwa synonym: strukturelle Mitarbeiterführung) betrifft vor allem die Schaffung von Regeln und Bedingungen zur Umsetzung personeller Teilsysteme (z. B. Personalbedarfsdeckung). Die Personalsysteme lassen sich dabei nach ihrer Bedeutung in primäre Systeme (unmittelbare Personalarbeit) und sekundäre Systeme (Unterstützungsbereiche) aufgliedern. Sie beeinflussen nicht nur die Qualität der Personalarbeit, sondern sie bieten auch Stimuli zum Leistungsverhalten und dienen insofern der mittelbaren Verhaltensbeeinflussung.
- *Verhaltenssteuerung* (in etwa synonym: interaktionelle Mitarbeiterführung) meint die direkte Führung des Personals mittels zum einen der Vorgesetzten/Mitarbeiter-Beziehung (Mitarbeiterführung) und zum anderen der Handhabung der primären Personalsysteme (Systemhandhabung) durch die Vorgesetzten. Die Systemhandhabung kann dabei nur in den Grenzen der Systemgestaltung insbesonderer der primären Systeme stattfinden. Die Verhaltenssteuerung steht als Vorge-

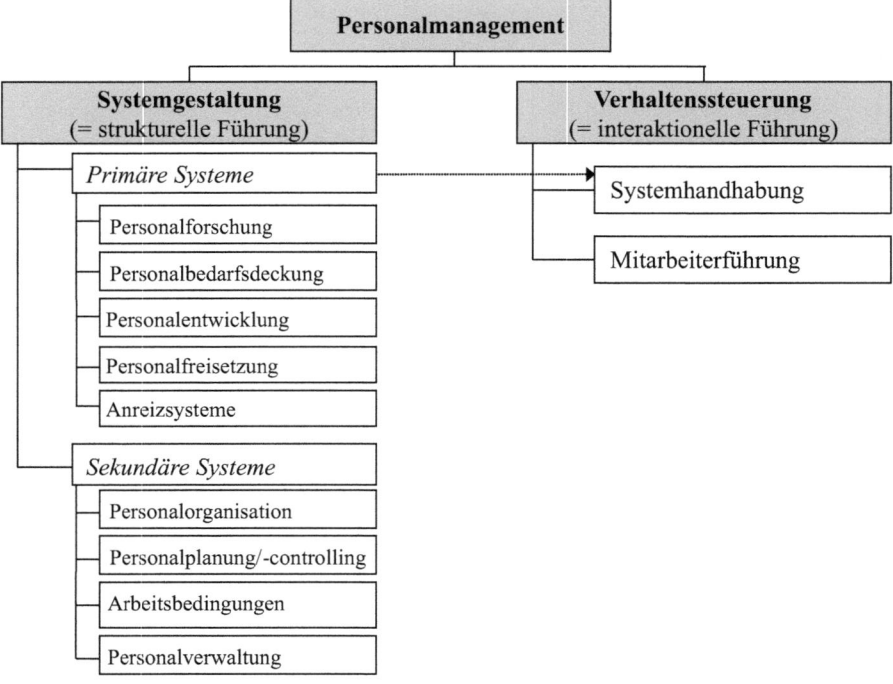

Abb. 10: Aufgabenbereiche des Personalmanagements

setztenfunktion bei der situativen Gestaltung der zwischenmenschlichen Beziehungen im Mittelpunkt.

Unter der interaktionellen und der strukturellen Mitarbeiterführung sind letztlich zwei Seiten einer Medaille zu verstehen. Die strukturelle Dimension (Personalsystem) ergänzt, beeinflusst und substituiert dabei teilweise die interaktionelle Führung (Verhaltenssteuerung) et vice versa. Letztere hat zudem Spielraum zur Modifikation der strukturellen Führung. Als Ansatzpunkte für die Personalarbeit (s. Neuberger, 1994, 13) dienen in Folge auch nicht allein die einzelnen Mitarbeiter (individuelle Perspektive), sondern ebenso Mitarbeitergruppen (interpersonelle Perspektive) und organisatorische Verhaltensstimuli (a-personelle Perspektive). Nur in einem solchen konsistenten Verbund lässt sich effizient die Personalfunktion umsetzen.

Als *Personalverantwortliche* im Unternehmen gelten die Leitungsspitze eines Unternehmens (Geschäftsleitung, Vorstand), insbesondere der Personalvorstand, der Leiter der Personalabteilung, die Mitarbeiter der Personalabteilung, alle direkten Vorgesetzten, Ausbilder und Ausbildungsbeauftragte, Sicherheitsbeauftragte sowie auch der Betriebsrat. Personalarbeit ist nicht allein eine Angelegenheit der Personalabteilung. Dies wird auch durch die Reintegration vormals formal ausgegliederter einzelner Personalfunktionen in die Linie deutlich. Gerade die direkten Linienvorgesetzten haben die unmittelbare Personalverantwortung zu tragen.

Systemgestaltung

Zunächst sind die *primären Teilsysteme* anzusprechen.

Personalforschung ist eine wissenschaftlich gestützte Informationsgewinnung und -verarbeitung durch unternehmensinterne Stellen beziehungsweise in deren Auftrag durch beauftragte Externe vor allem über Personen (Mitarbeiter und Bewerber), Arbeitsplätze, Arbeitsmärkte, Personalbedarf, Arbeitsbeziehungen sowie über die Personalarbeit selbst zur zielbezogenen Fundierung personalwirtschaftlicher Entscheidungen. Zielbezug ist ein konstitutives Merkmal von Unternehmen, auch der Personalforschung: Nicht das Sammeln, Verarbeiten und/oder Aufbereiten beliebiger Informationen über Menschen in Unternehmen ist Gegenstand der Personalforschung.

Die *Personalbedarfsdeckung* besteht im Wesentlichen aus Beschaffung, Auswahl und Einführung von Mitarbeitern. (In einem engeren Sinne könnte man auch noch die Personalentwicklung hinzuzählen, da mit ihr der Bedarf an Einzelaspekten der Qualifikation gedeckt wird. Dieser engeren Auffassung wird hier aber nicht gefolgt.)

- Die *Personalbeschaffung* hat zum Ziel, möglichst qualifizierte Personen von außerhalb (externe Beschaffung via Stellenanzeigen, Arbeitsagenturen, Personalberatungen, Schul- und Hochschulkontakten) oder aus dem Unternehmen (interne Beschaffung via interner Stellenausschreibung, Versetzung, Job Rotation) zu einer Bewerbung auf eine vakante Stelle zu bewegen. Mithilfe eines Personalmarketings wird das stellenbietende Unternehmen für interne wie für externe potenzielle Mitarbeiter als attraktiver Arbeitgeber dargestellt, um so möglichst viele Leistungsträger gerade in gefragten Personalsegmenten gewinnen zu können. Die Aufgabe wird vornehmlich von Personalexperten ausgeführt.
- Die *Personalauswahl* setzt nach Eingang der Bewerbungen verschiedene Instrumente ein, um aus den Bewerbern einen geeigneten Stelleninhaber auszuwählen. Zur Vorauswahl dient die Analyse der Bewerbungsunterlagen. Strukturierte, oft biografische Interviews bieten sich nachfolgend an, manchmal auch kognitive Fähigkeitstests als Ergänzung. Für den Führungskräftenachwuchs werden oft verhaltensorientierte Assessment-Center eingesetzt, mit denen versucht wird, die Auswahlproblematik durch stellen- und verhaltensbezogene Mehrfachtests zu erleichtern. Vorgesetzte und Personalexperten sind hierbei gemeinsam gefragt, eine Auswahlentscheidung vorzubereiten und zu treffen.
- *Personaleinführung* dient der Vermeidung von Frühfluktuation sowie der schnelleren Nutzung des Mitarbeiterpotenzials. Auf Basis eines von Personalexperten erarbeiteten und teilweise auch umgesetzten Einführungsprogramms sind es vornehmlich die direkten Vorgesetzten, die für die Einführung verantwortlich sind.

Unter *Personalentwicklung* sind Qualifizierungsmaßnahmen der Mitarbeiter zu verstehen, mit denen deren Leistungsfähigkeit für aktuelle wie zukünftige Aufgaben erhalten und erweitert werden sollen. Dies geschieht während der Erstausbildung ebenso wie bei der Weiterbildung (Aufstiegs-, Anpassungsqualifizierung) sowie im Rahmen einer Karriereplanung. Der Prozess der Personalentwicklung besteht dabei aus der Analysephase (Ermittlung des Entwicklungsbedarfs), der Planungsphase (Erstellung eines Entwicklungsplans), der Durchführungsphase der einzelnen Maßnahmen und der Evaluierungsphase zur Bewertung und zum Controlling von Input, Prozess und Output der Personalentwicklung. Die Maßnahmen werden dabei differenziert in Training-off-the-job-Maßnahmen (Qualifizierungsmaßnahmen außerhalb des Arbeitsplatzes in Seminaren u. a.) sowie in Training-on-the-job-Maßnahmen (Qualifizierungsmaßnahmen am Arbeitsplatz während der Aufgabenerfüllung via Job rotation, Job enrichment, Job enlargement u. Ä.). Das Personalentwicklungssystem ist durch Personalexperten zu erarbeiten und zu begleiten. Direkte Vorgesetzte sind aber in jeder Phase des Entwicklungsprozesses als Akteure einzubeziehen, damit das ökonomische Ziel einer Qualifizierungsmaßnahme erreicht werden kann.

Personalfreisetzung bedeutet den Abbau von personellen Überkapazitäten. Sie ist nicht gleichzusetzen mit einem Personalabbau im Sinne der Reduzierung der Belegschaft durch Kündigungen (quantitative Freisetzung). Auch andere Anpassungsmaßnahmen zeitlicher Art (individuelle, gruppenbezogene, kollektive Arbeitszeitverkürzungen), örtlicher Art (Versetzungen) und qualitativer Art (Qualifizierung und Versetzung von Mitarbeitern) zählen dazu. Das Spektrum ist breit und enthält eine Vielzahl verschiedener Möglichkeiten. Eine antizipative Planung kann helfen, individuelle Härten und betriebliche Nachteile beispielsweise durch einen gezielten Aufbau einer Randbelegschaft zu mildern. Direkte Vorgesetzte sind in der heutigen Personalpraxis wegen der mit der Freisetzung verbundenen rechtlichen Probleme nur teilweise in den Prozess involviert.

Anreizsysteme beinhalten die gesamte Gestaltung materieller und immaterieller Stimuli für die Mitarbeiter mit dem Ziel, die Beitrags-, Leistungs- und Bleibemotivation der Mitarbeiter, vor allem aber der Leistungsträger zu fördern.

- Unter dem *Entgeltsystem* (als materielles Anreizsystem) wird die Summe aller vom Unternehmen angebotenen finanziellen Belohnungen und deren Administration für die von Mitarbeitern erbrachten Arbeitsleistungen verstanden. Gehaltssysteme stellen eine zeitorientierte Entgeltform dar, indem sie eine pauschale, oft tarifliche Vergütung für die in einem bestimmten Zeitraum (i. d. R. monatlich) ausgeführten Aktivitäten, unabhängig von deren Ergebnis, darstellen. Es gibt verschiedene Formen: anforderungsorientierte Zeitlöhne und qualifikationsorientierte Polyvalenzlöhne sowie quantitätsbezogene Akkordlöhne. Zielbezogene Prämienlöhne, Provisionen und andere variable Entgelte knüpfen das Entgelt deutlicher als die oben genannten Formen an das unmittelbare Leistungsergebnis des Mitarbeiters. Weiterhin kann die Gewährung von Sozialleistungen wie Altersversorgung, Urlaubs-/Weihnachtsgeld und Sonstiges zu den materiellen Entgelten gezählt werden. Neben den diskutierten Entgeltformen kommen noch verschiedene Formen der Mitarbeiterbeteiligung wie Erfolgs- und Kapitalbeteiligungen in Frage.
- Das *immaterielle Anreizsystem* umfasst verschiedene Kategorien immaterieller Anreize: vor allem soziale Anreize (durch Kontakte mit Kollegen, Vorgesetzten und Mitarbeitern), Anreize der Arbeit selbst (Arbeitsinhalte, Autonomie, mitarbeiterorientiertes Vorgesetztenverhalten), Karriereanreize (Möglichkeiten

zur Qualifizierung, zum hierarchischen Aufstieg) sowie Anreize des Umfeldes (bspw. durch Image des Unternehmens). Die Anreize werden durch die Gestaltung der Führungssubsysteme (Partizipationsanreize im Rahmen des Planungssystems, Verantwortungsanreize im Rahmen des Organisationssystems, Karriereanreize im Rahmen des Personalsystems etc.) gesetzt.

Während die Entgeltsysteme durch Tarifvertrag oder durch übergeordnete unternehmerische und personalpolitische Entscheidungen festgelegt und durch den Personalbereich verwaltet werden, werden immaterielle Anreize vielfach durch direkte wie übergeordnete Vorgesetzte vermittelt (s. u.).

Die *sekundären Personalsysteme* dienen der besseren Umsetzung und Fundierung der skizzierten Teilsysteme: Die Personalplanung stimmt die einzelnen Personalaufgaben für die Zukunft ab, das Personalcontrolling bietet Daten zur Planumsetzung und -korrektur, die Personalorganisation strukturiert die Zuständigkeiten eines Personalbereichs, die Arbeitsbedingungen setzen die organisatorischen Bedingungen der Arbeit, die Personalverwaltung ist für die Datensammlung und Ähnliches zuständig.

Verhaltenssteuerung und Mitarbeiterführung

Die im Rahmen der Personalfunktion interessierende Arbeitsmotivation entsteht dann, wenn ein Arbeitnehmer Anreize in der ihn umgebenden Arbeitssituation wahrnimmt, die dazu geeignet sind, individuelle Motive so zu aktivieren, dass dadurch ein Arbeitsverhalten ausgelöst beziehungsweise beeinflusst wird. Dies geschieht mittels der direkten Mitarbeiterführung respektive durch die Anwendung der skizzierten Personalsysteme im Leitungsprozess und die Verhaltenssteuerung (s. Berthel/Becker 2003, 59 ff.). Ersteres betrifft die quasi tagtägliche Mitwirkung bei der Personalarbeit durch den Linienvorgesetzten. Er ist in den skizzierten Aufgaben zumindest von Fall zu Fall (mal Personalauswahl, mal Auswahl von Training-off-the-job-Maßnahmen, mal Verteilung von Gruppenprämien o. a.) involviert. Letzteres betrifft dagegen die permanente Arbeit mit Untergebenen. Hier findet laufend Mitarbeiterführung statt. Um sie gestalten zu können, bedarf es vorab der Kenntnis

1. impliziter Persönlichkeitstheorien (Menschenbilder),
2. der individuellen Verhaltensdeterminanten (Motivationsprozesse) und
3. der besonderen Einflussfaktoren der Gruppenarbeit (Gruppenprozesse). Erst dann kann die
4. Mitarbeiterführung direkt angesprochen werden.

Zu (1.) Menschenbilder

Hilfreich zur Motivation und zur Mitarbeiterführung ist zunächst die Kenntnis von Menschenbildern als implizite Persönlichkeitstheorien. Menschenbilder sind vereinfachte und standardisierte Muster von menschlichen Verhaltensweisen. Sie dienen hauptsächlich der Komplexitätsreduktion. Die Verwendung von Menschenbildern durch den Vorgesetzten wirkt sich dabei direkt auf dessen Führungsverhalten aus. Beispielhaft wird eine übliche Differenzierung (vgl. Staehle, 1999, 191 ff.) skizziert:

- Der *rational-ökonomische Mensch* maximiert seinen Nutzen, ist vor allem durch monetäre Anreize gesteuert; Emotionen werden ihm nicht unterstellt, sein Handeln ist rational. Konsequenzen: Klassische Managementfunktionen wie Planen, Organisieren, Motivieren und Kontrollieren stehen im Vordergrund. Das Unternehmen hat die Aufgabe, irrationales Verhalten zu neutralisieren und zu kontrollieren.
- Dem *sozialen Menschen* sind soziale Bedürfnisse wichtig, daher bemüht er sich zu deren Befriedigung um soziale Beziehungen zu anderen, auch am Arbeitsplatz. Dadurch wird er durch soziale Normen seiner Arbeitsgruppe gelenkt. Konsequenzen: Die Motive nach Anerkennung, Zugehörigkeitsgefühl und Identität müssen befriedigt werden. Gruppenanreizsysteme treten an die Stelle von individuellen Anreizsystemen. Es erfolgt ein gezielter Aufbau und eine Förderung von Gruppen sowie soziale Anerkennung der Mitarbeiter durch Manager und Gruppe.
- Der *sich-selbst-verwirklichende Mensch* strebt nach Autonomie und bevorzugt Selbst-Motivation und -Kontrolle. Es gibt keinen zwangsläufigen Konflikt zwischen Selbstverwirklichung und unternehmerischer Zielerreichung. Konsequenzen: Manager sind Unterstützer und Förderer (nicht Motivierer und Kontrolleure), Delegation von Entscheidungen, Übergang von Amts-Autorität zu Fach-Autorität, Übergang von extrinsischer zu intrinsischer Motivation.
- Der *komplexe Mensch* hat sowohl rationale Züge, er sucht soziale Beziehungen, er versucht sich selbst zu verwirklichen und er gilt als wandlungsfähig. Die Dringlichkeit und die Inhalte der Motive unterliegen einem Wandel. In unterschiedlichen Systemen werden unterschiedliche Motive bedeutsam. Konsequenzen: Manager sind Diagnostiker von Situationen. Sie müssen Unterschiede erkennen und ihr Verhalten gegenüber den Mitarbeitern situationsgemäß variieren können.

Zu (2.) Motivationsprozesse

Eine einzige, allgemein akzeptierte Motivationstheorie, mit der erklärt wird, wie menschliches Verhalten in Unternehmen in Antrieb und Richtung bestimmt (motiviert) wird, gibt es nicht. Verschiedene motivationstheoretische Erklärungsansätze basieren auf unterschiedlichen Annahmen. Manche von diesen Ansätzen sind trotz ihrer Popularität inzwischen als zeitlich überholt zu bezeichnen (z. B. Bedürfnishierarchie von Maslow, Zwei-Faktoren-Theorie von Herzberg), andere haben einen höheren Aussagewert (z. B. Erwartungs-Valenz-Modelle, Theorien der Leistungsmotivation). Ein zusammenfassendes Modell der Arbeitsmotivation ist das *Leistungsdeterminantenkonzept* (s. Berthel/Becker 2003, 37 ff.) in Abbildung 11. Dieses basiert auf den so genannten Erwartungs-Valenz-Modellen und beschreibt den Prozess der Leistungsmotivation und des -verhaltens wie folgt:

Die *Einsatz- und Leistungsbereitschaft* von Mitarbeitern (das *Wollen*) wird vor allem von zwei Konstrukten beeinflusst:

- Beim ersten Konstrukt handelt es sich um die *Motivstruktur*, die die individuellen Motive und Einstellungen eines Mitarbeiters zu bestimmten Zeitpunkten beinhaltet. Motive sind Verhaltensbereitschaften, unter denen zeitlich relativ über-

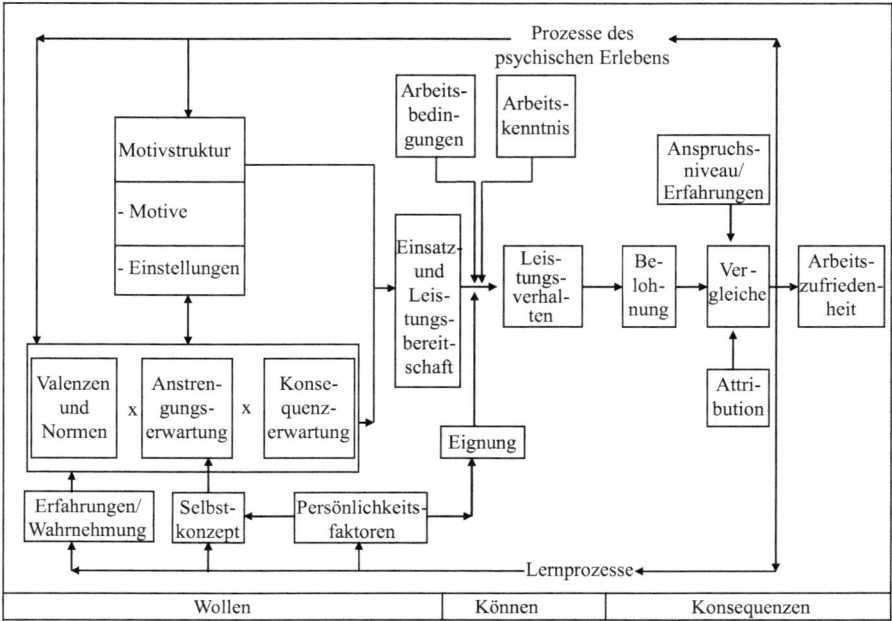

Abb. 11: Leistungsdeterminantenkonzept (ähnlich Berthel & Becker, 2003, 39)

dauernde, psychische Dispositionen von Personen verstanden werden. Sie legen fest, was Personen wollen oder wünschen, wie auf einem inhaltlich bestimmten Gebiet der Person-Umwelt-Bezug aussehen muss, um befriedigend für eine Person zu sein. Ein einzelnes Motiv ist Teil einer individuell und zeitspezifisch durchaus variablen Motivstruktur. Es gilt als aktiviertes Motiv, wenn es durch Anreize angesprochen wird. Sind zudem die Erwartungen positiv ausgeprägt, entsteht Motivation.

- Im Rahmen des zweiten Konstrukts sind drei Determinanten im Zusammenhang zu berücksichtigen: *Valenzen + Normen, Anstrengungserwartung und Konsequenzerwartung*. Als Valenz wird der von der betroffenen Person angenommene Nutzen der Zielerreichung oder des Verhaltens bezeichnet; Normen hingegen spiegeln die Vorstellungen des Umfeldes (privates wie unternehmerisches) wider. Die Anstrengungserwartung bezeichnet das Ausmaß, in dem Mitarbeiter ihre Leistung als Ergebnis ihres Einsatzes und nicht als fremdbestimmt ansehen. Konsequenzerwartungen drücken den Grad aus, in dem geleistete Arbeit zu den angestrebten Zielen beziehungsweise Konsequenzen führt. Erst wenn die drei Determinanten positiv ausgeprägt und die Motive durch Anreize angesprochen sind, kann eine individuelle Bereitschaft zum Leistungseinsatz erwartet werden.

Das *Leistungsverhalten* in Art, Intensität und Güte wird zusätzlich von der *Eignung* der Mitarbeiter für eine bestimmte Tätigkeit, den geltenden *Arbeitsbedingungen* sowie der *Arbeitskenntnis* von bestimmten Aufgaben (das *Können*) determiniert.

Die Komponenten wirken zudem über die individuelle Wahrnehmung auf die Erwartungen ein, indem sie im Rahmen von Lernprozessen deren Ausprägung beeinflussen (z. B. erhöht eine empfundene Eignung die Anstrengungserwartung). Individuelles Ergebnis eines Leistungsverhaltens (*Konsequenzen*) ist die *Belohnung* immaterieller oder materieller Art. Je nachdem, wie diese Belohnung im Vergleich zum eigenen *Anspruchsniveau* und zu den Belohnungen anderer Personen wahrgenommen sowie die *Attribution der Ursachen* des Leistungsverhaltens/-ergebnisses erfolgt (Begabung, Schwierigkeitsgrad, Anstrengung, Zufall), entsteht danach *Arbeitszufriedenheit* in unterschiedlicher Ausprägung und Intensität (konstruktiv, resignativ, progressiv u. a.).

Vielfältige tatsächliche und/oder antizipative Rückkopplungen nehmen weiteren Einfluss auf Erfahrungen, Selbstkonzept sowie letztendlich auf die Leistungsbereitschaft und auf das Verhalten.

Zu (3.) Gruppenprozesse

Da Menschen sich in Gruppen oft anders verhalten als Einzelpersonen, bedarf es zudem der Thematisierung verschiedener Einflussfaktoren des Gruppenverhaltens. Im Allgemeinen differenziert man im Rahmen eines Input-Prozess-Output-Modells folgende Determinanten (s. Steinmann & Schreyögg, 2005, 598 ff.):

- Inputfaktoren: Qualifikationen wie Motivationen von Einzelpersonen, sozialer und inhaltlicher Homogenitätsgrad, Gruppenzusammenstellung, -größe und anderes. Die Inputfaktoren beeinflussen dabei als Ausgangsbedingungen bereits den möglichen Effizienzgrad der Gruppenarbeit.
- Prozessfaktoren: Unterschiedliche Bedingungen während der Gruppenarbeit beeinflussen deren Aktivitäten: die Phase im Entwicklungsprozess der Gruppe, die Gruppenkohäsion (durchschnittliches Zusammengehörigkeitsgefühl der Gruppe), Gruppennormen (Art und Stärke der Rollenerwartungen auf den Einzelnen), Interaktionsmuster, Konfliktbedingungen und Ähnliches.
- Outputfunktion: Schlussendlich wird auch hier eine unternehmerische wie – als hilfreiche Bedingung – eine soziale Effizienz (Zufriedenheit o. Ä.) erwartet.

Zu (4.) Mitarbeiterführung

Mitarbeiterführung wird verstanden als ein irgendwie gearteter Versuch der Einflussnahme oder Einwirkung auf das Verhalten anderer Personen. Führung liegt demnach vor, wenn: mindestens zwei Personen existieren (Führer und Geführter), eine soziale Interaktion stattfindet, diese Interaktionsbeziehung asymmetrisch verläuft, das heißt die Möglichkeit zur Willensdurchsetzung aufgrund unterschiedlicher Machtverteilung primär auf Seiten des Führers liegt, die Einflussnahme des Führers zielorientiert erfolgt, im Führungsprozess eine Ausbildung von Rollen (Verhaltenserwartungen), Werten und Normen stattfindet, sowie die Interaktion dynamisch ist, sich also permanent entwickelt und Veränderungseinflüssen unterschiedlichster Art ausgesetzt ist.

Die Begriffe des Führungsstils und des Führungsverhaltens sind dabei zu differenzieren:

- Unter *Führungsverhalten* (als der weitere Begriff) werden alle Verhaltensweisen einer Person, die auf eine zielorientierte Einflussnahme zur Erfüllung von Aufgaben in oder mit einer Aufgabensituation fokussiert sind, verstanden.
- Als *Führungsstil* dagegen wird die Art und Weise verstanden, in der Führungskräfte sich ihren Mitarbeitern gegenüber innerhalb von Bandbreiten relativ konsistent und wiederkehrend verhalten, das heißt ihre Führungsfunktion ausüben. Es handelt sich hierbei um ein zeitlich relativ überdauerndes und konstantes Führungsverhalten zur Aktivierung und Steuerung des Leistungsverhaltens der Mitarbeiter.

Der Führungsstil bezieht sich insofern nur auf die *hierarchische Führung*, während Führungsverhalten auch laterale Führung (Führung von Gleichgestellten) und Führung von unten (Führung von Vorgesetzten) mit einbezieht. In der Literatur (z. B. Berthel & Becker, 2003, 65 ff.) werden eine Reihe von *Führungsstiltypologien* differenziert, vor allem: aufgaben- und mitarbeiterorientierte Führungsstile sowie autoritärer und partizipativer Führungsstil.

Ebenso gibt es sehr verschiedene *führungstheoretische Ansätze*, die im Wesentlichen unterschiedliche Determinanten eines Führungsprozesses pointieren. Diese Führungstheorien haben dabei die Beschreibung, Erklärung und Prognose von Bedingungen, Strukturen, Prozessen und Konsequenzen der Mitarbeiterführung zum Inhalt. Ziel ist es letztlich, Gestaltungsempfehlungen für unternehmerische Führungsprozesse zu geben. Wesentliche theoretische Ansätze sind (s. Becker, 2002):

- *Eigenschaftstheorie* (Führereigenschaften als wichtigste Determinante für Führungseffizienz),
- Verhaltenstheorie (erfolgskritische Kombination zweier Verhaltensweisen: Mitarbeiter- und Aufgabenorientierung,
- *Situationstheorie* (situationsspezifische Wahl des Führungsverhaltens),
- *Attributionstheorie* (individuell erwartete Zurechnungen von Einflussfaktoren auf den Führungserfolg beeinflussen antizipativ das Verhalten von Vorgesetzten wie Mitarbeitern),
- *Theorie der Führungssubstitute* (quasi alternativ, unterstützend und/oder konkurrierend zur direkten Führung wirken Strukturelemente des Führungssystems und interne Ressourcen, bspw.: Qualifikation der untergebenden Mitarbeiter, Aufgabencharakter, organisatorische Regelungen, Unternehmenskultur u. a.),
- *Weg-Ziel-Theorie* (Führungserfolg ist abhängig von den Erwartungen der Geführten hinsichtlich der Unterstützung durch den Vorgesetzten bei der Erreichung hoher Ziele.).

Fast sämtliche führungstheoretischen Ansätze gehen von der impliziten Annahme einer hierarchischen Mitarbeiterführung aus, wenn es darum geht, nachgeordnete Mitarbeiter zu überzeugen oder zu bestimmten Verhaltensweisen zu bewegen. Dabei sind auch andere Führungsbeziehungen denkbar: Führung von unten (gezielte Steuerung des Vorgesetztenverhaltens) und laterale Führung (gezielte Steuerung von in etwa Gleichgestellten).

4 Fazit

Unternehmensführung ist eine umfangreiche, sehr unterschiedliche Facetten umfassende Aufgabenstellung. Die Herausstellung eines einzelnen Themenbereichs als besonders wichtig würde dabei der Problemstellung nicht gerecht. Es ist gerade das koordinierte Zusammenwirken der Funktionen und Institutionen, welches das Schwierige, aber auch das Reizvolle an der Unternehmensführung ausmacht. Mit den hier thematisierten Inhalten liegt nun ein terminologisches wie inhaltliches Basiswissen vor, mit dem weitergehender Erörterungen zu spezifischeren Fragestellungen der Unternehmensführung, aber auch zum Funktionsmanagement besser gefolgt werden kann.

5 Vertiefende Literatur

Eine sehr umfassende theorieorientierte Thematisierung aller Fragen (Führungs-, Planungs-, Organisations- und Personalfragen) einer Unternehmensführung bietet das Lehrbuch von Staehle (1999) – und zwar aus der Sicht eines verhaltenswissenschaftlich-orientierten Forschers. Will man sich näher mit konzeptionellen Fragen des Managements auseinandersetzen, so sind die Lehrbücher von Macharzina (2003) oder Steinmann & Schreyögg (2005) empfehlenswert. Als vertiefende Quellen zur Mitarbeitermotivation und -führung sowie zur Personalarbeit empfehlen sich Berthel & Becker (2003) oder Wunderer (2003). Ansonsten sind auch die im Text angeführten Quellen geeignet, sich in spezifische Fragestellungen gut einzuarbeiten.

Information

Thorsten Spitta

Universität Bielefeld
Fakultät für Wirtschaftswissenschaften
Lehrstuhl für Angewandte Informatik, Wirtschaftsinformatik
thspitta@wiwi.uni-bielefeld.de

Inhaltsverzeichnis

1	**Einführung**	235
2	**Betriebliche Funktionen und Prozesse**	237
2.1	Funktions-Sicht	237
2.2	Prozess-Sicht	238
2.3	Geschäftsprozesse	241
3	**Die Inhalte betrieblicher Daten**	242
3.1	Originäre und abgeleitete Daten	243
3.2	Grunddaten	244
3.3	Vorgangsdaten	246
3.4	Die Finanzbuchhaltung als Datenintegrator	249
3.5	Abgeleitete Daten	249
4	**Die Grammatik von Daten**	251
4.1	Zeichen und Alphabete	251
4.2	Codes und Zahlensysteme	253
4.3	Datentypen	255
5	**Kommunikation, Information und Wissen**	256
5.1	Kommunikation zwischen menschlichen Akteuren	256
5.2	Kommunikation zwischen Automaten	257
5.3	Information für menschliche Akteure	258
5.4	Betriebliches Wissen	258
6	**Die Struktur betrieblicher Daten**	259
6.1	Datenmodelle	259
6.2	Referenzmodell der Mengendaten eines Industriebetriebs	263
7	**Vertiefende Literatur**	264

Information ist heute in aller Munde. Wir leben im „Informationszeitalter", was angesichts des allgegenwärtigen Internets sogar richtig sein könnte. Trotzdem ist das letzte umfassende Lehrbuch zur Betriebswirtschaftslehre mit einem Kapitel *Informationswirtschaft* in letzter Auflage 1991 erschienen (Heinen, 1991). Die heute gelegentlich zu findenden Kapitel mit dem Thema *Informationsmanagement* erscheinen konzeptionell nicht fundiert, da sie die Ressource *Daten* vernachlässigen. Nur mittels Daten kann man betriebliche Prozesse und zwischenbetriebliche Kommunikation verstehen. Sie vollzieht sich als streng geregelter Datenaustausch mit exakt genormten Schnittstellen. Da die auf der Mengenlehre beruhenden einfachen Grundlagen von Daten weder in der Schule noch in üblichen Mathematik-Vorlesungen behandelt werden, ist es notwendig, sie in kompakter Form hier zu vermitteln. Nur auf Basis einer *Grammatik von Daten* kann man eine belastbare Vorstellung von Kommunikation, Information und Wissen entwickeln und *Datentypen* verstehen, die elementar sind, um mit betrieblichen Daten und Regeln zu ihrer Strukturierung umzugehen. Hier wird keine Technik gelehrt, sondern ein klein wenig angewandte Logik.

1 Einführung

Dieses Kapitel behandelt die Grundlagen des betrieblichen Produktionsfaktors Information, der auf Daten beruht. *Information*, zunächst intuitiv benutzt, ist nicht an Computer oder andere informationsverarbeitende Maschinen gebunden. Sie ist notwendiger Bestandteil aller arbeitsteiligen Produktionsprozesse und kann auch mit Bleistift und Papier oder mit Zeichen auf Tontafeln repräsentiert oder mündlich übermittelt werden. Sie spielt allerdings durch die Entwicklung der Computertechnik eine immer größere Rolle in unserem Wirtschaftsleben. Hierbei wird Information notiert und gespeichert. Notierte Information, bei denen der *Datenträger* keine Rolle spielt, nennt man *Daten*. Sie sind eine wichtige Ressource jedes Unternehmens, unabhängig davon, ob gekaufte oder selbst entwickelte Software eingesetzt wird.

Abbildung 1 zeigt betriebliche Funktionen, wie sie bereits in einem Handwerksunternehmen anzutreffen sind, als Fluss von Produktionsfaktoren und Geld. Das von Domschke & Scholl (2003) übernommene Bild wurde für unser Thema modifiziert. Es zeigt wesentliche Aspekte, die in diesem Kapitel herausgearbeitet werden sollen. Wir wollen die betrieblichen Funktionen unter dem Blickwinkel der sich zwischen ihnen bewegenden Flüsse von Material oder immateriellen Leistungen, Finanzmitteln und Information betrachten.

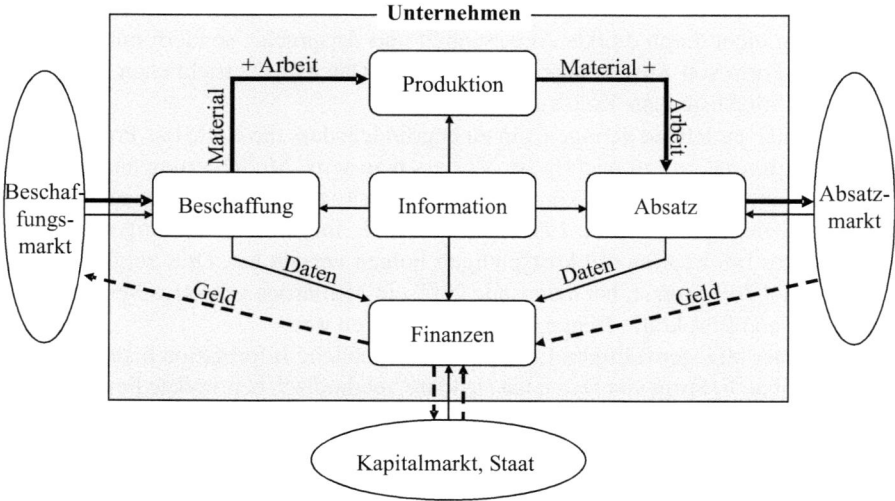

Abb. 1: Das Unternehmen als System mit Märkten als Umwelt (s. Domschke & Scholl, 2003)

Nicht jede Flussgröße ist an jedem Übergang gleich stark beteiligt. Bei Industrieunternehmen sind im oberen Teil des Bildes Material und Arbeit die dominierenden Flussgrößen des so genannten *Leistungsbereiches*. Bei Dienstleistern besteht das Produkt aus Arbeitsleistungen, während die interne Produktionsfunktion nur rudimentär oder gar nicht existiert, beispielsweise bei einer Beratung. Die zwischen

Unternehmen und Umwelt fließenden Informationen sind speicherbare Daten, von denen einige sogar justiziabel sind. Sie heißen *Bestellung, Auftrag* und *Rechnung*. Diese und andere Datentypen sowie deren Rolle in Routineprozessen werden wir hier behandeln.

Informationsflüsse sind in Abbildung 1 nicht überall eingezeichnet. Die expliziten gehen von dem Knoten Information aus und deuten die vielfältigen Beziehungen in alle Bereiche und zwischen ihnen nur an. Die Informationsfunktion war historisch dem Rechnungswesen unterstellt, ist aber heute eine getrennte Einheit mit den Bezeichnungen *Informatik*, gelegentlich auch *Organisation/Datenverarbeitung* genannt. Sie betreibt alle maschinellen Teile des Faktors Information, die *Informationstechnik* (IT), und initiiert deren Beschaffung. Vor allem aber muss sie die Systeme bereitstellen und betreiben, die eine sichere Speicherung korrekter Unternehmensdaten gewährleisten. Sie sorgt dafür, dass alle Material- und Geldflüsse von den richtigen Informationen begleitet werden. Erst durch diese Informationsversorgungs-Funktion ist die Führung eines heutigen Unternehmens überhaupt möglich. Hier gibt es Überschneidungen in den Aufgaben mit der betrieblichen Funktion Controlling (s. S. 72 ff.). Auf einen kurzen Nenner gebracht, heißt das:

Es gibt keine Recherche im Internet und keinen Blick auf Börsenkurse, vor allem aber *keine Warenlieferung oder Zahlung* ohne Information.

Management umfasst maßgeblich Führung (s. auch S. 202 ff.). Führung ereignet sich häufig nicht durch direkte Anwesenheit und Ansprache, sondern mittels Information in Form von Anweisungen, E-Mails oder Daten aus betrieblichen Datenbanken, z. B. Stücklisten aus Konstruktionsvorgaben.

Dies mag einleitend genügen, um zu begründen, dass die Rolle des Produktionsfaktors „Information" zu wichtig ist, als dass man seine Modellierung und Handhabung der Intuition überlassen könnte. Die Fälle weltweit bekannter Managementfehler sind Legion (s. Neumann, 1995), bei denen die Intuition hochrangiger Manager beim Faktor Information mit kostspieligen Folgen versagt hat. Dies zeigt nicht nur das Beispiel *Toll Collect*, bei dem Ende 2003 ein Milliarden schweres Versagen von Industrie- und Bürokratie-Managern zu konstatieren war.

Trotz der allgegenwärtigen Existenz ist betriebliche Information nicht etwa unstrukturierbar. In Form von Daten hat sie klare, methodisch begründete Formen. Diese lassen sich für ein Industrieunternehmen, natürlich auch für eine Bank oder ein Versicherungsunternehmen, semantisch allgemein gültig mit Hilfe von *Referenzmodellen* modellieren. Als Notation wird der seit 1997 gesetzte internationale Standard UML (*Unified Modelling Language*) in der Fassung 2.0 benutzt (s. OMG, 2005). UML ist eine grafische Sprache mit umfassenden Möglichkeiten, von denen wir hier nur einen kleinen Teil in vereinfachter Form anwenden.

Wir wollen in diesem Kapitel die Inhalte und Struktur betrieblicher Daten klären. Dazu betrachten wir zunächst betriebliche Funktionen und Prozesse (Abschnitt 2). Die Prozesse interagieren überwiegend über die Daten betrieblicher Vorgänge. Abschnitt 3 behandelt dann die Inhalte betrieblicher Daten, ohne tiefer gehende strukturelle Überlegungen anzustellen. Zunächst einmal ist es wichtig zu verstehen, welche Daten welche Prozesse prägen und welche Arten von Daten die Prozesse steuern, aber nicht direkt sichtbar sind. Danach muss Formales behandelt werden. Dies ist nur möglich durch eine Betrachtung elementarer Details, so dass von Abschnitt 4 bis zum Schluss des Kapitels bottom-up vorgegangen wird. Dies ist notwendig, da man die Struktur von Daten nur verstehen kann, wenn man vorher gelernt hat, was *Codes* und auf ihnen aufbauend *Datentypen* sind. Ebenso baut eine präzise Sicht betrieblicher *Information* auf der detaillierten Betrachtung von Daten auf. Dem entsprechend behandeln die Abschnitte 5 die Begriffe *Kommunikation, Information* und *Wissen*, bevor Abschnitt 6 die Struktur betrieblicher Daten kompakt so diskutiert, dass ein Grundverständnis der Methodik *Datenmodellierung* entstehen sollte.

Notationen, beispielsweise zu UML, Fragen und Aufgaben finden sich im Internet (s. Spitta, 2005). Aus Gründen der Einheitlichkeit werden in diesem Band geschlossene Pfeile in Prozessdarstellungen verwendet.

2 Betriebliche Funktionen und Prozesse

Zu Beginn hatten wir mit Abbildung 1 eine idealisierte Gesamtsicht von Industrieunternehmen skizziert, die betriebliche Funktionen durch die Flussgrößen Geld, Information, Material und Arbeit verknüpfte. Wir wollen jetzt diese Funktionen weiter präzisieren, indem wir die Flussdarstellung von Abbildung 1 grafisch verfeinern. Dies wird zur expliziten Darstellung von Informationen führen, so dass wir Prozessdarstellungen erhalten, die besser als die funktionale Sicht zeigen, wie Funktionen über Informationen interagieren. Am Ende des Abschnittes sollte der Leser eine grobe Vorstellung davon haben, wie ein Unternehmen dynamisch „funktioniert" und gelernt haben, *dass* und *wie* Daten hierzu maßgeblich beitragen.

2.1 Funktions-Sicht

Wir werden zunächst die Funktionen traditionell betrachten. Tabelle 1 zeigt übliche betriebliche Funktionen eines Industriebetriebs um *eine* Ebene, in den Funktionen Absatz und Finanzen um *zwei* Ebenen (Einrückungen) verfeinert.

Die Funktionen und deren Bezeichnungen werden in konkreten Fällen sowohl betriebsspezifisch als auch branchenspezifisch variieren. Beispielsweise werden die Spezialisierungen „*Produktions-*" und „*Fertigungs-*" weitgehend synonym verwendet. Auch wird es Firmen geben, in denen die Buchhaltung die Fakturierung durchführt oder das Controlling auch die Vertriebsstatistiken im Rahmen des Berichtswesens erstellt.

> Die Funktion *Statistik* im Bereich *Absatz* wird bei einem Zulieferer des Lebensmittelhandels sehr sinnvoll, bei einem Automobil-Zulieferer dagegen nicht zweckmäßig sein, da jener nur fünf Kunden hat, ersterer aber 25.000 Lebensmittelfilialen versorgen muss.

Weiterhin taucht die Funktion *Lagerverwaltung* zweimal auf. Offensichtlich geht es hier um verschiedene Rollen des gleichen Gegenstandstyps, im Beispiel um eingekaufte Ware (*Material*) und um verkaufsfähige Ware (*Fertigfabrikat*). Wenn man davon absieht, dass eine Personalfunktion und die Informationsfunktion hier nicht ausgewiesen sind, dürfte Tabelle 1 für viele Unternehmen zutreffen, unabhängig davon,

Tabelle 1: Verfeinerungen betrieblicher Sachfunktionen

Beschaffung	Produktion	Absatz	Finanzen
Marktbeobachtung	Entwicklung	Marketing	Kapitalbeschaffung
Bestelldisposition	Kalkulation	Absatzplanung	Gehaltsabrechnung
Bestellbearbeitung	Produktionsplanung	Verkauf	Buchhaltung
Bestellüberwachung	Fertigungsbelegung	Angebotserstell	Debitoren
Wareneingang	Fertigungssteuerung	Auftragseing.	Kreditoren
Lagerverw./MAT	Qualitätskontrolle	Auftragsbestätig.	Anlagen
	Instandhaltung	Lagerverw./FF	Jahresabschluss
		Versand	Controlling
		Fakturierung	Kostenrechnung
		Statistik	Budgetierung
			Berichtswesen

wie die Arbeitsteilung im konkreten Einzelfall organisiert ist. Während die oberste funktionale Ebene noch sehr allgemein ist und etwa als Gliederung vieler betriebswirtschaftlicher Lehrbücher dient, werden weitere Verfeinerungen immer betriebsspezifischer und verbessern damit nicht unser Verständnis, wie ein Unternehmen im Allgemeinen funktioniert. Dies gelingt besser mit einer dynamischen Sicht.

2.2 Prozess-Sicht

Wir betrachten zunächst Prozesse aus Funktionen mit einer anonymen Flussgröße *Information*, danach Flüsse aus Folgen von Funktionen und Daten. *Daten* sind codierte Texte und Zahlen. Wir werden sie in Abschnitt 4 noch sehr detailliert betrachten. Eine genau definierte und benannte Menge von Daten heißt *Datentyp*. Ein Beispiel wäre ein Formular.

In Abbildung 2 ist die Funktion *Absatz* aus Abbildung 1 grafisch verfeinert. Sie zeigt mehrere allgemeine Phänomene:

- Durch die Verfeinerung werden die Nachbarfunktionen zur Umwelt des Teilsystems. Sie sind jetzt durch gekennzeichnete Rechtecke (*Objekttypen*) abgebildete, gegenüber Märkten identifizierbare *Akteure*.
- Eine Verfeinerung muss exakt in den übergeordneten Graphen passen. Nur so erhält man *Schnittstellen*; das sind zwischen Funktionen oder mit der Umwelt ausgetauschte Datentypen.
- Als Flussgröße zwischen den Funktionen dominieren Informationen, da auch die Materialflüsse von Informationen begleitet sind.

Abbildung 2 umfasst Funktionen des Absatzes, wie sie in Unternehmenstypen vorkommen, die täglich viele Liefer-Transaktionen auf Basis eines Fertigfabrikatelagers durchführen müssen. Die Teilfunktionen Marketing und Absatzplanung haben Schnittstellen zu den beiden vorgelagerten Funktionsbereichen. Die Marktbeobachtung der Funktion Beschaffung (s. Tabelle 1) versucht, Zukaufwünsche zu erfüllen,

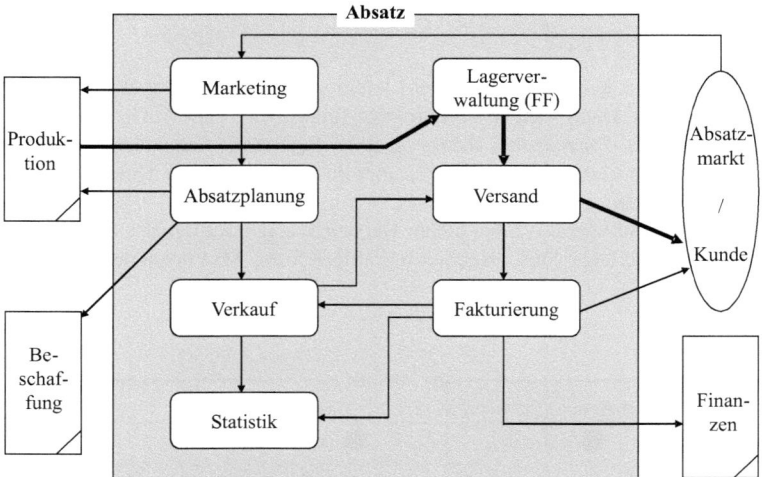

Abb. 2: Die Funktion *Absatz* mit Informations- und Materialfluss

die sich aus dem Absatzplan ergeben, die Produktionsplanung prüft die Fertigungskapazitäten und errechnet mit Hilfe von Durchlaufzeiten Liefertermine. Die Entwicklung der Funktion Produktion versucht, die Wünsche des Marketing umzusetzen und wird sie gemäß Tabelle 1 auch kostenmäßig kalkulieren (*Kostenträgerrechnung*, s. S. 77).

Wem die Bezeichnungen der Funktionen etwas sagen, der bekommt eine erste Vorstellung von den Material- und Informationsflüssen innerhalb der betrieblichen Sachfunktionen. Durch die Prozessdarstellung werden Zusammenhänge der Teilfunktionen offen gelegt, wenn man die übrigen Funktionen analog zu *Absatz* verfeinert.

Der Ablauf in Abbildung 2 verdeckt allerdings noch einen wichtigen Aspekt der tatsächlichen Abläufe, indem er von der Zeit abstrahiert. Während die Funktionen Marketing und Absatzplanung in längere Produktzyklen eingebunden sind, beginnt bei der Funktion Verkauf der Routinebetrieb von vielleicht hunderten von Aufträgen, die *täglich* abzuwickeln sind. Genau diese werden fakturiert und nur aus ihnen speist sich die direkt angeschlossene Statistik als wichtiges Führungsinstrument des Absatzbereiches.

Wir haben damit ein erstes Indiz dafür, dass überwiegend Informationsflüsse die betrieblichen Abläufe bestimmen. Dies wird in der nächsten Verfeinerungsstufe noch deutlicher werden, wenn wir die Informationen explizit als Datentypen abbilden. Wenn man die Flüsse zwischen den Funktionen benennt, spricht man von *Datenflüssen*. Wenn wir darüber hinaus noch die *Zeit* in die Prozess-Sicht mit einbeziehen, und zwar das Maß $Frequenz = \frac{AnzahlEreignisse}{Zeiteinheit}$, dann müssen wir den Prozess *Absatz* aus Abbildung 2 in *zwei* Flüsse trennen. Beim Einzelfertiger (Handwerker, Schiffbau) ist das nicht der Fall, da die Frequenz der Tätigkeiten beim Absatz übereinstimmt.

Wir erhalten hierfür zwei zeitlich zu unterscheidende Teilprozesse, die Abbildung 3 zeigt.

> Unterstellen wir, dass ein Lebensmittel-Lieferant hitzeempfindliche Waren wie Schokolade herstellt. Dann wird er jährlich zwei Teilprozesse zum Aufstellen eines Absatzplans haben, *Sommer* und *Winter* genannt. Bestimmte Schokoladensorten können im Sommer nicht verkauft, müssen aber im Sommer für den Verkauf im Winter produziert werden.
>
> Das gleiche Bild hätten wir bei einem Hersteller von Textilien, der ebenfalls zwei jahreszeitlich bedingte Saisonwechsel bewältigen muss. Man nennt den Prozess dort *Kollektion*.

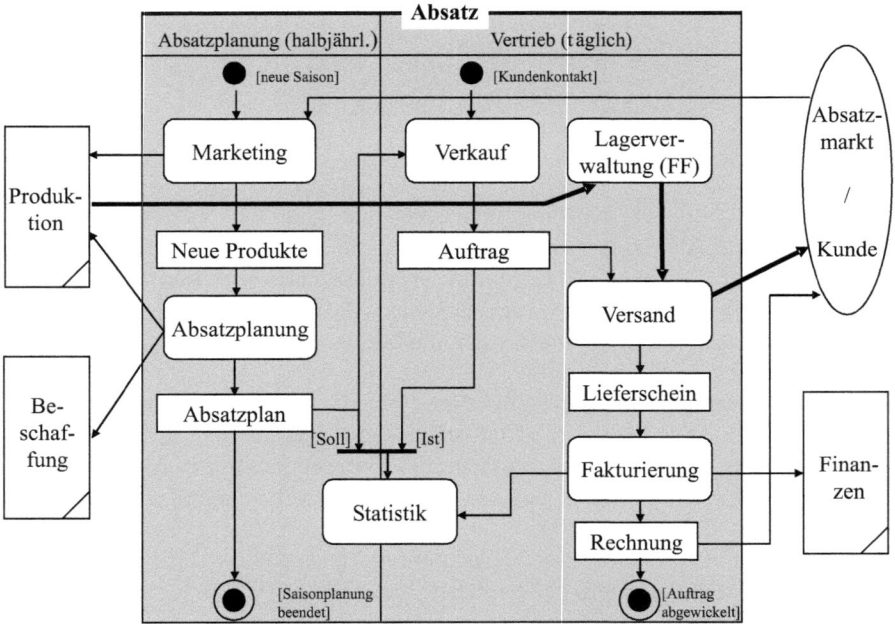

Abb. 3: Teilprozesse verschiedener Frequenz

Auch an Abbildung 3 lassen sich allgemeine Aspekte zeigen:

- Prozesse zeichnen sich durch ein *Start-Ereignis* (*auslösendes Ereignis*) und ein *End-Ereignis* (*abschließendes Ereignis*) aus, die deutlich erkennbar sein müssen (Termin oder Datenzustand).
- Auch Prozesse verschiedener Frequenzen haben untereinander *Schnittstellen*.
- Informationsflüsse werden durch Daten repräsentiert (in den Grafiken Rechtecke für *Datentypen*)
- Es gibt Funktionen, die sich nicht konkreten Prozessen zuordnen lassen (im Beispiel *Statistik*).

2.3 Geschäftsprozesse

Es besteht kein Konsens in der Betriebswirtschaftslehre, ob Prozesse wie in Abbildung 3 gezeigt, *Geschäftsprozess* genannt werden sollten oder nicht und ob man den Begriff überhaupt braucht. Manche fordern, dass hierzu nur solche Prozesse zählen, die in der Umwelt des Unternehmens beginnen oder enden und an einer Wertschöpfung beteiligt sind (s. Vossen & Becker, 1996, 19; Stahlknecht & Hasenkamp, 2005, 2). Der Bezug auf die Umwelt ist sicher ein Indiz für Wichtigkeit. Allerdings dürften auch die innerbetriebliche Produktgestaltung oder die Transportvorgänge von dezentralen Produktionsstätten keine unwichtigen Prozesse sein. Scheer (1997) nennt in seiner umfassenden Darstellung des Industriebetriebs genau zwei Prozesse, die alle oben genannten Bedingungen erfüllen, die *Beschaffung* und den *Vertrieb*, Mertens et al. (2005) nennen noch den *Kundendienst*. Als dritten grundlegenden Prozess nennen beide Quellen die *Produktgestaltung*.

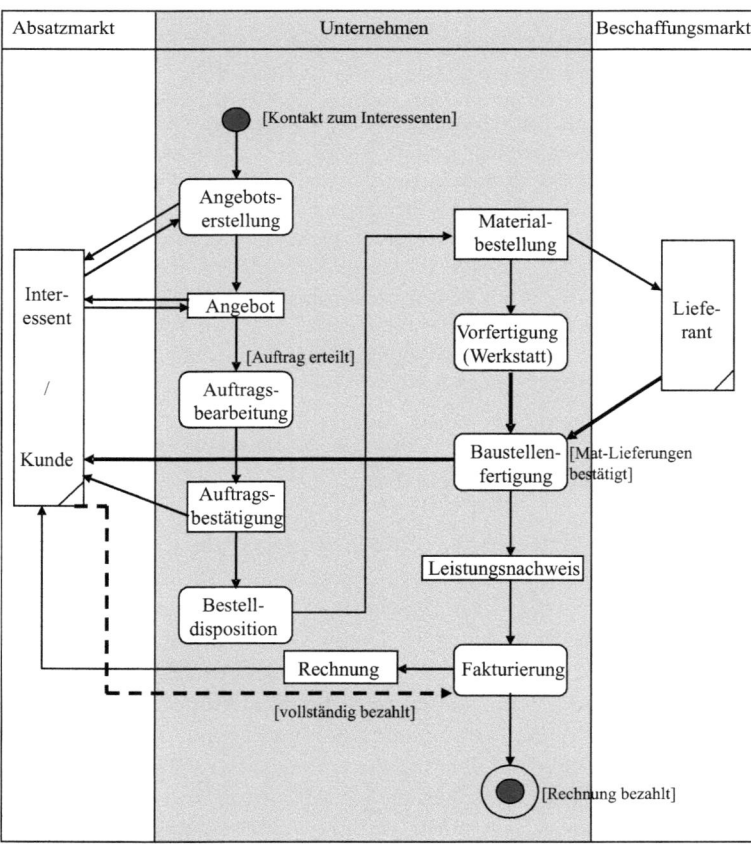

Abb. 4: Der (Geschäfts-)Prozess *Auftragsabwicklung* bei Einzelfertigung

Bei Einzelfertigern verschmelzen sogar die beiden Abläufe Beschaffung und Vertrieb zu nur einem Prozess *Auftragsabwicklung* (s. Mertens et al., 2005), der im Groben gleichermaßen für einen Handwerksbetrieb mit wenigen und für eine Werft mit tausenden von Arbeitskräften gilt. Diesen Ablauf zeigt Abbildung 4. Eine Zerlegung in zwei zueinander asynchrone Prozesse *Beschaffung* und *Vertrieb* entsteht bei Serien- und Massenfertigern, bei denen eine Lagerhaltungsfunktion hinzu kommen *muss*, um die beiden Abläufe zu synchronisieren. Material- und Warenbestände sind Puffer, die unterschiedliche Frequenzen von Prozessen ausgleichen. Die Beschaffung verläuft mit anderen Frequenzen und mit anderen Mengen als der Vertrieb.

Die Auftragsabwicklung wird selbstverständlich bei einem konkreten Unternehmen detaillierter dargestellt werden müssen. In Abbildung 4 hat sie jedoch die abstrahierende Form eines *Referenzmodells*, das für ein allgemeines Verständnis besser geeignet ist als eine konkrete Darstellung. Der Prozess berührt alle in Tabelle 1 genannten Funktionsbereiche, indem er im Absatzbereich beginnt, mit Beschaffung und Produktion fortfährt und abschließend im Finanzbereich mit dem Erlös endet. Abweichungen vom Normalablauf, etwa Lieferverzögerungen oder Zahlungsverzug mit Mahnungen, ergeben nur weitere Details, aber keine neuen Erkenntnisse. Bezogen auf einen Handwerksbetrieb würde der Ablauf bedeuten:

> Ab dem Start-Ereignis [Interessent meldet sich] folgen die Tätigkeiten Angebotserstellung, Auftragsbearbeitung, Bestelldisposition, Vorfertigung und die eigentliche Fertigung, bevor die Rechnung gestellt wird. Mit der Angebotserstellung hat der Handwerker bereits eine genaue Planung seiner Produktion durchgeführt, sonst könnte er nicht kalkulieren. Bei Neubauten wird ihm regelmäßig ein detailliertes Leistungsverzeichnis als Angebot abverlangt, das juristisch die Grundlage seines Festpreises ist. Das Angebot enthält die Soll-Daten des Handwerkers, gegen die er die Ist-Daten aus den Leistungsnachweisen seiner Mitarbeiter stellt, um zu ermitteln, ob er mit dem Auftrag Gewinn oder Verlust macht. Das End-Ereignis des Prozesses ist die Zahlung der Rechnung durch den Kunden.

3 Die Inhalte betrieblicher Daten

Eine viel verwendete Metapher für betriebliche Anwendungssysteme als auch die dazu gehörenden Daten ist die Pyramide. Sie zeigt sowohl eine Beziehung der verschiedenen Softwaresysteme zu Management-Ebenen als auch die von der Basis nach oben zunehmende Verdichtung der Daten. Das Verdichten von Daten bedeutet im betrieblichen Kontext häufig *addieren*. So werden etwa für das Führungsdatum `Umsatz2004` bei einem Warenhauskonzern hunderte Millionen von Einzelverkäufen zu einer Zahl addiert, dem Gesamtumsatz. Ebenso gehören Bilanz und Gewinn- und Verlustrechnung (GuV) zu den Summen an der Spitze. Wir sprechen, um auch Kennzahlen in den Führungssystemen mit einzubeziehen, von *aggregierten Daten*.

Für die administrativen Systeme in Abbildung 5 wird heute auch der in der Wissenschaft und in der Industrie übliche Begriff *Operative Systeme* benutzt (s. Mertens et al., 2005, 84). Dies sind die Softwaresysteme, die die betrieblichen Funktionen aus Abschnitt 2 unterstützen oder steuern. Wir können sie hier nicht behandeln (s.

z. B. Stahlknecht & Hasenkamp, 2005, Kap. 7), betrachten aber die zugehörigen *originären* Daten.

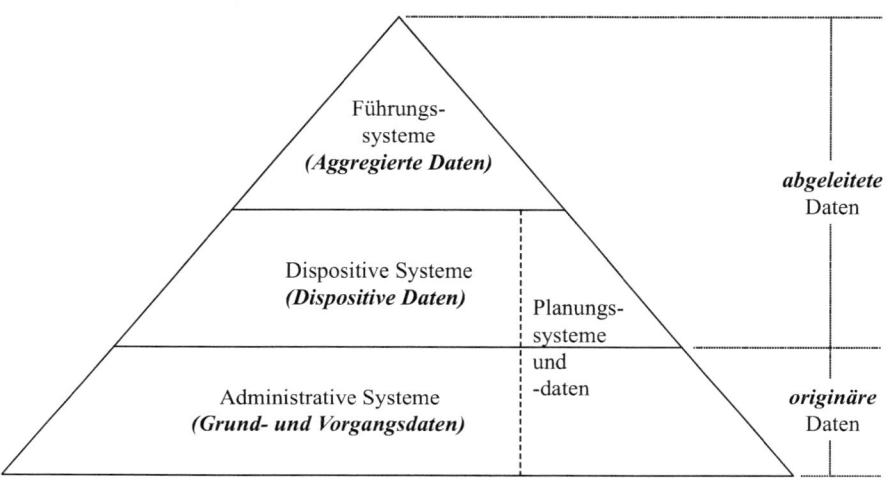

Abb. 5: Verdichtungsebenen betrieblicher Daten

Wir werden in diesem Abschnitt nur einen Teil der originären Daten behandeln. Dies sind die Istdaten der betrieblichen Vorgänge, die sie steuernden *Grunddaten* (zusammen die *administrativen Daten*) und einige *Planungsdaten*. Die Planungsdaten sind Gegenstand der Funktion Controlling (s. S. 72 ff.).

3.1 Originäre und abgeleitete Daten

Originäre Daten sind diejenigen Daten, die in einer Organisation durch menschliche Entscheidungen oder technische Messung „am Ursprungsort" entstehen. Sie stellen die Ressource *Daten* des Unternehmens dar, von der einleitend gesprochen wurde, denn hier muss ein Konzept zur Datenpflege mit entsprechenden Verantwortlichkeiten ansetzen. Insofern kommt ihnen das größere Gewicht als den abgeleiteten Daten zu.

Abgeleitete Daten sind aus originären durch Berechnungen ermittelte Daten. Sie ändern sich so lange, wie die ihnen zu Grunde liegenden originären Daten änderbar sind. Da abgeleitete Daten nur durch (Rechen-)Operationen entstehen und nicht durch menschliche Entscheidungen, darf es niemals möglich sein, sie (originär) über Bildschirme oder sonstige externe Medien (auch nicht über Datenbestände) in eine Datenbasis einzubringen.

> Dies kann man an einer Tabellenkalkulation nachvollziehen (z. B. Open Office /Calc oder Microsoft Office/Excel). Jede Änderung eines Summanden korrigiert automatisch die Summe. Allerdings kann man ohne Warnung der Systeme eine Summe

überschreiben, wodurch die Formel zerstört wird. Wenn dies versehentlich geschieht, ist das eine üble Fehlerquelle, weil man es an der Oberfläche nur sieht, wenn man gezielt nach Fehlern sucht. Dies gilt in Controlling-Abteilungen als „Falle".

Umgekehrt sind Daten von Führungs- oder dispositiven Systemen nur korrekt, wenn sie auf originären aufbauen. Auf diesem „Gesetz" beruhen die *Grundsätze ordnungsgemäßer Buchführung (GoB)* (GoB, vgl. § 238 ff. HGB) und ähnliche Regelwerke anderer Länder. Auf deren Verletzung basieren gemäß vielfältiger Presseberichte spektakuläre Betrugsfälle (betrügerische Konkurse) der letzten Jahre wie Balsam (Raum Bielefeld), FlowTex (Raum Offenburg) und Enron (Texas).

Die *Planungsdaten* sind in Abbildung 5 nicht ganz „sortenrein" zugeordnet. Sie werden häufig geschätzt; dann sind sie originäre Daten. Sie können aber auch auf Berechnungen beruhen; dann sind sie dispositive Daten. In diesem Fall sind die den Rechenverfahren zu Grunde liegenden Daten die originären Daten.

3.2 Grunddaten

Grunddaten (auch *Stammdaten*) sind das datenmäßige Abbild der betrieblichen Ressourcen. Wir teilen sie in *Grunddaten I* und *Grunddaten II*, weil nur die erste Gruppe dem üblichen betriebswirtschaftlichen Ressourcenbegriff entspricht, während die zweite kurzfristiger zu sehen ist. Grunddaten steuern alle betrieblichen Vorgänge, die datenmäßig aufgezeichnet werden. Die üblichen Grunddaten I eines Industrieunternehmens sind:

- *Gebäude und Grundstücke*,
- *Anlagen und Arbeitsplätze*,
- *Mitarbeiter*.

Bei den Grunddaten II ist das einzelne Exemplar teilweise kurzlebiger. Außerdem kommen sie in vielgestaltigen *Rollen* oft hierarchisch gegliedert vor. Sie bestimmen die Routineabläufe viel stärker als die Grunddaten I. Wichtige Rollen und Synonyme stehen in der folgenden Aufzählung in Klammern:

- **Produkt** (Teil, Erzeugnis, Baugruppe, Zwischenprodukt, Ersatzteil, Material, Verpackungseinheit),
- **Kunde** (Regulierer, Auftraggeber, Debitor, Niederlassung, Filiale, Rechnungs- und Warenempfänger),
- **Lieferant** (Kreditor, Zulieferer, Zwischenmeister, Lohnveredler).

Die Grunddaten II haben einen klaren Bezug zu der einleitenden Abbildung 1. Alle drei Datentypen korrespondieren mit dem Materialfluss, die letzten beiden auch mit dem Geldfluss und den Beziehungen des Unternehmens zur Umwelt. Als Beispiel für die hierarchische Struktur von Grunddaten zeigt Abbildung 6 den für Industrieunternehmen besonders zentralen Datentyp *Produkt*, abstrahierend auch *Teil* genannt.

In vielen Eigenentwicklungen von Firmen und so genannten „Startups" wurden die Datentypen der Produktion und des Verkaufs nicht in dieser durchgehenden Form abstrahiert. Dies hatte zur Folge, dass getrennte Programmsysteme für

Material und Fertigerzeugnisse entstanden. Hierdurch wurde eine gängige Dispositionsrechnung, die *Bedarfsermittlung* mit Stücklistenauflösung, unmöglich gemacht. Abbildung 6 ist, mit konkreten Werten gefüllt, eine Stückliste. Sie erlaubt es, den Materialbedarf für eine vorgegebene Menge von Verkaufseinheiten zu errechnen. Die Grunddaten zum Datentyp `Teil` entstehen im Geschäftsprozess *Produktgestaltung /-entwicklung*.

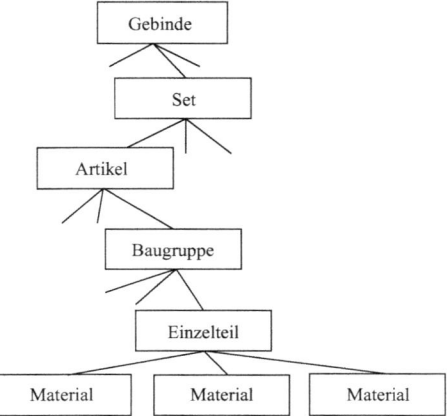

Abb. 6: Rollenhierarchie des Grunddatentyps `Teil`

Zu den Grunddaten kann man auch die so genannten Schlüssel, besser *Kategorien*, zählen. Hier einige Beispiele aus verschiedenen Bereichen, wobei die Terminologie an das Softwaresystem SAP R/3 ® angelehnt ist, das im Bereich Daten auch betriebswirtschaftliche Begriffe allgemein gültig geprägt hat.

Tabelle 2: Beispiele für Kategorien betrieblicher Daten

Firmenstruktur	Rechnungswesen	Materialwirtschaft	Vertrieb
Mandant	Kostenart	Materialart	Sparte
Werk	Kostenstelle	Produktgruppe	Gebiet
Buchungskreis	Kontenrahmen	Saison	Bezirk
Geschäftsbereich	Belegart	Materialklasse	Kundengruppe
Vertriebsbereich	Buchungsschlüssel	Bewegungsart	Versandart
Kostenrechnungskreis			Marke
			Preisgruppe

Kategorien spielen in betrieblichen Daten eine sehr große Rolle, ganz besonders auch für das Controlling, da dies die Merkmale sind, nach denen man Daten klassifiziert und verdichtet. Sie bedürfen eines besonders sorgfältigen Entwurfs und entsprechender Pflege.

3.3 Vorgangsdaten

Die *Vorgangsdaten* sind vielfältiger als die Grunddaten. Auf Grund der Anforderungen der externen Unternehmensrechnung (s. S. 36 ff.) gibt es *aufzeichnungspflichtige Vorgänge*. Die übrigen sind *nicht aufzeichnungspflichtig* und werden geführt, um Planungs-, Steuerungs- und Kontrollmöglichkeiten zu erhalten.

Aufzeichnungspflichtige Vorgänge

Vorgangsdaten sind die originäre „Datenspur", die alle Geschäftsvorfälle hinterlassen. Dies tun sie teils auf der Basis gesetzlicher Vorgaben (§ 238 und § 239 HGB, s. auch S. 36 ff.) und teilweise auf Grund betrieblicher Erfordernisse, die das Controlling definiert (s. S. 72 ff.). § 239 Abs. 4 HGB regelt die *Belegpflicht*, der jeder Kaufmann unterliegt. Sie ist durch Originalbelege in Papierform oder fälschungssicher gespeicherte Belegdaten zu erfüllen (§ 257 Abs. 1 Nr. 4). Die Belegdaten sind unsere Vorgangsdaten, von denen die wichtigsten in den Geschäftsprozessen *Beschaffung*, *Vertrieb* (bzw. *Auftragsabwicklung*, s. Abbildung 3) und *Kundendienst* entstehen.

Alle mit tatsächlichen oder absehbaren Vermögensveränderungen verbundenen Vorgänge sind nach § 240 HGB aufzeichnungspflichtig. Die im Routinebetrieb wichtigsten sind in Tabelle 3 benannt, andere – wie beispielsweise Tilgungen von Krediten oder Abschreibungen – rechnen wir hier nicht dazu.

Tabelle 3: Aufzeichnungspflichtige Vorgangsdaten des Routinebetriebs

Vorgang	Datentyp
Forderung/Zahlung	`Rechnung` (Kunde, Lieferant); `Entgelt` (Mitarbeiter)
Zahlungsverpflichtung	`Bestellung`
Bestandsveränderung Vorräte	`Lagerbewegung`
Bestandsveränderung Anlagen	`Anlagenzugang` / `Anlagenabgang`

Die starke Vernetzung der Vorgangsdaten aus Tabelle 3 lässt sich an der Lagerbestandsführung zeigen. Aufzeichnungspflichtig sind nur Zu- und Abgänge aus dem Unternehmen. Indirekt müssen jedoch auch alle *internen* Lagerbewegungen aufgezeichnet werden: Da jede Rechnung aufzeichnungspflichtig ist, gebieten die GoB (s. o.), dass auch alle Vorgänge, die zu ihr geführt haben, nachvollziehbar sind. Dies sind die Abgangsbuchungen vom Lager, aber auch davor getätigte interne Buchungen. Entweder stammt die Ware aus Beschaffungen (*Zukauf*) oder sie ist in eigener Produktion entstanden.

Weitere Vorgänge aus Prozessen

Wir wollen zunächst die in Abbildung 3 (Teilprozesse Absatz) und 4 (Auftragsablauf Einzelfertigung) enthaltenen Vorgangsdaten auflisten, ergänzt um ihre Attribute. Auf diese Weise erfahren wir, welche Eigenschaften eines betrieblichen Vorgangs festgehalten werden. Auf einen Aspekt sei vorab hingewiesen: Wegen der notwendigen Periodenzuordnungen des Rechnungswesens müssen alle Vorgangsdaten den *Zeitpunkt* enthalten, an dem der Vorgang stattgefunden hat.

Tabelle 4: Vorgangsdaten aus Abbildung 3 und 4

Datentyp	Attribute
`Absatzplan`	(Mandant, ArtikelNr, Menge, VerfügbarkeitsDat, ErstellungsDat)
`Auftrag`	(AuftragsNr, KundenNr, EingangsDat, LieferDat, LieferAdresse, PosAnzahl)
`Lieferschein`	(LieferscheinNr, AuftragsNr, KundenNr, tatsLieferDat, LieferAdresse, PosAnzahl)
`Leistungsnachweis`	(Datum, MitarbeiterNr, AuftragsNr, geleisteteZeit)

Der `Absatzplan` ist nicht aufzeichnungspflichtig, da er keine Außenwirkungen hat und keine Ist-Daten enthält. Er wird mit großer Wahrscheinlichkeit aus originären Daten bestehen. Wenn der Artikel nicht neu ist, wird der Sachbearbeiter abgeleitete Daten aus der Vergangenheit haben und diese Zahl entsprechend seines impliziten Wissens und Hinweisen des Außendienstes modifizieren.

`Auftrag` und `Lieferschein` sind die Vorgangsdaten, die man mindestens für jeden Verkaufsvorgang benötigt. Die ebenfalls dazu gehörende `Rechnung` haben wir weggelassen, da sie im Normalfall die gleichen Daten wie der Auftrag enthalten *muss*. Was beauftragt wurde, ist auch zu liefern und zu bezahlen. Diese ökonomische Grundregel findet sich bereits in § 433 Abs. 2 BGB über den Kaufvertrag. Der `Lieferschein` ist ein Begleitpapier zum Material, weil oft die Rechnung auf einem anderen Weg verschickt wird als die Ware, manchmal auch an eine andere Adresse.

Scheinbar neu an den Vorgangsdaten aus Abbildung 4 (Auftragsabwicklung Einzelfertigung) ist die `Materialbestellung`. Sie hat die gleiche Struktur wie ein `Auftrag`, *ist* aus Sicht des Lieferanten sogar ein Auftrag. Allerdings wäre mehr Abstraktion angebracht, seit wir wissen, dass alle Produkte auf einheitliche Weise gesehen werden sollten und nicht etwa rollenspezifisch (s. Abbildung 6, `Teil`). Der abstrahierte Datentyp heißt `Bestellung` und hat die gleichen Attribute wie `Auftrag`. Lediglich die `KundenNr` ist durch die `LieferantenNr` zu ersetzen. Wir haben durch die Attribute eine konkrete Vorstellung darüber, welche Daten gespeichert werden. Hierdurch können wir auch feststellen, wenn Attribute fehlen, weil unvollständig modelliert wurde.

Entscheidungsabhängige Vorgangsdaten

Der Datentyp `Leistungsnachweis` aus Abb. 4 ist *nicht* aufzeichnungspflichtig. Es ist eine betriebliche Entscheidung, ob und welche Einzelheiten der Leistungserbringung man datenmäßig sehen möchte. Auch die Struktur ist entscheidungsabhängig, beispielsweise Tätigkeiten pro Tag und Person oder pro Tag und Auftrag, der bearbeitet wird.

Wir hatten bereits auf Ähnlichkeiten zwischen Auftrag, Lieferschein und Rechnung hingewiesen. Dies soll jetzt verallgemeinert werden. Abbildung 7 zeigt außer der aufzeichnungspflichtigen Rechnung eine Anzahl von Rollen, die ein Auftrag vor seinem Zustandekommen und während seiner Abwicklung einnehmen kann. Generalisiert nennen wir ihn Vertriebsbeleg. Dies wird in UML durch ein Dreieck ausgedrückt. Bis auf die Rechnung sind es betriebliche oder marktbedingte Entscheidungen, welche dieser Rollen ein Unternehmen datenmäßig festhält. Sie nehmen mit der Individualisierung der Produktion und natürlich auch mit dem Wert der Produkte zu. Ein Einzelfertiger wertvoller Produkte (z. B. Werft, Bauunternehmen) wird sie *alle* benutzen, um bis zum Kunden und im Produktionsprozess ein Höchstmaß an Transparenz zu erzielen.

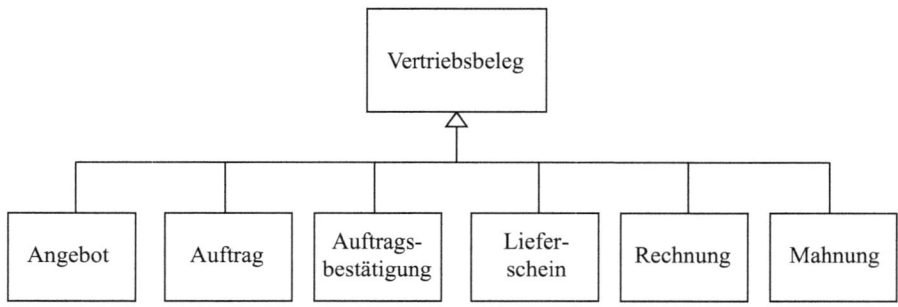

Abb. 7: Rollen des Datentyps „Vertriebsbeleg" (Auftrag)

Die Beispiele Leistungsnachweis und Vertriebsbeleg zeigen, wie betriebliche Entscheidungen zur Bildung von Vorgangsdaten führen. Wenn ein Unternehmen sich einen Nutzen von einer schriftlichen Auftragsbestätigung verspricht, wird es den Aufwand zu ihrer Erstellung betreiben. Wenn es am Markt auch ohne sie bestehen kann, wird es die Bestätigung weglassen, da sie Kosten verursacht.

Doch nicht nur auf der Ebene der Datentypen spiegeln sich betriebliche Entscheidungen wider, sondern auch auf der Ebene von Attributen. Dies kann am Attribut Preis diskutiert werden. Üblich sind artikelspezifische Preise, die nicht beim Verkaufsvorgang änderbar sein sollen. Für die Zuordnung des Preises gibt es auch andere Lösungen. Wenn auftragsspezifische oder kundenspezifische Preise gewollt sind, müssen die Daten abweichend modelliert werden. Dies zeigen wir genauer in Abschnitt 6.

Allerdings können Attribute nicht beliebig zugeordnet werden. Die gekaufte Menge ist sicher ein Attribut des Verkaufsvorgangs und *niemals* eines des Artikels. Andere Zuordnungen wären semantisch falsch, da die Realität falsch modelliert würde. Wir halten als allgemeine Regel fest:

Vorgänge dürfen niemals in Grunddaten abgebildet

oder dort auf sie verwiesen werden.

Da die meisten Attribute von Bestellung als weiterem wichtigem Vorgangsdatentyp denen des Auftrages gleichen, verzichten wir hier auf eine Darstellung. Damit haben wir die wichtigsten güterwirtschaftlichen Vorgangsdaten besprochen. Andere, vor allem finanz- und personalwirtschaftliche, können hier nicht behandelt werden.

Bevor wir Daten detailliert betrachten, wollen wir auf das meist verbreitete betriebliche Anwendungssystem eingehen, die *Finanzbuchhaltung*. Man kann an ihr beispielhaft lernen, was die Integration betrieblicher Daten konkret bedeutet.

3.4 Die Finanzbuchhaltung als Datenintegrator

Auf Grund der gesetzlichen Vorgaben für das externe Rechnungswesen verfügen heute fast alle, auch sehr kleine Unternehmen, über eine Standardsoftware mit einer Finanzbuchhaltung als „Herzstück". Warum dieser Begriff gewählt wird, zeigt Abbildung 8. Wir erkennen dort eine Reihe grundsätzlicher Aspekte betrieblicher Daten:

Linker Teilbaum:

- Die *Stammdatenpflege* ist immer *getrennt* von der *Buchung der Vorgänge*.
- Der *Abschluss* ist keine verallgemeinerbare Operation. Er erzeugt aggregierte Daten, insbesonder *Bilanz* und *GuV*, und unterbindet das Buchen weiterer Vorgänge für die abgeschlossene Periode.
- Die Erzeugung *abgeleiteter Daten* ist in fast jedem Anwendungssystem eng mit den originären Buchungen verbunden und geschieht nicht davon getrennt, wie man aus der Pyramide der Abbildung 5 vielleicht schließen könnte.
- Es werden *originäre Planungsdaten* eingegeben.

Rechter Teilbaum:

- Die *Nebenbuchhaltungen* sind *Datensammler* für aufzeichnungspflichtige Vorgangsdaten aus den Bereichen Absatz, Bestellwesen, Personalwesen, Anlagenwirtschaft und Materialwirtschaft.

Von *Herzstück* wurde gesprochen, weil die Finanzbuchhaltung die Vorgänge mehrerer, teilweise umfangreicher Anwendungssysteme integriert, indem sie verdichtete Vorgänge in so genannte *Sachkonten* bucht. Diese Buchungen werden in den Vorsystemen archiviert und bleiben dort entsprechend der gesetzlichen Archivierungsvorschriften nachvollziehbar.

3.5 Abgeleitete Daten

Die vielfältigen dispositiven und aggregierten Daten können hier nicht besprochen werden. Sie bestehen aus

- standardmäßig erzeugten dispositiven Daten (z. B. dem *Nettobedarf*), und

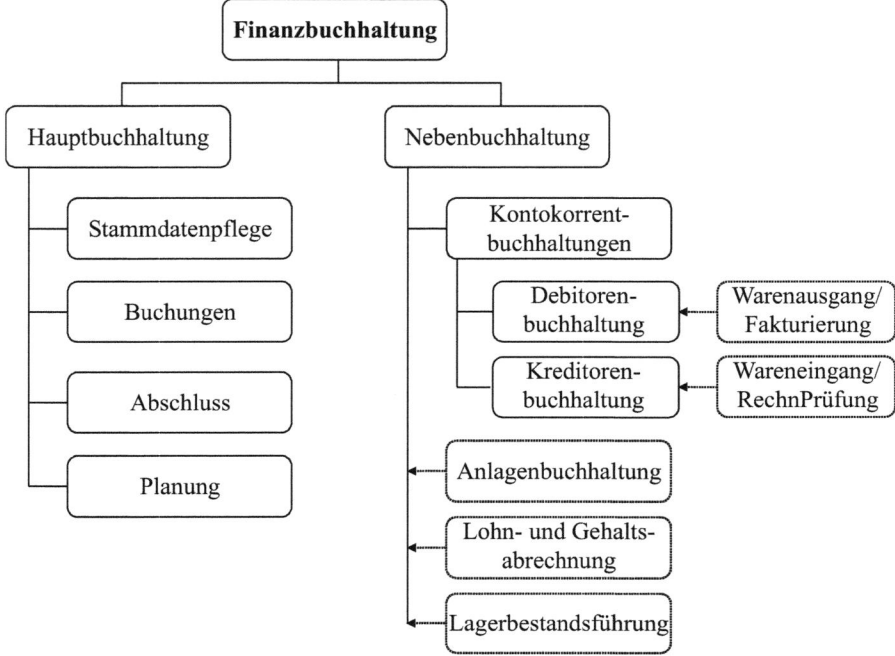

Abb. 8: Die Finanzbuchhaltung als Datenverdichtungssystem (nach Alpar et al., 2002, Kap. 11)

- standardmäßig erzeugten informativen Daten (z. B. dem *Soll-Ist-Vergleich* der Kostenstellen).

Zu den wichtigsten dispositiven Daten zählen die Lagerbestände. Sie sind Grundlage für eine Reihe von Dispositionsrechungen und Kennzahlen wie

- Bedarfsermittlung,
- Produktionsprogrammplanung,
- Bestellpolitik (optimale Bestellzeitpunkte und -mengen),
- Bestandsoptimierung (z. B. bezüglich der Kapitalbindung)

und viele andere. Sie werden in den Kapiteln der betrieblichen Kernfunktionen behandelt.

Eine Reihe von informativen Daten wird dagegen routinemäßig erstellt wie beispielsweise

- Absatzstatistiken je Artikel, Region und Außendienstmitarbeiter,
- Lieferfähigkeit je Artikel und
- Lagerumschlag je Artikel (so genannte „Renner" und „Penner").

Dies geschieht nach wie vor auf gedruckten Listen als Arbeitsmittel für Sachbearbeiter. Viele andere Informationen werden nur fallweise erzeugt. Sie werden eher auf Bildschirme gebracht und nur bei Bedarf gedruckt.

Bevor wir die Struktur betrieblicher Daten (Abschnitt 6) behandeln können, müssen wir uns ganz „nach unten" bewegen, um Daten, Kommunikation und Information verstehen zu lernen.

4 Die Grammatik von Daten

Zunächst müssen wir die Grundelemente von Daten kennen lernen. Dies sind Texte und Zahlen und deren Codierung.

4.1 Zeichen und Alphabete

In der westlichen und der nahöstlichen (arabischen) Welt werden Zeichen als Elemente von Schriftsprachen benutzt. Für unsere Zwecke genügen zunächst die Zeichen der lateinischen Schrift, ergänzt um die arabischen Ziffern, mit denen wir rechnen. Wir haben damit drei kleine *Zeichenvorräte*, die großen und die kleinen Buchstaben, sowie die Ziffern, die wir zu einem größeren zusammenfassen. Wir notieren dies in Tabelle 5 als Zeichenvorrat mit seinen Bestandteilen, wobei *Kardinalität* die Anzahl der Elemente einer Menge bedeutet.

Tabelle 5: Zusammensetzung eines Zeichenvorrates Ziffern_und_Buchstaben

Teilmenge	Zeichenvorrat	Kardinalität
Dezimalziffern =	{0, 1, 2, .. 9}	10
Große Buchstaben =	{A, B, .. Z}	26
Kleine Buchstaben =	{a, b, .. z}	26
Ziffern_und_Buchstaben =	{0, 1, .. z}	62

Das klingt plausibel, hat aber Implikationen. Wir haben nämlich in allen vier Tabellenzeilen, nicht nur bei den Buchstaben, jeweils ein *Alphabet* definiert und die Teilalphabete zu einem neuen zusammengefügt. Ein *Alphabet* ist nach DIN 44300 ein geordneter Zeichenvorrat[1] $A = \{Z_1, Z_2, .. Z_n\}$ mit $Z_1 < Z_2 < .. < Z_n$, also eine Menge, für die eine Ordnung definiert ist. Jedes Folgezeichen gilt als größer als der Vorgänger.

Wir können zwar die Teilalphabete intuitiv lesen, ohne dass alle Elemente aufgeführt sind, das Alphabet Ziffern_und_Buchstaben können wir aber nur mit Kenntnis der Teilalphabete richtig interpretieren. Alphabete können beliebige Zeichenfolgen sein, wie etwa

$$\text{Sonderzeichen}_Z = \{\S, ", \%, \&, (,), /, =\}.$$

---

[1] Informatik und Linguistik benutzen für die Zwecke der Konstruktion formaler Sprachen einen anderen Alphabet-Begriff.

Dies sind offensichtlich nicht alle Sonderzeichen, sondern nur die Untermenge, die auf einer PC-Tastatur über den Ziffern steht, wenn auch in anderer Reihenfolge. Auch das Alphabet der Dezimalziffern ist auf der Tastatur anders definiert, nämlich als {1, 2,..9, 0}. Die Beispiele der Sonderzeichen und Ziffern zeigen, dass die Festlegung, welche Zeichen in ein Alphabet gehören und was als die richtige Reihenfolge gilt, willkürlich ist und sich nicht aus irgendwelchen „Gesetzen" ableiten lässt. Festlegungen, die allgemeine Gültigkeit haben sollen, sind Vereinbarungen zwischen Akteuren des Wirtschaftslebens. Sie heißen *Standard*.

Wir können jetzt weitere wichtige Begriffe für erste Grundbausteine von Daten definieren. Ein *Wort* ist eine Folge von Zeichen aus einem definierten Zeichenvorrat, deren Ende durch ein vereinbartes Zeichen angezeigt wird. Am häufigsten wird hierfür das Leerzeichen verwendet, vor allem in natürlichen Sprachen. Satzzeichen wie Komma oder Punkt gelten ebenfalls als Endezeichen für ein Wort. Ein *Text* ist eine Folge von Wörtern zuzüglich der vereinbarten Endezeichen.

Die Ordnungsrelation von Alphabeten ist von großem praktischem Wert, weil sie es erlaubt, eine allgemein verstandene Ordnung in Texte als wichtige Grundbausteine von Informationen zu bringen, insbesondere sie nach einem *Ordnungsbegriff* zu sortieren. Jeder kennt solche Ordnungen aus Telefonbüchern oder Verzeichnissen auf Computern.

Der Name `Ziffern_und_Buchstaben` war nicht zufällig mit Unterstrichen geschrieben worden. Er sollte als *ein* Wort gelten. Der Name `1John` wäre in der englischen oder deutschen Sprache kein gültiges Wort, wohl aber auf einem Computer als Dateiname. Überzeugen Sie sich durch Anlegen einer Datei mit diesem Namen selbst, dass sie vor jeder Datei, die mit 'A' beginnt, zu sehen ist, falls „alphabetisch" sortiert angezeigt wird. Dies gilt nicht für alle Computer-Betriebssysteme.

Für Texte mit mehr Informationen, als sie Namen beinhalten können, müssen mehr Zeichen erlaubt sein als unser Alphabet aus Tabelle 5 kennt, selbst wenn wir die oben einführten `Sonderzeichen` noch hinzufügen. Zwei solche Alphabete heißen *EBCDI* (Extended Binary Coded Decimal Interchange) und *ASCII* (American Standard Code for Information Interchange). EBCDI hat die Kardinalität $2^7 = 128$, erlaubt also 128 Zeichen, ASCII erlaubt die doppelte Menge von Zeichen, also $2^8 = 256$. Im Alphabet EBCDI sind noch immer weltweit riesige Datenbestände gespeichert. Das Alphabet ASCII prägt alle heutigen mittleren und kleinen Computer, insbesondere die sogenannten PC's. Für unsere Zwecke sind im Moment nur zwei Dinge wichtig, spezielle Zeichen und die Aufteilung in die erste und die zweite Hälfte des Alphabets ASCII.

Die ersten 32 Zeichen von ASCII sind so genannte *nicht druckbare* Zeichen, die der Steuerung von Texten auf Ausgabemedien dienen. Das sind vor allem Bildschirme und Drucker. Das bekannteste Zeichen ist LF (line feed), das für einen Zeilenvorschub sorgt. Es ist ehemaligen Benutzern der mechanischen Schreibmaschine als großer Hebel noch sehr gegenwärtig. Dieses Teilalphabet heißt `Steuerzeichen`.

Die zweite Eigenschaft von ASCII hat eigentlich auch historische Ursprünge, ist aber für jegliche weltweite Kommunikation gerade heute sehr wichtig. Der ursprüngliche ASCII-Code enthielt nur 128 Zeichen wie sein damaliger Konkurrent EBCDI. Er wurde später erweitert. Die Teilaphabete heißen *Lower ASCII* und *Up-

per ASCII. Nur Lower ASCII wird international identisch verstanden. Also sollten Internet-Adressen nur aus diesen Zeichen bestehen und nur Texte aus diesen Zeichen können ohne spezielle Programme gelesen werden. Von Upper ASCII gibt es kulturspezifische Varianten. Unsere Umlaute und 'ß' sind beispielsweise nur in Upper ASCII enthalten.

4.2 Codes und Zahlensysteme

Nun soll die Bedeutung von Codes und von Zahlensystemen als besonders bedeutsamen Codes geklärt werden. Auch EBCDI und ASCII werden Codes genannt, wobei mit *Code* meist ein *standardisiertes Alphabet* gemeint ist. Auch 256 Zeichen (ASCII) reichen trotz alternativer Varianten der oberen 128 Zeichen bei weitem nicht aus. Für eine wirkliche Internationalisierung braucht man ein Alphabet, das auch Zeichen von Sprachen abbildet, die über weit mehr Buchstaben verfügen als das lateinische Alphabet. Auch gibt es eine Vielzahl anderer Zeichenvorräte etwa der Mathematik oder Chemie, die ebenfalls darstellbar sein sollten. Zur Lösung dieses Problems wurde ein neues, internationales Alphabet mit dem Namen UNICODE (http://www.unicode.org) geschaffen, das in der Grundstufe $2^{16} = 65.536$ und in einer bereits definierten Ausbaustufe $2^{32} \approx 4$ Milliarden Zeichen aufnehmen kann.

Die Wertigkeiten des UNICODE sind nicht wie beim ASCII-Code dezimal angegeben, sondern hexadezimal, wie dies beim älteren EBCDI-Code üblich war. Dies führt zu einer kurzen Betrachtung von Zahlensystemen als speziellen Codes.

Zahlensysteme sind in unserem Kontext Zeichenfolgen eines Alphabets, die wir Zahlen zuordnen und mit denen wir arithmetische Operationen durchführen können, etwa die Addition oder Multiplikation. Damit verknüpfen wir über eine definierte Operation zwei Zeichenketten zu einer neuen Zeichenkette, denn Zahlen bestehen aus mehreren *Ziffern*, bei denen der Wert einer Ziffer von der *Stelle* abhängt, an der sie innerhalb der Zahl geschrieben ist.

Stellenwertsysteme sind Zahlensysteme, bei denen Operationen, die einen größeren Wert ergeben als den der höchsten Ordnungsziffer, einen Übertrag auf eine zusätzliche Stelle bewirken. Im Gegensatz dazu regeln *Additionssysteme* wie das römische Zahlensystem dieses Problem, ohne die Stellen genau zu beachten. Dort hat jedes Zeichen einen absoluten Wert.

Zahlen sind in gängigen Alphabeten, die Zahl-Zeichen enthalten, so definiert, dass eine Rechenoperation der Ordnungszahlen der Zeichen, gegebenenfalls abzüglich einer Konstanten, ein sinnvolles arithmetisches Ergebnis liefert. Tabelle 6 zeigt einige gängige Zahlensysteme mit verschiedener Basis. Jede natürliche Zahl größer 1 kann Basis eines Zahlensystems sein. Zwei Beispiele sollen für unsere Zwecke genügen:

- Stellenwertsystem: $1994_{10} = 1*10^3 + 9*10^2 + 9*10^1 + 4*10^0$
  $= 1000 + 900 + 90 + 4$ und
- Zahlensysteme: $111\ 1100\ 1010_2 = 1994_{10} = 7CA_{16}$.

Warum haben beim Hexadezimalsystem plötzlich Buchstaben die Bedeutung von Zahlen? Es gibt keine anderen Gründe als historische. Man hatte keine Zeichen für

Tabelle 6: Die Alphabete gängiger Zahlensysteme

Name	Wertebereich	Zahlensystem
$\alpha\beta_2$	$= \{0,1\}$	Dualsystem
$\alpha\beta_{10}$	$= \{0,1,2,..9\}$	Dezimalsystem
$\alpha\beta_{16}$	$= \{0,1,2,..9, A .. F\}$	Hexadezimalsystem

die Wertigkeiten 10_{10} bis 15_{10}. Bei Dezimalzahlen braucht man dafür zwei Stellen, genau das aber durfte für die Zwecke der Computertechnik nicht sein. Man hätte auch neue Zeichen definieren können, aber das gaben die von Computern verarbeitbaren Alphabete der 60er Jahre nicht her.

Man kann jede Zahl einer beliebigen Basis über das Dezimalsystem in eine Zahl mit anderer Basis umrechnen. Das wollen wir hier nicht tun, aber folgenden Zusammenhang hervorheben, der nicht nur für Zahlensysteme gilt, sondern für alle Codes: Je größer ein Alphabet, desto kleiner ist die Zahl der benötigten Stellen, um eine Information auszudrücken.

Das duale Zahlensystem erfordert für dieselben Daten die meisten Stellen, das Hexadezimalsystem von den hier verwendeten die wenigsten. Dies lässt sich allgemein ausdrücken, wenn man wissen möchte, wie viele Zustände Z ein Alphabet der Kardinalität B (Basis) in einer Zeichenkette mit N Stellen ermöglicht.

$$Z = B^N \qquad (1)$$

Dieser elementare Zusammenhang spielt in vielen Bereichen der Informationsmodellierung und der Computertechnik, mit der wir unmittelbar konfrontiert sind, eine Rolle.

So wird etwa die Fehlermeldung der Windows-Betriebssysteme *Schwerer Ausnahmefehler bei:* <Hauptspeicheradresse> als Hexadezimalzahl herausgebracht, weil die wirkliche, duale Adresse völlig unüberschaubar wäre. Man bekommt als Benutzer zwar etwas ebenso Unverständliches wie die Dualzahl es wäre, die Nachricht ist aber immerhin lesbar. Eine *Information* ist sie nur für wenige Spezialisten, die die Semantik der Zahl verstehen.

Doch auch wirtschaftlich gewichtige Entwurfsentscheidungen hängen von diesem Zusammenhang ab, etwa Herstellkosten für Hardware, so genannte Schlüssel in der betrieblichen Praxis oder die Anzahl der über das Internet weltweit erreichbaren Adressen (so genannte *IP-Adressen*), die nach dem heute (2005) noch gebräuchlichen Standard in wenigen Jahren erschöpft sein wird. Wir werden diesen Aspekt in Abschnitt 6 am Beispiel von Schlüsseln aufgreifen.

Ebenso lässt sich jetzt begründen, warum man ein Zeichen, das innerhalb von Computern oder auf Datenträgern in 8 dualen Stellen gespeichert wird, als gesonderte Einheit ausweist, *Byte* genannt. Die einzelne duale Stelle heißt *Bit* (binary digit). Für das Alphabet ASCII mit 256 verschiedenen Zuständen müssen mindestens 8 duale Stellen vorhanden sein: $2^8 = 256$.

4.3 Datentypen

Von *Daten* in Abgrenzung zu *Information* sprechen wir im Folgenden nur, wenn Zeichen, Wörter und Texte auf *Datenträgern* gespeichert werden können. Auch Papier ist ein Datenträger. Die Zahlen leiten über zu einer ersten Unterteilung von Daten. Es gibt sie in *unstrukturierter* und in *strukturierter* Form. Am einfachsten kann man sich das an Hand zweier Komponenten von Office-Systemen auf Computern verdeutlichen. Für die unstrukturierten Daten braucht man ein Textsystem, für die strukturierten eine Tabellenverarbeitung, weil beide Arten von Daten mit verschiedenen Operationen zu bearbeiten sind.

Die relevanten betrieblichen Daten, die wir hier betrachten, sind *strukturierte Daten*. Man kann sie sich am einfachsten als Tabellen wie in einer Tabellenverarbeitung vorstellen. Die relevanten Daten eines Unternehmens sind in Datenbanken ebenfalls in Tabellenform gespeichert. Sie bestehen aus folgenden *elementaren Datentypen*:

Tabelle 7: Elementare Datentypen strukturierter Daten und darauf erlaubte Operationen

Datentyp	TypBezeichnung	Operationen
Ganze Zahlen	`integer`	rechnen, prüfen
Gebrochene Zahlen	`float`	rechnen
Zeichenketten	`string`	verketten, suchen, austauschen
Aufzählungen	`enum`	Zulässigkeit prüfen, Alternativen wählen

Eine Tabelle, die strukturierte Daten aufnimmt, nennt man auch *Datenobjekttyp*. Die Spalten heißen *Attribute* oder auch *Merkmale*, die Zeilen sind dann die konkret vorkommenden *Werte*. Ein Beipiel ist Tabelle 8 mit Artikeldaten eines Unternehmens, das kleinteilige Textilien verkauft. Die einzelnen Attribute sind in Tabelle 9 mit ihren genauen Datentypen erläutert.

Tabelle 8: Daten von textilen Produkten in der Struktur einer Tabelle

ArtikelNr	Bezeichnung	Dimension	PreisGrp	Marke	ProdGrp	lieferbar?
76248	nur die sitzt	St	3	ND	FS	ja
90723	Bellinda stretch	Bü	5	BE	FS	ja
10101	Alpi superchic	St	9	-	SC	nein
10102	T-Shirt Baumwolle einf.	St	10	-	TS	ja

Eine Datentabelle wie das Beispiel `Artikel` ist ein *zusammengesetzter Datentyp*, der aus elementaren Datentypen besteht. Nur auf der Ebene elementarer Typen (s. Tabellen 8 und 9) werden Daten in betrieblichen Datenbeständen als konkret zu bearbeitende *Werte* gespeichert. Wir werden in Abschnitt 6 erfahren, wie die vielen Tabellen einer betrieblichen Datenbank miteinander verknüpft werden. Diese Strukturen müssen durch explizite Entscheidungen modelliert werden, ebenso wie jedem

Tabelle 9: Attributtypen des Datentyps Artikel
Artikel (*Zusammengesetzter Datentyp*):

AttributName	AttributTyp	Mögliche Werte	Erläuterung
ArtikelNr	`integer`	ganze Zahlen	
Bezeichnung	`string`	alle Zeichen	
Dimension	`enum`	Bü,St,m,g	Bündel,Stück,Meter,Gramm
PreisGrp	`integer`	1..10	bis zu 10 Preisgruppen
ProdGrp	`enum`	FS,SC,TS	Feinstrümpfe,Schlipse,T-Shirts
Marke	`enum`	ND,BE,-	nur die 'Bellinda','-' = no name
lieferbar?	`enum`	ja,nein	auch als Typ `boolean`

Attribut ein Typ zugewiesen werden muss, wie dies in Tabelle 8 geschieht. Damit verhindert man Fehler, deren Beseitigung im betrieblichen Ablauf unnötige Kosten verursacht.

Wir verfügen jetzt über eine Basis, auf der wir qualifiziert über Kommunikation, Information und Wissen sprechen können.

5 Kommunikation, Information und Wissen

In diesem Abschnitt soll ganz knapp geklärt werden, was Kommunikation zwischen Menschen und zwischen Automaten ist und wie man auf dem Nachrichtenbegriff aufbauend *Information* und danach *Wissen* erklären kann. Betriebliche Information in Routineprozessen, gestützt auf Automaten, kann ohne eine konkrete Vorstellung von Daten nicht verstanden werden.

5.1 Kommunikation zwischen menschlichen Akteuren

Abbildung 9 zeigt ein einfaches Kommunikationsmodell. Sind Sender und Empfänger menschliche Akteure, genügt ein halbwegs deckungsgleicher Zeichenvorrat (s. Bild!) und ein gemeinsames semantisches Wissen, damit sie einander verstehen. Das kennen wir von Fax oder E-Mail. Beim Telefon wäre der Kanal *bidirektional*; damit wären auch die Rollen *Sender* und *Empfänger* nicht mehr klar zugewiesen. Das würde durch einen Pfeil mit zwei Spitzen (↔) ausgedrückt (s. Spitta, 2005).

Die Vielschichtigkeit menschlicher Kommunikation können wir hier nicht behandeln. Spätestens seit den siebziger Jahren wissen wir, dass sie nie ausschließlich rationale Bestandteile hat, sondern dass immer eine Beziehungsebene mit hinein spielt (s. Watzlawick et al., 1974). Die zwischenmenschlichen Aspekte von Kommunikation haben mitunter erhebliche wirtschaftliche Wirkungen (s. Picot & Reichwald, 1991, Abschnitt I). Dies ist aber ein Thema der Personalarbeit. Wir beschränken uns hier auf die informationswirtschaftliche Sicht, bei der die Nachricht von *Automaten* übertragen wird.

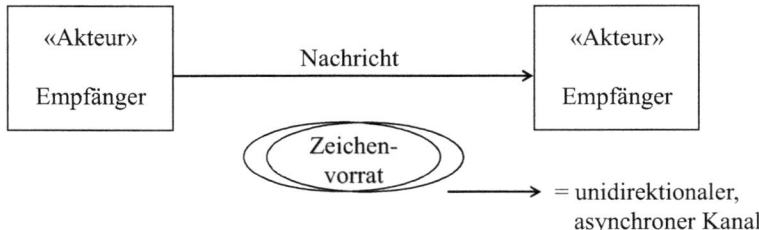

Abb. 9: Kommunikation als Nachrichtenübermittlung (unidirektional)

5.2 Kommunikation zwischen Automaten

Eine Kommunikation über Fax oder E-Mail benötigt Automaten, die die Datenübertragung bewerkstelligen. Diese können unscharfe Nachrichten, wie in Abbildung 9 gezeigt, auf einfache Weise nicht verstehen. Vielmehr benötigen sie exakt übereinstimmende Zeichenvorräte und Datentypen. Die Übermittlung erfolgt mit *Protokollen*, bei denen die inhaltliche Nachricht in einem bis auf das Bit festgelegten Teil eingeschlossen ist, der aus einem Kopf (*header*) und einen Fuß (*trailer*) besteht. Header und Trailer müssen exakt dem Standard entsprechen, sonst weist der empfangende Automat die Nachricht ab. Den Inhalt gibt der Automat ungeprüft an den menschlichen Empfänger weiter. Die Automaten kommunizieren bei Protokollen immer bidirektional, auch wenn die Kommunikation unidirektional ist. Der Sender wartet dabei auf eine Empfangsquittung. Abbildung 10 zeigt den prinzipiellen Aufbau von Protokollen.

> Die Quittung kommt etwa beim Fax nicht, wenn das Empfangsgerät das gesendete Fax aus irgend einem Grund nicht vollständig drucken konnte.

Header	Nachricht	Trailer

Abb. 10: Aufbau von Protokollen

Ist die Nachricht ein unstrukturierter Text wie beim E-Mail-Protokoll, spricht man von *Transportprotokollen*, besteht sie aus exakt strukturierten Datentypen, spricht man von *Anwenderprotokollen* (s. Hansen & Neumann, 2005, 409). Solche *höheren Protokolle* haben eine große wirtschaftliche Bedeutung, da Firmen Daten vollautomatisch austauschen wollen. Dies geschieht etwa mittels der Protokolle des Typs EDIFACT (Electronic Data Interchange for Administration, Commerce and Transport), bei der Computer eines Lieferanten Sender und die des Kunden Empfänger von Rechnungen oder Bestellungen sind. Alles geschieht automatisch, ohne Postversand und menschlichen Eingriff. Doppelte Übertragungen werden technisch verhindert. Dies verlangt erhebliche Sorgfalt bei der Festlegung von Zeichen, Wörtern und Inhalten. Der Empfänger muss jedes Wort genau so verstehen wie der Sender.

5.3 Information für menschliche Akteure

Wir können jetzt definieren: *Information* sind interpretierbare, dass heißt mit Bedeutung verknüpfte, meist neue Nachrichten, die von einem Empfänger für das Verfolgen seiner Ziele als nützlich gewertet werden (s. Endres, 2004).

Kern dieser Sicht von Information, die von der Disziplin *Wirtschaftsinformatik* mehrheitlich getragen wird (s. Ferstl & Sinz, 2001; Mertens et al., 2005), ist die Subjektivität des Empfängers und das Kriterium *Relevanz*. Des Einen Information ist des Anderen „Schnee von gestern", also nur Nachricht. *„Ich gebe Dir eine Information"* wäre nach dieser Definition nicht möglich, weil darüber nur der Empfänger entscheiden kann. Die systemtheoretische Schule der Soziologie hat denselben Informationsbegriff:

„Daten beobachten Unterschiede ... Informationen ... die von einem Beobachter für relevant gehaltenen Unterschiede." (s. Willke, 2004, 31)

Eine interdisziplinäre, sehr lesenswerte Definition und Diskussion des Begriffs *Information* findet sich in einem sonst nicht für alle Einträge empfehlenswerten offenen Lexikon im Internet (s. Wikipedia, 2005) (→ Information & Kommunikation/Information).

5.4 Betriebliches Wissen

Was der Begriff Wissen in welchem Kontext bedeutet, ist vielschichtig und keinesfalls allgemeiner Konsens. Zur Beantwortung wollen wir es bei einem intuitiven Verständnis von Wissen belassen, verstanden als *Handlungskompetenz* (s. Talaulicar, 2004). Wir beziehen es hier nur auf den einzelnen Akteur und nicht ein Kollektiv. Solange eine Person es nicht äußert oder aufschreibt, ist Wissen *implizit*. Es liegt nicht in Form von Daten vor, ist von der Person auch in vielen Fällen nicht explizit formulierbar (das so genannte Gefühl). In der betrieblichen Informationswirtschaft kann nur *explizites Wissen* betrachtet werden, dem Daten zu Grunde liegen. Trifft ein Manager eine Entscheidung, wird er dies auf der Basis von Daten *und* seines impliziten Wissens tun.

Wird eine Entscheidung einem Optimierungsalgorithmus übertragen, wird ausschließlich auf der Basis von Daten durch einen Automaten entschieden. Der Automat ist das Computerprogramm, das den Algorithmus implementiert. Irgendwann wird jemand sein implizites Wissen, das zu diesem Algorithmus geführt hat, explizit gemacht haben. Wir halten fest:

Wissen verstehen wir ebenso individualisiert wie Information. Explizites Wissen basiert auf Daten. Implizites Wissen kann explizit gemacht werden, wenn wir über einen allgemein verstehbaren Formalismus zur Beschreibung verfügen. Der Unterschied zur Information ist die Möglichkeit der Speicherung in Form von Daten und deren *mehrfache* Verwendung, während Daten im Regelfall für denselben Akteur nur *einmal* (individuelle) Information sein können.

6 Die Struktur betrieblicher Daten

6.1 Datenmodelle

Zum Abschluss sind noch *Datenmodelle* zu besprechen, damit ein grobes Referenzmodell der Daten eines Industriebetriebs verstanden werden kann.

Bereits in Abschnitt 4.3 hatten wir die Struktur *Tabelle mit Attributen* als Grundstruktur betrieblicher Daten benannt. Dieser Strukturtyp wurde 1970 von dem Amerikaner Codd als die flexibelste Grundlage für Datenbanksysteme entdeckt und *Relationenmodell* genannt. Sie hat sich in Form *relationaler Systeme* allgemein durchgesetzt[2]. Wir wollen hier nur das solche Systeme bestimmende *Datenmodell* besprechen, das man unbedingt vor jeder Ablage betrieblicher Daten in Datenbanktabellen entwickeln sollte. Es beantwortet zwei Grundfragen:

1. Wie müssen Datentabellen gebildet werden?
2. Wie werden Datentabellen miteinander vernetzt?

Hierzu diskutieren wir ein Beispiel, und zwar einen Grunddatentyp `Mitarbeiter`. Als Tabelle, auch für eine Karteikarte, würden wir wie in Tabelle 10 (s. S. 259) formulieren.

Tabelle 10: Der zusammengesetzte Datentyp `Mitarbeiter`

Datentyp	Attribute					
`Mitarbeiter`	(Name,	Vorname,	Titel,	GeburtDat,	Geschlecht,	Gehalt)

Die Attribute sind die Spaltenüberschriften der Datentabelle, die Werte bilden die Zeilen. Ganze Spalten bilden die *Wertemenge* eines Attributs. Je Mitarbeiter kann es nur genau eine Zeile geben, die hier ein *Exemplar* des Datentyps `Mitarbeiter` bildet. Jede Zeile einer Tabelle muss eindeutig durch ein oder mehrere Attribute ansprechbar sein. Sie heißen *Primärschlüssel*. Doch wie finden wir für unser Beispiel einen geeigneten Primärschlüssel?

Zunächst liegen `Name` und `Vorname` als *Schlüsselkandidaten* auf der Hand. Damit identifizieren wir im täglichen Leben ebenfalls eine Person. In einem Handwerksbetrieb mit maximal 15 Mitarbeitern könnte das ausreichen, aber schon bei

---

[2] Zu nennen wären die Systeme DB2 (IBM), Oracle, SQL-Server (Microsoft), ADABAS (Software AG) und MySQL (Open Source), mit einigen Abstrichen auch das Einzelplatz-System Microsoft-Access.

Unternehmen mit 200 Mitarbeitern wird das schwierig. Was tun, wenn wir eine neue Mitarbeiterin 'Ines Meier' einstellen wollen, aber schon eine gleichen Namens haben? Also nehmen wir das Geburtsdatum als weiteren Schlüsselkandidaten mit hinzu. Jetzt bilden *drei* Attribute den Primärschlüssel, um jedes Exemplar eindeutig identifizieren zu können. Wir benutzen den gefundenen Primärschlüssel, gekennzeichnet durch Kursivschrift, um in einer Erweiterung des Beispiels die Verknüpfung zweier Tabellen zu zeigen.

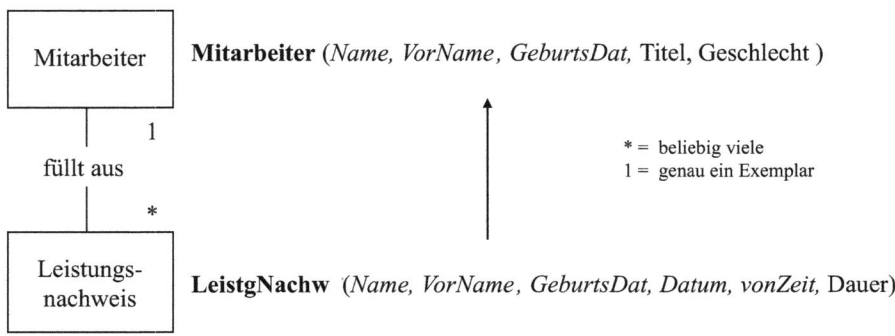

Abb. 11: Die Verknüpfung zweier Tabellen über Schlüssel

Wir sehen an dieser Skizze mehrere allgemeine Dinge:

- Die Verknüpfung von Tabellen erfolgt über die Primärschlüssel, indem eine referenzierende Tabelle den Schlüssel der referenzierten als *Fremdschlüssel* aufnimmt.
- Nur mit (natürlichen) Schlüsselkandidaten zu arbeiten, ist umständlich. Dies gilt vor allem, wenn man einen zusammengesetzten Schlüssel als Fremdschlüssel verwenden soll. Im Beispiel besteht er aus drei Attributen.
- Der *Zeitpunkt* als Schlüsselbestandteil eines Vorgangs muss so genau gewählt werden, wie der Diskursbereich es erfordert. Im Beispiel muss es möglich sein, verschiedene Leistungen innerhalb eines Tages festzuhalten.

Die Lösung für das einfachere Arbeiten mit zusammengesetzten Schlüsseln heißt *Alternativschlüssel*. Dies ist ein zusätzliches, künstliches Attribut, das die Rolle des Primärschlüssels übernimmt und häufig vom Typ integer ist. Solche Attribute dürfen nur identifizieren, niemals klassifizieren. Die gerne verwendeten „klassifizierenden Schlüssel" machen betriebliche Daten und damit alle mit ihnen arbeitenden Programme unnötig kompliziert und unflexibel, z. B. muss das Geschlecht ein Attribut sein und darf nicht in den Schlüssel „eingebaut" werden, wie es in vielen Unternehmen geschieht. Wir halten fest:

Kategorien sind ausschließlich *Nicht-Schlüsselattribute*.

Wir verändern das Beispiel mit einem Alternativschlüssel als neuem Primärschlüssel, erweitern die Tabellen um Werte und die elementaren Datentypen und kennzeichnen Fremdschlüssel mit '#', Primärschlüssel durch Unterstreichung. Außerdem benutzen wir [date] und [time] als zusätzliche elementare Datentypen. Auf der Wert-Ebene (Mitarbeiter 4711 und 4713) kann man die Fremdschlüsselbeziehungen zwischen dem Datentyp Mitarbeiter und dem Datentyp Leistung in den Tabellen 11 und 12 unmittelbar nachvollziehen.

Tabelle 11: Der Grunddatentyp Mitarbeiter als Datentabelle

Mitarbeiter						
MitarbNr#	Name	Vorname	Titel#	Geschlecht	GeburtsDat	Gehalt
[integer]	[string]	[string]	[enum]	[enum]	[date]	[float]
4711	Meier	Ines	Dr.	w	12.03.1972	5142,37
4713	Schulze	Hans	-	m	27.06.1984	2415,00
4714	Schulze	Hans	-	m	14.10.1943	4623,75

Tabelle 12: Der Vorgangsdatentyp Leistung als Datentabelle, verknüpft mit dem Grunddatentyp Mitarbeiter

Leistung				
MitarbNr#	Datum#	vonZeit#	Dauer	Tätigkeit
[integer]	[date]	[time]	[real]	[string]
4713	21.01.2005	07:30	2,5	Baustelle herrichten
4713	21.01.2005	10:15	4,7	Badewanne einbauen
4711	15.03.2005	11:00	1,0	Reklamation prüfen

Auch an den über Alternativschlüssel verknüpften Tabellen 11 und 12 kann man allgemeine Regeln erkennen:

1. Grunddaten müssen existieren, damit man von ihnen abhängige Vorgänge protokollieren kann (*Existenzabhängigkeit*).
2. Existenzabhängige Daten wie Vorgangsdaten haben immer *zusammengesetzte* Primärschlüssel. Grunddaten haben meist (genau) einen Alternativschlüssel.
3. Ein Exemplar eines Vorgangsdatums verweist auf *genau ein* Grunddatenexemplar. Die *Wertemenge* (die Werte einer Spalte in allen Zeilen) eines Fremdschlüssels kann auf viele Exemplare des referenzierten Datentyps verweisen oder mehrfach auf dasselbe Exemplar (s. Tabelle 12, Leistung). Dies ist die Umsetzung des '*' in der Zeichnung von Abb. 11.
4. Jeder Datentyp der Art enum kann über eine *Schlüsseltabelle* realisiert werden. Damit bildet in Tabelle Mitarbeiter das Attribut Titel# einen *Fremdschlüssel*, der nicht Teil des Primärschlüssels der Tabelle 11 ist. Für ein Exemplar zeigt er auf genau einen Eintrag in der Schlüsseltabelle.
5. Die Verknüpfung über Fremdschlüssel gilt für alle Arten von Tabellen.

Tabelle 13: Beispiel einer Schlüsseltabelle

Titel	
Titel#	Bedeutung
[string]	[string]
Dr.	deutscher Doktortitel
PhD	amerikanischer Doktortitel
Prof.	Professor, international
-	kein Titel als Teil des Namens

Tabelle 13 zeigt ein Beispiel für einen Datentyp enum. Als Tabelle kann die Datenstruktur flexibel erweitert werden. Für das zweiwertige Attribut Geschlecht hingegen würde eine solche Tabelle keinen Sinn machen.

Es fehlt noch eine wichtige Referenzstruktur für betriebliche Vorgänge. Fast alle Vorgänge beziehen sich auf *mehrere* Grundobjekte. So umfasst etwa ein Auftrag *mehrere* Artikel und der Tagesbericht eines Mitarbeiters in der Produktion mehr als eine Leistung. Dies zeigt Abbildung 12, in dem der Auftrag eng verknüpft ist mit einer zweiten Tabelle, der AuftragsPosition.

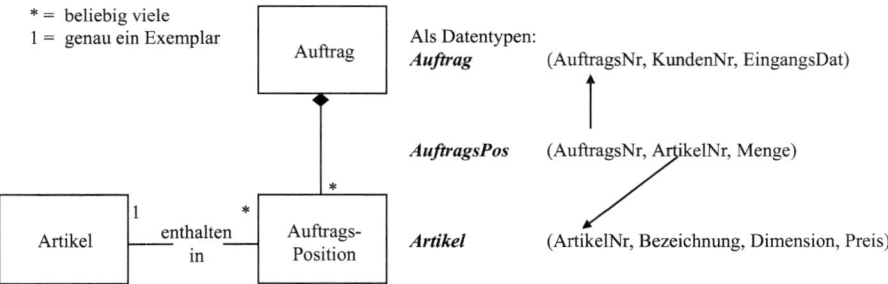

Abb. 12: Komposition komplexer Datentypen mit Verweis auf Grundobjekttypen

Wir sehen die Referenzstruktur *Komposition*, die eine Ganzes-Teile-Beziehung ausdrückt, gekennzeichnet durch eine Raute als Kantenende beim Ganzen. Der Geschäftsvorfall besteht aus einzelnen Positionen, die sich auf je ein manipuliertes Objekt beziehen, hier der Artikel als kleinste Verkaufseinheit. In Abbildung 12 wird auch gezeigt, wie Grund- und Vorgangsdaten zusammen wirken. Alle *dauerhaften* Eigenschaften sind Attribute der Grunddaten (Preis), nur die *temporären* gehören zu den Vorgangsdaten (Menge).

Wir sehen an Abbildung 12 wie schon in Abbildung 11, wie Tabellen miteinander verknüpft werden. Bestimmte Attribute mit dem Suffix # im Namen übernehmen die Rolle von Zeigern auf Zeilen anderer Tabellen.

Jetzt lassen sich die **Grundregeln des Relationenmodells** formulieren:

1. Jeder Wert eines Primärschlüssels identifiziert genau ein Exemplar einer Datentabelle.
2. Die Verknüpfung von Datentabellen erfolgt über Fremdschlüssel, die entweder Teil eines zusammengesetzten Primärschlüssels oder Nicht-Schlüsselattribut sind.
3. Ein Modell ist nur konsistent, wenn alle Fremdschlüssel aufgelöst werden können, dass heißt die referenzierten Tabellen bekannt sind.
4. In einer Tabelle dürfen nur Attribute stehen, die vom gesamten Primärschlüssel und keinem anderen Attribut funktional abhängig sind. Einfacher ausgedrückt: Ein Attribut ist Eigenschaft des in einer Tabelle beschriebenen Objekts der realen oder gedachten Welt und ist nicht Eigenschaft irgend eines anderen Objektes.

Hinter der vierten Regel steht die sogenannte *Normalisierung*, die hier nicht behandelt werden kann. Sie hilft, alle Tabellen so zu entwerfen, dass jedes Attribut als Beschreibung von Zuständen der realen Welt nur *genau einmal* (*redundanzfrei*) in einer Datenbasis gespeichert wird. Hierdurch kann die betriebliche Datenbasis nicht durch redundant gespeicherte Fakten inkonsistent werden.

Beispielsweise wird die `TelefonNr` eines Mitarbeiters nur genau einmal (im Datentyp `Mitarbeiter`) gespeichert und nicht etwa in jedem Auftrag, den er erzielt. So kann die Telefonnummer nicht inkonsistent werden, indem bei einer Änderung die übrigen Speicherorte vergessen oder gar nicht erst gefunden werden.

Wir lassen es bei dieser sehr knappen Einführung in die Datenmodellierung und verweisen auf weiter führende Literatur (s. Vetter, 1991; Spitta, 2006). Unser Ziel war es, ein Grundverständnis und das dazu notwendige Problembewusstsein für das nun folgende Referenz-Datenmodell des Mengenflusses eines Industriebetriebs zu schaffen.

6.2 Referenzmodell der Mengendaten eines Industriebetriebs

Wir erheben hier nicht den Anspruch, ein vollständiges Unternehmens-Datenmodell vorzustellen. Ein solches wird entweder nichts sagend, weil sehr abstrakt, oder unüberschaubar, weil zu komplex. Der Leser sei für detaillierte Referenzdatenmodelle des Industriebetriebs auf Scheer (1997) verwiesen.

Für Abbildung 13 wurden die den Geschäftsprozess *Auftragsabwicklung* (Abbildung 4) betreffenden Grund- und Vorgangsdaten für eine Einzelfertigung ausgewählt. Eine Lagerhaltungsfunktion hätte das Bild erheblich komplexer gemacht, Zahlungsvorgänge fehlen. Man sieht links die Grund-, rechts die Vorgangsdaten, ganz rechts einige abgeleitete Daten. Die Beziehungstypen stehen als Namen etwa mittig über oder auf den Kanten. Alle Datentypen befinden sich auf einem aggregierten Niveau, sind also nicht durch nur eine Tabelle darstellbar. Dies wird besonders deutlich bei den Grunddaten `Teil` und `Mitarbeiter`, die beide in Rollen zerfallen (für `Teil` s. Abbildung 6). Auch der Mitarbeiter hat Rollen sowohl in der Produktion als auch im Vertriebsinnen- und Außendienst. Diese Rollen führen zu

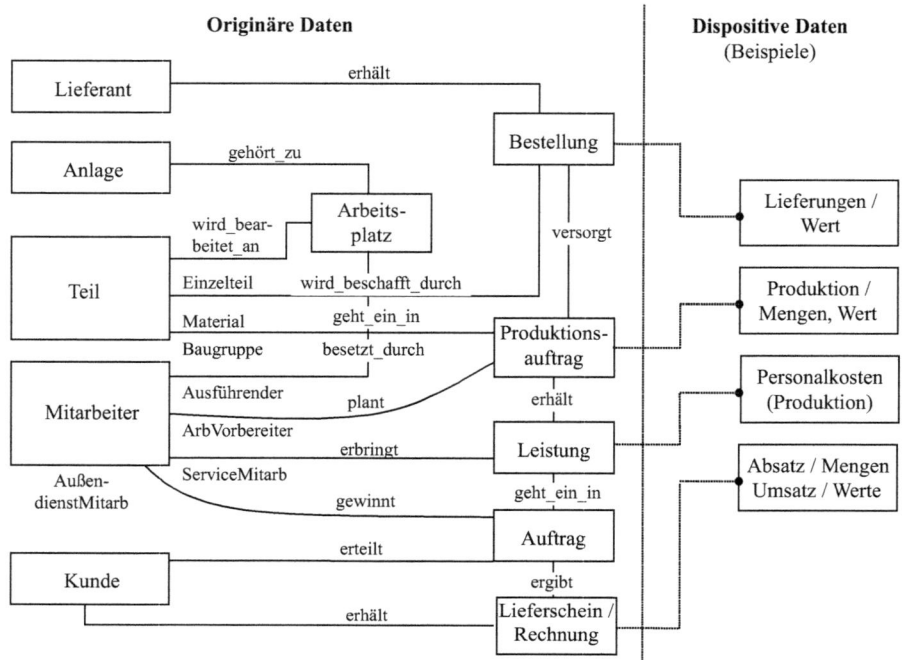

Abb. 13: Ein Referenz-Datenmodell des Mengenflusses im Industriebetrieb

den in Abbildung 13 gezeigten mehrfachen Beziehungstypen (Kanten), die von den Datenobjekttypen (Knoten) ausgehen. Die Rollennamen stehen unter einer Kante an dem Objekttyp, dem die Rolle zuzuschreiben ist. Die Leserichtung für Beziehungstypen ist von links nach rechts oder von oben nach unten.

Wenn Abbildung 13 den Eindruck hinterlässt, dass die betrieblichen Daten komplex sind und dass man diese Daten sorgfältig und mit Fachwissen ausgestattet konstruieren sollte (s. voriger Abschnitt), dann ist das Ziel dieses Beitrags erreicht.

7 Vertiefende Literatur

Wer in industrielle Referenzmodelle tief eindringen möchte und bereit ist, die dafür notwendige Zeit und Konzentration aufzubringen, dem sei auch heute noch Scheer (1997) empfohlen. Insbesondere die vielen graphischen Datenmodelle sind nur scheinbar anschaulich. Sie fordern dem Leser in ihrer Komplexität viel Denkarbeit ab und zeigen, dass wirkliche Praxis fast nie einfach ist.

Mertens (2004) liefert eine umfassende, an industriellen Fallstudien orientierte Sicht operativer Anwendungssysteme.

Als theoretisch fundierte, umfassende Einführung in die Wirtschaftsinformatik seien die Teile I und II des Buches von Ferstl & Sinz (2001) empfohlen. Die Zielgruppe sind Wirtschaftsinformatiker im Grundstudium, aber auch Betriebswirte mit entsprechendem Wahlfach. Gegenstand sind betriebliche Informationssysteme und deren Einbettung in die Organisation von Unternehmen.

Wer einen breiten, aber knapp gehaltenen methodischen Überblick im Bereich Daten und Wissen sucht und sich näher mit unstrukturierten Daten befassen möchte, dem sei Bodendorf (2003) empfohlen. Ein Vorteil ist, dass das Buch erst in jüngster Zeit erschienen ist, so dass kein „Ballast" aus langjährigen Auflagen entstanden sein kann. Sehr zu empfehlen ist in diesem Kontext auch Willke (2004).

Umgekehrt zählt auch heute noch das von Vetter (1991) zitierte Buch zur gründlichsten und am besten verständlichen Lektüre über das Thema Datenmodellierung. Max Vetter hat als Berater von IBM viele große Firmen analysiert. Dies wirkt sich auf das Buch positiv aus.

Ebenfalls sei auf die Vertiefung zu diesem Kapitel in Spitta (2006) hingewiesen, die alle Aspekte betrieblicher Daten am Referenzmodell des Industriebetriebs umfassend behandelt.

Literaturverzeichnis

Alpar, P., Grob, L., Weimann, P. & Winter, R. (2002), *Unternehmensorientierte Wirtschaftsinformatik: Strategische Planung, Entwicklung und Nutzung von Informations- und Kommunikationssystemen*, Vieweg, Braunschweig, Wiesbaden, 3. Auflage.
Baetge, J., Kirsch, H.-J. & Thiele, S. (2005), *Bilanzen*, IDW, Düsseldorf, 7. Auflage.
Bea, F. X., Friedl, B. & Schweitzer, M., Herausgeber (2004), *Allgemeine Betriebswirtschaftslehre, Bd. 1: Grundfragen*, Lucius & Lucius, Stuttgart, 9. Auflage.
———— (2005), *Allgemeine Betriebswirtschaftslehre, Bd. 2: Führung*, Lucius & Lucius, Stuttgart, 9. Auflage.
Becker, F. G. (2002), *Lexikon des Personalmanagements*, dtv, München, 2. Auflage.
Becker, F. G. & Fallgatter, M. (2005), *Strategische Unternehmungsführung: Eine Einführung*, E. Schmidt, Berlin, 2. Auflage.
Berthel, J. & Becker, F. G. (2003), *Personal-Management: Grundzüge für Konzeptionen betrieblicher Personalarbeit*, Schäffer-Poeschel, Stuttgart, 7. Auflage.
Bleicher, K. (1991), *Organisation: Strategien, Strukturen, Kulturen*, Gabler, Wiesbaden, 2. Auflage.
Bodendorf, F. (2003), *Daten- und Wissensmanagement*, Springer, Berlin.
Brassington, F. & Pettitt, S. (2005), *Essentials of Marketing*, Times Prentice Hall, Harlow.
Brühl, R. (2004), *Controlling*, Oldenbourg, München, Wien.
Bruhn, M. (2004), *Marketing: Grundlagen für Studium und Praxis*, Gabler, Wiesbaden, 7. Auflage.
Christensen, J. & Demski, J. (2002), *Accounting Theory*, McGraw-Hill, Boston.
Coenenberg, A. (2005), *Jahresabschluss und Jahresabschlussanalyse*, Schäffer-Poeschel, Stuttgart, 20. Auflage.
Copeland, T. E., Weston, J. F. & Shastri, K. (2005), *Financial Theory and Corporate Policy*, Addison Wesley, Boston, 4. Auflage.
Decker, R. & Wagner, R. (2002), *Marketingforschung: Methoden und Modelle zur Bestimmung des Käuferverhaltens*, Moderne Industrie, München.
Demski, J. (2001), *Managerial Uses of Accounting Information*, Kluwer, Boston, Mass. et al., 5. Auflage.
Diller, H. (2000), *Preispolitik*, Kohlhammer, Stuttgart, Berlin, 3. Auflage.
Domschke, W. & Scholl, A. (2003), *Grundlagen der Betriebswirtschaftslehre: Eine Einführung aus entscheidungsorientierter Sicht*, Springer, Berlin, Heidelberg, 2. Auflage.

Dorfman, R. & Steiner, P. (1954), Optimal Advertising and Optimal Quality, *American Economic Review*, Band 44, Seiten 826–836.

Drukarczyk, J. (2003), *Finanzierung: Eine Einführung*, Lucius & Lucius, Stuttgart, 9. Auflage.

Eisele, W. (2002), *Technik des betrieblichen Rechnungswesens*, Vahlen, München, 7. Auflage.

Endres, A. (2004), Der Informationsbegriff: Eine Informatik orientierte Annäherung, *Informatik Forschung und Entwicklung*, Band 18, Seiten 88–93.

Erlenkotter, D. (1990), Ford Whitman Harris and the economic order quantity model, *Operations Research*, Band 38, Seiten 937–946.

Estelami, H. (2003), The Effect of Price Presentation Tactics on Consumer Evaluation Effort of Multi-Dimensional Prices, *Journal of Marketing Theory and Practice*, Band 11, Seiten 1–16.

Ewert, R. & Wagenhofer, A. (2005), *Interne Unternehmensrechnung*, Springer, Berlin, New York, Heidelberg, 6. Auflage.

Fandel, G. (2005), *Produktion I: Produktions- und Kostentheorie*, Springer, Berlin, 6. Auflage.

Ferstl, O. K. & Sinz, E. (2001), *Grundlagen der Wirtschaftsinformatik*, Oldenbourg, München et al., 4. Auflage.

Gaul, W., Baier, D. & Apergis, A. (1996), Verfahren der Testmarktsimulation in Deutschland: Eine verfeinerte Analyse, *Marketing - ZFP*, Band 18, Seiten 203–217.

Günther, H.-O. & Tempelmeier, H. (2004), *Produktion und Logistik*, Springer, Berlin, 6. Auflage.

Gutenberg, E. (1983), *Grundlagen der Betriebswirtschaftslehre, Bd. I: Die Produktion*, Springer, Berlin, 24. Auflage.

——— (1984), *Grundlagen der Betriebswirtschaftslehre, Bd. II: Der Absatz*, Springer, Berlin, 17. Auflage.

Hansen, H. R. & Neumann, G. (2005), *Wirtschaftsinformatik, Bd. 1*, Lucius & Lucius, Stuttgart, 9. Auflage.

Harris, F. W. (1913, 1990), How many parts to make at once, *Operations Research*, Band 38, Seiten 947–950, Nachdruck von 1913.

Heinen, E. (1991), *Industriebetriebslehre: Entscheidungen im Industriebetrieb*, Gabler, Wiesbaden, 9. Auflage.

Heinhold, M. (2001), *Buchführung in Fallbeispielen*, Schäffer-Poeschel, Stuttgart, 8. Auflage.

——— (2003), *Buchführung in Fallbeispielen*, Schäffer-Poeschel, Stuttgart, 9. Auflage.

——— (2004), *Kosten- und Erfolgsrechnung in Fallbeispielen*, Lucius & Lucius, Stuttgart, 3. Auflage.

Herrmann, A. & Homburg, C., Herausgeber (2000), *Marktforschung: Methoden, Anwendungen, Praxisbeispiele*, Gabler, Wiesbaden, 2. Auflage.

Homburg, C. & Krohmer, H. (2003), *Marketingmanagement: Strategie - Instrumente - Umsetzung - Unternehmensführung*, Gabler, Wiesbaden.

Horngren, C. T., Datar, S. M. & Foster, G. (2006), *Cost Accounting*, Prentice Hall, Upper Saddle River, 12. Auflage.

Huff, D. L. (1964), Defining and Estimating a Trading Area, *Journal of Marketing*, Band 28, Seiten 34–38.

Jahnke, H. & Biskup, D. (1999), *Planung und Steuerung der Produktion*, Moderne Industrie, Landsberg/Lech.

Joos-Sachse, T. (2002), *Controlling, Kostenrechnung und Kostenmanagement: Grundlagen, Instrumente, neue Ansätze*, Gabler, Wiesbaden, 2. Auflage.

Kistner, K.-P. (1993), *Produktions- und Kostentheorie*, Physika, Heidelberg, 2. Auflage.

Kistner, K.-P. & Steven, M. (2002), *Betriebswirtschaftslehre im Grundstudium, Bd. 1: Produktion, Absatz, Finanzierung*, Physika, Heidelberg, 4. Auflage.

Kloock, J. (1997), *Betriebliches Rechnungswesen*, Eul, Bergisch Gladbach et al., 2. Auflage.
Kotler, P. & Bliemel, F. (2005), *Marketing-Management: Analyse, Planung, Umsetzung und Steuerung*, Pearson Studium, München, 10. Auflage.
Kroeber-Riel, W. & Weinberg, P. (2003), *Konsumentenverhalten*, Vahlen, München, 8. Auflage.
Krüger, W. (2005), Organisation, in: Bea et al. (2005), Seiten 140–234.
Kruschwitz, L. (2004), *Finanzierung und Investition*, Oldenbourg, München, 4. Auflage.
Lohmann, M. (1964), *Einführung in die Betriebswirtschaftslehre*, Mohr, Tübingen, 4. Auflage.
Macharzina, K. (2003), *Unternehmensführung: Das internationale Managementwissen*, Gabler, Wiesbaden, 4. Auflage.
Mertens, P. (2004), *Integrierte Informationsverarbeitung 1: Operative Systeme in der Industrie*, Gabler, Wiesbaden, 14. Auflage.
Mertens, P., Bodendorf, F., König, W., Picot, A., Schumann, M. & Hess, T. (2005), *Grundzüge der Wirtschaftsinformatik*, Springer, Berlin, Heidelberg, 9. Auflage.
Monroe, K. B. (2003), *Pricing: Making Profitable Decisions*, McGraw-Hill, Boston, 3. Auflage.
Neuberger, O. (1994), *Personalentwicklung*, Enke, Stuttgart, 2. Auflage.
Neumann, P. G. (1995), *Computer-Related Risks*, Addison-Wesley, Reading, Mass., korr. Auflage, aktuell: http://catless.ncl.ac.uk/Risks.
Neus, W. (2005), *Einführung in die Betriebswirtschaftslehre aus institutionenökonomischer Sicht*, Mohr, Tübingen, 4. Auflage.
Niedermayr, R. (1994), *Entwicklungsstand des Controlling. System, Kontext und Effizienz*, DUV, Wiesbaden.
Nieschlag, R., Dichtl, E. & Hörschgen, H. (2002), *Marketing*, Duncker und Humblot, Berlin, 19. Auflage.
Olfert, K. & Rahn, H.-J. (2005), *Einführung in die Betriebswirtschaftslehre*, Kiehl, Ludwigshafen, 8. Auflage.
OMG (2005), Universal Modelling Language, http://www.omg.org/uml, am 3.2.2005.
Pellens, B., Fülbier, R. U. & Gassen, J. (2004), *Internationale Rechnungslegung*, Schäffer-Poeschel, Stuttgart, 5. Auflage.
Picot, A. & Reichwald, R. (1991), Informationswirtschaft, in: Heinen (1991), Kapitel 3, Seiten 241–393.
Scheer, A.-W. (1997), *Wirtschaftsinformatik: Referenzprozesse für industrielle Geschäftsprozesse*, Springer, Berlin, Heidelberg, 7. Auflage.
Schein, E. H. (1984), Coming to a new awareness of organizational culture, *Sloan Management Review*, Band 25, Seiten 3–16.
Scherrer, G. (1999), *Kostenrechnung*, Fischer, Stuttgart, 3. Auflage.
Schlicksupp, H. (1995), Kreativitätstechniken, in: B. Tietz, R. Köhler & J. Zentes, Herausgeber, *Handwörterbuch des Marketing*, Seiten 1289–1309, Schäffer-Poeschel, Stuttgart, 2. Auflage.
Schmalenbach, E. (1963), *Kostenrechnung und Preispolitik*, Westdeutscher Verlag, Köln, Opladen, 8. Auflage, bearbeitet von R. Bauer.
Schneider, D. (1997), *Betriebswirtschaftslehre, Bd. 2: Rechnungswesen*, Oldenbourg, München, Wien, 2. Auflage.
Schreyögg, G. (2003), *Organisation: Grundlagen moderner Organisationsgestaltung*, Gabler, Wiesbaden, 4. Auflage.
——— (2004), Unternehmensführung (Management), in: G. Schreyögg & A. Werder, Herausgeber, *Handwörterbuch der Unternehmensführung und Organisation*, Seiten 1520–1531, Schäffer-Poeschel, Stuttgart, 4. Auflage.

Literaturverzeichnis

Schreyögg, G. & von Werder, A. (2004), *Handwörterbuch Unternehmensführung und Organisation*, Schäffer-Poeschel, Stuttgart, 4. Auflage.

Schweitzer, M. (2005), Planung und Steuerung, in: Bea et al. (2005), Seiten 16–139.

Speth, H., Waltermann, A., Hartmann, G. B., Härter, F., Beck, T. & Kaier, A. (2004), *Betriebswirtschaftslehre mit Rechnungswesen für das Wirtschaftsgymnasium 2. Bd.*, Merkur, Rinteln, 5. Auflage.

Spitta, T. (2005), Graphische Notationen - Auszüge aus UML 2.0 -, http://www.wiwi.uni-bielefeld.de/~spitta/info-wirtsch, am 29.9.2005.

────── (2006), *Informationswirtschaft - Eine Einführung -*, Springer, Berlin, Heidelberg et al.

Staehle, W. (1999), *Management: Eine verhaltenswissenschaftliche Perspektive*, Vahlen, München, 8. Auflage.

Stahlknecht, P. & Hasenkamp, U. (2005), *Einführung in die Wirtschaftsinformatik*, Springer, Berlin, Heidelberg et al., 11. Auflage.

Steinmann, H. & Schreyögg, G. (2005), *Management: Grundlagen der Unternehmensführung (Konzepte - Funktionen - Fallstudien)*, Gabler, Wiesbaden, 6. Auflage.

Talaulicar, T. (2004), Wissen, in: Schreyögg & von Werder (2004), Seiten 1640–1647.

Tempelmeier, H. (2005), *Material-Logistik*, Springer, Berlin, 6. Auflage.

Vetter, M. (1991), *Aufbau betrieblicher Informationssysteme mittels objektorientierter, konzeptioneller Datenmodellierung*, Teubner, Stuttgart, 7. Auflage.

Vossen, G. & Becker, J. (1996), *Geschäftsprozessmodellierung und Workflow-Management*, Thomson, Bonn et al.

Wagenhofer, A. (2005a), *Internationale Rechnungslegungsstandards - IAS/IFRS*, Redline Wirtschaft bei Ueberreuter, Frankfurt a. M., Wien, 5. Auflage.

────── (2005b), Rechnungslegung, in: M. Bitz, M. Domsch, R. Ewert & F. W. Wagner, Herausgeber, *Vahlens Kompendium der Betriebswirtschaftslehre*, Band 1, Seiten 449–536, Vahlen, München, 5. Auflage.

Wagenhofer, A. & Ewert, R. (2003), *Externe Unternehmensrechnung*, Springer, Berlin, New York, Heidelberg.

Wagner, R. (2005), Contemporary Marketing Practices in Russia, *European Journal of Marketing*, Band 39, Seiten 199–215.

Währisch, M. (1998), *Kostenrechnungspraxis in der deutschen Industrie: Eine empirische Studie*, Gabler, Wiesbaden.

Watzlawick, P., Beavin, J. H. & Jackson, D. D. (1974), *Menschliche Kommunikation: Formen, Störungen, Paradoxien*, Huber, Bern, Stuttgart, 4. Auflage.

Weber, J. (2004), *Einführung in das Controlling*, Schäffer-Poeschel, Stuttgart, 10. Auflage.

Whittington, G. (1992), *The Elements of Accounting*, Cambridge University Press, Cambridge.

Wikipedia (2005), Die freie Enzyklopädie, http://wikipedia.org, am 8.2.2005; Man suche dann per Hand weiter. Der direkte Link führt in eine Reklamewüste.

Willke, H. (2004), *Einführung in das systemische Wissensmanagement*, Carl-Auer, Heidelberg.

Wöhe, G. (2002), *Einführung in die Allgemeine Betriebswirtschaftslehre*, Vahlen, München, 21. Auflage.

Wunderer, R. (2003), *Führung und Zusammenarbeit: Beiträge zu einer unternehmerischen Führungslehre*, Kohlhammer, Stuttgart, 5. Auflage.

Zäpfel, G. (1982), *Produktionswirtschaft*, Springer, Berlin.

Sachverzeichnis

Abgrenzungstabelle 85
Ablauforganisation 221
Absatz 7, 237, 239
  Teilprozesse 240
Absatzplan 238, 247
Abschreibung
  außerplanmäßig 61
  planmäßig 61
Absonderung von Sicherheiten im Konkurs 131
Abweichungsanalyse 98, 217
Akteur 238, 252, 256, 258, 259
Aktiengesellschaft (AG) 24
Aktionshorizont 212
Aktivtausch 47
Alphabet 251, 252, 254
Alternativschlüssel 260
Analyse- und Synthesekonzept 218
Anderskosten 84
Anlagengitter 62
Anlagevermögen 59
Anreizfunktion 38
Anreizsystem 226
Anschaffungsauszahlung 104
Anschaffungskosten 60
Anweisungsbefugnis 16
Anwendungssystem 242, 249
Arbeit, objektbezogene 138
Arbeitsgemeinschaft 32
Arbeitskraft, menschliche 7
ASCII 252–254
Attribut 246, 255
Aufbauorganisation 218

Aufsichtsrat 24
Auftrag 247
Auftragsabwicklung 241
Auftragsfertigung 142
  bedingte 142
Aufwand 80
  ausserordentlich 83
  betriebsfremd 82
  neutral 82
  periodenfremd 82
Aufwandskonto 50
Aufwandsrückstellungen 64
Aufwendungen der Rechtsform 20, 27
Aufzählungstyp 255
Ausschüttungsbemessungsfunktion 39
Aussenverhältnis 13

Bedarf 2
Bedarfsermittlung 245
Bedürfnis 2
Beleg 246
Beschäftigung 93
Beschaffung 7, 237, 241, 242
Bestandsrechnung 40
Besteuerung, symmetrische 112
Betrieb 6, 8
Betriebsaufspaltung 28
Betriebsbuchhaltung 8
Betriebsmittel 7, 138
Betriebsstatistik 8
Bewegungsrechnung 40
Bewertung 5
Bewertungsvereinfachungsverfahren 62

Beziehungsmarketing 199
Bilanz 37, 42, 47
   -gleichung, intratemporale 47
   -verkürzung 48
   -verlängerung 48
Bit 254
Bottom up-Planung 213
Branchen 210
Break-Even-Analyse 179
Buchungssatz 49
Budget 76
Byte 254

Cash-Flow 40
Chamberlin-Hypothese 185
Chargenfertigung 143
Code 252–254
Controlling 217, 243, 246
Controlling, Aufgabe des 75
Corporate Governance 206

Daten 235–238, 242, 251, 255, 258, 259
   -Ist 242, 247
   -Soll 242
   abgeleitete 243
   administrative 243
   aggregierte 242, 249
   betriebliche 255, 259
   originäre 243
   strukturierte 255
   unstrukturierte 255
   verdichtete 242
Daten, betriebliche 236
Datenfluss 239
Datenintegration 249
Datenmodell 259, 263
Datenobjekttyp 255
Datenträger 235, 254, 255
Datentyp 238
   elementarer 255
   zusammengesetzter 255
Deckungsbeitrag 147
Dienstleistungsunternehmen 9
Divisionskalkulation 97
Dokumentationsfunktion 40
Dominanz 103
Doppelgesellschaft 28
Doppelte Buchführung 46
Dorfman-Steiner-Theorem 193

Durchschnittspreise 91

EBCDI 252, 253
EDIFACT 257
Effekte, externe 6, 132
Effizienz 4, 111
Effizienzkriterium 4
Eigenkapital 42, 47, 65, 121
Eigenkapitalgeber 12
Eigentümer-Unternehmen 12
Ein- und Auszahlungen 40
Einliniensystem 219
Einzelfertigung 142, 144, 239, 241
Einzelkosten 92
Einzelunternehmen 17, 18, 21
Elementarfaktor 138
Entgeltsystem 226
Entscheidungsunterstützung 38
enum 255
Ereignis 240
Ergebniskontrolle 216
Erlöse 6
Eröffnungsbilanzkonto 49
Erträge und Aufwendungen 41
Ertragskonto 50
Existenzabhängigkeit 261

Festbetragsanspruch 121
Finanzanlagen 59
Finanzbuchhaltung 8
Finanzen 237
Finanzierung 8, 119
   Außenfinanzierung 119
   externe Finanzierung 119
   Finanzierung durch Abschreibungen und
      Rückstellungen 119
   Innenfinanzierung 119
   interne Finanzierung 119
Fixkostenproblem 6
flache Zinsstruktur 111
Fließfertigung 143
Fließgut 138
float 255
Flussgröße 235, 237, 238
Forderungen 62
Fortschrittskontrolle 217
freie Güter 2
Fremdkapital 121
Fremdkapitalbeschaffung 27

Fremdkontrolle 216
Fremdschlüssel 260
Frequenz 239, 242
Fristigkeit der Planung 212
Führungs
  -aufgaben 72
  -prozess 205
  -stil 231
  -subsysteme 204
  -theorien 231
  -verhalten 231
Führungskräfte 203
Funktion, betriebliche 237
Fusionierung 30

Gütermengen 3
Gütertransaktionen 3
Gegenstromverfahren 213
Gemeinkosten 92
Gemeinschaftsunternehmen 32
General Management 204
Genossenschaft 26
Genossenschaften 17
Geschäftsführer 26
Geschäftsführung 16
Geschäftsprozess 241
Gesellschaft
  des bürgerlichen Rechts (GbR) 22
  mit beschränkter Haftung (GmbH) 26
Gesellschafterversammlung 26
Gewinn 6, 42, 50, 65, 120
Gewinn- und Verlustbeteiligung 19
Gewinn- und Verlustrechnung 37, 42, 50
Gewinnmaximierung 5
Gewinnrücklage 65
Gleichordnungskonzern 33
GmbH & Co. KG 28
GmbH & Still 29
Grenzkostenrechnung 95
Grenzrate der Substitution 156
Großserienfertigung 144
Grunddaten 244
Grundkapital 24
Grundkosten 84
Grundsätze ordnungsgemäßer Buchführung 244
Grundsätze ordnungsgemäßer Buchführung (GoB) 54
Gruppenprozesse 230

Höchstwertprinzip 63
Haftung 15, 19
Hauptversammlung 24
Haushalte 6
Herstellungskosten 60

Imparitätsprinzip 56
Implementierung, Plan 216
Industriebetrieb 237
Industrieunternehmen 235–237, 244
Informatik 236
Information 8, 235, 237, 250, 255, 258
  Informationsfluss 239
  Informationsfunktion 236, 237
Informationstechnik (IT) 236
Innengesellschaft 24
Innenverhältnis 13
Inside-Out-Planung 212
Insolvenzmasse 131
Instanzen 203
`integer` 255
Interdisziplinarität 205
International Accounting Standards Board (IASB) 58
International Financial Reporting Standards (IFRS) 54, 58
Inventur 46
Inventurmethode 90
Investition 103
Isokostenlinie 159
Isoquante 155

Jahresabschluss 37
Jahresüberschuss 65
Joint Venture 32

Kanal 256
  unidirektional 257
  bidirektional 256
Kapital, gezeichnetes 65
Kapitalflussrechnung 40
Kapitalgesellschaft (KG) 17, 19
Kapitalkostensatz 128
Kapitalmarkt
  vollkommener 117
  vollständiger 117
Kapitalrücklagen 65
Kapitalstruktur 124
Kardinalität 251, 254

Kartelle 30, 32
Kategorie 245
Käuferverhalten 166
Kaufkraft 2
KGaA-Komplementäre 25
Knappheit der Güter 2
Koalitionsmodell 14
Kommanditgesellschaft (KG) 23
　Kommanditisten 23
　Komplementäre 23
Kommanditgesellschaft auf Aktien (KGaA) 25
Kommunikation 256, 257
　persönliche 190
Kommunikations-
　politik 188
　prozess 191
Komposition 262
Konfiguration 218
Konsum 2
Konto 49
　aktiv 49
　passiv 49
Kontrollfunktion 216
Kontrollsystem 216
Konzern 33
Konzernabschluss 58
Konzernierung 30
Kooperation 31
Koordination 219
Kosten 6, 81
　fix 94
　variabel 94
Kostenartenrechnung 88
Kostenfunktion 160
Kostenobjekte 92
Kostenstellenrechnung 88, 97
Kostenträgerrechnung 88, 239
Kuppelproduktion 142

Lager 237, 242, 246
Lagerhaltung 145
Lagerhaltungskosten 146
Launhardt-Hotelling-Hypothese 185
Leerverkauf 105
Leistungsbereich 235
Leistungsdeterminantenkonzept 228
Leistungssaldo 119
Leitungsbefugnis 19

Lieferschein 247
Lower-Management 203

Maßgeblichkeitsprinzip 39
Management 202
　Managementfunktionen 203
　Managementsystem 211
Management-geleitetes Unternehmen 14
Marketing 164, 237, 239
Marketinginstrumente 175
Markt, vollkommener 5
Marktforschung 170
Marktpreise 5
Marktsegmentierung 168
Massenfertigung 143
Materialfluss 239
Materialkosten 90
Matrixorganisation 221
Mehrliniensystem 219, 221
Mengenkomponente 90
Menschenbilder 227
Merkmal 255
Messen und Ausstellungen 190
Metaplanung 205
Middle-Management 203
Minimalkostenkombination 159
Mischformen 17, 28
Mitarbeiterführung 223, 227, 230
Motivationstheorie 228

net present value 107
Netto-Kapitalwert 107
Non-Profit-Organisationen 202

Offene Handelsgesellschaft (OHG) 22
Öffentlichkeitsarbeit 190
Ökonomisches Prinzip 4
Operatives System 242
Ordnungsbegriff 252
Organisation
　divisional 220
　funktional 220
　Matrix- 221
Outside-In-Planung 212

Passivtausch 48
Periodenerfolg 79
Personal
　-auswahl 225

-bedarfsdeckung 225
-beschaffung 225
-einführung 225
-entwicklung 225
-forschung 225
-freisetzung 226
-funktion 223
-management 223
-verantwortliche 224
-wirtschaft 237, 256
Personengesellschaften 17, 18
Planung 211
Planungsdaten 243, 244, 249
Planungsfunktion 211
Planungshorizont 103, 213
Planungsprozess 214
Planungssystem 211
Potenzial
  akquisatorisches 185
Potenzialfaktor 138
Prämissenkontrolle 217
Preispolitik 182
present value 107
Primärorganisation 220
Primärschlüssel 259, 260
Prinzip
  der Reihung 213
  der Schachtelung 213
  der Stufung 213
  der wirtschaftlichen Betrachtungsweise 56
Problemformulierung 215
Produkt 138, 235, 244, 255, 262
Produktgestaltung 241, 245
Produktion 2, 7, 138, 237
  fertigungstechnische 138
  unverbundene 142
  verbundene 142
  verfahrenstechnische 138
Produktionsfaktor 7, 138, 235
  limitationaler 155
  substitutionaler 155
Produktionsfunktion 154
  linear-homogene 158
Produktionskoeffizient 146
Produktionstheorie 154
Produktionsunternehmen 9
Produktpolitik 175
Protokoll 257

Prozess 240
Prozessorganisation 221
Prozessvernetzung, externe 222
Pseudo-Wahrscheinlichkeit 117
Publikumsgesellschaften 14
Publizitätspflicht 20, 28

Qualität 2
Quantität 2

Rüstvorgang 140
Realisationsprinzip 56
Rechenschaftsfunktion 38
Rechnung 247
Rechnungsabgrenzungsposten 56
Rechnungslegung, externe 37
Rechnungswesen 8, 236
  externes 37, 246
Rechtsformen 17
Redundanz 263
Referenzmodell 242, 263
Reihenfertigung 143
Reinvermögensebene 41
Relationenmodell 259, 262
Rente 109
Residualanspruch 121
Risikoanreiz-Problem 132
Rolle 244, 248
Rückstellung 63
  für drohende Verluste 64

Sachanlagen 59
Sachfunktionen 204
Sachgüterproduktion, industrielle 138
Sachkonto 249
Sachziel 76
Saldo 50
Schlüssel 260
  zusammengesetzter 261
Schlüsselkandidat 259, 260
Schlussbilanz 49
Schnittstelle 238
Schuld 56
Schulden 47
Sekundärorganisation 221
Selbstkontrolle 216
Serienfertigung 142, 242
Shareholder 206
Simultanplanung 213

276 Sachverzeichnis

Softwaresystem 242
Sondereinzelkosten 93
Sonderzeichen 252
Sortenfertigung 143
Sparen 2
Spezialisierung 218
Sponsoring 191
Stückliste 245
Stakeholder 206
Stammdaten 244, 249
Stammkapital 26
Standard 252, 257
Stellen 203
Stellenwertsystem 253
Stetigkeitsprinzip 62
Steuerbelastung 20, 27
Stille Gesellschaft (StG) 24
string 255
Strukturmerkmale 141
Sukzessivplanung 213

Teilkostenrechnung 95
Text 252, 253
   unstrukturierter 257
Top down-Planung 213
Top-Management 203
Transformationsfunktion 106
Transitivität 3

Umlaufvermögen 62
Umsatzkostenverfahren 147
Umwelt 236, 238, 241
Umweltbedingungen 209
UNICODE 253
Unternehmen 9, 236, 241, 255
Unternehmen, kleine 249
Unternehmens
  -daten 236
  -führung 202
  -kultur 207
  -leitung 202, 209
  -rechnung 37
  -rechnung, intern 77
  -umfeld 12
  -umwelt 209
  -verband 32
  -verfassung 12, 206
  -ziele 73
  -zusammenschlüsse 30

  -zweck 207
Unternehmens-Datenmodell 263
Unternehmensrechnung, externe 37
Unterordnungskonzern 33

Verbindlichkeiten 63
Verbindlichkeitsrückstellung 64
Verbrauchsfaktor 138
Verkaufsförderung 190
Vermögensgegenstände, immaterielle 59
Vermögensgegenstand 41, 47, 55
Verpflichtung 41
Vertretung 15
Vertrieb 241, 242
Vertriebspolitik 194
Verwaltungen 202
Vollkostensystem 95
vollständiger Kapitalmarkt 115
Vollständigkeitsprinzip 55
Vorgang 249
Vorgang, aufzeichnungspflichtiger 246
Vorgangsdaten 246
Vorräte 62
Vorsichtsprinzip 39, 56
Vorstand 24

WACC 129
Wachstum
  externes 30
  internes 30
Werbung 189
Werkstattfertigung 143
Werkstoff 138
Werkstoffe 7
Wert 255
Wertaufholungsgebot 61
Wertemenge 259, 261
Wertkomponente 91
Wertpapierleihe 105
Wirkungshorizont 213
Wirtschaft 2
Wirtschaften 2
Wirtschaftseinheiten 6
Wissen
  betriebliches 258
  implizites 258
Wissen, explizites 258
Wort 252, 258

Zahl-Zeichen 253
Zahlensystem 253
Zahlungscharakteristik 106
Zahlungsmittelebene 40
Zahlungsreihe 103
Zeichen 251–254, 256, 258
Zeichen, nicht druckbares 252
Zeichenvorrat 251–253, 256, 257
Zeitpräferenz 104
Zielbildung 214

Zielkonflikte 21
Ziffer 251–253
Zinsstruktur, flache 109
Zusammenschlüsse
  horizontal 31
  konglomerate 31
  vertikal 31
Zusatzkosten 85
Zuschlagskalkulation 97

Druck und Bindung: Strauss GmbH, Mörlenbach

If you have any concerns about our products,
you can contact us on
ProductSafety@springernature.com

In case Publisher is established outside the EU,
the EU authorized representative is:
**Springer Nature Customer Service Center GmbH
Europaplatz 3, 69115 Heidelberg, Germany**

Printed by Libri Plureos GmbH
in Hamburg, Germany